"十四五"职业教育国家规划教材

逆向设计与3D打印案例教程

第2版

主　编　王　嘉　田　芳

副主编　吴　兵

参　编　韩文华　郭天中　秦　波

蔚福董（企业）　李彦强（企业）

主　审　路全忠（企业）

机械工业出版社

本书是“十四五”职业教育国家规划教材，由一线教师和企业专家联合编写。全书从逆向设计的实际应用出发，以真实工作任务为学习案例，以逆向设计工作流程为主线，详细介绍了数据采集、点云处理、逆向建模、数据应用等工作内容与方法。

本书共包括10个项目，项目一、二分别讲述了逆向工程技术与3D打印技术，项目三～十是8个实际工程案例，由易到难地讲述了逆向工程的工作流程，阐述了万向节叉零件、旋钮零件、阀体支架、万向联轴器零件、鼠标、电话手柄、陶罐以及汽车零部件等案例的三维扫描、逆向设计、数据应用的具体方法与步骤。本书工学结合，特色鲜明，图文并茂，易学易懂，通过案例式编写体例，将逆向设计师岗位工作要求的知识、技能、素养有机融入项目工作各环节，力求培养学习者分析问题、解决问题的综合能力，助力形成良好的学习方法和思维方法，进而提升其可持续发展能力和终身学习能力。

为便于教学互动和读者自学，本书配套了丰富的视频资源、习题集和活页式项目任务工单，提供了全部案例的点云数据和难度匹配的项目训练点云数据库，可以帮助读者更加直观地掌握Geomagic Studio、Geomagic Design X等软件的界面、操作步骤和应用规律，增加了实用性和适用性。数字化资源可通过扫描书中二维码在线观看，还可应用本书配备的“示范教学包”，在超星学习通平台“一键建课”，方便混合式教学。

本书可作为高等职业院校和职业本科院校增材制造技术、数字化设计与制造技术、机械设计与制造、工业设计等相关专业的教材，也可作为应用技术型本科院校相关专业教材，还可作为企业逆向工程师的岗位培训或自学用书。

图书在版编目（CIP）数据

逆向设计与3D打印案例教程 / 王嘉，田芳主编.

2版. --北京 ：机械工业出版社，2024. 11（2025.7重印）. --（“十四五”职业教育国家规划教材）. -- ISBN 978-7-111-76861-6

Ⅰ. TB472；TB4

中国国家版本馆CIP数据核字第2024QR2178号

机械工业出版社（北京市百万庄大街22号　邮政编码100037）

策划编辑：黎　艳　　　　　责任编辑：黎　艳

责任校对：贾海霞　张　薇　　封面设计：鞠　杨

责任印制：单爱军

保定市中画美凯印刷有限公司印刷

2025年7月第2版第3次印刷

184mm×260mm · 20.25印张 · 498千字

标准书号：ISBN 978-7-111-76861-6

定价：54.00元（含任务工单与习题集）

电话服务　　　　　　　　　网络服务

客服电话：010-88361066　　机　工　官　网：www.cmpbook.com

010-88379833　　机　工　官　博：weibo.com/cmp1952

010-68326294　　金　书　网：www.golden-book.com

封底无防伪标均为盗版　　机工教育服务网：www.cmpedu.com

"十四五"职业教育国家规划教材

逆向设计与3D打印案例教程 第2版

项目任务工单与习题集

王嘉 田芳 主编

机械工业出版社
CHINA MACHINE PRESS

项目任务工单（样例）

<table>
<tr><td>项目名称</td><td colspan="7">陶罐外形扫描与逆向设计</td></tr>
<tr><td>接单人</td><td></td><td>班级</td><td colspan="2"></td><td colspan="2">学号</td><td></td></tr>
<tr><td>项目发布</td><td colspan="7">某历史博物馆要使用三维扫描技术、3D 打印技术对某残缺展品进行修复，要求数据采集过程中不能触碰展品、不能进行表面预处理、不能随意移动；缺口部分形状精确、三维数据完整、特征清晰；打印模型要符合原有展品特征，整体误差控制在 ±0.2mm 内
由于真实工作任务较为特殊，为再现该任务工作过程，本项目采用形状相似的复制品进行，如图所示
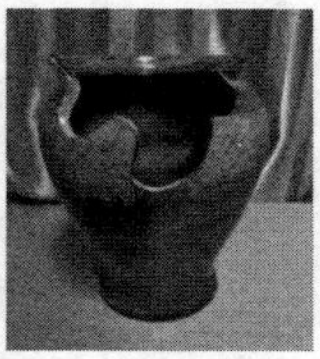</td></tr>
<tr><td rowspan="2">项目分析（10 分）</td><td>分析内容（5 分）</td><td colspan="6"></td></tr>
<tr><td>分析结论（5 分）</td><td colspan="6"></td></tr>
<tr><td rowspan="9">策略制定（15 分）</td><td rowspan="3">数据采集策略（5 分）</td><td colspan="2">方案 1</td><td rowspan="2">理由</td><td colspan="3"></td></tr>
<tr><td colspan="2">方案 2</td><td colspan="3"></td></tr>
<tr><td colspan="2">选用结果</td><td colspan="4"></td></tr>
<tr><td rowspan="3">数据处理策略（5 分）</td><td colspan="2">方案 1</td><td rowspan="2">理由</td><td colspan="3"></td></tr>
<tr><td colspan="2">方案 2</td><td colspan="3"></td></tr>
<tr><td colspan="2">选用结果</td><td colspan="4"></td></tr>
<tr><td rowspan="3">缺口修复策略（5 分）</td><td colspan="2">方案 1</td><td rowspan="2">理由</td><td colspan="3"></td></tr>
<tr><td colspan="2">方案 2</td><td colspan="3"></td></tr>
<tr><td colspan="2">选用结果</td><td colspan="4"></td></tr>
<tr><td rowspan="3">项目实施（75 分）</td><td>数据采集（35 分）</td><td colspan="3"></td><td colspan="3">详见任务一实施表</td></tr>
<tr><td>数据处理（20 分）</td><td colspan="3"></td><td colspan="3">详见任务二实施表</td></tr>
<tr><td>缺口修复（20 分）</td><td colspan="3"></td><td colspan="3">详见任务三实施表</td></tr>
<tr><td colspan="8">工作质量评定</td></tr>
<tr><td>自评得分</td><td></td><td>班组长评价得分</td><td></td><td colspan="2">教师评价得分</td><td colspan="2"></td></tr>
<tr><td>班组长签字日期</td><td colspan="2"></td><td colspan="2">教师签字日期</td><td colspan="3"></td></tr>
<tr><td>总成绩</td><td colspan="7"></td></tr>
</table>

（总成绩 = 自评得分 ×0.2+ 班组长评价得分 ×0.2+ 教师评价得分 ×0.6）

项 目 总 结

日期：

任务一　数据采集工作实施表（总分 35 分）					
一、工作准备					
内容	标准要求	检查情况记录			总结与反思
		自查赋分	小组赋分	教师赋分	
工作环境准备（2分）	• 清洁场地，确保周边没有其他杂物，摆放零件的台面平稳牢固 • 检查光源，调节室内光源亮度，避免强光直射 • 检查零件，清洁零件表面污渍、尘土				
工作设备准备（5分）	• 开启扫描软件，按要求正确连接扫描设备 • 对扫描设备进行精度校准 • 合理设置扫描软件参数，调节曝光值 • 准备对应规格的标志点、棉签、工作转盘等				
个人规范操作准备（3分）	• 整理着装，穿工作服 • 清洁双手，佩戴白手套 • 准备口罩等个人防护用品				
二、工作实施					
内容	标准要求	检查情况记录			总结与反思
		自查赋分	小组赋分	教师赋分	
喷涂显像剂（5分）	• 根据任务要求，合理判断零件是否需要喷涂显像剂 • 喷涂距离 30cm 左右 • 零件表面显像剂薄厚均匀，无流痕、留白区 • 做好个人防护，佩戴口罩				
粘贴标志点（5分）	• 不在一条直线上粘贴或对称粘贴 • 过渡区公共标志点大于 4 个 • 标志点在面积较大区域 • 标志点远离零件边缘 • 标志点间隔合适，分布均匀 • 粘贴位置没有覆盖零件典型特征面				
数据采集（15分）	• 数据采集从标志点较多、面积较大的区域开始，部位选择合理 • 采集过程手部动作平稳，扫描距离合适 • 点云数据无明显缺陷，无分层现象 • 零件点云数据完整，无特征缺失 • 采集过程设备使用得当，无明显操作失误 • 将采集的数据另存为“xxx.asc”格式文件				
三、工作质量评定					
自评得分		班组长评价得分		教师评价得分	

<table>
<tr><th colspan="6">任务二　数据处理工作实施表（总分 20 分）</th></tr>
<tr><td colspan="6">一、工作准备</td></tr>
<tr><td rowspan="2">内容</td><td rowspan="2">标准要求</td><td colspan="3">检查情况记录</td><td rowspan="2">总结与反思</td></tr>
<tr><td>自查赋分</td><td>小组赋分</td><td>教师赋分</td></tr>
<tr><td>工作环境准备（1 分）</td><td>• 检查使用的计算机设备齐全、完好，无缺损
• 检查使用的计算机已安装 Geomagic Wrap、Geomagic Dexsign X 软件
• 检查计算机工位周围是否有安全隐患，保持计算机、鼠标、键盘清洁
• 按照先开显示器、后开主机的顺序进行开机</td><td></td><td></td><td></td><td></td></tr>
<tr><td colspan="6">二、工作实施</td></tr>
<tr><td rowspan="2">内容</td><td rowspan="2">标准要求</td><td colspan="3">检查情况记录</td><td rowspan="2">总结与反思</td></tr>
<tr><td>自查赋分</td><td>小组赋分</td><td>教师赋分</td></tr>
<tr><td>处理点云数据（4 分）</td><td>• 导入 ASC 格式点云数据
• 使用【套索】等命令选择多余杂点，并将其删除
• 使用【填充孔】命令填补空洞
• 使用【去除特征】、【删除钉状物】等命令完成多边形阶段数据的平整光顺
• 保存数据为“xxx.stl”格式文件</td><td></td><td></td><td></td><td rowspan="2"></td></tr>
<tr><td>对模型进行逆向设计（15 分）</td><td>• 合理划分领域组
• 添加辅助线、辅助面
• 使用【手动对齐】命令建立坐标系
• 使用【回转精灵】命令绘制截面草图，并形成陶罐主体
• 使用【3D 面片草图】命令绘制残缺面样条曲线
• 使用【放样】命令绘制残缺面
• 使用【切割】命令切割罐体
• 通过色谱图对比罐体精度
• 输出“xxx.stp”格式文件</td><td></td><td></td><td></td></tr>
<tr><td colspan="6">三、工作质量评定</td></tr>
</table>

自评得分		班组长评价得分		教师评价得分	

任务三　缺口修复工作实施表（总分 20 分）					
一、工作准备					
内容	标准要求	检查情况记录			总结与反思
		自查赋分	小组赋分	教师赋分	
工作设备准备（2 分）	• 清洁实训室卫生，开窗通风 • 检查使用的 3D 打印机是否能够正常运行，确保打印机平稳牢固 • 检查打印丝材的种类、重量是否满足要求 • 预热打印机，检查打印机喷头是否正常吐丝 • 检查斜口钳等后处理工具是否齐全				
个人规范操作准备（1 分）	• 整理着装，穿工作服 • 清洁双手，佩戴手套 • 准备口罩等个人防护用品				
二、工作实施					
内容	标准要求	检查情况记录			总结与反思
		自查赋分	小组赋分	教师赋分	
缺口模型准备（5 分）	• 开启切片软件，导入“.stl”格式文件，将打印模型放置在工作平台中央，调整模型角度，使大平面向下，并与工作台面接触 • 合理设置【层厚】、【温度】、【速度】等打印参数 • 预览打印过程，预估打印时间，输出“xxx.gocad”文件				
缺口模型打印（8 分）	• 开启打印机电源，按步骤完成 3D 打印机工作平台调平，确保喷头与工作平台间隙合理 • 设置预热温度为 200℃，工作平台温度为 60℃ • 打印模型，并观察打印过程是否顺利，若有异常，及时停机或通知指导教师				
缺口模型后处理（2 分）	• 使用斜口钳等工具去除模型支撑 • 使用砂纸、电磨枪等工具打磨模型表面，确保模型表面光滑，没有明显毛刺				
缺口匹配（2 分）	• 将打印好的缺口模型安装到陶罐上，观察大小、间隙是否匹配				
三、工作质量评定					
自评得分		班组长评价得分		教师评价得分	

项目任务工单（空表）

使用说明：1. 此表使用时，请自行按需复印，确保每个项目一份；

2. 表格内容可根据实际项目要求进行内容优化。

<table>
<tr><td>项目名称</td><td colspan="6"></td></tr>
<tr><td>接单人</td><td></td><td>班级</td><td colspan="2"></td><td>学号</td><td></td></tr>
<tr><td>项目发布</td><td colspan="6"></td></tr>
<tr><td rowspan="2">项目分析</td><td>分析内容</td><td colspan="5"></td></tr>
<tr><td>分析结论</td><td colspan="5"></td></tr>
<tr><td rowspan="9">策略制定</td><td rowspan="3">数据采集
策略</td><td>方案 1</td><td rowspan="2">理由</td><td colspan="3"></td></tr>
<tr><td>方案 2</td><td colspan="3"></td></tr>
<tr><td>选用结果</td><td colspan="4"></td></tr>
<tr><td rowspan="3">数据处理
策略</td><td>方案 1</td><td rowspan="2">理由</td><td colspan="3"></td></tr>
<tr><td>方案 2</td><td colspan="3"></td></tr>
<tr><td>选用结果</td><td colspan="4"></td></tr>
<tr><td rowspan="3">缺口修复
策略</td><td>方案 1</td><td rowspan="2">理由</td><td colspan="3"></td></tr>
<tr><td>方案 2</td><td colspan="3"></td></tr>
<tr><td>选用结果</td><td colspan="4"></td></tr>
<tr><td rowspan="3">项目实施</td><td>数据采集</td><td colspan="2"></td><td colspan="3">详见任务一实施表</td></tr>
<tr><td>数据处理</td><td colspan="2"></td><td colspan="3">详见任务二实施表</td></tr>
<tr><td>缺口修复</td><td colspan="2"></td><td colspan="3">详见任务三实施表</td></tr>
</table>

工作质量评定

<table>
<tr><td>自评得分</td><td></td><td>班组长评价得分</td><td></td><td>教师评价得分</td><td></td></tr>
<tr><td>班组长签字
日期</td><td></td><td colspan="2">教师签字日期</td><td colspan="2"></td></tr>
<tr><td>总成绩</td><td colspan="5"></td></tr>
</table>

（总成绩 = 自评得分 ×0.2+ 班组长评价得分 ×0.2+ 教师评价得分 ×0.6）

<table>
<tr><th>项 目 总 结</th></tr>
<tr><td>

日期：</td></tr>
</table>

<table>
<tr><th colspan="6">任务一　数据采集工作实施表</th></tr>
<tr><td colspan="6">一、工作准备</td></tr>
<tr><td rowspan="2">内容</td><td rowspan="2">标准要求</td><td colspan="3">检查情况记录</td><td rowspan="2">总结与反思</td></tr>
<tr><td>自查赋分</td><td>小组赋分</td><td>教师赋分</td></tr>
<tr><td>工作环境准备</td><td></td><td></td><td></td><td></td><td rowspan="3"></td></tr>
<tr><td>工作设备准备</td><td></td><td></td><td></td><td></td></tr>
<tr><td>个人规范操作准备</td><td></td><td></td><td></td><td></td></tr>
<tr><td colspan="6">二、工作实施</td></tr>
<tr><td rowspan="2">内容</td><td rowspan="2">标准要求</td><td colspan="3">检查情况记录</td><td rowspan="2">总结与反思</td></tr>
<tr><td>自查赋分</td><td>小组赋分</td><td>教师赋分</td></tr>
<tr><td>喷涂显像剂</td><td></td><td></td><td></td><td></td><td rowspan="3"></td></tr>
<tr><td>粘贴标志点</td><td></td><td></td><td></td><td></td></tr>
<tr><td>数据采集</td><td></td><td></td><td></td><td></td></tr>
<tr><td colspan="6">三、工作质量评定</td></tr>
</table>

自评得分		班组长评价得分		教师评价得分	

<table>
<tr><th colspan="6">任务二　数据处理与数模重构工作实施表</th></tr>
<tr><td colspan="6">一、工作准备</td></tr>
<tr><td rowspan="2">内容</td><td rowspan="2">标准要求</td><td colspan="3">检查情况记录</td><td rowspan="2">总结与反思</td></tr>
<tr><td>自查赋分</td><td>小组赋分</td><td>教师赋分</td></tr>
<tr><td>工作准备</td><td></td><td></td><td></td><td></td><td></td></tr>
<tr><td colspan="6">二、工作实施</td></tr>
<tr><td rowspan="2">内容</td><td rowspan="2">标准要求</td><td colspan="3">检查情况记录</td><td rowspan="2">总结与反思</td></tr>
<tr><td>自查赋分</td><td>小组赋分</td><td>教师赋分</td></tr>
<tr><td>处理点云数据</td><td></td><td></td><td></td><td></td><td rowspan="3"></td></tr>
<tr><td>处理多边形阶段数据</td><td></td><td></td><td></td><td></td></tr>
<tr><td>对模型进行逆向设计</td><td></td><td></td><td></td><td></td></tr>
<tr><td colspan="6">三、工作质量评定</td></tr>
<tr><td>自评得分</td><td></td><td>班组长评价得分</td><td></td><td>教师评价得分</td><td></td></tr>
</table>

<table>
<tr><th colspan="6">任务三　数据应用工作实施表</th></tr>
<tr><td colspan="6">一、工作准备</td></tr>
<tr><td rowspan="2">内容</td><td rowspan="2">标准要求</td><td colspan="3">检查情况记录</td><td rowspan="2">总结与反思</td></tr>
<tr><td>自查赋分</td><td>小组赋分</td><td>教师赋分</td></tr>
<tr><td>工作设备准备</td><td></td><td></td><td></td><td></td><td rowspan="2"></td></tr>
<tr><td>个人规范操作准备</td><td></td><td></td><td></td><td></td></tr>
<tr><td colspan="6">二、工作实施</td></tr>
<tr><td rowspan="2">内容</td><td rowspan="2">标准要求</td><td colspan="3">检查情况记录</td><td rowspan="2">总结与反思</td></tr>
<tr><td>自查赋分</td><td>小组赋分</td><td>教师赋分</td></tr>
<tr><td></td><td></td><td></td><td></td><td></td><td rowspan="4"></td></tr>
<tr><td></td><td></td><td></td><td></td><td></td></tr>
<tr><td></td><td></td><td></td><td></td><td></td></tr>
<tr><td></td><td></td><td></td><td></td><td></td></tr>
<tr><td colspan="6">三、工作质量评定</td></tr>
<tr><td>自评得分</td><td></td><td>班组长评价得分</td><td></td><td>教师评价得分</td><td></td></tr>
</table>

项目一　走进逆向工程技术

一、单选题

1. 支架式白光扫描仪包括直接拼接和（　）两种拼接模式。

A. 最大区域拼接　　B. 面面重合拼接

C. 画框选定拼接　　D. 自定义拼接

2. 快速成型技术在新产品开发中的主要用途不包括（　）。

A. 设计模型可视化及设计评价　　B. 零部件修补

C. 功能验证　　D. 装配校核

3. 以下内容不属于零件的逆向工程技术的工作流程的是（　）。

A. 模型建构　　B. 点云处理

C. 快速成型　　D. 着色美化

4. 下列说法正确的是（　）。

A. 反求思维在工程中的应用是近几年开始的

B. 专业分工越来越粗略促成了逆向工程技术的发展

C. 逆向工程是解决产品如何做得更多的最好途径

D. 逆向工程是对引进产品进行改进、创新，目的是开发出符合我国国情的先进产品

5. 以下不属于专业逆向工程设计的软件是（　）。

A. Imageware　　B. AutoCAD

C. Geomagic DesignX　　D. Copy CAD

6. 运用分离的方法，把一部分材料有序地从基体上分离出去的成型方法是（　）。

A. 去除成型　　B. 受迫成型

C. 堆积成型　　D. 生长成型

7. 与接触式测头相比，非接触式测头更适用于测量（　）。

A. 较窄较深的槽壁平面度

B. 空间棱柱物体

C. 复杂未知曲面形状的零件形貌

D. 仅要求提供规则尺寸测量结果的零件

8. 下面关于快速成型技术产生背景说法错误的是（　）。

A. 计算机、CAD、材料、激光技术的发展推动了快速成型技术的产生

B. 快速成型技术于20世纪80年代后期产生于德国

C. 快速成型技术将CAD/CAM集成于一体，构建三维模型

D. 快速成型技术改善了人机交流，缩短了开发周期，降低了新产品开发的风险

9. 旋转零件的方式是通过鼠标（ ）。

A. 中键 B. 左键 C. 右键 D. Alt+ 左键

10. 下列关于逆向工程的说法，错误的是（ ）。

A. 逆向工程主要任务是将原始物理模型转化为工程设计概念模型或设计模型

B. 对产品几何形状的反求是逆向工程的重要研究内容

C. 逆向工程是基于一定的测量手段对已有产品进行快速建模、复制的过程

D. 逆向工程主要包括数据预处理、数据分块、曲面拟合、CAD 模型生成等环节

二、多选题

1. 实物逆向工程设计的三个核心技术包括（ ）。

A. 几何模型重构技术 B. 模拟加工技术

C. 产品制造技术 D. 数字化技术

2. 三角网格化模型的特点是（ ）。

A. 模型简单

B. 能够表示测点的邻接关系

C. 可以直接用于 3D 打印

D. 生成的三角网格应该保证二维流形

3. 数字化测量所获取的点云数据类型包括（ ）。

A. 散乱点云 B. 扫描线点云

C. 栅格点云 D. 多边形点云

4. 按外形可将标志点分为（ ）。

A. 编码标志点 B. 圆形标志点

C. 角形标志点 D. 异形标志点

5. 广义的逆向工程是针对已有的产品原型，消化吸收和挖掘蕴含其中的涉及产品设计、制造和管理等各个方面的一系列分析方法、手段和技术，其目的是理解其中的关键技术，提高相关产品的开发水平，包括（ ）。

A. 几何形状逆向 B. 工艺逆向

C. 材料逆向 D. 设计意图

6. 在重构 CAD 模型之前必须对三坐标测量机测量的坐标点数据进行（ ）等处理。

A. 格式转换 B. 滤除噪声

C. 平滑 D. 对齐

7. 逆向工程常用软件包括（ ）。

A. Geomagic Wrap B. UG NX

C. Geomagic DesignX D. AutoCAD

8. 支架式白光扫描仪遇到以下的情况就需要重新标定的是（ ）。

A. 经过长途运输后　　B. 标定过程中精度不达标
C. 使用过程中出现严重振动　　D. 系统调整后
E. 长时间未使用

9. 逆向设计需要考虑产品的（　　）。
A. 本身品质要求　　B. 功能要求
C. 配合要求　　D. 工艺要求

10. 点云处理中选择模式有（　　）
A. 套索选择工具　　B. 圆形选择工具
C. 画笔选择工具　　D. 自由选择工具

三、判断题

1. 对于产品特别复杂、开发成本很高的产品，正向设计比逆向设计更适合。（　　）
A. 正确　　B. 错误

2. 逆向工程不是简单地将原有物体还原，它是在还原的基础上进行二次创新。（　　）
A. 正确　　B. 错误

3. 在设计操作舒适度要求较高产品时，逆向设计比正向设计更适合。（　　）
A. 正确　　B. 错误

4. 逆向工程技术中曲面重构精度是指重建曲面和实物模型间的偏差程度。（　　）
A. 正确　　B. 错误

5. 传统设计是从概念设计—样品—产品设计过程，而逆向设计是从产品—图样—产品的过程。（　　）
A. 正确　　B. 错误

6. 应用逆向工程技术可以提高企业生产率。（　　）
A. 正确　　B. 错误

7. 支架式白光扫描仪在标定过程中，标定板的旋转方向需要按照同一方向进行，不可反向旋转。（　　）
A. 正确　　B. 错误

8. 在扫描过程中，粘贴标志点应尽量分布均匀，不共线且不对称。（　　）
A. 正确　　B. 错误

9. 在用体偏差判断模型构建精度时，绿色代表偏差范围合适。（　　）
A. 正确　　B. 错误

10. 逆向设计过程中，只需考虑产品本身的功能即可。（　　）
A. 正确　　B. 错误

四、填空题

1. 逆向工程（Reverse Engineering，RE），也称反求工程、反向工程，其思想最初来自从（　　　　）模型到产品实物的设计过程。

2. 广义的逆向工程包括（　　　　）、（　　　　）和（　　　　）等诸多方面，是一个复杂的系统工程。

3. Go！SCAN 20 型手持式扫描仪的扫描范围是（　　　　）。

4. 逆向工程技术的一般过程可分为（　　　　）、（　　　　）、（　　　　）和（　　　　）阶段。

5. 产品表面三维数据的获取主要通过（　　　　）来实现。

6. 三维数据模型重构完成以后，采用以下三种方法进行模型制造：（　　　　）、（　　　　）、（　　　　）。

7. 圆形标志点的（　　　　）属于反光材质。

8. 逆向工程技术中的关键技术包括数据采集技术和（　　　　）。

9. 根据采集时（　　　　）是否与被测量零件接触，可将采集方法分为接触式和非接触式两大类。

10. 光学三角形测量原理是利用光源和敏感元件之间的（　　　　）和（　　　　）关系来计算零件表面点的坐标数据。

五、简答题

1. 在逆向工程中，物体表面三维数据的获取方法有哪些？

2. 激光三角测距法原理是什么？

3. 手持式激光扫描仪关键部分包括哪些？

4. 逆向工程技术的应用范围有哪些？

5. 按测量范围，三坐标测量机分为哪几类？

6. 三坐标测量机的结构组成是什么？

7. 三坐标测量机的主要机型及优缺点是什么？

8. 简述逆向工程技术的概念。

9. 简述几何形状逆向技术的概念。

10. 逆向工程技术的发展趋势将集中在哪几个方面？

项目二　走进 3D 打印技术

一、单选题

1. 3D 打印文件的格式是（　　）。

A. SAL　　B. STL　　C. SAE　　D. RAT

2. 各种各样的 3D 打印机中，精度最高、效率最高、售价也相对高的是（　　）。

A. 工业级 3D 打印机　　B. 个人级 3D 打印机

C. 桌面级 3D 打印机　　D. 专业级 3D 打印机

3. 下列产品仅使用 3D 打印技术无法制作完成的是（　　）。

A. 首饰　　B. 手机　　C. 服装　　D. 义齿

4. 市场上常见的 3D 打印机所用的打印材料直径为（　　）。

A. 1.75mm 或 3mm　　B. 1.85mm 或 3mm

C. 1.85mm 或 2mm　　D. 1.75mm 或 2mm

5. 下列关于 3D 打印技术的描述，不正确的是（　　）。

A. 3D 打印是一种以数字模型文件为基础，通过逐层打印的方式来构造物体的技术

B. 3D 打印技术起源于 20 世纪 80 年代，至今不过三四十年的历史

C. 3D 打印多用于工业领域，尼龙、石膏、金属、塑料等材料均能打印

D. 3D 打印技术为快速成型技术，打印速度十分迅速，成型往往仅需要几分钟的时间

6. 下列对于 3D 打印特点的描述，不恰当的是（　　）。

A. 对复杂性无敏感度，只要有合适的三维模型均可以打印

B. 对材料无敏感度，任何材料均能打印

C. 适合制作少量的个性化定制物品，对于批量生产优势不明显

D. 虽然技术在不断改善，但强度与精度与部分传统工艺相比仍有差距

7. 立体光固化成型设备使用的原材料为（　　）。

A. 光敏树脂　　B. 尼龙粉末

C. 陶瓷粉末　　D. 金属粉末

8. 以下目前不属于 DLP 3D 打印设备的光源的是（　　）。

A. 卤素灯泡　　B. LED 光源

C. 紫外光源　　D. 激光

9. 以下 3D 打印技术在金属增材制造中使用最多的是（　　）。

A. SLM　　B. SLA　　C. FDM　　D. 3DP

10. 熔融沉积技术存在的危险环节是（　　）。

A. 高温　　B. 激光

C. 高压　　D. 高加工速度

二、多选题

1. 3D 打印是快速成型技术的一种，是一种通过逐层打印的方式来构造物体的技术，可应用于（　　）领域。

A. 航天技术　　B. 医学　　C. 房屋建筑　　D. 汽车

2. SLA 3D 打印技术的打印方式包括（　　）。

A. 上投影　　B. 逐线打印

C. 下投影　　D. 逐点打印

3. 3D 打印需要依托多个学科领域的尖端技术，至少包括（　　）方面。

A. 信息技术　　B. 精密机械

C. 材料科学　　D. 自然环境

4. 3D 打印设备目前主要的热源有（　　）。

A. 激光束　　B. 电子束

C. 红外射线　　D. 等离子束

5. 3D 打印设备目前主要的热源有（　　）。

A. 成型加工误差　　B. 后处理误差

C. 前期数据处理误差　　D. 固化时间

6. FDM 3D 打印设备由（　　）组成。

A. 箱体结构　　B. 机械结构

C. 喷射结构　　D. 控制部分

7. 光固化成型设备由（　　）组成。

A. 光学系统　　B. 树脂容器

C. 数字控制　　D. 数字软件系统

8. SLS 工艺中所使用的原料主要有（　　）。

A. 塑料粉末　　B. 金属粉末　　C. 陶瓷粉末　　D. 纸材

9. LOM 工艺的优点是（　　）。

A. 成型速度较快　　B. 无须设计和制作支撑结构

C. 可进行切削加工　　D. 可制作尺寸大的原型

10. 3D 打印所使用的金属粉末一般要求（　　）。

A. 纯净度高　　B. 球形度好

C. 粒径分布窄　　D. 氧含量低

三、判断题

1. 3D 打印机可以自由移动，并能制造出比自身体积还要庞大的物品。（　　）

A. 正确　　B. 错误

2. SLM 工艺可打印大型部件。（　　）

A. 正确　　　　　　B. 错误

3. 3D 打印技术只是增材制造的一种。(　　)

A. 正确　　　　　　B. 错误

4. LCD 工艺精度和 DLP 工艺精度是一样的。(　　)

A. 正确　　　　　　B. 错误

5. DLP 3D 打印的义齿模型和珠宝模型可以用一种铸造树脂铸造。(　　)

A. 正确　　　　　　B. 错误

6. LCD 3D 打印可制造高度 200mm，长度 150mm 的模型。(　　)

A. 正确　　　　　　B. 错误

7. DLP 工艺最大的缺点是打印面积小。(　　)

A. 正确　　　　　　B. 错误

8. SLA 相对于 FDM 设备速度会更快一点。(　　)

A. 正确　　　　　　B. 错误

9. 打印建筑物所使用的原理与一般 3D 打印机的原理基本相同，不过原料却换成了水泥和玻璃纤维的混合物。(　　)

A. 正确　　　　　　B. 错误

10. 快速成型（rapid prototyping，RP）技术又称快速原型，其可以快速、自动地将设计思想物化为具有结构和功能的原型或直接制造零部件。(　　)

A. 正确　　　　　　B. 错误

四、填空题

1. 制造技术从制造原理上可以分为三类：(　　　　)、等材制造和减材制造。

2. 3D 打印是一种（　　　　）技术。

3. 传统数控制造一般是在原材料基础上，使用（　　　　）、(　　　　)、(　　　　)、(　　　　）等方法，去除多余部分，得到零部件。

4. 3D 打印技术特别适合应用于（　　　　）、(　　　　)、(　　　　）的产品。

5. 3D 打印的种类有（　　　　）、(　　　　)、(　　　　)、(　　　　)、(　　　　)。

6. 目前 LOM 工艺的基体材料主要为（　　　　）。

7. 整个 3D 打印市场可分为（　　　　）、(　　　　)、(　　　　）以及外围技术培训等。

8. （　　　　）是一种应用最广泛的热塑性工程塑料。

9. 运用 3D 打印技术，无需开发模具，可以把制造时间降低为以前的 1/10~(　　　　)，费用降低到（　　　　）以下。

10. 熔融沉积又称（　　　　），它是将丝状的热熔性材料加热熔化，通过带有一个微细喷嘴的喷头挤喷出来。

五、简答题

1. 简述 DLP 设备的工作原理。

2. 列举 FDM 设备切片软件设置时的一些基本参数，并针对 I3 结构型设备做出参数设置。

3. 使用 FDM 设备打印模型后，有哪些方法可从热床上快速拆除模型，并加以解释?

4. 三角洲在 3D 打印市场占据什么优势?

5. 针对现有的 3D 打印机提出改进意见。

6. 简述 3D 打印的种类。

7. 3D 打印材料有哪些？

8. 3D 打印技术的优势主要体现在哪些方面？

9. 3D 打印的应用领域有哪些？

10. 简述 3D 打印产业的重要战略意义？

项目三 万向节叉零件扫描与逆向设计

一、单选题

1. 在喷粉时，喷粉距离约为（ ）mm。

A. 100　　B. 150　　C. 200　　D. 300

2. 观察后发现该产品原型呈暗黑色，不利于数据的采集，因此需对原型表面进行（ ）处理。

A. 喷粉　　B. 喷水　　C. 喷墨

3. 过渡区公共标志点数量至少为（ ）个。

A. 1　　B. 2　　C. 3　　D. 4

4. 当精度达标时，将零件放置在转盘上，调整扫描仪角度和位置，确保转盘和零件在扫描仪十字（ ）。

A. 两侧　　B. 中间　　C. 上边　　D. 下边

5. 扫描仪精度校准又称扫描仪定标，它是得到三维世界中物体点的三维坐标与其图像上对应点的函数关系的过程，是决定系统扫描（ ）的重要因素。

A. 精度　　B. 密度　　C. 增益　　D. 曝光值

二、多选题

1. 标志点粘贴应选择（ ）。

A. 面积较大的曲面　　B. 曲率较小的曲面

C. 尽量远离边缘　　D. 面积较小的曲面

2. 天远 OKO 系列白光双目扫描仪的特点是（ ）。

A. 精度高　　B. 速度快

C. 采集数据量大　　D. 使用方便、操作简单

3. 粘贴标志点时应注意（ ）。

A. 标志点不要粘贴在一条直线上，也不要对称粘贴

B. 过渡区公共标志点数量至少为 4 个

C. 标志点应使相机在尽可能多的角度可以同时看到

D. 标志点粘贴应选择面积较大且曲率较小的曲面，尽量远离边缘

4. 点云阶段数据处理步骤包括（ ）。

A. 打开文件　　B. 去除杂点

C. 封装点云数据　　D. 填充孔洞

5. 去除杂点步骤包括（ ）。

A. 着色　　B. 删除非连接项

C. 删除体外孤点　　D. 减少噪音

三、判断题

1. 该产品为暗黑色锻钢件，在不喷粉的状态下很难直接进行扫描，所以需要在零件表面喷涂一层薄薄的显像剂。（ ）

A. 正确　　B. 错误

2. 数据扫描前需对扫描仪进行精度校准，设备精度达到采集要求标准后方可进行数据采集。（ ）

A. 正确　　B. 错误

3. 采集完成后的点云数据需要应用 Geomagic Wrap 软件将扫描杂点去除，并填充粘贴标志点形成的孔洞，形成封闭完整的零件数据。（ ）

A. 正确　　B. 错误

4. 利用 Geomagic Design X 软件可以完成模型的重构过程。（ ）

A. 正确　　B. 错误

5. 在喷粉时，喷粉距离约为 400mm。（ ）

A. 正确　　B. 错误

四、填空题

1. 采集数据前需对扫描仪进行（ ），设备精度达到采集要求标准后方可进行数据采集。

2. 观察实时显示区域中零件的亮度，在软件中设置相应的相机曝光值和增益值，一般情况下曝光值为（ ）左右，增益值在（ ）左右，可根据环境适当调整，以物体不反光为宜。

3. 检查扫描仪与零件的距离，此距离可依据软件实时显示区红色十字和黑色十字重合确定，重合后距离约为（ ）高度为宜。

4. 采集完成后的点云数据需要应用（ ）软件将扫描杂点去除，并填充粘贴标志点形成的孔洞，形成封闭完整的零件数据。

5. 打开 Geomagic Wrap 软件，用鼠标将“万向节叉 .asc”文件拖入界面，选择比率（ ）和单位（ ），进入软件界面。

五、简答题

1. 粘贴标志点时应注意哪些事项？

2. 调整好位置和设备参数后，按哪些步骤对被测物体进行表面数据采集？

3. 填充孔洞的具体步骤是什么?

4. 平滑曲面的具体步骤是什么?

5. 简要讲述数据应用步骤。

项目四 旋钮零件扫描与逆向设计

一、单选题

1. 考虑旋钮侧面狭窄且细小，不利于标志点的合理分布，因此在侧面较大区域进行标志点粘贴，数量大于（ ）个即可。

A. 1　　B. 2　　C. 3　　D. 4

2. 旋钮原件为黑色塑料制品，整体表面光洁，外表面镀有红色亮漆，略有反光，内表面呈哑光黑色，（ ）数据采集。

A. 利于　　B. 不利于　　C. 不能　　D. 不影响

3. 逆向设计模型形状精确、三维数据完整、特征清晰，模型尺寸误差控制在（ ）内。

A. ±0.1mm　　B. ±0.2mm　　C. ±0.3mm　　D. ±0.4mm

4. 旋钮原件尺寸较小，且需进行翻转扫描，在表面粘贴过多标志点会造成外形数据（ ）。

A. 增多　　B. 缺失　　C. 错误　　D. 过多

5. 为了得到完整的采集数据，选择在旋钮（ ）粘贴标志点作为内、外表面的翻转过渡区，以实现内、外表面的扫描数据统一。

A. 下面　　B. 上面　　C. 侧面　　D. 里面

二、多选题

1. 针对本次扫描任务，按照整体扫描策略制定的要求，选用“外 6 内 4”的圆形标志点，需要用到的工具有（ ）。

A. 棉签 1 包　　B. 标志点若干

C. 黑色背景板 1 块　　D. 零件一个

2. 调整好设备和零件的位置后，按（ ）步骤进行扫描。

A. 外表面数据采集　　B. 过渡区扫描

C. 内表面数据采集

3. 平滑曲面的步骤包括（ ）。

A. 删除钉状物　　B. 松弛网格

C. 光顺网格　　D. 去除特征

4. 多边形阶段数据处理步骤包括（ ）。

A. 填充孔洞　　B. 平滑曲面

C. 封装点云数据　　D. 保存文件

5. 工作部件型芯、型腔设计完成后，可根据生产企业的（ ），合理进行模具设计。

A. 生产条件　　B. 设备型号

C. 批量大小　　　　D. 效益

三、判断题

1. 旋钮原件为黑色塑料制品，整体表面光洁，外表面镀有红色亮漆，略有反光，内表面呈哑光黑色，利于数据采集。(　　)

A. 正确　　　　B. 错误

2. 将逆向设计后的模型按接缝进行分块处理，并使用NX注塑模向导对其进行模具设计。(　　)

A. 正确　　　　B. 错误

3. 采集完成后的点云数据需要应用Geomagic Wrap软件将扫描杂点去除，并填充粘贴标志点形成的孔洞，形成封闭完整的零件数据。(　　)

A. 正确　　　　B. 错误

4. 标志点的粘贴位置不同，使用要求也不同，如果粘贴在扫描物体表面，优点是在粘贴位置会形成空洞，影响扫描物体的外形数据。(　　)

A. 正确　　　　B. 错误

5. 内外表面数据采集时，为避免粘贴标志点形成孔洞影响旋钮曲面，可在转盘上粘贴标志点，需要注意的是，如果在转盘上粘贴了标志点，那么在扫描过程中旋钮是不可以发生相对位置移动的，否则极易出现数据错层现象，导致数据拼合不成功。(　　)

A. 正确　　　　B. 错误

四、填空题

1. 在翻转零件时，工作转盘上不可粘贴标志点，若转盘上粘贴标志点时翻转零件，易造成扫描数据(　　　　)。

2. 采集完成后的点云数据包含一些扫描物体之外的杂点，粘贴标志点的位置也会出现数据缺失，需要应用(　　　　)软件将扫描杂点去除，并填充粘贴标志点形成的孔洞，形成封闭完整的零件数据。

3. 有了逆向设计数据后，应用(　　　　)注塑模向导对其进行模具设计。

4. 观察后发现旋钮外表面为红色亮漆，略有反光，内表面呈黑色，整体材质及颜色不利于数据的采集，因此需对其表面进行(　　　　)处理。

5. 扫描过程中用侧面标志点实现旋钮的(　　　　)扫描。

五、简答题

1. 旋钮零件的数据采集策略包括哪些?

2. 简述逆向设计策略。

3. 调整好设备和零件的位置后，需要哪些步骤对被测物体表面进行数据采集?

4. 数据应用的步骤包括哪些?

5. 旋钮零件扫描与逆向设计的难点是什么?

项目五　阀体支架扫描与逆向设计

一、单选题

1. 在喷粉时，喷粉距离约为（　　）cm。

A. 10　　B. 15　　C. 20　　D. 30

2. 扫描零件特征较多，且需多次移动并改变扫描角度，因此选择把标志点粘贴在（　　）。

A. 零件两侧　　B. 零件中间

C. 零件表面　　D. 以上都可以

3. 上、下表面点云数据采集完成后，需要应用（　　）软件将两部分数据拼合成整体。

A. CAD　　B. Geomagic Wrap

C. Geomagic Design X　　D. NX

4. 进入【切削层】命令操作，起始位置选择毛坯（　　）。

A. 两侧　　B. 中间　　C. 下表面　　D. 上表面

5. 创建毛坯轮廓线，单击【矩形】命令，创建一个（　　）的正方形，单击【约束】命令，使草图完全约束。

A. 100mm × 100mm　　B. 110mm × 110mm

C. 120mm × 120mm　　D. 130mm × 130mm

二、多选题

1. 打开 Geomagic Wrap 软件，用鼠标将“测试件 1.asc”的文件拖入界面，选择比率为（　　）和单位为（　　），进入软件界面（　　）。

A. 100%　　B. 90%　　C. mm　　D. cm

2. 点云阶段数据处理的步骤包括（　　）。

A. 打开文件　　B. 去除杂点

C. 封装点云数据　　D. 处理下表面文件

3. 多边形阶段数据处理的步骤包括（　　）。

A. 数据拼合　　B. 填充孔洞

C. 平滑曲面　　D. 保存文件

4. 应用 Geomagic Wrap 软件【手动注册】命令将（　　）数据拼合成整体。

A. 上表面　　B. 下表面　　C. 侧面　　D. 内表面

5. 去除杂点步骤包括（　　）。

A. 着色点云　　B. 删除非连接项

C. 删除体外孤点　　D. 减少噪音

三、判断题

1. 某企业车间数控加工件图样丢失，要求结合逆向工程技术，在不破坏原产品的情况下对其进行数据采集，并对逆向设计后的零件进行制造加工，加工成品要求尺寸误差控制在 ±0.1mm 内，内、外表面光洁。(　　)

A. 正确　　B. 错误

2. 选用天远 OKO 系列白光扫描仪，该扫描仪扫描精度高、速度快、采集数据量大，尤其适用于小件物品的数据采集，可实时显示摄像机的图像和得到的三维数据结果。(　　)

A. 正确　　B. 错误

3. 零件侧面与底面、顶面相垂直，而且面积较大，不利于实现整体翻转扫描，因此选择分别扫描上、下表面数据，用侧面做公共区域，利用 Geomagic Wrap 软件中的【对齐】命令将上、下扫描数据拼接，获得整体数据。(　　)

A. 正确　　B. 错误

4. 在喷粉时，喷粉距离约为 30cm。(　　)

A. 正确　　B. 错误

5. 有了逆向设计完成后的实体模型，就可以应用数控加工技术对其进行加工制造。(　　)

A. 正确　　B. 错误

四、填空题

1. 为了保证零件数据在软件间的通用性，我们将其输出为(　　　　)格式。

2. 由于零件表面积不大，依照项目三中(　　　　)的原则。

3. 在【定义集合】对话框中将文件 1 选为(　　　　)，文件 2 选为(　　　　)。

4. (　　　　)上半部分【指定部件】选择为工件 1,【指定毛坯】选择为拉伸件。

5. 单击【刀轨设置】并选择【半精铣】选项,【切削模式】选择【跟随周边】,步距选择(　　　　)，每刀切削深度选择(　　　　)。

五、简答题

1. 简述扫描仪设备调整的步骤。

2. 调整好零件位置和扫描仪设备参数后，按哪些步骤进行数据采集？

3. 数据拼合的具体步骤是什么？

4. 毛坯准备的具体步骤是什么？

5. 粗加工的步骤是什么？

项目六　万向连接器零件扫描与逆向设计

一、单选题

1. 为了得到完整的采集数据，选择在连接件（　　）圆弧处粘贴标志点作为内外表面的翻转过渡区。

A. 上边　　B. 中间　　C. 下边　　D. 左边

2. 标志点粘贴时选择在曲率变化较小的曲面上，且数量大于（　　）个。

A. 2　　B. 3　　C. 4　　D. 5

3. 单击【封装】命令，选择【自动降低噪音】选项，选择最大（　　）数量，单击【确定】按钮，由点云数据转换为多边形数据。

A. 三角形　　B. 矩形　　C. 正方形　　D. 多边形

4. 使用【删除钉状物】命令，将选中（　　）多边形网格中的单点尖峰展开。

A. 三角形　　B. 矩形　　C. 正方形　　D. 多边形

5. 在逆向设计过程中，可以利用（　　）软件中的面片草图、拉伸、几何特征等命令完成各规则体的实体设计，再通过布尔运算获得整个实体轮廓。

A. Geomagic Wrap　　B. CAD

C. Design X　　D. NX

二、多选题

1. 打开 Geomagic Wrap 软件，用鼠标将“测试件 1.asc”的文件拖入界面，选择比率为（　　）和单位为（　　），进入软件界面（　　）。

A. 100%　　B. 90%　　C. mm　　D. cm

2. 点云阶段数据处理的步骤包括（　　）。

A. 打开文件　　B. 去除杂点

C. 封装点云数据　　D. 处理下表面文件

3. 多边形阶段数据处理的步骤包括（　　）。

A. 数据拼合　　B. 填充孔洞

C. 平滑曲面　　D. 保存文件

4. 应用 Geomagic Wrap 软件【手动注册】命令将（　　）数据拼合成整体。

A. 上表面　　B. 下表面　　C. 侧面

5. 去除杂点步骤包括（　　）。

A. 着色点云　　B. 删除非连接项

C. 删除体外孤点　　D. 减少噪音

三、判断题

1. 应用 Geomagic Wrap 软件可以将采集数据的杂点去除、补全缺失数据、光顺表面、封装数据，最终获得多边形数据。(　　)

2. 使用三维扫描仪采集完成后的点云数据只包含被测物体本身的点云数据，不会获取其他数据 (　　)

3. 在对物体进行表面处理时，喷涂的显像剂越多越好，越白越好。(　　)

4. 在喷粉时，喷粉距离约为 300cm。(　　)

5. 在对物体进行三维数据采集时，物体的颜色不会造成任何影响，都可以随时进行。(　　)

四、填空题

1. 观察后发现万向联轴器原型呈暗褐色，不利于数据的采集，因此需对原型表面进行 (　　　　)。

2. 由于零件表面积不大，因此可借助 (　　　　) 完成数据采集，使得扫描过程既稳定又节省时间，也能减少零件表面标志点的粘贴数量。

3. 选用 Geomagic Wrap 软件可以对采集数据进行多余杂点删除、(　　　　) 填充等操作，进一步优化表面整体数据；并选用 (　　　　) 软件对其进行整体逆向设计，通过使用面片草图、拉伸、几何特征等命令完成各规则体的实体设计。

4. 使用 ANSYS 有限元分析软件对逆向设计模型进行 (　　　　) 分析，模拟其工作行为，并预测其在现实环境中的性能。

5. 标志点粘贴时选择在曲率变化较小的曲面上，且数量大于 (　　　　) 个。

五、简答题

1. 简述标志点的粘贴原则。

2. 支架式白光双目扫描仪的标定步骤有哪些？

3. 在哪些情况下，扫描仪需要重新标定？

4. 获取的采集数据进行数据处理的操作步骤有哪些？

5. 简述使用 ANSYS 有限元分析软件对逆向设计模型进行动力学分析的步骤。

项目七　鼠标外形扫描与逆向设计

一、单选题

1. 本项目鼠标原型为（　　）材料，上表面呈灰白色，中间滚轮和底面呈黑色，表面光洁，无毛刺。

A. ABS　　B. PP　　C. PC　　D. PVC

2. 鼠标（　　）为主要采集区，为保证数据的完整性，选择在工作转盘上粘贴标志点，鼠标上表面不粘贴任何标志点。

A. 下表面　　B. 上表面　　C. 侧面

3. 框选要进行平滑的曲面部分，单击【删除钉状物】命令按钮，适当调整平滑级别，以不改变零件细节特征为宜，将（　　）网格中的单点尖峰展开。

A. 三角形　　B. 矩形　　C. 正方形　　D. 多边形

4. 绘制触点半球，以圆柱为中心点，画直径为（　　）mm 的球，将其与拉伸柱体布尔求和。

A. 1　　B. 2　　C. 3　　D. 4

5. 绘制充电口，选择充电底座（　　）为基准面，绘制充电口草图并拉伸，将其与底座布尔求差。

A. 前面　　B. 后面　　C. 上面　　D. 下面

二、多选题

1. 该鼠标外形尺寸约 10cm，结构对称，由左、右按键、（　　）几部分拼接组成，各部件间有明显分界线，曲面圆滑过渡。

A. 面盖　　B. 中壳　　C. 底壳　　D. 滚轮

2. 鼠标外形特征主要由曲面构成，主要数据采集部分为（　　）。

A. 上表面　　B. 侧面　　C. 底平面

3. 绘制草图，在鼠标底部绘制图形，向下拉伸，设置开始距离为（　　）mm，结束距离（　　）mm。

A. 10　　B. 15　　C. 16　　D. 17

4. 绘制底座草图，在底部画充电底座截面草图，并将其拉伸成长方体，拉伸草图开始距离为（　　）mm，结束距离为（　　）mm。

A. −1　　B. −2　　C. 15　　D. 20

5. 设计充电底座步骤包括（　　）。

A. 绘制触点半球　　B. 绘制底座草图

C. 绘制充电口　　D. 模型倒角

三、判断题

1. 鼠标属于规则结构，主要由自由曲面组成，从产品设计角度考虑，该项目适合培养学习者的逆向设计水平。(　　)

A. 正确　　　　　　　　　　B. 错误

2. 项目要求鼠标整体数据完整，若采取整体扫描的方案可优先满足要求，既能避免数据丢失，也能保留产品原有细节特征，因此选用整体扫描的方式进行。(　　)

A. 正确　　　　　　　　　　B. 错误

3. 当精度达标时，将鼠标放置在转盘上，调整鼠标与扫描仪的距离，确定转盘和零件在扫描仪十字中间，尝试旋转转盘一周，在软件实时显示区保证能够看到零件整体。(　　)

A. 正确　　　　　　　　　　B. 错误

4. 为实现正反面扫描数据的坐标系统一，选择鼠标上表面粘贴标志点作为翻转过渡区。(　　)

A. 正确　　　　　　　　　　B. 错误

5. 将建模完成后的实体输出 STP 格式，选择【文件】|【输出】选项，选择鼠标整体为输出要素。(　　)

A. 正确　　　　　　　　　　B. 错误

四、填空题

1. 使用支架式白光双目扫描仪完成简单曲面零件整体数据采集，使数据采集过程速度快，精度高，(　　　　)。

2. 鼠标外形特征主要由(　　　　)构成，主要数据采集部分为上表面、侧面和底平面。

3. 扫描完成后，选择保存路径，将扫描点云数据另存为“(　　　　)”格式文件。

4. 在鼠标上表面分区域绘制(　　　　)，绘制的曲线要尽量贴近圆角边缘，保证光顺平整、封闭拟合。

5. 底面数据采集时，需要及时调整鼠标的摆放角度，所以在(　　　　)粘贴一定数量的标志点。

五、简答题

1. 鼠标外形扫描与逆向设计的策略制定有哪些？

2. 调整好零件位置和扫描仪设备参数后，按哪些步骤进行扫描？

3. 填充孔的具体步骤是什么？

4. 平滑曲面的具体步骤是什么？

5. 简要讲述数据应用步骤。

项目八　电话手柄扫描与逆向设计

一、单选题

1. 因电话手柄材质为（　　）塑料，会反光，整体材质及颜色不利于数据采集，因此需要对其表面进行喷粉处理。

A. 灰色　　B. 黑色　　C. 红色　　D. 紫色

2. 单击【封装】命令，选择【自动降低噪音】选项，选择最大（　　）数量，单击【确定】按钮，数据由点云转换为多边形界面。

A. 多边形　　B. 矩形　　C. 正方形　　D. 三角形

3. 单击【追加平面】命令，弹出对话框，【要素】选择（　　）点，在听筒周边选择点。

A. 2 个　　B. 多个　　C. 1 个　　D. 无数个

4. 单击【延长】命令，选择电话外表面区域各边线，延长【距离】设置为（　　）。

A. 4mm　　B. 6mm　　C. 8mm　　D. 10mm

二、多选题

1. 填充孔洞包括（　　　）。

A. 填充内部孔　　B. 填充中间孔

C. 填充边界孔

2. 使用（　　　）等命令，将多边形网格中的单点尖峰展开。

A. 删除钉状物　　B. 松弛

C. 砂纸　　D. 快速光顺

3. 该零件是典型的塑料产品，曲面、圆角较多，精度要求高，在逆向设计过程中可以利用 Design X 软件中的（　　　）等命令完成各曲面的设计。

A. 3D 样条曲线　　B. 境界拟合

C. 曲面拟合　　D. 放样

4. 在【Accuracy Analyzer（TM）】面板的【类型】选项组中选中【偏差】选项，显示（　　　）与（　　　）之间的误差。

A. 曲面　　B. 网格　　C. 直面　　D. 网络

5. 去除杂点步骤包括（　　　）。

A. 着色点云　　B. 删除非连接项

C. 删除体外孤点　　D. 减少噪音

三、判断题

1. 单击【曲面拉伸】命令，选择 3D 样条曲线，定义为双向拉伸类型，正、反

拉伸距离均为 55mm。(　　)

A. 正确　　　　　　　　B. 错误

2. 内表面数据采集结束后，需利用听筒侧面标志点实现翻转后的数据坐标统一，这时需调整听筒摆放角度和位置，使侧面标志点成为有效公共标志点，且数量大于 4 个。(　　)

A. 正确　　　　　　　　B. 错误

3. 打开 Design X 软件，选择【插入】|【导入】命令，在弹出的对话框中选择要导入的文件数据，也可用鼠标直接将 STL 文件拖入窗口。(　　)

A. 正确　　　　　　　　B. 错误

4. 为提高扫描效率和扫描质量，借助工作转盘完成扫描。(　　)

A. 正确　　　　　　　　B. 错误

5. 因电话手柄表面材质为灰色塑料，不会反光，整体材质及颜色不利于数据的采集，因此需对其表面进行喷粉处理。(　　)

A. 正确　　　　　　　　B. 错误

四、填空题

1. 本项目主要数据采集部分为电话手柄内外表面和(　　　　)。

2. 由于在本次扫描过程中，电话手柄需全程进行位置和角度调整，所以选择(　　　　)粘贴标志点。

3. 观察实时显示区域中听筒的亮度，在软件中设置相应的相机曝光值和增益值，可根据环境适当调整，以物体(　　　　)为宜。

4. 单击【填充单个孔】命令，选择(　　　　)，将数据中的部分空洞填充。

5. 根据设计要求填写曲面与原始数据之间的(　　　　)的上下极限偏差值。

五、简答题

1. 电话手柄产品分析的步骤是什么?

2. 本项目如何进行扫描策略的制定?

3. 本项目扫描前的准备工作有哪些?

4. 数据采集的步骤是什么？

5. 简述电话手柄的偏差分析步骤。

项目九　陶罐外形扫描与逆向设计

一、单选题

1. 本项目产品原型为彩色陶罐，表面有明显手绘花纹，纹路清晰，上半部分呈浅（　　），下半部分呈浅棕色，部分位置略有反光。

A. 灰色　　B. 黑色　　C. 红色　　D. 紫色

2. 数据采集过程中要求罐口缺口部分形状精确、三维数据完整、特征清晰；打印模型要符合原有展品特征，整体尺寸误差控制在（　　）内。

A. ±0.1mm　　B. ±0.2mm　　C. ±0.3mm　　D. ±0.4mm

3. 手持式白光扫描仪重量轻、体积小、扫描精度高、速度快、采集数据量大，扫描范围在（　　）m 之间。

A. 0.2~2　　B. 0.3~2　　C. 0.2~3　　D. 0.3~3

4. 标定时将手持式扫描仪在距离标定板（　　）mm 的地方垂直投射。

A. 100　　B. 200　　C. 300　　D. 400

5. 标定完成后，选择设备对应型号将其激活，设置扫描参数，选择【黑色微粘标志点】选项，选择【自动曝光】选项，勾选【捕捉纹理】选项，【分辨率】设置为（　　）。

A. 2mm　　B. 4mm　　C. 6mm　　D. 8mm

二、多选题

1. 该陶罐为陶瓷制品，其特点是（　　　）。

A. 外表光滑美观　　B. 隔热性好

C. 易碎　　D. 耐腐蚀

2. 该产品原型是工艺展品，结构对称，特征明显，由（　　　）等特征构成，整体属于规则几何体，关于中心轴对称。

A. 罐体　　B. 罐口　　C. 罐盖　　D. 缺口部位

3. 罐口残缺部位设计的步骤包括（　　　）。

A. 绘制样条曲线　　B. 放样

C. 延长曲面　　D. 切割罐体

4. 将打印模型导入 3D 打印机，打印残缺部分模型。待打印完成后，取出模型，使用（　　　）等工具对其进行表面处理，直到满足使用要求即可。

A. 平口钳　　B. 砂纸

C. 电磨枪

5. 将模型合理摆放后，依次设置打印参数，这时可对打印模型过程进行预测分析，包括（　　　）

A. 打印时间　　B. 模型重量

C. 模型结构

三、判断题

1. 扫描时手持扫描仪在距离陶罐表面大约 20cm 的地方、以向下倾斜 50° 开始扫描。(　　)

A. 正确　　B. 错误

2. 实时调整扫描仪角度，必要时可下蹲身体，注意不要用眼睛直视扫描镜头和光源。(　　)

A. 正确　　B. 错误

3. 填充孔洞时，不应改变模型本身特征，应尽量维持原貌。(　　)

A. 正确　　B. 错误

4. 在逆向设计过程中，可以应用 Design X 软件中的回转精灵命令完成陶罐的主体设计，再通过放样、剪切等命令获得残缺部位的实体轮廓。(　　)

A. 正确　　B. 错误

5. 为适应打印机的文件格式，需要先将文件转换成 STL 格式，再将其输入 3D 打印机操作软件中，调整摆放位置、合理设置参数后就可以打印模型了。(　　)

A. 正确　　B. 错误

四、填空题

1. 扫描过程中实时观察距离指示灯，颜色以为(　　　　)宜。

2. 扫描时手持扫描仪在距离陶罐表面大约(　　　　)的地方、以向下倾斜(　　　　)开始扫描。

3. 若出现扫描中断，可选择陶罐较大面积区域，单击(　　　　)命令，继续捕捉细节特征。

4. 数据扫描完成后，将陶罐整体数据导出，文件另存为(　　　　)格式。

5. 在逆向设计过程中，可以应用(　　　　)软件中的回转精灵命令完成陶罐的主体设计，再通过放样、剪切等命令获得残缺部位的实体轮廓。

五、简答题

1. 简述陶罐缺口修复策略。

2. 陶罐扫描前的准备工作有哪些?

3. 多边形阶段数据处理的步骤包括哪些？

4. 多边形阶段数据处理的文件输出步骤是什么？

5. 简述数据应用步骤。

项目十　汽车零部件扫描与逆向设计

一、单选题

1. 保证在扫描仪的单个扫描视野内，标志点的数量大于（　　）个即可。

A. 2　　B. 4　　C. 6　　D. 8

2. 因零件表面不进行喷粉处理，所以移除标志点很困难，需注意尽量（　　）标志点的粘贴数量。

A. 增加　　B. 不变　　C. 减少

3. 扫描时手持扫描仪在距离头像表面大约（　　）cm 的地方开始扫描，随时观察距离指示灯，颜色以绿色为宜。

A. 10　　B. 20　　C. 30　　D. 40

4. 本次扫描方案选择内外表面（　　）扫描的方式进行，通过合并的方式获得整体数据。

A. 分开　　B. 一起　　C. 同时　　D. 整体

5. 观察后发现该产品原型呈暗灰色，数据主要采集部分为铸件内外表面，内部细节特征较多，且深度较大，为避免喷粉对产品表面造成的影响，结合产品扫描要求，选择（　　）激光扫描仪进行扫描。

A. 便携式　　B. 三维　　C. 手持式　　D. 固定式

二、多选题

1. 手持式激光扫描仪的特点是（　　　）。

A. 重量轻　　B. 体积小

C. 分辨率高　　D. 扫描精度高

2. 单击【合并扫描】命令，选择【手册】校准模式，将外表面数据设为（　　　），内表面数据设为（　　　）。

A. 不动　　B. 移动　　C. 固定　　D. 位移

3. 该零件是精密铸件，结构特征明显，由铸件主体、底座、加强筋及部分细节特征构成，每个部分都是规则几何体，且有规律分布；在逆向设计过程中，可以应用 Design X 软件中的（　　　）等命令完成各部分的实体设计，再通过剪切、圆形阵列、布尔运算等命令获得整个实体轮廓。

A. 面片草图　　B. 拉伸　　C. 回转　　D. 剪切

4. 在【Accuracy Analyzer（TM）】面板的【类型】选项组中选中【偏差】选项，显示（　　　）与（　　　）之间的误差。

A. 曲面　　B. 网格　　C. 直面　　D. 网络

5. 铸件主体设计过程包括（　　　）。

A. 创建轮廓基准面 1　　B. 绘制轮廓草图 1

C. 参照线　　D. 回转体

三、判断题

1. 可根据零件大小调整标志点的间距，一般在 20 ~ 80 mm 之间。(　　)

A. 正确　　B. 错误

2. 扫描完成获得的数据分别为铸件内、外表面数据，并没有得到零件完整的采集数据，可以利用扫描仪操作软件中的【合并扫描】命令完成内、外表面的数据合并。(　　)

A. 正确　　B. 错误

3. 建立参照点，单击【参照点】选项，选择【相交线 & 面】，分别选择中心轴和平面 1，单击【确定】按钮。(　　)

A. 正确　　B. 错误

4. 在菜单栏中单击【文件】|【输出】命令，选择零件为输出要素，单击【确定】按钮，选择文件的保存路径及格式，文件命名为【铸件】，单击【保存】按钮。(　　)

A. 正确　　B. 错误

5. 为了得到完整的采集数据，需对铸件表面进行标志点粘贴。(　　)

A. 正确　　B. 错误

四、填空题

1. 主要数据采集部分为内外表面和（　　　　）。

2. 该扫描仪会自动完成标志点的填充，当软件自动填充时会产出变形，粘贴标志点时需尽量远离边缘和细节特征区，不能把目标点贴在距离细节特征 3mm 的表面上。

3. 可根据零件大小调整标志点的间距，一般在（　　　　）~（　　　　）mm 之间。

4. 扫描时手持扫描仪在距离头像表面大约 20cm 的地方开始扫描，随时观察距离指示灯，颜色以（　　　　）为宜。

5. 手持式激光扫描仪可自动生成 STL（　　　　）网格面。

五、简答题

1. 手持式激光扫描仪的优点是什么？

2. 粘贴标志点时，需注意哪些事项？

3. 扫描仪标定完成后，设置设备参数，按哪些步骤进行扫描？

4. 逆向设计过程中 Geomagic Design X 软件的作用是什么？

5. 简述如何对齐坐标系？

关于“十四五”职业教育国家规划教材的出版说明

为贯彻落实《中共中央关于认真学习宣传贯彻党的二十大精神的决定》《习近平新时代中国特色社会主义思想进课程教材指南》《职业院校教材管理办法》等文件精神，机械工业出版社与教材编写团队一道，认真执行思政内容进教材、进课堂、进头脑要求，尊重教育规律，遵循学科特点，对教材内容进行了更新，着力落实以下要求：

1. 提升教材铸魂育人功能，培育、践行社会主义核心价值观，教育引导学生树立共产主义远大理想和中国特色社会主义共同理想，坚定“四个自信”，厚植爱国主义情怀，把爱国情、强国志、报国行自觉融入建设社会主义现代化强国、实现中华民族伟大复兴的奋斗之中。同时，弘扬中华优秀传统文化，深入开展宪法法治教育。

2. 注重科学思维方法训练和科学伦理教育，培养学生探索未知、追求真理、勇攀科学高峰的责任感和使命感；强化学生工程伦理教育，培养学生精益求精的大国工匠精神，激发学生科技报国的家国情怀和使命担当。加快构建中国特色哲学社会科学学科体系、学术体系、话语体系。帮助学生了解相关专业和行业领域的国家战略、法律法规和相关政策，引导学生深入社会实践、关注现实问题，培育学生经世济民、诚信服务、德法兼修的职业素养。

3. 教育引导学生深刻理解并自觉实践各行业的职业精神、职业规范，增强职业责任感，培养遵纪守法、爱岗敬业、无私奉献、诚实守信、公道办事、开拓创新的职业品格和行为习惯。

在此基础上，及时更新教材知识内容，体现产业发展的新技术、新工艺、新规范、新标准。加强教材数字化建设，丰富配套资源，形成可听、可视、可练、可互动的融媒体教材。

教材建设需要各方的共同努力，也欢迎相关教材使用院校的师生及时反馈意见和建议，我们将认真组织力量进行研究，在后续重印及再版时吸纳改进，不断推动高质量教材出版。

机械工业出版社

第2版前言

党的二十大报告指出：教育、科技、人才是全面建设社会主义现代化国家的基础性、战略性支撑。必须坚持科技是第一生产力、人才是第一资源、创新是第一动力，深入实施科教兴国战略、人才强国战略、创新驱动发展战略，对办好人民满意的教育提出了明确要求，为教育教学改革提供了前进方向和根本遵循。

本书在编写过程中坚持落实立德树人根本任务，全力聚焦新质生产力发展新要求，以“培养什么人”为根本导向，以职业岗位所需能力要求为依据，以逆向工程技术、3D打印技术发展应用为主线，岗证赛创融合，教学做一体，突出工程实践，强化学习应用效果。

本书第1版在逆向工程技术、3D打印技术快速发展的背景下适时出版，以任务引领、项目驱动的编写模式和易懂易学、实用好用的编写特色得到了职业院校师生和社会学习者的一致好评。但随着科学技术的不断发展、职业教育教学改革的不断深化、行业企业对学生职业能力和职业素养的要求变化，非常有必要对本书第1版进行合理修订。**本次修订主要体现在以下几个方面：**

1. 保持第1版的教材框架结构、编写体例与模式；保持第1版的任务驱动、案例引领编写特色。

2. 优化了教材案例项目。近年来，**随着逆向工程技术、3D打印技术的不断发展，其在文物保护中的应用案例日益增多**。为此，教材将原项目九“大卫雕塑头像扫描与逆向设计”替换为“陶罐外形扫描与逆向设计”，着重介绍了“残缺部位”利用逆向工程技术、3D打印技术进行修复的全过程，旨在结合实际应用培养学习者对产品进行修复的能力。**书中8个工程技术应用项目综合考量了覆盖面和典型性，从应用范围看，涵盖了工业产品、生活用品、文创产品等，涉及的行业领域宽、范围广；从典型性看，包含了简单平面、复杂曲面、窄槽、花键等典型结构，覆盖了工业产品所涉及的典型形状**。案例的总体逻辑由简单到复杂、由单一到综合，符合职业教育教学规律和学习者的认知规律。

3. 完善了学习项目流程。根据逆向设计工作流程，进一步完善了学习项目的内容编排。增加了“策略制定”和“项目拓展”环节，形成了“项目发布—项目分析—策略制定—项目实施与检验—项目拓展”学习闭环，强化了学习者在工程应用中的策略制定能力，拓展了学习训练的广度和深度，既保证了学习过程与工作过程的完整对接，又突出了“能力本位”。

4. 丰富了逆向设计模型的数据应用方法和手段。依据项目特点与工程应用实际要求，项目三、九、十分别应用熔融沉积快速成型技术、光固化成型技术和选择性激光烧结技术对逆向设计模型进行成型，项目四、八应用逆向设计模型和CAD软件完成模具设计，项目五应用逆向设计模型和CAM软件生成零件加工程序，项目六应用ANSYS有限元分析软件对逆向设计模型进行动力学分析，项目七应用逆向设计模型和三维建模软件进行产品创新设计。以上这些基于实际应用的多形式、多手段数据应用方法开拓了学习者对逆向设计模型的数据应用思路，有利于激发学习者创新实践。

5. 有效融入素养提升元素。**全书以"守正创新"为素养提升主线**，结合项目特点和学习训练要求，**将工匠精神、劳模精神、创新精神、安全意识、质量意识、工程伦理、爱国主义、民族自信、文化自信等素养提升元素融入到项目学习、项目拓展、视频资源、任务工单、习题册等各个环节**，实现了技术学习与素质教育双融合、双促进、双提升。

6. 改善了书中图片的直观呈现效果。针对第 1 版图片黑白印刷、图面偏小等情况，对图片进行了修改和替换。对操作过程中的设计步骤和命令进行单独放大截图处理，对关键部位及重要特征部分增加提示标注，并采用双色印刷，图片的清晰度、识别度显著提升，增强了教材的可读性，有利于学习者的精细化学习。

7. 增加了配套习题集和项目任务工单。为适应职教形势新发展，积极回应开放式、探究式、合作式等教学模式中师生教与学的实际需求，**教材配套了以项目为模块的习题集和任务工单**。习题集题型丰富，既有常规的选择、判断、简答等题型，又有可下载训练的点云数据，满足了多样化教学需求。项目任务工单样例以"陶罐外形扫描与逆向设计"为例，按照任务实施流程，给出了详细的工作标准、配分点和赋分值，为教师开展任务驱动式课堂教学提供了借鉴参考。同时，**教材配有活页式项目任务工单（空表），便于教师根据自身实际开展教学设计和教学组织**。

8. 对配套数字化资源增量提质。为满足广大学习者泛在学习要求，本书在第 1 版的基础上开展动态资源增量提质工作，配套了逆向设计与 3D 打印技术学习微课、3D 扫描仪操作视频、案例任务实施视频、数据处理软件学习微课等，资源覆盖了所有学习项目，涵盖了逆向工程所涉及的关键知识点和技能点。结合二维码技术，方便学习者随时随地学习，增强了教材的可读性、实践性，有利于提升师生的数字化技能和素养。

9. 优化扩充了编写团队。**为落实"推进职普融通、产教融合、科教融汇"工作要求**，教材修订团队邀请内蒙古科技大学教师、行业龙头企业技术技能骨干加入编写团队，保障**所有工程案例源于企业生产，所有内容符合生产实际，所有分析应用科学合理**，有效增加了教材编写的严谨性、科学性和实践性，扩大了教材的适用范围。

本书共包括 10 个项目，项目一、二分别讲述了逆向工程技术与 3D 打印技术，项目三～十是 8 个实际工程案例，分别介绍了万向节叉零件、旋钮零件、阀体支架、万向联轴器零件、鼠标、电话手柄、陶罐和汽车零部件的逆向设计过程与数据应用方法。本书通过案例式编写体例，将逆向设计师岗位工作要求的知识、技能、素养有机融合至项目工作各环节，力求培养学习者分析问题、解决问题的综合能力，助力形成良好的学习方法和思维方法，进而提升其可持续发展能力和终身学习能力。

本书图文并茂、学做结合、易学易懂。在案例选择方面由易到难，突出典型性与实用性，符合教学规律和学习规律。教学资源丰富多样，充分应用数字化技术，针对重点和难点内容嵌入二维码，辅以微课讲解、操作视频等数字化资源，生动直观。同时，教材应用超星学习通平台，将所有配套电子课件、操作视频、实物扫描点云文件、素养提升素材等教学资源共享，方便广大师生教与学。

本书由包头职业技术学院王嘉、田芳任主编，陕西工业职业技术学院吴兵任副主编，包头职业技术学院韩文华、郭天中，内蒙古科技大学秦波，航天科工防御技术研究试验中心蔚福堇，北京兴宏信合设计咨询有限公司李彦强参加编写。项目一、二由王嘉编写，项目

三、四、六由田芳编写，项目五由郭天中编写，项目七由韩文华编写，项目八由秦波编写，项目九由韩文华、李彦强编写，项目十由蔚福堇、郭天中编写；吴兵负责电子课件统筹，习题册及项目二数字化资源由秦波制作，其余配套资源由田芳制作。全书由王嘉统稿，泰西（北京）精密技术有限公司路全忠任主审，泰西（北京）精密技术有限公司提供项目七、八的案例及技术支持，北京兴宏信合设计咨询有限公司李彦强提供项目三、六、九的案例及技术支持，泰西（北京）精密技术有限公司蔚福堇提供项目五、十的案例及技术支持。

本书在编写过程中得到了泰西（北京）精密技术有限公司、杭州先临三维科技股份有限公司的大力支持，在此表示衷心感谢！

编写过程中，编者参阅了国内外出版的有关教材和资料，在此谨向相关作者一并表示衷心感谢！

由于编者水平有限，书中不妥之处在所难免，恳请读者批评指正。

编者

第1版前言

在《中国制造2025》发展战略的指导下，智能制造技术得以迅猛发展，3D打印、逆向设计技术的应用也越来越成熟、广泛，此类先进技术在教学中的占比逐年增加。在此背景下，本书根据教学的实施需求，深入实施人才强国战略，从逆向设计工程师岗位工作任务出发，参照教育部“工业产品数字化设计与制造大赛”和“逆向建模创新设计与制造大赛”的基本内容，以实际工作项目为引领，以逆向设计工作流程为主线，从数据采集、数据处理到数据应用，系统介绍了逆向设计的工作内容与方法，并结合3D打印技术完成逆向实体的快速成型，努力培养高技能人才。全书注重理论联系实践，“教学做”一体化，在重点培养逆向设计能力的同时，也融入创新设计的理念与意识。

本书共包括10个项目，项目一、二分别介绍了逆向工程技术与3D打印技术，项目三~十是8个实际工程案例，分别介绍了万向节叉、旋钮、数控加工零件、万向联轴器、鼠标、电话手柄、大卫雕塑头像和汽车零部件的数据采集、数据处理与数据应用过程：利用扫描仪对零件表面进行三维扫描，并获取三维点云数据；利用Geomagic Studio软件对点云数据进行优化处理，应用Geomagic Design X软件对曲面进行重构，通过偏差图进行逆向建模过程的质量分析；通过实训课选择3D打印设备完成逆向实体的快速成型，并将重建后的三维几何模型与原始CAD数据进行误差对比分析，为维修和加工制造提供了数据支持。本书图文并茂、学做结合、易学易懂，在案例选择上由易到难，突出典型性与实用性，如项目三是3D打印技术应用，项目四是将逆向设计的数据与模具设计结合，项目五是将逆向设计的数据与数控加工相结合，以此类推，从而将数据应用拓展到多个制造领域，符合职业院校学生的学习特点，做到了实用精炼、便于教学。同时运用了“互联网+”技术，在书中重要知识点内容附近嵌入二维码，读者使用手机扫描，便可观看相应的多媒体内容，方便读者理解相关知识，进行更深入的学习。

本书由包头职业技术学院王嘉、田芳任主编，陕西工业职业技术学院吴兵任副主编，郭天中、韩文华、蔚福堇参加编写，其中项目一、二由王嘉编写，项目三、四、六由田芳编写，项目五、十由郭天中编写，项目七、八、九由韩文华编写。全书由王嘉统稿，泰西（北京）精密技术有限公司路全忠主审，陕西工业职业技术学院吴兵负责电子课件统筹，泰西（北京）精密技术有限公司蔚福堇提供部分案例及技术支持。

本书在编写过程中得到了泰西（北京）精密技术有限公司、杭州先临三维科技股份有限公司的大力支持，在此表示衷心感谢！

本书在编写过程中，编者参阅了国内外出版的有关教材和资料，在此对相关编著者一并表示衷心感谢！

由于编者水平有限，书中不妥之处在所难免，恳请读者批评指正。

编者

二维码索引

（续）

（续）

名称	二维码	页码	名称	二维码	页码
万向连接件逆向设计 2		125	手持式白光扫描仪安装与连接		214
万向连接件逆向设计 3		125	手持式白光扫描仪设备标定		214
鼠标外形逆向设计 1		157	陶罐数据采集		214
鼠标外形逆向设计 2		157	陶罐逆向设计 1		219
鼠标外形逆向设计 3		157	陶罐逆向设计 2		219
鼠标外形逆向设计 4		157	手持式激光扫描仪结构与功能介绍		230
电话手柄逆向设计过程 1		184	手持式激光扫描仪安装与连接		230
电话手柄逆向设计过程 2		184	手持式激光扫描仪设备定标		230
电话手柄逆向设计过程 3		184	汽车零部件标记点粘贴过程		231
手持式白光扫描仪结构与功能介绍		213	汽车零部件数据采集		231

（续）

名称	二维码	页码	名称	二维码	页码
汽车零部件逆向设计 1		234	汽车零部件逆向设计 3		234
汽车零部件逆向设计 2		234	汽车零部件逆向设计 4		234

目 录

01

项目一 走进逆向工程技术

学习目标

1. 了解逆向工程技术的定义、应用范围、工作流程、系统组成和发展趋势等；
2. 了解逆向工程技术中数据采集的主要方法和设备；
3. 了解逆向工程技术中数据处理与CAD建模技术常用软件。

任务一　认识逆向工程技术

一、逆向工程技术的定义

认识逆向工程技术

传统的产品设计通常是从概念设计到图样，再制造出产品，其流程为：构思—设计—产品，我们称之为正向设计或者顺向工程。而产品的逆向设计是根据零件或原型生成图样，再制造出产品。逆向工程（Reverse Engineering，RE），也称反求工程、反向工程，其思想最初来自从油泥模型到产品实物的设计过程。逆向工程技术并不是简单意义的仿制，而是以设计方法学为指导，以现代设计理论、方法、技术为基础，运用各种专业人员的设计经验、知识和创新思维，对已有产品进行解剖、分析、重构和再创造。

广义的逆向工程技术包括几何形状逆向、工艺逆向和材料逆向等诸多方面，是一个复杂的系统工程。目前，大多数有关逆向工程技术的研究和应用都集中在几何形状逆向，即重建产品实物的CAD模型和最终产品的制造方面，又称实物逆向工程。这是因为一方面产品实物作为研究对象，是面向消费市场最广、最多的一类设计成果，也是最容易获得的研究对象；另一方面，在产品开发和制造过程中，虽然已广泛使用了计算机几何造型技术，但是仍有许多产品由于种种原因，最初并不是由计算机辅助设计（Computer Aided Design，CAD）模型描述的，设计者和制造者面对的仍然是实物样件。因此，为了适应先进制造技术的发展，需要通过一定途径将实物样件转化为CAD模型，以期利用计算机辅助制造（Computer Aided Manufacturing，CAM）、快速成型制造和快速模具（Rapid Prototype Manufacturing/Rapid Tooling，RPM/RT）、产品数据管理（Product Data Management，PDM）及计算机集成制造系统（Computer Integrated Manufacturing System，CIMS）等先进技术对其进行处理或管理。目前，实物逆向工程已成为 CAD/CAM 领域的一个研究热点，并发展成为一个相对独立的领域。因此，**逆向工程技术是将实物转变为 CAD 模型的相关数字化技术、几何模型重建技术和产品制造技术的总称**。

二、逆向工程技术的应用范围

在制造业领域内，逆向工程技术有着广泛的应用背景，已成为产品开发中不可缺少的一环，其应用范围包括以下方面。

1. 新产品研发

在对产品（如汽车、飞机等）外观有工业美学要求的领域，首先需要设计师利用油泥、黏土或木头等材料制作出产品的比例模型，将所要表达的意向以实体的方式表现出来，而后利用逆向工程技术将实体模型转化为 CAD 模型，进而得到精确的模型数值。

2. 产品的改型设计

利用逆向工程技术对现有产品进行表面数据采集、数据处理，从而获得与实物相符的 CAD 模型，并在此基础上进行产品改型设计、误差分析，生成加工程序等，这是常用的产品设计方法。这种设计方法是在借鉴国内外先进设计理念和方法的基础上提高自身设计水平和理念的一种手段，被广泛应用于家用电器、玩具等产品外形的修复、改造和创新设计中。

3. 产品磨损或损坏部位的还原修复

利用逆向工程技术对产品磨损或损坏部位进行信息提取，再进行设计、破损部位的表面数据恢复或结构的推算、还原修复等。

4. 快速模具制造

对现有模具进行数据采集，重建 CAD 模型并生成数控加工程序，既可以提高模具的生产率，又能降低模具的制造成本；还可以以实物零件为对象，逆向反求其 CAD 模型，并在此基础上进行模具设计。

5. 文物、艺术品的保护、监测和修复

利用逆向工程技术对文物及艺术品进行表面数据采集，并将表面数据保存于计算机中以待需要时调取；还可以对文物或艺术品进行定期数据采集，通过两次模型的比较，找到破坏点，从而制定相应的保护措施，或者进行相应的修复。

6. 医学领域的应用

通过逆向工程技术结合 3D 打印技术，可以根据人体骨骼和关节的形状进行假体的设计、制作、植入及外科手术规划等。

三、逆向工程技术的工作流程

逆向工程技术的工作流程可分为产品表面数据采集、数据处理、三维模型重构和模型制造几个阶段，如图 1-1 所示。

1. 产品表面数据采集

这是逆向工程的第一步，也是后续工作的基础。数据采集设备使用的方便、快捷性，操作的简易程度，所得数据的准确、完整性是衡量数据采集设备的重要指标，也是保证后续工作高质量完成的重要前提。产品表面三维数据的获取主要通过三维测量技术来实现，通常采用三坐标测量机（CMM）、激光三维扫描仪、结构光测量装置等来获取产品的三维表面坐标值。

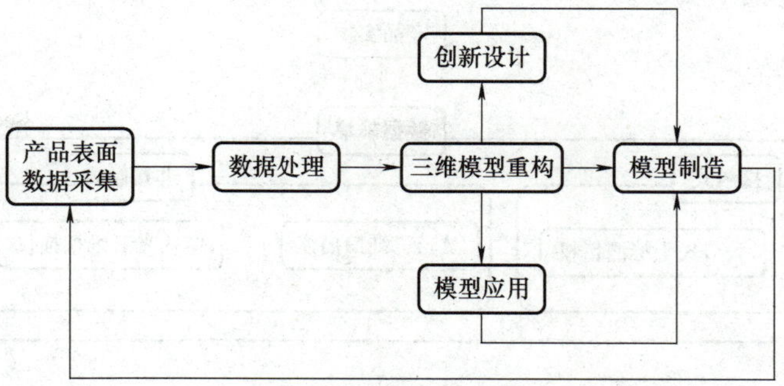

图 1-1 逆向工程技术的工作流程

2. 数据处理

在重构 CAD 模型之前，必须对三坐标测量机测量的坐标点数据进行格式转换、噪声滤除、平滑、对齐、合并、插值补点等数据处理。对于海量的复杂点云数据，还要进行数据精简，按测量数据的几何属性进行数据分割处理，采用几何特征匹配的方法获取样件原型所具有的设计和加工特征。数据采集设备厂家一般会提供这些功能，不少软件也提供这方面的功能。

3. 三维模型重构

三维模型重构是在获取了处理好的测量数据后，根据数据各面片的特性分别进行曲面拟合，然后在面片间求交、拼接和匹配，使之成为连续光顺的曲面，从而获得样件原型 CAD 模型的过程。三维模型重构是后续处理的关键步骤，它不仅需要设计人员熟练掌握软件，还要熟悉逆向造型的方法和步骤，并且洞悉产品原设计人员的设计思路，然后再有所创新，结合实际情况进行造型。

4. 模型制造

三维模型重构完成以后，采用以下三种方法进行模型制造：快速成型制造、基于 2D 图样 CNC 加工或者无图样加工、快速制模。模型制造是形成逆向工程制造闭环反馈系统的关键一环，它能够充分发挥逆向工程系统优势，拓宽其应用领域。

在整个逆向工程技术的工作流程中，产品的三维数据采集是基础，测量数据的好坏直接影响 CAD 模型重建的质量；数据处理是关键，从测量设备所获取的点云数据，不可避免地会带入误差和噪声，而且数据量庞大，只有通过数据处理才能提高模型精度和曲面重建的算法效率；模型重构中的曲面设计是最重要且最困难的一环，其目的在于寻找某种数学描述形式，精确、简洁地描述一个给定的物理曲面形状，并以此为依据进行分析、计算、修改和绘制；模型制造是将 CAD 模型转化为产品实物的途径，也是逆向工程中的关键环节。

四、逆向工程系统框架

从逆向工程技术的工作流程可以看出，产品实物的逆向设计首先通过数据采集设备以及各种先进的数据处理手段获得产品表面数据，然后充分利用成熟的 CAD/CAM 技术，快速、准确地完成实体几何模型重构。在工程分析的基础上，采用模型实物制造的方法，最后制成产品，实现产品（模型）—设计—产品的整个生产流程，其系统框架如图 1-2 所示。

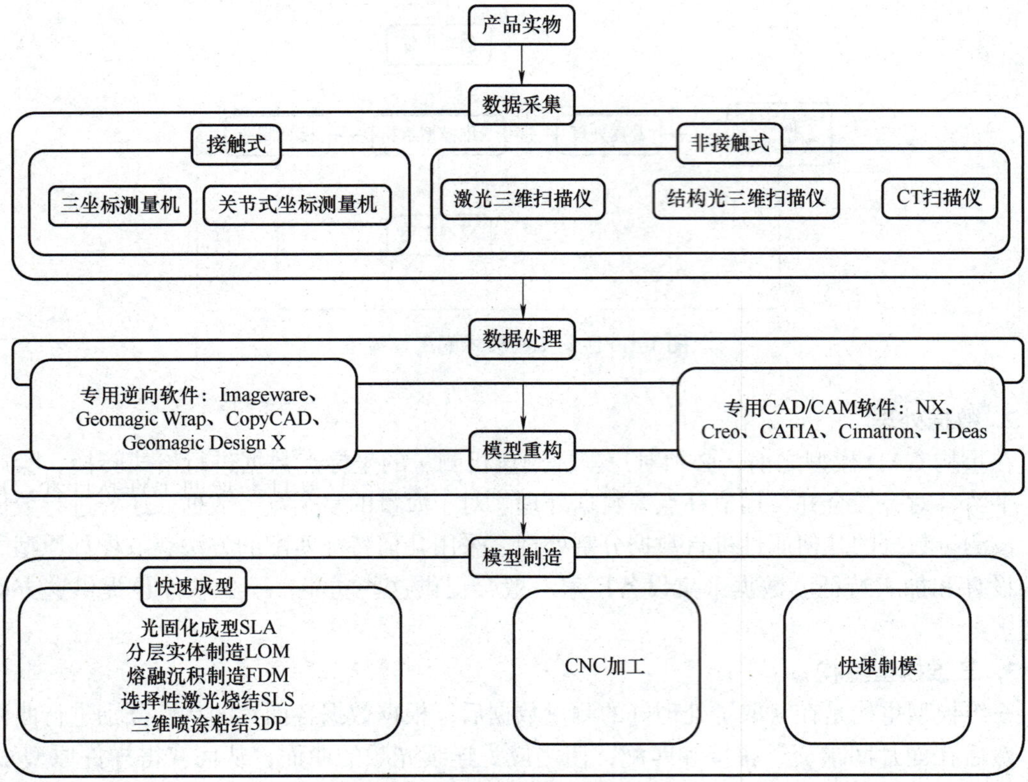

图 1-2　逆向工程技术工作流程及系统框架

五、逆向工程技术与产品创新

在设计制造领域，任何产品的问世都蕴含着对已有科学技术的应用和借鉴，并在继承的基础上进一步提高与发展。逆向工程技术所追求的不是简单的复制，而是再提高、再创造，并以实现创新为最终目的。

面向创新设计的逆向工程技术是一个“认识原型—分析原型—重构原型—超越原型”的过程。通过逆向工程技术，消化和吸收先进技术和设计理念，建立和掌握自身的产品开发技术，进行产品的创新设计，即在产品原型的基础上进行改进和创新，这是提升我国制造业水平的一种途径。

六、逆向工程技术的发展趋势

1. 逆向工程技术存在的问题

基于计算机辅助技术的实物逆向工程技术、方法和流程已实用化，并在产品开发中取得了广泛的应用，对应于逆向工程技术的各个流程，也已形成许多相对应的专业设备生产商和软件开发商，但逆向工程技术仍处在发展之中，尚有许多问题有待解决。

（1）测量结果存在误差和遗漏　进行数据测量时需要根据实物几何特点进行测量路径规划，测量过程中因缺少具体规范和指导，故测量结果会出现一些误差和遗漏，因此，寻求数据测量最佳路径仍是今后研究的重要内容。

（2）复杂曲面重构困难　由多个子曲面拼合而成的组合曲面，由于其表面特征的识别难度增大，影响了后续的数据分割和造型处理。尽管三角曲面插值是解决异形曲面重构问题的有效方法，但三角曲面模型和四边形模型兼容问题仍有待完善。

（3）曲面光顺和精度难统一 保证曲面光顺和精度是一对矛盾体。曲面光顺一般是针对曲面片，没有一个整体曲面光顺的方法，大多数场合下调整曲面的光顺度后曲面精度反而变差。因此进行模型评价时，应根据零件的使用要求进行曲面光顺和精度的选择。

（4）CAD 软件技术不完善 现在已有多种专用的逆向工程软件进入市场，但软件的数据处理技术、造型技术仍不完善，模型质量的高低仍受操作者的经验和水平的影响。

（5）技术的通用性受限 不同的测量方式、设备以及软件都有其具体的应用范围，多数企业和研究单位一般选配一种方式的设备和软件，如选择接触式测量或非接触式测量、某种 CAD 软件等，因而使技术的通用性受到一定限制。

（6）对操作人员专业性要求高 逆向工程技术的应用仍是一项专业性很强的工作，各个过程都需要专业的人才，需要经验丰富的工程师，特别是对三维模型重建人员有更高的要求。他们除需了解产品特点、制造方法和能够熟练使用 CAD 软件、逆向工程软件外，还要熟悉上游的测量设备，甚至必须参与测量过程以了解数据特点，并且了解下游的制造过程，包括制造设备和制造方法等。

2. 逆向工程技术的发展趋势

逆向工程技术已经在各个领域发挥着重要作用，其关键技术也在不断更新和进步。逆向工程技术的发展趋势将集中在以下几个方面。

（1）三坐标测量设备高精度化、自动化、非接触测量、使用现场化 三坐标测量设备的关键部件将更多采用具有小膨胀系数、高弹性模量等特性的新材料。三坐标测量设备正在逐渐成为制造系统的重要组成单元，将在计算机控制下参与各种测量、计算、数据交换等各个生产制造环节。

（2）大规模散乱数据处理过程的高精确性和智能化 根据规则设定参数，通过程序控制，自动根据曲率进行特征识别，从散乱点云中提取出关键点数据，通过对关键点的处理完成模型重构，将大大提高数据处理效率。由于特征提取技术是根据规则对数据进行聚类，因此一些先进的智能化算法将被应用到逆向工程技术的数据处理中，如蚁群算法、遗传算法和神经网络算法等。

（3）曲面重构智能化 通过散乱数据直接进行曲面重构，并自动补偿残缺数据，使重构曲面逼近真实曲面；对测量数据中包含的几何特征进行智能识别和智能提取，以达到对于对象模型的更高层次结构特征信息的表达；还有特征几何的自动分离、拼接。通过点云数据直接计算生成多面体模型的 NC 加工代码，将是逆向工程技术发展的重要方向，其过程省去了烦琐的数据处理和曲面重构工作，但对计算精度和硬件要求将是一大考验。

（4）逆向工程技术的集成化 近年迅速发展起来的 PBR（Point-Based Rendering，基于点的绘制）和 PBM（Point-Based Modeling，基于点的造型技术）为大规模数据的实时绘制与造型开辟了新途径，同时大大推动了逆向工程的集成化进程。

（5）工业设计逆向工程技术系统化 逆向工程技术对工业设计过程中色彩的运用、材质的选取以及设计意图、造型规律的识别帮助甚少。使用新的数码摄像测量技术可以帮助解决工业设计过程中色彩和材质表现等方面信息的反求问题；通过从原型结构比例、表面曲率分布以及与各类模板对比等角度出发分析设计意图与造型规律，可使工业设计过程中的逆向工程技术形成一个完整的技术系统，更好地服务企业的实际应用。

（6）测量方法选用与测量方案规划合理化 随着工业设计过程中对逆向工程软硬件需

求的不断增大，各类逆向工程设备大量出现，这些设备各具特色，如何在实际应用中合理地使用它们也是实际工程中的一个难点。在逆向工程技术中，如何根据逆向工程对象在精度、测量速度和测量成本方面的要求，制订最佳的测量方案，确保实施逆向工程的质量，也是逆向工程技术的一个重要环节。

（7）点云处理方法高效化、通用化　在原型的几何反求过程中，对点云数据的处理是必不可少的，目前逆向工程技术中所得到的点云数据量一般很大，因此研究高效、通用的点云处理方法在实际工程中是十分必要的。

任务二　认识逆向工程技术中的关键技术

采用实物逆向工程技术，以产品实物为依据，利用测量设备获得产品的三维点云数据，利用建模工具在计算机中重建三维模型，以开发出性能更先进、结构更合理的产品，为进行零部件的制造奠定技术基础。逆向工程技术体系中的关键技术包括数据采集技术和数据处理与 CAD 建模技术。

一、数据采集技术

认识三维扫描技术

数据采集是指通过特定的测量方法和设备，将物体表面形状转换成几何空间坐标点，从而得到逆向建模以及尺寸评价所需数据的过程。选择快速而精确的数据采集系统，是实现逆向设计的前提条件，它在很大程度上决定了所设计产品的最终质量，以及设计的效率和成本。常见的数据采集系统有多种形式，其采集原理不同，所能达到的精度、数据采集的效率以及所需投入的成本也不同，一般需要根据所设计产品的类型做出相应的选择。

根据采集时测头是否与被测量零件接触，可将采集方法分为接触式和非接触式两大类。其中，接触式采集设备根据所配测头的类型不同，又可以分为触发式和连续扫描式等类型，常见的有三坐标测量机和关节式坐标测量机。而非接触式采集设备则与光学、声学、电磁学等多个领域有关，根据其工作原理不同，可分为光学式和非光学式两种。前者包括激光三角测距法、结构光学法、激光干涉测量法等，后者则包括 CT 测量法、超声波测量法等，如图 1-3 所示。

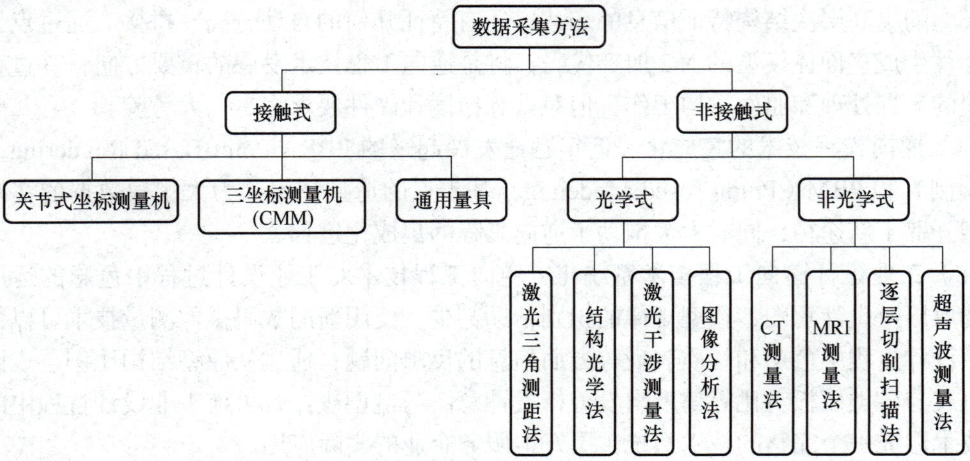

图 1-3　数据采集方法分类

1. 非接触式数据采集方法

三维扫描仪设备介绍

非接触式数据采集方法适用于需要大规模测量点的自由曲面和复杂曲面的数字化建模过程。该方法的优点是：测量速度快，易获取曲面数据，测量数据不需要进行测头半径补偿，可测量柔软、易碎、不可接触、薄型、变形、细小工件等，无接触力，不会损伤精密表面等；缺点是测量精度较差，易受工件表面反射性的影响，如颜色、表面粗糙度等因素会影响测量结果，对边线、凹坑及不连续形状的处理较困难，工件表面与探头表面不垂直时，测得的数据误差较大。

非接触式数据采集主要包括激光三角测距法、图像分析法、计算机断层扫描成像技术（CT 测量法）、核磁共振测量法（MRI 测量法）和逐层切削扫描法等。

（1）激光三角测距法

1）原理。通过激光发射装置将激光束打到待测物体表面上，然后用感光器件接收物体表面的反射光，根据反射时间、光源与感光设备间的距离、夹角等位置关系推算出物体表面点的坐标，其原理如图 1-4 所示。

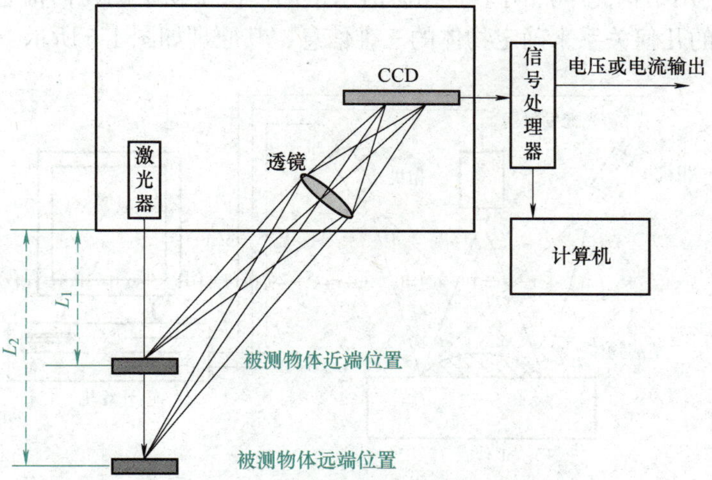

图 1-4　激光三角测距法原理示意图

2）设备。手持式激光扫描仪（图 1-5）的工作原理是激光三角测距法，即根据光学三角形测量原理，利用光源和敏感元件之间的位置和角度关系来计算零件表面点的坐标数据。

手持式激光扫描仪的关键部分——CCD 相机：用于拍摄图像；激光发射器：用于发射激光；LED 灯：用于屏蔽周围环境光对扫描精度的影响。

该激光扫描仪的技术特点如下：

① 计量级测量。高达 0.030mm 的精度和高达 0.050mm 的分辨率，具有极高的可重复性和可追踪性。不论环境条件、部件设置和用户情况如何，都能实现高精确性。

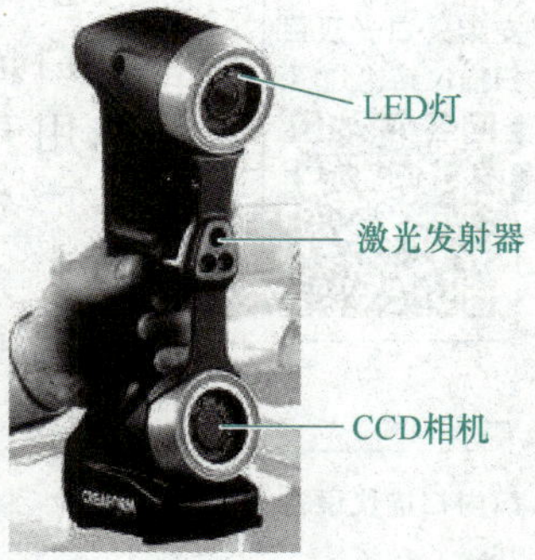

图 1-5　手持式激光扫描仪

② 无须固定安装。使用光学反射靶来形成锁定至部件自身的参考系统，使用户可以在扫描期间按自己需要的方式移动物体（动态参考），而且周围环境的变化不会影响数据采集

的质量和精度。

③ 自定位。手持式激光扫描仪是一个数据采集系统，也是其自身的定位系统，无须配备外部跟踪或定位设备。它使用激光三角测距法来实时确定自身与被扫描零件的相对位置。

④ 校准方便。用户可以按照所需的频率对扫描仪进行校准（每天或者在每个新的扫描开始之前）。校准只需花费 2min 左右的时间，而且可以确保最佳工作状态。

⑤ 便携式扫描。可以将扫描仪带到各个工作地点，其重量不到 1kg，可在狭小空间内轻松使用。

⑥ 测量速率高。目前市场上最快速的 3D 扫描仪，测量速率可达 480000 次 /s。

⑦ 自动网格输出。完成采集之后，即可获得随时可用的文件，能够将扫描文件导入至 RE/CAD 软件，无须执行复杂的对齐或点云处理过程。

⑧ 实时可视化。可以在计算机屏幕上看到正在执行的操作以及还需要执行哪些操作。

⑨ 多功能。不受零件尺寸大小、复杂程度、原料材质或颜色的影响，可实现无限制的 3D 扫描。

（2）结构光学法

1）原理。利用结构光学照明中的几何信息帮助提供景物中的几何信息，根据相机、结构光、物体之间的几何关系来确定物体的三维信息，其原理如图 1-6 所示。

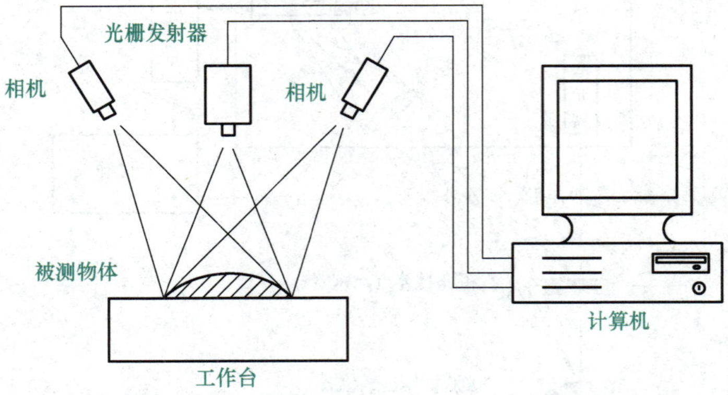

图 1-6 结构光学法测量原理示意图

支架式白光双目扫描仪结构介绍

口内扫描仪设备介绍

2）设备。白光双目扫描仪如图 1-7 所示。

白光双目扫描仪的关键部分——光栅发射器：用于投射光栅；CCD 相机：用于拍摄图像；三脚架：用于安装、固定扫描仪。

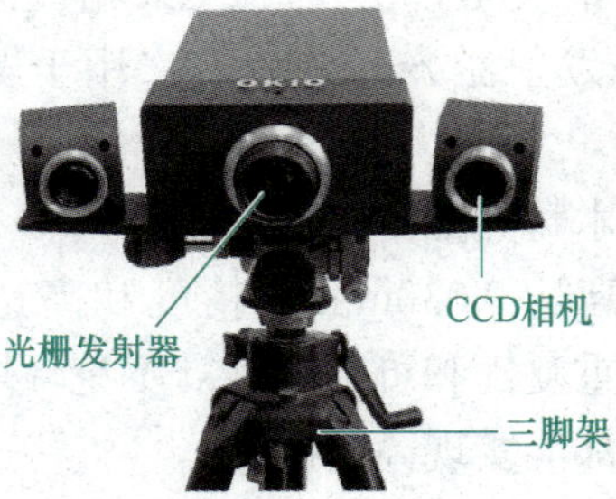

图 1-7 白光双目扫描仪

该扫描仪的技术特点如下：

① 扫描精度高、数据量大，在光学扫描过程中可产生极高密度的数据。

② 速度快，单面扫描时间小于 5s。

③ 非接触式扫描，适合任何类型的物体，除可以覆盖接触式扫描的使用范围外，还可用于对柔性、易碎物体的扫描以及难于接触或不允许接触的扫描场合。

④ 测量过程中可实时显示摄像机拍摄的图像和得到的三维数据结果，具有良好的软件界面。

⑤ 测量结果可输出 ASC 格式点云文件，与相关软件配合，可得到 STL、IGES、OBJ、DXF 等各种数据格式。

⑥ 使用方便，操作简单，对操作人员技术要求较低。

（3）图像分析法　将一定模式的光照射到被测物体的表面，摄取反射光的图像，通过匹配确定物体上的一点在两幅图像中的位置，由视差计算距离。该方法的缺点是不能精确地描述复杂曲面的三维形状。

（4）计算机断层扫描成像技术（CT 测量法）　通过对产品实物进行层析扫描后，获得一系列断层图像切片和数据。通过切片和数据提供的工件截面轮廓及其内部机构的完整信息，可以测量物体表面、内部和隐藏结构特征。

工业 CT 是目前最先进的非接触式测量方法，已在航空航天、核能、石油、电子、机械、考古等领域广泛应用。其缺点是空间分辨率较低，获得数据需要较长的时间，重建图像计算量大，造价高等。

（5）核磁共振（MRI）测量法　用磁场来标定物体某层面的空间位置，然后用射频脉冲序列照射，当被激发的核在动态过程中自动恢复到静态场的平衡时，把吸收的能量发射出来，利用线圈来检测这种信号并输入计算机，经过处理转换，在屏幕上显示图像。此种方法可以深入物体内部测量且不破坏物体，但仪器造价高，空间分辨率不及 CT，目前仅适用于生物材料的测量。

（6）逐层切削扫描法　以极小的厚度逐层切削实物，获得一系列断面图像数据，利用数字图像处理技术进行轮廓边界提取后，再经过坐标标定、边界跟踪等处理得到截面上各轮廓点的坐标值。逐层切削扫描法是目前断层测量精度最高的方法，但此种方法会破坏被测实物。

2. 接触式数据采集方法

接触式数据采集方法是通过传感测量设备与样件的接触来记录样件表面的坐标位置。接触式数据采集方法主要用于基于特征的 CAD 模型的检测，特别是对仅需少量特征点的由规则曲面模型组成的实物进行测量与检测。该方法的优点是测量数据不受样件表面光照、颜色及曲率因素的影响，物体边界的测量相对精确，测量精度高；缺点是逐点测量，测量速度慢，不能测量软质材料和超薄型物体，对曲面上探头无法接触的部分不能进行测量，应用范围受到限制，测量过程需要人工干预，接触力大小会影响测量值，测量前后需做测头半径补偿等。

接触式数据采集方法主要包括触发式数据采集和连续扫描式数据采集等。

（1）触发式数据采集　当采样测头的探针刚好接触样件表面时，探针尖因受力产生微小变形，触发采样开关，使数据系统记录下探针尖的即时坐标值，逐点移动，直到采集完样件表面轮廓的坐标值。触发式数据采集方法一般适用于样件表面形状检测，或需要数据较少的表面数字化的情况。

（2）连续扫描式数据采集　利用测头探针的位置偏移所产生的电感或电容的变化，进行机电模拟量的转换。当采样探头的探针沿样件表面以一定速度移动时，就发出对应各坐标位置偏移量的电流或电压信号。连续扫描式数据采集方法适用于生产车间环境的数字化，它能保证在较短的测量时间内实现最佳的测量精度。

（3）接触式数据采集设备　在接触式测量设备中，三坐标测量机（Coordinate Measuring Machining，CMM）是应用最为广泛的一种测量设备。

1）三坐标测量机的结构。它主要由主机机械系统、电气控制系统、测头系统以及相应的计算机数据处理系统组成，如图 1-8 所示。

三坐标测量机结构介绍

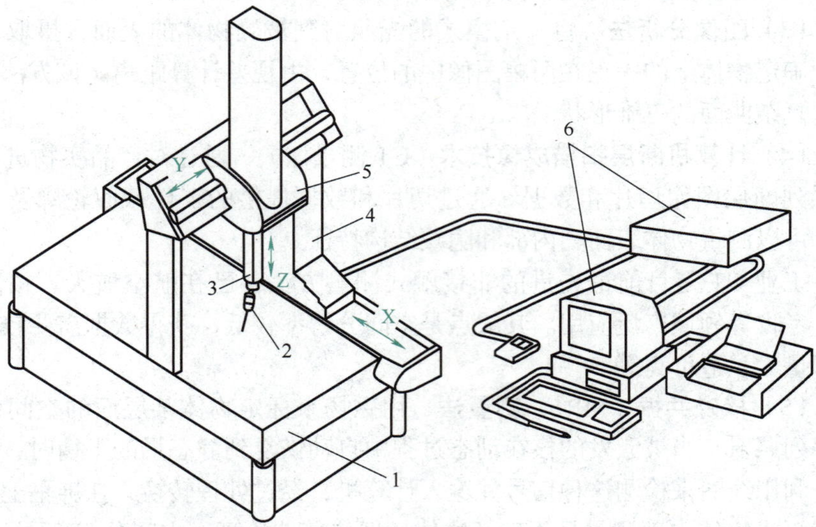

图 1-8　三坐标测量机的组成

1—工作台　2—测头　3—Z 轴　4—移动桥架　5—中央滑架　6—电子系统

2）三坐标测量机的工作原理。该设备在三个方向上均装有高精度的光栅尺和读数头，通过相应的电气控制系统使其沿相应的导轨方向移动，通过测头对被测零件进行接触或扫描，从而达到数据采集的目的，再通过相应的软件处理，完成零部件的测量或扫描工作。三坐标测量机的通用性强，只要测量机的测头能够接触或感受到的地方，就可准确地测量出它们的几何尺寸和相互位置关系。

3）三坐标测量机的主要机型。三坐标测量机有悬臂式、桥式、龙门式等，如图 1-9 所示。悬臂式测量机的优点是开放性较好，装卸工件方便，而且可以放置底面积大于工作台面的零件；不足之处是刚性稍差，精度低。桥式测量机承载力较大，开放性较好，精度较高，是目前中小型测量机的主要结构型式。龙门式测量机一般作为大中型测量机，要求有好的地基，并且结构稳定、刚性好。

4）三坐标测量机的测头系统。测头系统是测量机的核心部件（图 1-10），能确保测量机的精度达到 0.1μm。测头系统包括测座、测头、测针三部分。测座分为手动、机动和全自动测座；测头分为触发式和扫描式测头；测针有各种类型，如针尖、球头、星形测针等。大部分工件的精密测量都使用接触式触发测头。

a) 悬臂式　　b) 桥式　　c) 龙门式

图 1-9　三坐标测量机的主要机型

5）三坐标测量机的计算机数据处理系统从功能上分，主要包括通用测量模块、专用测量模块、统计分析模块和各类补偿模块。通用测量模块的作用是完成整个测量系统的管理，包括测头的校正、坐标系的建立与转换、几何元素的测量、几何公差评价、输出文本检测报告。专用测量模块一般包括齿轮测量模块、凸轮测量模块和叶片模块。统计分析模块一般用于工厂，对一批工件的测量结果的平均值、标准偏差、变化趋势、分散范围、概率分布等进行统计分析，可以对加工设备的能力和性能进行分析。

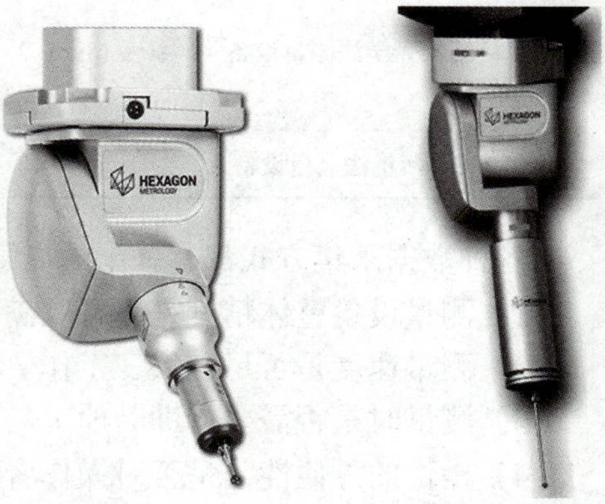

a) 触发式测头　　b) 扫描式测头

图 1-10　三坐标测量机的测头系统

6）三坐标测量机的操作流程。三坐标测量机可以实现工件的高精度、全尺寸检测，测量前需要根据被测工件的尺寸选取合适的测针。针对待测量的元素，如面、圆、圆柱、球体、键槽等，应根据实际需要测量相应的几何量，并进行几何公差评价与报告输出，如图 1-11 所示。

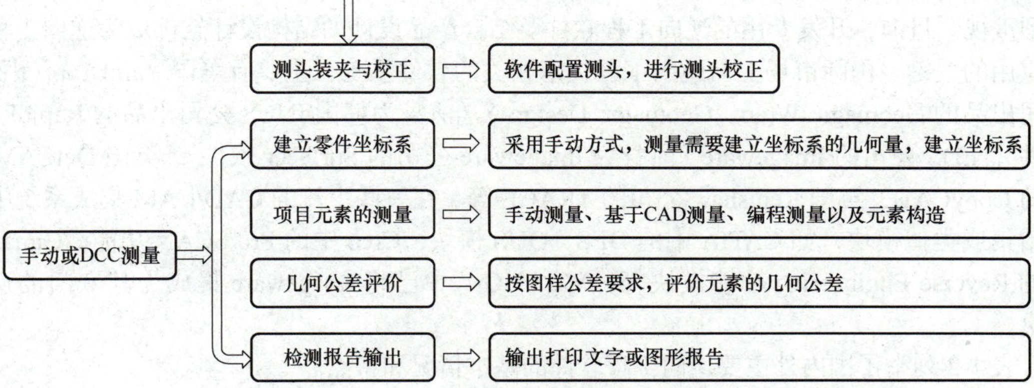

图 1-11　三坐标测量机的操作流程

3. 接触式与非接触式数据采集方法对比

逆向设计中常用的数据采集方法对比见表 1-1。

表 1-1　逆向设计中常用的数据采集方法对比

数据采集方法		精　度	采集速度	材料限制	设备成本	采集范围影响	复杂曲面处理效果
接触式	三坐标接触测量设备	≥ ±0.6μm	慢	部分有	较高	大	较差
非接触式	激光三角测距法测量设备	≥ ±5μm	较快	无	一般	较小	较好
	结构光学法测量设备	≥ ±15μm	较快	部分有（需贴标志点）	较高	较小	较好
	CT 测量法测量设备	1mm	较慢	无	高	一般	一般

各种数据采集方式都有一定的局限性。因此，在选择设备时必须注意如下几点。

1）测量设备整体精度是否可以满足要求。

2）测量速度是否足够快，工作效率是否足够高。

3）测量时是否需要借助其他工具，如标记点、显影剂的帮助才能测量。

4）操作的方便性，是否对操作者要求较高。

5）要考虑投入成本以及后期维护的成本。

6）是否需要对产品进行破坏才能完成全部数据的测量。

7）数据输出的格式以及与其他后续处理软件的接口是否完整。

综合考虑产品的自身特性、精度要求、制造材质等多项因素之后，在满足使用要求的基础上对设备进行合理的评估和选择。基于自身特点，集成各种数字化方法和传感器，以便扩大测量对象和逆向工程技术应用范围，提高测量效率并保证测量精度，已成为国内外研究的趋势和重点。

二、数据处理与 CAD 建模技术

1. 应用概述

伴随着逆向工程技术及其相关技术理论研究的深入进行，其成果的商业化应用也逐渐受到重视。目前，开发专用的逆向工程软件及结合产品设计的结构设计软件成为逆向工程技术应用的关键。国际市场上与逆向工程技术相关的软件系统，主要有美国 RainDrop（雨滴）公司出品的 Geomagic Wrap、Geomagic Design X（前身为韩国 INUS 公司出品的 RapidForm 软件），EDS 公司的 Imageware（前身为 Imageware 公司的 Surfacer 软件），英国 DelCAM 公司的 CopyCAD，英国 Renishaw 公司的 TRACE 等。在一些主流的 CAD/CAM 集成系统中也开始集成类似模块，如 CATIA 中的 DES、QUS 模块，Creo 中的 Pro/SCAN 功能，Cimatron 中的 Reverse Engineering 功能模块等，NX（UG）中已将 Imageware 集成为其专门的逆向模块。

表 1-2 列举了国内外主要逆向工程软件的基本情况和特点。

表 1-2　国内外主要逆向工程软件的基本情况和特点

软件名称	开发单位	特　点
Geomagic Wrap	美国 RainDrop 公司	测量数据点云的三角网格化，自动数据分块；NURBS 曲面重建；较少的人工参与，主要用于玩具、工艺品等领域
Geomagic Design X	美国 RainDrop 公司	测量数据三角划分；基于曲率的特征分析；基于特征曲线的数据分块，NURBS 曲面拟合；通过曲线网编辑和全局联动，实现曲面变形
Imageware	美国 EDS 公司	具有强大的点云处理和 NURBS 曲面重构功能，并且可以和 NX 软件进行无缝链接
CopyCAD	英国 DelCAM	测量数据输入和转换处理；构造三角面片模型；交互或自动提取特征曲线；NURBS 曲面片重建；曲面片之间光滑拼接；曲面模型精度和品质分析
RE-SOFT	浙江大学	基于三角 Bezier 曲面理论开发，NURBS 曲面分块重构，与 NX 结合实现基于特征的反求建模
REcreate	海克斯康制造智能技术（青岛）有限公司	既可以作为逆向工程的解决方案，也可以扩展其他软件的点云数据处理功能，覆盖从数据采集到生成 CAD 模型的整个过程
NPUSRMS	西北工业大学	根据实物样件测量数据生成曲线、曲面拟合重建三维模型，可以实现再设计

2. 主要软件介绍

（1）Geomagic Wrap 软件　该软件可从扫描所得的点云数据创建出完美的多边形模型和网格，并可自动转换为 NURBS 曲面。该软件是目前应用较为广泛的逆向工程软件，是点云处理及三维曲面构建功能最强大的软件之一，从点云处理到三维曲面重建的时间通常只有同类产品的 1/3。

1）软件主要功能。使用 Geomagic Wrap 软件可以简化数字化处理过程，处理点云数据，获得曲面模型，使用户缩短产品的设计周期，并且确保每个设计阶段的质量。Geomagic Wrap 软件主要功能包括：自动将点云数据转换为多边形（Polygons）；快速减少多边形数目（Decimate）；将多边形转换为 NURBS 曲面；曲面分析（公差分析等）；输出与 CAD/CAE/CAM 软件匹配的文件格式（IGS、STL、DXF 等）。

2）软件应用界面。当启动 Geomagic Wrap 软件后，将会出现如图 1-12 所示的应用界面。该界面被分为如下几个部分。

① 视图窗口：显示模型导航器中被选中的物体对象。

② 菜单栏：提供所有应用过程中所涉及的命令。

③ 工具栏：包含常用命令快捷方式的图标。

④ 管理导航器：包含控制和引导的目录。

⑤ 坐标系标志：显示相对于世界坐标系现模型的位置方向。

⑥ 状态文本：提供系统正在进行或用户能够执行的任务信息。

⑦ 进度条：显示一个操作完成的程度。

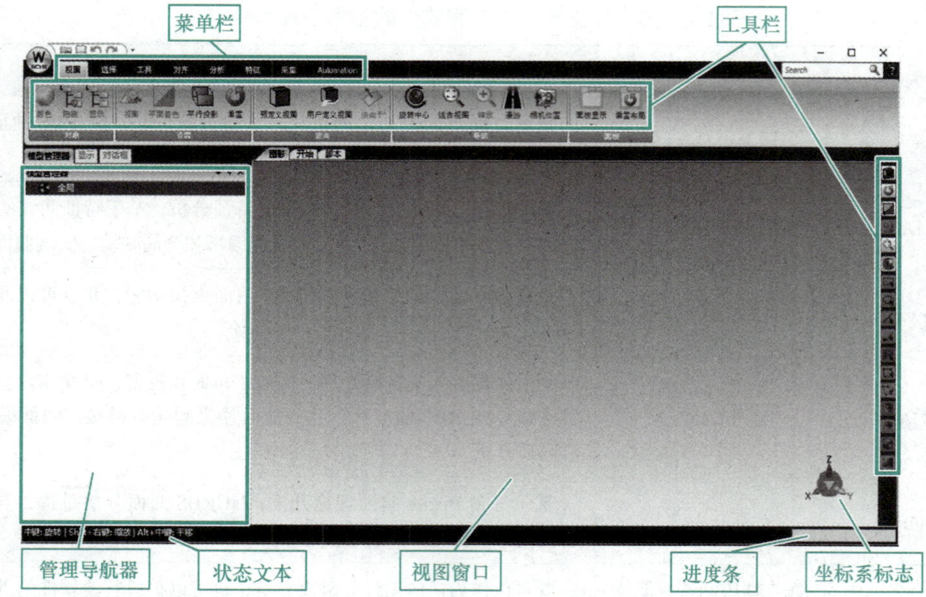

图 1-12　Geomagic Wrap 的应用界面

（2）Geomagic Design X 软件　该软件提供了新一代运算模式，可实时根据点云数据运算出无接缝的多边形曲面，使它成为 3D Scan 后处理的最佳接口。Geomagic Design X 软件也能使工作效率提升，使 3D 扫描设备的运用范围扩大，并改善扫描品质。

1）软件主要功能。

① 多点云数据管理界面。高级光学 3D 扫描仪会产生大量的数据（可达 100000~200000 点），由于数据量非常庞大，因此需要昂贵的计算机硬件才可以运算。Geomagic Design X 软件提供的记忆管理技术（使用更少的系统资源）可缩短数据处理的时间。

② 多点云处理技术。Geomagic Design X 软件可以迅速处理庞大的点云数据，不论是稀疏点云还是跳点都可以轻易地转换成质量非常好的点云。同时该软件还提供过滤点云工具以及分析表面偏差技术，从而消除 3D 扫描仪所产生的不良点云。

③ 快速点云转换成多边形曲面的计算方法。在所有逆向工程软件中，Geomagic Design X 软件提供了一种特别的计算技术，可以快速根据点云计算出多边形曲面，并能处理无顺序排列的点数据以及有顺序排列的点数据。

④ 彩色点云数据处理。Geomagic Design X 软件支持彩色 3D 扫描仪，可以生成最佳化的多边形，并将颜色信息映像在多边形模型中。在曲面设计过程中，颜色信息将被完整保存，也可以运用快速成型设备制作出有颜色信息的模型。Geomagic Design X 软件还提供上色功能，通过实时上色编辑工具，用户可以直接编辑模型，得到自己喜欢的模型颜色。

⑤ 点云合并功能。Geomagic Design X 软件提供了手动合并多个视角点云数据的功能，用户可以方便地对点云数据进行合并。

2）软件应用界面。双击桌面上的 Geomagic Design X 快捷方式图标，进入操作界面。操作界面由菜单栏、工具面板、工具栏、特征树、模型树、显示 / 帮助 / 视点、精度分析、属性等部分组成，如图 1-13 所示。

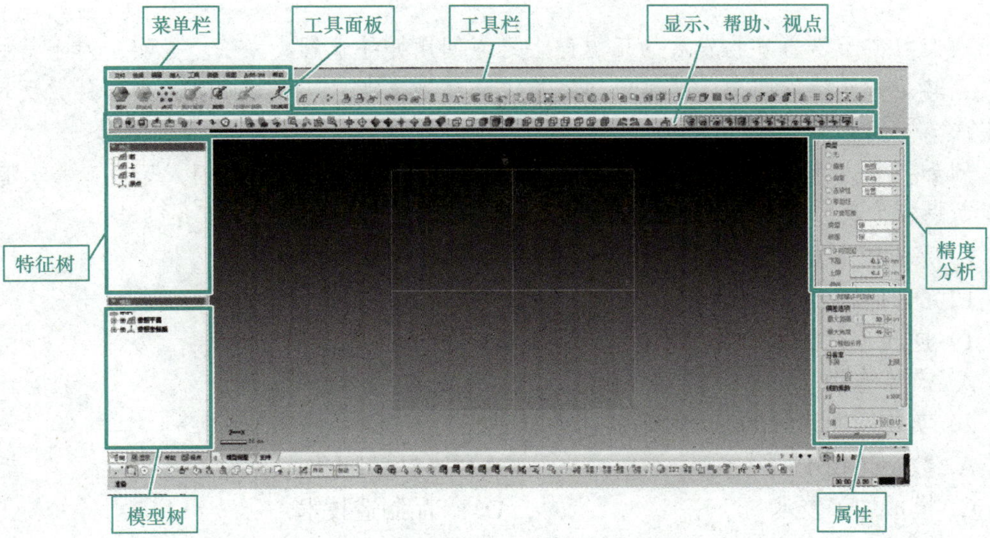

图 1-13　Geomagic Design X 的应用界面

① 菜单栏：包含程序中所有的功能，如文件操作等。

② 工具面板：由面片、领域组、点云、面片草图、草图、3D 面片草图、3D 草图 7 部分构成，每一种模式都有其对应的工具栏，便于创建和编辑特征。

③ 工具栏：在工具栏中会根据模型显示区实体或曲线来激活相应命令，例如创建实体时，布尔运算、剪切实体等编辑实体的命令就会显示成为激活状态。在工具栏区域单击鼠标右键，选择“自定义”，可以定制工具栏。

④ 特征树：Geomagic Design X 软件使用参数化履历建模的模式。

⑤ 模型树：分类显示所有创建的特征。此窗口可以用来选择和控制特征实体的可见性。

⑥ 显示、帮助、视点：显示、帮助、视点、特征树和模型树都在同一个窗口显示，使用以上按钮就可以实现切换。

⑦ 精度分析：对于检查实体、面片、草图的质量非常重要。在创建曲面之后，可直接检查扫描数据和所创建的曲面之间的偏差。精度分析在默认模式、面片模式以及 2D/3D 草图模式下均可用。

⑧ 属性：选择一个特征之后，属性是可见的并且可以更改。例如，选择一个面片之后，可在属性窗口内查看其边界框大小，面片的颜色可以更改，实体的材质也可以更改。

项目拓展

1. 请阅读以下内容，谈谈逆向思维有何优势？

科学精神：逆向思维——从结果出发

逆向思维也称求异思维，它是对司空见惯的似乎已成定论的事物或观点反过来思考的一种思维方式。敢于“反其道而思之”，让思维向对立面的方向发展，从问题的相反面深入地进行探索，树立新思想，创立新形象。

人们习惯于沿着事物发展的正方向去思考问题并寻求解决办法。其实，对于某些问题，尤其是一些特殊问题，从结论往回推，反过来思考，从求解回到已知条件，反过去想或许会使问题简单化。

例如：有人落水，常规的思维模式是“救人离水”，而司马光面对紧急险情，运用了逆向思维，果断地用石头把缸砸破，用“排水救人”的思维救出了小伙伴。

2. 完成以下复习思考题。

（1）选择题

1）逆向工程技术研究对象有（　　）。

A. 产品实物　　B. 软件　　C. 影像

2）实物逆向设计的三个核心技术包括（　　）。

A. 数字化技术　　B. 几何模型重构技术

C. 模拟加工技术　　D. 产品制造技术

3）与接触式测头相比，非接触式测头更适用于测量（　　）。

A. 较窄、较深的槽壁平面度　　B. 空间棱柱体

C. 复杂未知曲面形状的零件形貌　　D. 仅要求提供规则尺寸测量结果的零件

4）不属于专业逆向工程软件的是（　　）。

A. Imageware　　B. AutoCAD　　C. Geomagic DesignX　　D. Copy CAD

（2）判断题

1）逆向工程不是简单地将原有物体还原，而是在还原的基础上进行二次创新。（　　）

2）数据采集技术包括接触式测量和非接触式测量两种。（　　）

3）数据获取之后可以直接进行模型重构。（　　）

4）应用逆向工程技术可以提高企业生产率。（　　）

02

项目二 走进 3D 打印技术

学习目标

1. 了解 3D 打印技术的定义、关键技术、应用领域和主要技术优势等；
2. 了解 3D 打印技术的分类及应用；
3. 了解 3D 打印材料及技术的现状、面临的问题及发展前景。

任务一　认识 3D 打印技术

3D 打印技术概述

3D 打印（3D printing）是制造业领域正在迅速发展的一项新兴技术。英国《经济学人》杂志曾在《第三次工业革命》一文中，将 3D 打印技术作为第三次工业革命的重要标志之一，引发了世人对 3D 打印的关注。

一、3D 打印技术的定义

3D 打印是一种快速成型技术，它以计算机中三维数字模型为蓝本，通过软件分层离散和数控成型系统，利用激光束、热熔喷嘴等方式，将粉末状金属、塑料、陶瓷粉末、细胞组织等特殊的可黏合材料进行逐层堆积黏结，最终叠加成型，制造出实体产品。通俗地说，就是将液体或粉末等"打印材料"装入 3D 打印设备，与计算机连接后，通过计算机控制把"打印材料"一层层地叠加起来，最终将计算机上的蓝图变成实物。

传统数控制造一般是在原材料基础上，使用切割、磨削、腐蚀、熔融等办法，去除多余部分，得到零部件，再以拼装、焊接等方法组合成最终产品，我们称之为"减材制造"。与"减材制造"相对应的"增材制造"则截然不同，其是一种无需原坯和模具，可直接根据计算机图形数据，将材料逐层堆积制造出任何形状物体的新兴制造技术。"增材制造"大大简化了产品的制造程序，缩短了产品的研制周期，提高了效率，降低了成本。**3D 打印技术是"增材制造"的主要实现形式，体现了信息网络技术与先进材料技术、数字制造技术的密切结合，是先进制造业的重要组成部分。**

二、3D 打印关键技术

3D 打印需要依托多个学科领域的尖端技术，至少包括以下几方面。

1. 信息技术

凭借先进的设计软件及数字化工具，设计人员制作出产品的三维数字模型，并且根据模型自动分析打印工序，自动控制打印材料的走向。

2. 精密机械

3D 打印以“每层的叠加”作为加工方式，要生产高精度的产品，必须对 3D 打印设备的精准程度、稳定性有较高的要求。

3. 材料科学

用于 3D 打印的原材料较为特殊，必须能够液化、粉末化、丝化，打印完成后又能重新结合起来，并具有合格的物理、化学性质。

三、3D 打印技术的应用领域

以往 3D 打印常在模具制造、工业设计等领域被用于制造模型，现在正逐渐被用于一些产品的直接制造，目前已经可以直接打印生产零部件。与传统铸造技术相比，3D 打印技术最大的优势在于不需要模具即可实现各种形状产品的制造。因此，3D 打印技术特别适合应用于利用模具铸造困难、形状复杂、个性化强的产品，主要应用于以下领域。

1. 工业制造

3D 打印在产品概念设计、原型制作、产品评审、功能验证、制作模具原型或直接打印模具、直接打印产品等方面优势突出，可以有效降低成本，避免传统零部件研发和检测高投入、长耗时的弊端。

2. 建筑工程

在建筑领域用 3D 打印机打印建筑模型，速度快、成本低、环境友好，同时制作精美，完全合乎设计者的要求，同时又能节省大量材料。打印建筑模型的原理与一般的 3D 打印机基本相同，只是原料换成了水泥和玻璃纤维的混合物。

3. 生物医疗

医疗应用是目前 3D 打印最受关注的下游行业，比较成熟的是骨骼类。3D 打印牙齿、手臂、下颚骨及关节等都已经在动物体上得到验证并在人体移植方面得到成功应用。

4. 消费品

随着 3D 打印技术的不断发展，3D 打印现已广泛应用于珠宝、服饰、鞋类、玩具、工具、创意作品等消费品的设计及生产中。

5. 航空航天、国防军工

利用 3D 打印技术可以直接制造航空航天、国防军工领域中形状复杂、尺寸微细、具有特殊性能的零部件及机构。

6. 文化创意和数码娱乐

利用 3D 打印技术制作形状和结构复杂、材料特殊的艺术表达载体。

7. 教育

3D 打印技术广泛用于教学和科研领域，主要用于模型验证、科学假设、学科实验及教学等。

8. 个性化定制

3D 打印技术用于基于网络的数据下载、电子商务的个性化打印定制服务。

四、3D 打印技术的主要优势

与传统制造相比，3D 打印技术的优势主要体现在以下几方面。

1. 降低产品制造的复杂程度

传统制造业是通过模具、车铣等机械加工方式对原材料进行定型、切削以最终形成产品，而 3D 打印是将三维实体变为若干个二维平面，并通过处理材料实现逐层叠加进行生产，因而大大降低了产品制造的复杂程度。

2. 扩大生产制造的范围

3D 打印技术降低了对工艺、机床、人力的要求，它从计算机图形数据中生成任何形状的零件，使生产制造得以向更广的生产人群范围延伸，并可以制造出任何形状的物品。

3. 更大程度地满足客户个性化的需求

企业可以根据用户订单使用 3D 打印机制造出特别的或定制的产品，满足客户需求。

4. 提高生产率

3D 打印技术可以将制造出一个实物模型的时间缩短为数小时，而用传统方法通常需要更长的时间。

5. 提高原材料的利用率

与传统的金属加工技术相比，采用 3D 打印机制造产品时产生的副产品较少，随着打印材料的进步，“净成型”制造可能成为更环保的加工方式。

任务二 认识 3D 打印技术的种类及应用

快速成型（Rapid Prototyping，RP）技术又称快速原型，它可以快速、自动地将设计思想物化为具有结构和功能的原型或直接制造零部件。**快速成型和 3D 打印技术都是增材制造技术的子技术，前者侧重成型用于形体观测的样品，后者侧重成型功能构件，并使构件材质的力学、电气、化学性能等尽可能地趋近真实可用。**可将快速成型与 3D 打印技术统称为广义的 3D 打印技术，它主要有五大分支，如图 2-1 所示。

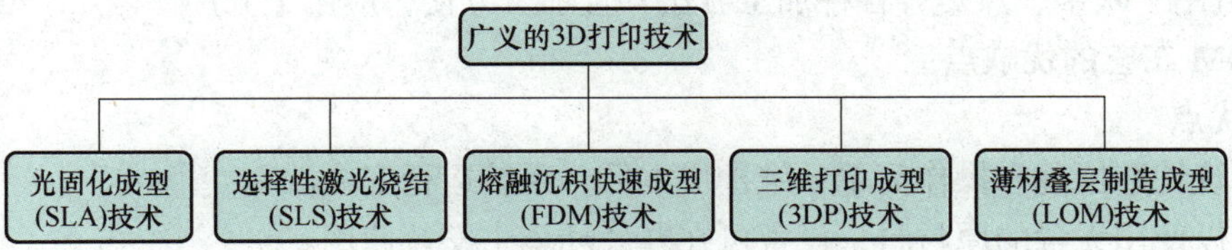

图 2-1 3D 打印技术的分支

3D 打印技术之熔融沉积成型技术（FDM）介绍

一、熔融沉积快速成型（FDM）技术

熔融沉积快速成型（Fused Deposition Modeling，FDM）技术是当前应用较为广泛的一种 3D 打印技术，同时也是最早开源的 3D 打印技术之一。

1. 成型原理

熔融沉积又称熔丝沉积，它是将丝状的热熔性材料加热熔化，通过带有一个微细喷嘴的喷头挤喷出来。喷头可沿着 X、Y 轴移动，工作台则沿 Z 轴移动。如果热熔性材料的温度始终稍高于固化温度，而成型部分的温度稍低于固化温度，那么就能保证热熔性材料喷出喷嘴后，即与前一层面熔结在一起。一个层面沉积完成后，工作台按预定的增量下降一个层的厚度，再继续熔喷沉积，直至完成整个实体造型，如图 2-2 所示。

2. 典型 FDM 设备与原料

（1）设备 典型 FDM 设备的常见形式是桌面打印机，如图 2-3 所示。FDM 设备由箱体结构、控制 X、Y、Z 方向运动的机械结构、喷射结构和控制部分组成。

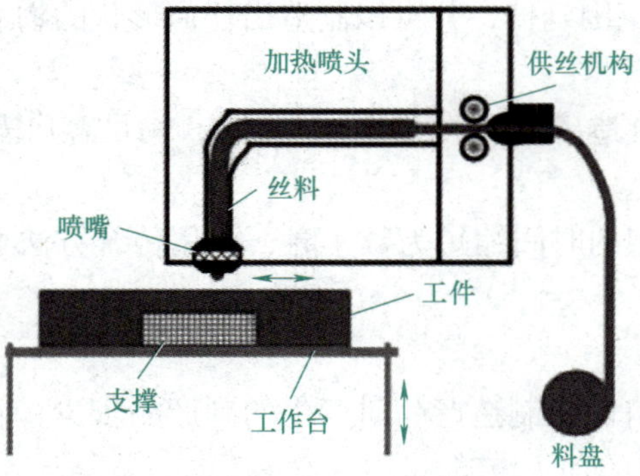

图 2-2 FDM 技术工作原理图

图 2-3 典型 FDM 设备

（2）原料

1）ABS 塑料。ABS 塑料具有优良的综合性能，其强度、柔韧性、可加工性优异，并具有优良的耐高温性，是制造工程机械零部件的优选塑料。ABS 塑料的缺点是在打印过程中会产生气味，而且由于其冷收缩性，在打印过程中模型易与打印平板脱离。

2）PLA 塑料。PLA 塑料是当前桌面式 3D 打印机使用最广泛的一种材料。PLA 塑料是生物可降解材料，使用可再生的植物资源（如玉米）所提取出的淀粉原料制成，具有强度高、收缩率极低、成型性能优秀、热成型尺寸稳定、层与层之间粘合性好以及良好的光泽性等优点，适用于吹塑、热塑等各种加工方法，且加工方便，应用十分广泛。

3. FDM 工艺的优缺点

（1）优点

1）系统构造原理和操作简单，维护成本低，系统运行安全。

2）可以使用无毒的原材料，设备可在办公环境中安装使用。

3）可以成型任意复杂程度的零件，常用于成型具有复杂的内腔、孔等特征的零件。

4）原材料在成型过程中无化学变化，制件的翘曲变形小。

5）原材料利用率高，且材料使用寿命长。

6）去除支撑简单，无须化学清洗，容易分离。

（2）缺点

1）制件的表面有较明显的条纹。

2）沿成型轴垂直方向的强度比较弱。

3）需要设计与制作支撑结构。

4）需要对整个截面进行扫描涂覆，成型时间较长。

4. FDM 技术的应用

FDM 技术已被广泛应用于汽车、通用机械、航空航天、家电、通信、电子、建筑、医学、玩具等领域产品的设计开发过程，如产品外观评估、方案选择、装配检验、功能测试、用户看样订货、塑料件开模前校验设计以及少量产品制造等。与传统方法相比，以前需要几个星期、几个月才能制造出来的复杂产品原型，在采用FDM技术后，无须任何刀具和模具，很快便可完成制造。

5. FDM 技术的发展趋势

随着智能制造技术逐渐成熟，以及新的信息技术、控制技术等在制造领域的广泛应用，FDM 技术正在朝着精密化、智能化、通用化以及便捷化等方向发展。

（1）直接面向产品的制造　将提升 FDM 制造的效率和精度，可实现连续的大件打印，打印过程中可有多种材料，可提升产品的质量与性能。

（2）通用化　将减小设备体型，降低成本，使操作简单化，更适应设计与制造一体化和家庭应用的需求。

（3）集成化与智能化　使 CAD/RP 等相关软件一体化，工业设计与制造无缝对接，设计人员通过网络远程控制制造过程。

（4）扩展应用领域　3D 打印技术在未来的发展空间，很大程度上由其是否具有完整的产业链来决定，包括设备制造、材料研发与加工、软件设计以及服务提供商，若应用没有跟上，反过来就会限制其技术的发展。

二、光固化成型（SLA）技术

3D 打印技术之光固化成型技术（SLA）介绍

光固化成型（Stereo Lithography Appearance，SLA）技术又称立体光刻造型技术。它主要采用液态光敏树脂原料，通过 3D 设计软件（CAD）设计出三维数字模型，利用离散程序将模型进行切片处理，设计扫描路径，按路径照射到液态光敏树脂表面，分层扫描固化叠加成三维实体模型。

1. 成型原理

光固化成型技术是基于液态光敏树脂的光聚合原理工作的（图 2-4）。这种液态材料在一定波长和强度的紫外线（λ=325nm）照射下能迅速发生光聚合反应，分子量急剧增大，材料也从液态转变成固态。液槽中盛满液态光敏树脂，激光束在偏振镜作用下在液态树脂表面进行扫描，光点照射到的地方，液体就发生固化。成型开始时，工作平台从液面下降一个确定的深度，聚焦后的光斑在液面上按计算机的指令逐点扫描固化。当一层扫描完成后，未被照射的地方仍是液态树脂，然后升降台带动平台下降一层高度，刮板在已成型的层面上又涂覆一层树脂并刮平，然后再进行下一层的扫描，新固化的一层树脂牢固地粘在前一层上，如此重复，直到整个零件制造完毕，得到一个三维实体模型。

2. 典型 SLA 设备与原料

（1）设备　典型 SLA 设备如图 2-5 所示。SLA 设备由光学系统、树脂容器、数字控制和软件系统组成，主要包括激光器、激光扫描装置、液槽、升降台和刮刀。

（2）原料　光固化成型技术所需原料主要由光固化实体材料和支撑材料两部分组成。

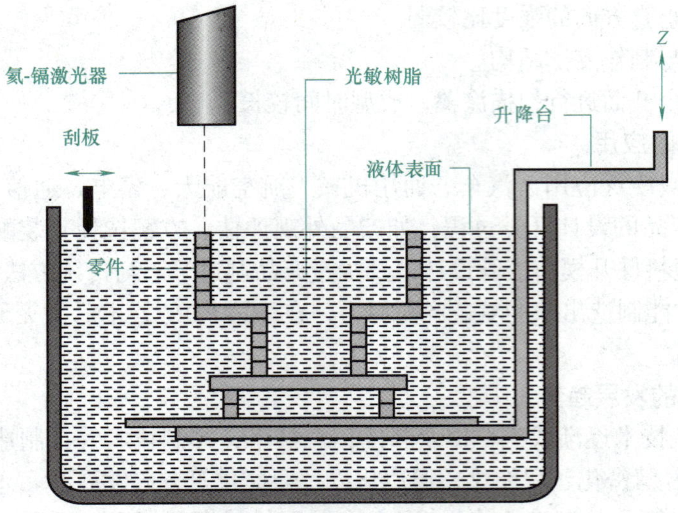

图 2-4　SLA 技术工作原理图

1）光固化实体材料主要是指光敏树脂。光敏树脂即 Ultraviolet Rays（UV）树脂，一般为液态，由低聚物、反应性稀释剂和光引发剂组成。在一定波长（250~300nm）的紫外线照射下能立刻引起聚合反应完成固化，可用于制作高强度、耐高温、防水材料。

2）支撑材料。SLA 技术常用来进行复杂结构零件的制造，这些零件通常会出现镂空或者悬空结构的设计。为了避免在打印过程中产生变形而影响制件的外形，需要用支撑材料填补零件的镂空部分。打印完成后再对支撑材料进行清除，最后得到完整的制件。对支撑材料的要求是便于去除且不能损坏实体模型。常用作支撑材料的有相变蜡支撑材料和光固化支撑材料。

图 2-5　典型 SLA 设备

3. SLA 工艺的优缺点

(1) SLA 工艺的优点

1）SLA 技术出现时间早，技术成熟度高。

2）打印速度快，光敏反应过程便捷，产品生产周期短。

3）打印精度高，可打印结构复杂或传统技术难以制作的原型和模具。

4）配套软件功能完善，可联机操作及远程控制，有利于生产的自动化。

(2) SLA 工艺的缺点

1）SLA 设备普遍价格昂贵，使用和维护成本高。

2）需要对毒性液体进行精密操作，对工作环境要求苛刻。

3）受材料所限，可使用的材料多为树脂类，使得打印成品的强度、刚度及耐热性都非常有限，并且不利于长时间保存。

4）由于树脂固化过程中会产生收缩，不可避免地会产生应力或引起形变。

4. SLA 技术的应用

(1) 制造模具　用 SLA 工艺快速制成的立体树脂模可以代替蜡模进行结壳，焙烧型壳时去除树脂模，得到中空型壳，即可浇注出具有高尺寸精度和几何形状、表面质量较好的合金铸件或直接用来制造注射模的型腔，可以大大缩短制模过程和制件的开发周期，降低制造成本。

（2）对样品形状及尺寸设计进行直观分析　在新产品设计阶段，虽然可以借助设计图样和计算机模拟对产品进行评价，但不直观，特别是形状复杂的产品，往往因难以想象其真实形貌而不能做出正确、及时的判断。采用 SLA 技术可以快速制造样品，供设计者和用户直观测量，并可反复修改和制造，可大大缩短新产品的设计周期，使设计符合预期的形状和尺寸要求。

（3）产品性能测试与分析　在塑料制品加工企业，由于 SLA 制件具有较好的力学性能，可用于塑料制品的部分性能测试与分析，提高设计可靠性。

（4）单件或小批量产品的制造　在一些特殊行业，有些制件只需单件或小批量生产，这样的产品通过制模再生产，成本高、周期长，一般可采用 SLA 技术直接成型，使得生产成本低、周期短。

（5）在医学上的应用　SLA 技术为不能制作或难以用传统方法制作的人体器官模型提供了一种新的方法，基于 CT 图像的 SLA 技术是应用于假体制作、复杂外科手术规划、口腔颌面修复的有效方法。

5. SLA 技术的发展趋势

（1）数据处理软件性能需要进一步提高　随着越来越多的原型要在快速成型设备上加工，RP 数据处理软件的性能在提高工作效率、保证加工精度等方面变得越来越重要。成型设备生产厂商自己开发的数据处理软件已很难满足要求，一些通用的 RP 软件应运而生。

（2）成型速度需要进一步提升　RP 技术走出实验室后，需不断提高成型速度，才能逐步符合“快速”二字。从设备的角度而言，激光功率是影响成型速度的主要因素。成本更低、稳定性更高、使用寿命更长已成为固体激光器发展的新要求。目前，工作波长为 355nm 的半导体泵浦固体激光器成了光固化快速成型系统的理想光源。

（3）成型材料性能多样化、功能化　对于光固化快速成型设备来说，光敏树脂材料是至关重要的。目前进口材料已解决了光敏树脂材料收缩变形的问题，正朝着性能多样化、功能材料的方向发展。

（4）设备的稳定性需要进一步提高　SLA 工艺过程恰似搭建空中楼阁，局部的加工缺陷会造成整个加工过程的失败，因而设备的稳定性至关重要。提高设备的稳定性要从光、机、电、软件各部分着手。

三、选择性激光烧结（SLS）技术

3D 打印技术之选择性激光烧结技术（SLS）介绍

选择性激光烧结（Selected Laser Sintering，SLS）技术采用红外激光器作为能源，使用的造型材料多为粉末材料。

1. 成型原理

选择性激光烧结工艺是利用粉末状材料（主要有塑料粉、蜡粉、金属粉、表面附有黏结剂的覆膜陶瓷粉、覆膜金属粉及覆膜砂等）在激光照射下烧结的原理，在计算机控制下按照界面轮廓信息进行有选择的烧结，层层堆积成型（图 2-6）。SLS 技术使用的是粉末状材料，从理论上讲，任何可熔的粉末都可以用于打印成型。

2. 典型SLS设备与原料

（1）设备　SLS设备（图2-7）主要由机械系统、光学系统和计算机控制系统组成。机械系统和光学系统在计算机控制系统的作用下协调工作，自动完成制件的加工成型。机械系统主要由机架、工作平台、铺粉机构、活塞缸（两个）、集料箱、加热灯和通风除尘装置组成。

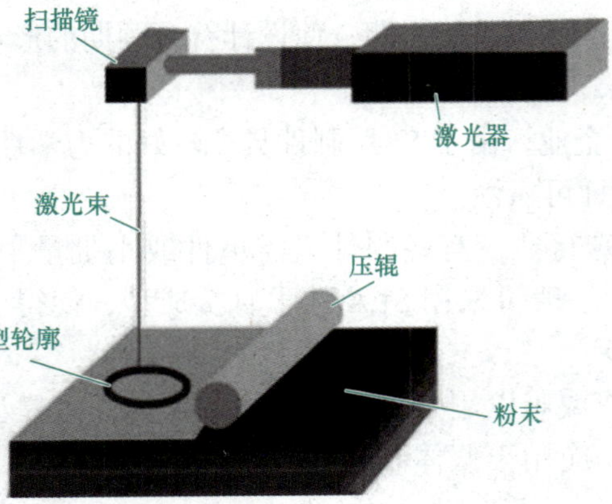

图2-6　SLS技术工作原理图

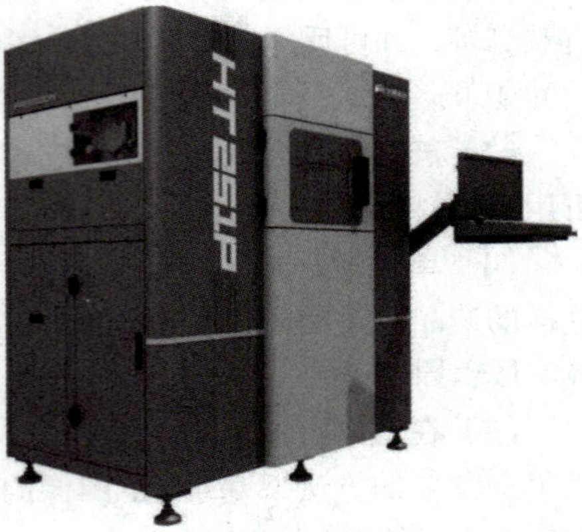

图2-7　典型SLS设备

（2）原料　SLS工艺中所使用的原料主要有3种不同的类型，见表2-1。

表2-1　SLS工艺原料的类型

原料类型	原料特点
塑料粉末	尼龙、聚苯乙烯、聚碳酸酯等均可作为塑料粉末的原料。一般直接用激光烧结，不做后续处理
金属粉末	原料为各种金属粉末。由于金属粉末烧结时温度很高，为防止金属氧化，烧结时必须将金属粉末密闭在充有保护气体的容器中
陶瓷粉末	在烧结陶瓷粉末时要在粉末中加入黏结剂。黏结剂有无机黏结剂、有机黏结剂和金属黏结剂3类

3. SLS工艺的优缺点

（1）SLS工艺的优点

1）成型材料品种多、价格低廉。理论上凡经激光加热后能在粉末间形成原子连接的材料都可作为SLS成型材料。目前，已商业化的材料主要有塑料粉、蜡粉、覆膜金属粉、表面涂有黏结剂的陶瓷粉、覆膜砂等。

2）对制件形状几乎没有要求。由于下层的粉末自然成为上层的支撑，因此SLS工艺具有自支撑性，可制造任意复杂的形体。

3）材料利用率高，未烧结的粉末可以重复利用。

4）制件精度高，一般能够达到工件整体范围内的公差（0.05~2.5mm）。

5）可实现设计与制造一体化，配套软件可自动将CAD数据转化为分层STL数据，根据层面信息自动生成数控程序，驱动成型设备完成材料的逐层加工和堆积，不需人为干预。

（2）SLS工艺的缺点

1）设备成本高。

2）制件内部疏松多孔，表面粗糙度值较大，力学性能不高。

3）制件质量受粉末的影响较大，不易提升质量。

4）可制造零件的最大尺寸受到限制。

5）成型过程消耗能量大，后处理工序复杂。

4. SLS 技术的应用

SLS 技术已经成功应用于汽车、造船、航天航空、通信、建筑、医疗、考古等诸多行业，为传统制造业注入了新的创造力，也带来了信息化的气息。目前，SLS 技术主要应用于以下场合。

（1）快速原型制造 SLS 工艺可快速制造所设计零件的原型，并对产品及时进行评价、修正，以提高设计质量。

（2）新型材料的制备及研发 利用 SLS 技术可以开发一些新型的材料颗粒，如复合材料上的增强颗粒和硬质合金。

（3）小批量、特殊零件的制造加工 小批量及特殊零件加工周期长、成本高，某些形状复杂的零件甚至无法制造。采用 SLS 技术可快速、经济地实现小批量和形状复杂零件的制造。

（4）快速模具和工具制造 采用 SLS 技术制造的零件可直接作为模具使用，如熔模铸造、砂型铸造技术领域，注射模型、高精度形状复杂的金属模型等；也可以将成型件经后处理后作为功能零件使用。

（5）在医学上的应用 采用 SLS 技术烧结的零件有很高的孔隙率，因此可用于人工骨的制造，根据目前用 SLS 技术制备的人工骨进行的临床研究表明，人工骨的生物相容性良好。

5. SLS 技术的发展趋势

目前，采用 SLS 工艺制件的速度、精度和表面质量还不能完全满足工业生产要求，SLS 设备成本也较高，并且激光工艺参数对零件质量影响敏感，需要较长的时间摸索。针对目前 SLS 技术存在的问题，其未来的发展趋势主要集中在以下几方面。

（1）材料先进化和实用化 材料是 SLS 技术发展的关键环节，它直接影响烧结试样的成型速度、精度、物理和化学性能。目前，采用 SLS 工艺制造的零件普遍存在强度不高、精度低、需要后处理等诸多缺点，这就需要研制出各种激光烧结快速成型的专用材料。

（2）SLS 技术烧结机理研究定量化 不同的粉末材料其烧结成型机理是截然不同的，如金属粉末的烧结过程主要由瞬时液相烧结控制，但是目前对其烧结机理的研究停留在显微组织理论层次，需要从 SLS 技术动力学理论进行研究来定量地分析烧结过程。

（3）SLS 工艺参数优化 SLS 工艺参数（如激光功率、扫描方式、粉末颗粒大小等）对 SLS 烧结件的质量都有影响，因此工艺参数与成型质量之间的关系依然是 SLS 技术的研究热点。

（4）SLS 技术烧结过程仿真化 粉末的烧结过程十分复杂，为了更好地了解、控制烧结过程，进而对工艺参数的选取进行指导，对烧结过程进行计算机仿真具有重要意义。SLS 技术的发展将对设备研发与应用、新工艺和新材料的研究产生积极的影响，对制造业向环保、节能、高效方向发展产生巨大的推动作用。

3D 打印技术之选择性激光熔化（SLM）技术

四、选择性激光熔化（SLM）技术

选择性激光熔化技术（Selective laser melting，SLM）是金属材料增材制造中的一种主要技术途径。该技术选用激光作为能量源，按照三维 CAD 切片模型中规划好的路径对金属粉末床进行逐层扫描，扫描过的金属粉末通过熔化、凝固从而达到冶金结合的效果，最终获得所设计的金属零件。

1. 成型原理

选择性激光熔化技术采用快速成型的基本原理，激光束开始扫描前，铺粉装置先把金属粉末平推到成型缸的基板上，激光束再按当前层的填充扫描线选区熔化，基板上的粉末加工当前层，然后成型缸下降一个层厚的距离，粉料缸上升一定厚度的距离，铺粉装置再在已加工好的当前层上铺好金属粉末。设备调入下一层轮廓的数据进行加工，如此层层加工，直到整个零件加工完毕，如图2-8所示。

2. 典型SLM设备与原料

（1）设备

SLM设备主要由光路系统、粉末管理系统、气氛管理系统和气体净化系统四部分组成，典型SLM成型设备如图2-9所示。

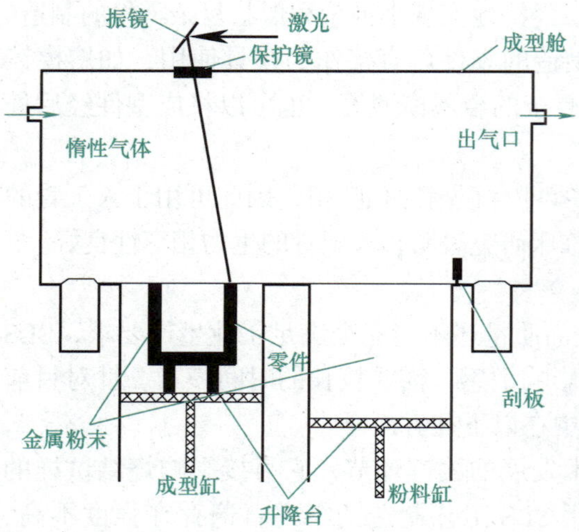

图2-8 SLM技术工作原理图

图2-9 典型SLM设备

（2）原料

1）钛合金：具有耐高温、耐蚀性强、高强度、低密度以及良好的生物相容性等优点，在航空航天、石油化工、核工业、运动器材及医疗器械等领域得到了广泛的应用。

2）不锈钢：具有耐化学腐蚀、耐高温和力学性能良好等特性，由于其粉末成型性能好、制备工艺简单且成本低廉，在传统工业中得到广泛应用。

3）高温合金：是指以铁、镍、钴为基，能在600℃以上的高温及一定应力环境下长期工作的一类金属材料。其具有较高的高温力学强度、良好的耐热腐蚀和抗氧化性能以及良好的塑性和韧性。高温合金主要用于高性能发动机和航空发动机。

4）镁合金：镁合金作为最轻的结构合金，由于其具有高强度和高阻尼性能，在诸多应用领域中有替代钢和铝合金的可能。

3. SLM工艺的优缺点

（1）优点

1）能将CAD模型直接制成终端金属产品，只需要简单的后处理或表面处理工艺。

2）适合各种复杂形状的零件制造。

3）其产品致密度几乎能达到 100%，力学性能与锻造工艺制造相当。

4）获得的金属零件具有很高的尺寸精度以及较低的表面粗糙度值。

5）能以较低的功率熔化高熔点金属，使利用单一成分的金属粉末制造零件成为可能，而且可供选用的金属粉末种类也大大拓展了。

6）可以对钛粉、镍基高温合金粉进行直接加工，解决了在航空航天中应用广泛、组织均匀的高温合金复杂零件加工难的问题；还能解决生物医学中组分连续变化的梯度功能材料的加工问题。

（2）缺点

1）由于激光器功率和扫描振镜偏转角度的限制，SLM 设备能够成型的零件尺寸范围有限。

2）由于使用到高功率的激光器以及高质量的光学设备，机器制造成本高，目前国内外设备售价都较高。

3）由于使用了粉末材料，成型件表面质量差，产品需要进行二次加工，才能用于后续的工作。

4）加工过程中制件容易出现球化和翘曲。

4. SLM 技术的应用

选择性激光熔化技术可以采用多种金属合金粉末加工，具有广泛的应用领域和应用范围，如机械领域的工具和模具、生物医疗领域的生物植入体、航空航天领域的超轻结构件、电子领域的散热器等。

5. SLM 技术的发展趋势

（1）轻量化结构设计 航空航天、汽车工业和医学生物植入体等领域对轻量化结构的需求越来越高，采用传统加工工艺中制造的轻量化结构往往需要预先设计好模具再进行铸造和后续减材加工，耗费了很多时间，经济成本较高，但采用 SLM 技术可以直接成型出更复杂、自由度更高的轻量化结构件。

（2）免组装机构设计 传统机械加工是要先制造单个零件，然后再装配成为一个部件，但采用 SLM 技术可以将设计好的部件一次直接成型，大大地减少了传统加工所需时间，降低了经济成本。与传统装配机构一样，部件间配合精度也是 SLM 成型免组装机构的重大影响因素之一，因此需要优化成型件倾斜角度、设备铺粉层厚以及能量输入等参数。

（3）支撑结构优化 支撑设计是 SLM 中需要研究的问题。对于一些结构简单的金属零件，可以不添加支撑，直接在基板上成型，然后通过线切割取下，但无法保证金属零件与基板接触面的尺寸精度和表面粗糙度；而对于一些外形复杂、结构自由度高的金属零件，必须来用支撑结构。不良支撑结构在 SLM 成型过程中会导致零件的加工应力不均匀，引起翘曲变形。支撑设计时要考虑支撑结构的拆除，因为拆除支撑对金属零件表面粗糙度值和尺寸精度的影响较大，尤其是一些结构件的内部支撑，结构件的内部多为一些悬垂结构，很多学者都对 SLM 技术成型悬垂结构进行了研究，分析了熔池变化与悬垂角度间的关系，对比了不同实验条件下的表面成型质量。

（4）复合加工 SLM 技术能够直接制造界面结合良好、组织致密、尺寸精度高和力学性能良好的功能零件。设想利用现有的 SLM 设备与传统的高精密数控铣削系统构成一个复合加工整体系统：SLM 成型完金属零件后，采用高精密铣削刀具对支撑进行拆除，并直接对其进行表面处理而不需要将其取出，金属零件的成型精度会在现有水平的基础上大大提高。SLM 技术在未来制造工业中的应用会更广泛。

（5）实时监测及反馈　国内关于 SLM 成型过程中监测技术的研究正在探索，成型金属零件的缺陷往往在零件内部，它们会严重影响零件的力学性能，因此 SLM 成型过程中的实时监测及定位缺陷研究很有必要，如通过一种空间检测识别方法，在逐层打印过程中，利用机器视觉系统检测缺陷，然后用计算机对图像数据进行分析处理并加以反馈，控制系统快速调整加工参数，极大地改善了 SLM 成型质量。

（6）大型设备开发　传统制造业中有很多大型加工件，例如大型航空件、汽车零件或船舶部件，而目前 SLM 制件的长度、宽度、直径、高度等参数多在 1000mm 以下，在保证成型精度的情况下，加大设备的成型平台需要克服很多技术难关，随着 SLM 设备和软件技术的发展，大型 SLM 设备的开发会是 SLM 技术的一个发展趋势。

五、三维打印成型（3DP）技术

三维打印成型（three Dimensional Printing and Gluing，3DP）技术是利用黏结剂喷涂在成型材料粉末上使其成型的一种增材制造技术，又称三维印刷技术。与 2D 平面打印机在打印头下送纸不同，3D 打印机是在一层粉末的上方移动打印头，打印横截面数据。

1. 成型原理

按照设定的层厚进行铺粉，随后根据每层叠层的截面信息，利用喷头按照指定的路径将液态黏结剂喷在预先铺好的粉层特定区域，之后将工作台下降一个层厚的距离，继续进行下一叠层的铺粉，逐层粘接后去除多余底料得到所需形状的制件，如图 2-10 所示。

3D 打印技术之三维印刷成型技术（3DP）介绍

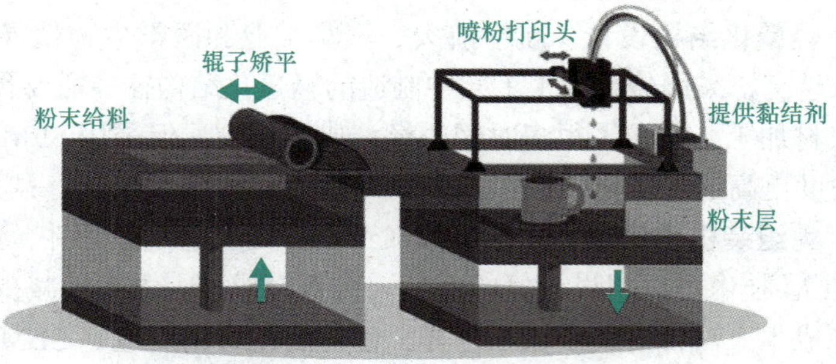

图 2-10　3DP 技术工作原理图

2. 3DP 材料

3DP 材料应用范围极广，包括原型制件应用材料，如尼龙粉末、ABS 粉末、石膏粉末；模具应用材料，如各种金属粉末、陶瓷粉末以及用于砂模铸造的各种砂粉、高性能尼龙等；快速制造应用材料，如贵金属粉末、轻质金属粉末、高强度金属粉末、橡胶粉末、结构陶瓷粉末、功能陶瓷粉末等。

3. 3DP 工艺的优缺点

（1）优点

1）成型速度快，适用于桌面型的快速成型设备。

2）在黏结剂中添加颜料，可以制作彩色原型，这是该工艺最具竞争力的特点之一。

3）成型过程不需要支撑，多余粉末的去除比较方便，特别适合于做内腔复杂的原型。

（2）缺点　制件强度较低，只能做概念性模型，而不能做功能性试验。

4. 3DP 技术的应用

（1）3D 照相及创意娱乐　目前，3DP 技术的最热门应用是在文创娱乐领域，如当下流行的 3D 摄影，只需一台 3DP 全彩打印机和一台三维扫描仪即可实现人物模型的全彩打印。

（2）金属零件直接成型　使用 3DP 工艺制造金属零件时，金属粉末被一种特殊的黏结剂粘接成型，将制件从成型设备中取出后，再放入熔炉中烧结即可得到金属零件成品。

（3）铸造用砂模成型　使用 3DP 工艺可以将铸造用砂制成模具，用于传统的金属铸造，可以间接制造出金属产品。

5. 3DP 技术的发展趋势

（1）3DP 技术喷头专用化　喷头是 3DP 设备的核心部分，喷头的性能及控制方式直接决定 3DP 设备的最高性能。目前，3DP 设备使用的热气泡式或压电式商业喷头对喷射液体的黏度和表面张力范围有着严格要求，这在很大程度上限制了 3DP 技术使用黏结剂的范围，不利于该技术的发展。因此，发展 3DP 技术专用喷头十分必要。

（2）喷头控制程序应考虑液体参数　当前开发的控制程序只针对喷头本身，而未考虑喷头使用的液体。如果将液体参数同样考虑到喷头控制程序中，可以依据不同的液体，对喷头控制程序进行修正，则可以进一步提高喷头形成液体的精度，有利于成型精度的提高。

（3）材料成型过程研究微观化　虽然目前 3DP 技术可使用的材料种类十分丰富，在众多增材制造技术中处于领先地位，但仍有不尽如人意之处。使用 3DP 技术可实现对某种材料的加工，而对材料成型过程的微观机理研究较少。这些基础研究是指导改进工艺、提高制件效果必不可少的因素，也必然会成为将来研究人员所关注的重点。

（4）技术应用范围规模化　目前 3DP 技术在数学、模型、创意、医疗领域都得到了广泛的应用，随着制件性能的提高，该技术在大规模工业生产中将得到越来越大规模的应用。

六、薄材叠层制造成型（LOM）技术

3D 打印技术之分层实体制造技术（LOM）

薄材叠层制造成型（Laminated Object Manufacturing，LOM），又称薄形材料选择性切割，曾经是最成熟的快速成型制造技术之一。由于薄材叠层制造成型技术多使用纸材，成本低廉、制件精度高，而且制造出来的原型具有外在的美感和一些特殊的品质，因此受到了较为广泛的关注。

1. 成型原理

LOM 工艺采用薄片材料，如纸、塑料薄膜等。片材表面事先涂覆上一层热熔胶，加工时，热压辊热压片材，使之与下面已成型的工件粘接；用 CO_2 激光器在刚粘接的新层上切割出零件截面轮廓和工件外框，并在截面轮廓与外框之间多余的区域内切割出上下对齐的网格；激光切割完成后，工作台带动已成型的工件下降，与带状片材（料带）分离；供料机构转动收料轴和供料轴，带动料带移动，使新层移到加工区域；然后工作台上升到加工平面，热压辊热压，工件的层数增加一层，高度增加一个料厚；再在新层上切割截面轮廓。如此反复，直至零件的所有截面粘接、切割完成，得到分层制造的实体零件。其工作原理如图 2-11 所示。

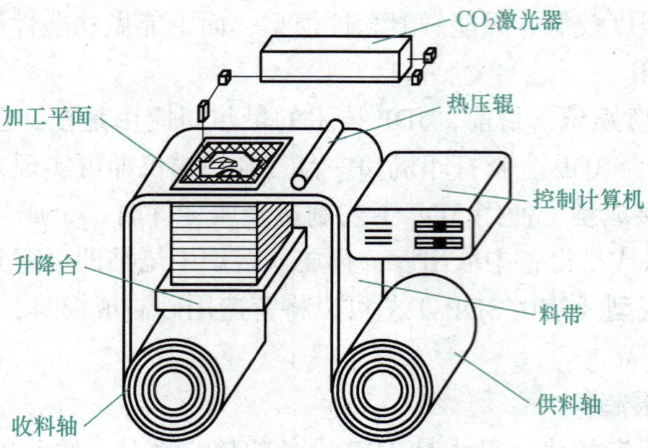

图 2-11　LOM 技术工作原理图

2. LOM 材料

LOM 工艺使用的成型材料是单面涂覆有热熔型黏结剂的片状材料，由基体材料和黏结剂组成。常用于 LOM 工艺的基体材料有纸片材、金属片材、陶瓷片材和复合材料片材等，由于涂覆纸价格较便宜，所以目前的 LOM 基体材料主要是纸材。

3. LOM 工艺的优缺点

（1）优点

1）成型速度较快。由于 LOM 工艺只需要使用激光束沿物体的轮廓进行切割，无须扫描整个断面，因此成型速度很快，常用于加工内部结构简单的大型零件。

2）无须设计和制作支撑结构。

3）可进行切削加工。

4）可制作尺寸大的原型。

（2）缺点

1）原型的抗拉强度和弹性不够好。

2）原型易吸湿膨胀，因此成型后应尽快进行表面防潮处理。

3）原型表面有台阶纹理，难以构建形状精细、多曲面的零件，因此成型后需进行表面打磨。

4）切割的材料无法二次利用，因此造成材料的浪费。

4. LOM 技术的应用

（1）产品设计评估

（2）产品装配检验

（3）铸造用型芯制造

（4）制模用母模成型

（5）模具直接制造

5. LOM 技术的发展趋势

由于传统的 LOM 成型工艺中存在 CO_2 激光器成本高，且原材料种类过少，纸张的强度偏弱，容易受潮等原因，故传统的 LOM 技术已经逐渐退出 3D 打印的历史舞台。

任务三　认识 3D 打印技术的现状及发展前景

3D 打印技术仍处于技术发展阶段，整个 3D 打印市场可分为 3D 打印材料（上游）、3D 打印机制造（中游）、3D 打印服务（下游）以及外围技术培训等。

一、3D 打印材料现状

3D 打印材料是 3D 打印技术发展的重要物质基础，材料的发展决定着 3D 打印技术能否有更广泛的应用。

对于一个成熟的产业来说，往往是由下游需求带动上游供应，继而带动周边产品；而对于技术仍处于发展当中，市场仍待发育的 3D 打印产业来说，境况有所不同，目前 3D 打印技术的发展仍然受到 3D 打印材料发展的制约。

1. 工程塑料

工程塑料是指被用于工业零件或外壳材料的工业用塑料，其强度、抗冲击性、耐热性、硬度及抗老化性均较优。工程塑料是当前应用最广泛的一类 3D 打印材料，常见的有 Acrylonitrile Butadiene Styrene（ABS）材料，Polycarbonate（PC）材料、尼龙材料等。

（1）ABS 材料　这是熔融沉积快速成型（FDM）工艺常用的热塑性工程塑料，具有强度高、韧性好、耐冲击等优点，正常热变形温度超过 90℃，可进行机械加工（钻孔、攻螺纹），喷漆及电镀。ABS 材料的颜色种类很多，有象牙白色、白色、黑色、深灰色、红色、蓝色、玫瑰红色等，在汽车、家电、电子消费品领域有广泛的应用。

（2）PC 材料　这是真正的热塑性材料，具备工程塑料的所有特性，即高强度、耐高温、抗冲击、拉弯曲，可以作为最终零部件使用。使用 PC 材料制作的样件，可以直接装配使用，应用于交通工具及家电行业。PC 材料的颜色比较单一，只有白色，但其强度比 ABS 材料高出 60% 左右，具备超强的工程材料属性，广泛应用于电子消费品、家电、汽车制造、航空航天、医疗器械等领域。

（3）玻璃纤维增强尼龙　这是一种在尼龙树脂中加入一定量的玻璃纤维以增强性能而得到的塑料。与普通塑料相比，其拉伸强度、弯曲强度有所增强，热变形温度以及材料的模量有所提高，材料的收缩率减小，但表面变得粗糙，冲击强度有所降低。其热变形温度为 110℃，主要应用于汽车、家电、电子消费品领域。

（4）PC/ABS 材料　这是一种应用最广泛的热塑性工程塑料，具备了 ABS 材料的韧性和 PC 材料的高强度及耐热性，大多应用于汽车、家电及通信行业。使用该材料配合 Stratasys 公司开发的 Fortus 系列设备制作的样件强度比传统的应用 FDM 设备制作的部件强度高出 60% 左右，所以使用 PC/ABS 材料能打印出包括概念模型、功能原型、制造工具及最终零部件等热塑性部件。

2. 光敏树脂

常见的光敏树脂有 Somos Next 材料、Somos 11122 材料、Somos 19120 材料和环氧树脂。

（1）Somos Next 材料　这是白色材质的类 PC 新材料，韧性非常好，基本可达到选择性激光烧结尼龙材料性能，并且精度和表面质量更佳。Somos Next 材料制作的部件拥有非常优良的刚性和韧性，同时保持了光固化立体造型材料做工精致、尺寸精确和外观漂亮的优点，主要应用于汽车、家电、电子消费品等领域。

（2）Somos 11122 材料　这种材料的外观是透明的，具有优秀的防水性和尺寸稳定性，能提供包括ABS和PBT塑料在内的多种类似工程塑料的特性，这些特性使它很适合用于汽车、医疗以及电子类产品领域。

（3）Somos 19120 材料　这种材料为粉红色材质，是一种铸造专用材料，成型后可直接代替精密铸造的蜡模原型，避免开发模具的风险，大大缩短周期，具有灰烬少和精度高等特点。

（4）环氧树脂　这是一种便于铸造的激光快速成型树脂，含灰量极低（800℃时的残留含灰量小于0.01%），可用于熔融石英和氧化铝高温型壳体系，而且不含重金属锑，可用于制造极其精密的快速铸造型模。

3. 橡胶类材料

橡胶类材料具备多种级别弹性材料的特征，这些材料所具备的硬度、拉断伸长率、撕裂强度和拉伸强度使其非常适合用于要求防滑或柔软表面的应用领域。3D打印的橡胶类产品主要有消费类电子产品、医疗设备以及汽车内饰、轮胎、垫片等。

4. 金属材料

近年来基于金属材料的3D打印技术发展迅速，3D打印所使用的金属粉末一般要求纯净度高、球形度好、粒径分布窄、氧含量低。目前，应用于3D打印技术的金属粉末材料主要有钛合金、钴铬合金、不锈钢和铝合金材料等，此外，还有用于3D打印首饰用的金、银等贵金属粉末材料。

（1）钛合金　它具有强度高、耐蚀性好、耐热性高等特点，广泛用于制作飞机发动机压气机部件，以及火箭、导弹和飞机的各种结构件。

（2）钴铬合金　它是一种以钴和铬为主要成分的高温合金，耐蚀性和力学性能都非常优异，用其制作的零部件具有强度高、耐高温特点。

采用3D打印技术制造的钛合金和钴铬合金零部件强度非常高，尺寸精确，能制作的零件最小尺寸可达1mm，而且其零部件力学性能优于锻造工艺。

（3）不锈钢　不锈钢粉末是金属3D打印中经常使用的一类性价比较高的金属粉末材料。3D打印的不锈钢模型具有较高的强度，而且适合制作尺寸较大的物品。

5. 陶瓷材料

陶瓷材料具有高强度、高硬度、耐高温、低密度、化学稳定性好、耐蚀性好等优异特性，但陶瓷材料难加工，传统加工工艺成本高、耗时长，然而用3D打印陶瓷材料，结合较先进的烧结技术，可以制备出高精度、高强度的陶瓷零件，相比传统的制备工艺显著降低了加工成本，缩短了生产周期，节省了原材料，发展潜力巨大，将推动3D打印陶瓷技术在航天航空、医学、工业等领域取得更广泛的应用。

6. 其他3D打印材料

其他3D打印材料包括彩色石膏材料、人造骨粉、食品材料以及混凝土等。

（1）彩色石膏材料　这是一种全彩色的3D打印材料，是基于石膏的、易碎、坚硬且色彩清晰的材料。根据在粉末介质上逐层打印的成型原理，3D打印成品在处理完毕后表面可能出现细微的颗粒效果，外观很像岩石，在曲面表面可能出现细微的年轮状纹理，因此多应用于动漫玩偶等领域。

（2）人造骨粉 3D 打印技术与医学、组织工程相结合，利用类似喷墨打印机的技术，将人造骨粉转变成精密的骨骼组织，打印机会在骨粉制作的薄膜上喷洒一种酸性药剂，使薄膜变得更坚硬，从而制造出人工器官等产品，用于治疗疾病。

（3）食品材料 可打印的食品材料包括砂糖、奶油、奶酪、巧克力、香料等。例如，砂糖 3D 打印机通过喷射加热过的砂糖，可直接做出具有各种形状且美观又美味的甜品。

（4）混凝土 混凝土作为 3D 打印原材料，是 3D 打印技术的拓展，更是建筑领域的一项创新。将 3D 打印技术应用于建筑行业，与建筑工业化的理念不谋而合。

二、我国 3D 打印产业发展现状及存在的问题

1. 3D 打印产业发展现状及产业应用

我国已有部分技术处于世界先进水平，采用激光直接加工金属技术发展较快，已基本满足特种零部件的力学性能要求，成功应用于航天航空装备制造；生物细胞 3D 打印技术取得显著进展，可以制造立体的模拟生物组织，为我国生物医学领域尖端科学研究提供了关键的技术支撑。

目前已有部分企业依托高校成果，对 3D 打印设备进行产业化运作，部分公司生产的便携式桌面 3D 打印机的价格已具备国际竞争力，成功进入欧美市场。一些中小企业成为国外 3D 打印设备的代理商，经销全套 3D 打印设备、成型软件和特种材料，还有一些中小企业购买了国内外各类 3D 打印设备，专门为相关企业的研发、生产提供服务。他们发挥科技人才密集的优势，向国内外客户提供服务，取得了良好的经济效益。

2. 存在的问题

我国 3D 打印产业虽然发展迅速，仍面临缺乏宏观规划和引导、研发投入不足、产业链缺乏统筹发展、缺乏教育培训和社会推广等一系列问题。

（1）缺乏宏观规划和引导 3D 打印产业上游包括材料技术、控制技术、光机电技术和软件技术，中游是立足于信息技术的数字化平台，下游涉及国防科工、航空航天、汽车、家电电子、医疗卫生、文化创意等行业，其发展将会深刻影响先进制造业、工业设计业、生产性服务业、文化创意业、电子商务业及制造业信息化工程，但在我国工业转型升级、发展智能制造业的相关规划中，对 3D 打印这一交叉学科的技术总体规划与重视不够，我国 3D 打印技术需要制定技术发展路线图，规划基础研究、产业化、工程应用的发展路线，使其真正产业化。

（2）研发投入不足 我国具备自主制造 3D 打印设备的企业规模普遍较小，研发力量不足，这些企业在加工流程稳定性、工件支撑材料的生成和处理、部分特种材料的制备技术等诸多具体环节中存在一定的缺陷，难以完全满足产品制造的需求。

（3）缺乏教育培训和社会推广 目前，企业购置 3D 打印设备的数量非常有限，应用范围狭窄。在机械、材料、信息技术等工程学科的教学课程体系中，与 3D 打印相关的必修环节近两年才开始正式列入必修课程。

三、我国发展 3D 打印产业的重要战略意义

我国在《“十四五”智能制造发展规划》中将增材制造（3D 打印）列入关键核心技术，并提出将突破设计仿真、混合建模等基础技术，开发应用增材制造、超精密加工等先进工艺，推动先进工艺、信息技术与制造装备深度融合，通过智能车间、工厂建设，带动通用、

专用智能制造装备加速研制和迭代升级。

（1）发展 3D 打印产业，可以提升我国工业领域的产品开发水平，提高工业设计能力 传统的工业产品开发方法，往往是先开发模具，然后再做出样品。而运用 3D 打印技术，无需开发模具，可以把制造时间降低为以前的 1/10~1/5，费用降低到 1/3 以下。一些好的设计理念，无论其结构和工艺多么复杂，均可利用 3D 打印技术在短时间内制造出来，从而极大地促进产品的创新设计，有效克服产品工业设计能力薄弱的问题。

（2）发展 3D 打印产业，可以生产出复杂、特殊、个性化的产品，有利于攻克技术难关 3D 打印技术可以为基础科学技术的研究提供重要的技术支持。在航天、航空、大型武器等装备制造业，零部件种类多、性能要求高，需要进行反复测试。除了在研发速度上具有优势外，运用 3D 打印还可以直接加工出特殊、复杂形状的产品，简化装备的结构设计，化解技术难题，实现产品关键性能的超越。

（3）发展 3D 打印产业，可以形成新的经济增长点，促进就业 随着 3D 打印技术的普及，大批量的个性化定制成为重要的生产模式，3D 打印与现代服务业的紧密结合将衍生出新的细分产业、新的商业模式，创造新的经济增长点。

四、我国 3D 打印产业的发展前景

在我国产业升级的背景下，3D 打印技术得到国家层面的重视。自从 2015 年工信部发布《国家增材制造（3D 打印）产业发展推进计划（2015-2016）》，首次明确将 3D 打印列入了国家战略层面，对 3D 产业的发展做出了整体计划，初步建立较完善的 3D 打印产业体系，整体技术水平保持与国际同步，在航空航天等直接制造领域达到国际先进水平，在国际市场上占有较大的市场份额。

党的二十大报告中明确指出，建设现代化产业体系，坚持把发展经济的着力点放在实体经济上，推进新型工业化，加快建设制造强国、质量强国、航天强国、交通强国、网络强国。增材制造作为一种颠覆性的制造技术，可实现数字化技术、激光技术、机械加工技术等多技术的完美结合，将对生产模式、生活方式，乃至产业链价值结构产生深刻影响，在加强供应链互联互通、减少供应链漏洞等方面具有明显优势，为我国制造业的发展创造更多可能。未来，增材制造技术将广泛应用于制造业各领域智能车间、智能工厂、智慧供应链中，明显提升制造的数字化、智能化、绿色化水平，有效推动现代制造业的培育壮大以及传统制造业的转型升级，重塑我国制造业崭新面貌。

项目拓展

1. 请阅读以下学习材料。

行业领军人物：中国增材制造技术的奠基人——卢秉恒

卢秉恒，出生于安徽省亳州市，机械工程专家，中国工程院院士，西安交通大学教授、博士生导师，国家增材制造创新中心主任、中国增材制造标准委员会主任。

卢秉恒是一位在工厂一线工作过十余载的熟练工，也是中国增材制造技术的奠基人，被誉为“中国 3D 打印之父”，他是中国机械制造与自动化领域的著名科学家和 3D 打印领域领军人物。他始终坚持瞄准世界科技前沿，服务国家重大战略需求，在高档数

控机床、增材制造、微纳制造、生物制造等领域取得了一系列引领性成就。他认为："制造技术创新，不但需要理论素养，更需要工程实践能力与坚持的韧性。"

2. 请完成以下复习思考题。

（1）光固化成型常用的材料是（　　）。

A. PLA 线材　B. 光敏树脂　C. 尼龙粉末　D. 陶瓷浆料

（2）下列关于光固化成型材料的性能要求说法中哪一项是正确的（　　）。

A. 固化收缩大　B. 黏度低　C. 透射深度大　D. 固化速度慢

（3）激光束作用于粉末时，粉末会吸收大量的激光能量，温度升高，引起（　　）、（　　）、（　　）、等现象。

A. 熔化　B. 飞溅　C. 球化　D. 汽化

（4）SLS 用粉末的平均粒径一般不超过（　　）μm，否则制件会存在非常明显的阶梯效应，而且表面非常粗糙。

A. 10　B. 50　C. 100　D. 200

（5）选择性激光熔化工艺是在（　　）工艺基础上开发出来的。

A. 光固化成型　B. 喷墨打印

C. 电子束选区熔化　D. 选择性激光烧结

（6）FDM 工艺采用的材料是（　　）。

A. 片材　B. 丝材　C. 液体材料　D. 粉末材料

（7）三维印刷成型过程不包括（　　）步骤。

A. 模型设计　B. 后处理　C. 模型打印　D. 添加支撑

（8）下列哪项不属于 SLM 工艺的优点（　　）。

A. 原型制件精度高

B. 原件制件耐高温，具有较高的硬度和良好的力学性能

C. 成型速度较快

D. 需要另外设计和制作支撑结构

（9）分层实体制造（LOM）工艺是采用激光束加工（　　）材料，逐层叠加成型。

A. 粉末　B. 薄膜　C. 液态　D. 丝状

（10）一般 3DP 工艺所用粉末的粒度在（　　）μm 之间。

A. 10~30　B. 20~45　C. 50~75　D. 50~125

（11）简述 3D 打印技术的基本原理。

（12）简述用于 SLA 工艺的光敏树脂材料的性能要求。

（13）简述 SLA 工艺的特点。

（14）简述 SLS 工艺常用的后处理方法有哪些。

（15）对比 SLM 和 SLS 工艺的异同，并简述 SLM 的特点。

（16）简述 FDM 工艺的优缺点。

（17）FDM 对成型材料和支撑材料的性能有哪些要求。

（18）简述 FDM 常用的后处理方法。

（19）简述三维印刷成型的工艺过程及优缺点。

（20）简述 LOM 工艺的优缺点。

项目三 万向节叉零件扫描与逆向设计

03

学习目标

知识目标：

1. 掌握扫描策略的制定方法；
2. 掌握白光双目扫描仪的定标方法；
3. 掌握 Geomagic Wrap 软件的数据处理流程；
4. 掌握 Geomagic Design X 软件中面片草图、拉伸、圆形阵列等命令的操作。

技能目标：

1. 能够正确使用显像剂和标志点；
2. 能够对白光双目扫描仪进行标定；
3. 能够使用白光双目扫描仪完成数据采集；
4. 能够应用 Geomagic Wrap 软件进行数据预处理；
5. 能够应用 Geomagic Design X 软件完成简单零件逆向设计。

素质目标：

1. 树立严格遵循国家标准、行业标准的标准意识；
2. 养成求真务实、踏实严谨的工作作风；
3. 培养学生坚持真理、勇于创新、实事求是的科学精神。

项目发布

某汽车万向节叉零件破损，发生变形，需要更换，要求结合逆向工程技术，在不破坏原产品的情况下对其进行整体数据采集，并完成逆向设计；数据采集时尽量保证数据完整，保留产品原有特征，结合铸造技术对经 3D 打印的设计模型进行铸造加工，要求将加工成品误差控制在 ±0.2mm 范围内，内外表面光洁。

图 3-1　万向节叉原件

项目分析

1. 产品分析

（1）表面分析 万向节叉原型为锻钢件，表面大体呈暗黑色，叉头工作部分呈金属光泽，有少部分反光。

（2）外形分析 该产品原型如图 3-1 所示，外形尺寸最大处约为 90mm，重量约 3kg，体积不大，结构较简单，为对称件，由头部和花键部分组成，头部有内外圆弧，花键内有小孔。

（3）精度分析 数据采集过程中要求数据完整，保留产品原有特征；逆向设计模型形状精确、三维数据完整、特征清晰；打印模型要符合原产品特征，整体误差控制在 ±0.2mm 范围内。

经上述分析，本项目的重点和难点如下：

重点：数据采集是逆向设计最关键的环节，数据的完整性直接决定逆向设计模型的精度。本项目重点是使用支架式白光双目扫描仪完成万向节叉整体数据采集，并对其进行表面处理，使数据采集过程速度快、精度高、数据完整性好。

难点：产品原型尺寸较小，特征较多，且表面色彩不利于数据采集，扫描过程又需要经过多角度、多范围的多次扫描才能完成零件完整数据的采集，因此如何保证多次扫描的顺利衔接是数据采集的难点。

2. 策略制定

（1）数据采集策略 观察后发现该产品原型呈暗黑色，不利于数据采集，因此需对原型表面进行喷粉处理。

扫描时要求保证数据完整，且保留产品原有特征，故采用整体扫描方案。数据采集时需要经过多角度、多范围的多次扫描才能完成完整数据的采集，因此选择在工件表面粘贴标志点，以实现多次扫描数据的坐标系统一。

结合产品设计要求，选用天远 OKO 系列白光双目扫描仪，该扫描仪精度高、速度快、采集数据量大，尤其适用于小件物品的数据采集，可实时显示摄像机的图像和得到的三维数据结果。

（2）逆向设计策略 针对数据采集过程中的多余杂点和不完美数据，选用 Geomagic Wrap 软件对其进行处理，将多余杂点删除后，进一步优化表面整体数据；并可以选用 Geomagic Design X 软件对其进行整体逆向设计，通过使用【面片草图】、【拉伸】、【镜像】、【阵列】等命令完成特征设计。

（3）数据应用策略 使用 FDM 3D 打印机对逆向设计后的模型进行蜡模打印，合理设置打印机参数并对其进行必要的后处理，使打印成品满足熔模铸造要求。

项目实施

任务一 数据采集

一、扫描前的准备工作

1. 喷粉

在三维扫描过程中有一项特别重要的工作，就是对扫描零件进行表面处理，因为被测零件表面的材质、色彩及反光透光程度等都有可能对测量结果有一定的影响；而被测零件表面的灰尘、切屑等更会带来扫描测量数据中的噪声，所以首先要对扫描零件进行清洗，确保零件表面干净、无污垢，然后再用专用材料对其做表面处理。

万向节叉喷粉操作

零件最适合进行三维扫描的理想表面颜色是亚光白色，因此表面处理的方法是在零件表面喷涂一薄层白色物质，一般可选择白色的亚光漆或白色显像剂，如果零件扫描后需要清洗表面，则只能使用白色显像剂。

该产品为暗黑色钢件，在不喷粉的状态下很难直接进行扫描，所以需要在零件表面喷涂一层薄薄的显像剂。

喷粉时，在距离零件30cm的斜上方（约45°位置），将喷头正对零件，开始喷涂，这个距离也可以参考成年人的小臂长短，此时距离最佳，如图3-2所示。在满足扫描要求的前提下，喷粉尽可能薄且均匀，若显像剂喷洒过多，不仅在物体表面形成留痕，更会造成物体厚度叠加，影响扫描精度。喷粉后的零件如图3-3所示。

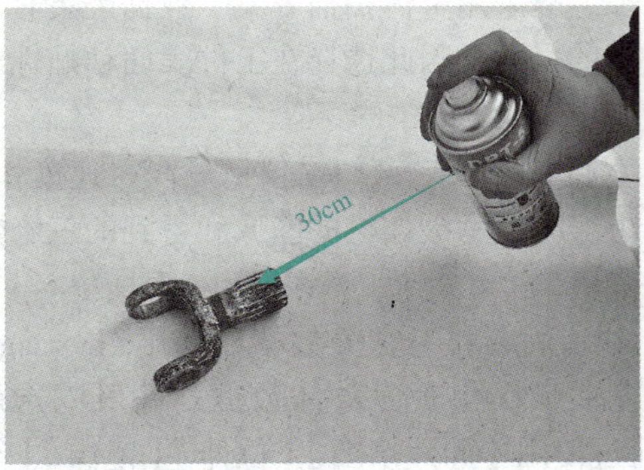

图3-2 显像剂喷涂示意图

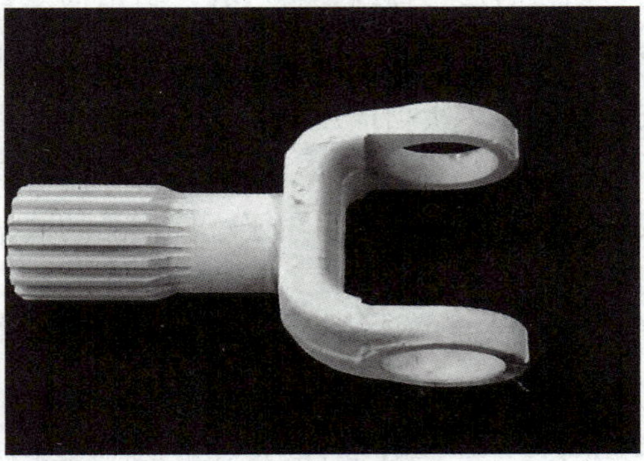

图3-3 喷粉效果图

万向节叉标志点粘贴

在喷涂过程中显像剂虽然有一定的异味，但不会对物体表面及人体造成损害，如果不小心粘在身体或衣物上，也不要慌张，在扫描完成后用清水洗掉即可。

2. 标志点粘贴

在三维扫描过程中，标志点可将多次采集的点云数据统一到同一坐标系，从而完成点云的自动拼接，使局部图像拼合成一个完整的三维立体图形。此外，把标志点粘贴在被测物表面，可以显著提高三维扫描的效率和精度。

针对本次扫描任务，按照扫描策略制定的要求，项目中选用“外 7 内 4”的圆形标志点，需要用到的工具：棉签 1 包、标志点若干、黑色背景板 1 块、零件 1 个。

在粘贴过程中，需要一只手佩戴白手套，轻拿零件，以防将零件表面的显像剂被蹭掉，影响扫描数据；另一只手用棉签将粘贴位置表面的显像剂轻轻蹭掉，这样做的目的是使标志点能够更加牢固地粘贴在零件表面，不易脱落。

在粘贴过程中，标志点位置的确定需遵循以下原则：

1）标记点尽量粘贴在平面区域或者曲率较小的曲面，且距离零件边界较远一些；标志点不要粘贴在细节特征上，以免影响特征采集。

2）标记点不要粘贴在一条直线上，也不要对称粘贴；如果将标志点粘贴成一条直线或者对称图形的话，既不利于特征的采集，还容易导致贴点过多，导致不必要的浪费。

3）相邻两次扫描操作需要保证提取出的公共标志点至少有 4 个，但在实际操作过程中，因扫描角度等原因，为使扫描顺利进行，一般建议公共标志点为 5~7 个为宜。

4）粘贴的标志点首先要保证扫描策略的顺利实施，然后可以根据扫描零件的长度、宽度、高度合理分布粘贴。

5）标志点应使扫描相机在尽可能多的角度可以同时看到。

本次扫描时标志点粘贴方式如图 3-4 所示。

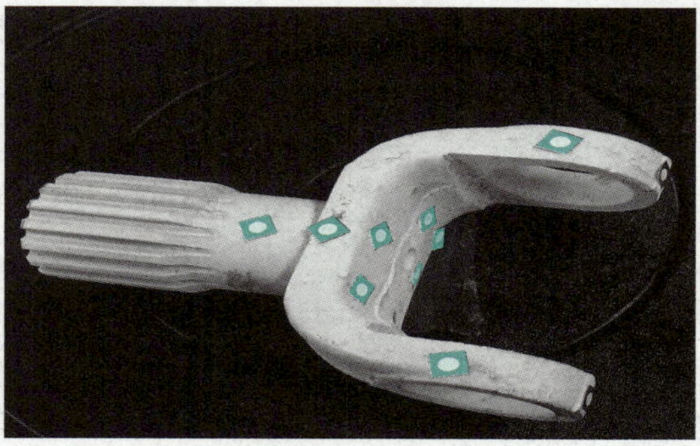

图 3-4　标志点粘贴方式示意图

二、数据采集

支架式白光双目扫描仪结构介绍

支架式白光双目扫描仪连接安装

支架式白光双目扫描仪设备定标

1. 设备调整

数据采集前需对扫描仪进行精度校准，设备精度达到采集要求标准后方可进行数据采集。

（1）扫描仪精度校准　又称扫描仪定标，它是建立三维世界中物体点的三维坐标与其图像上对应点的函数关系的过程，是决定系统扫描精度的重要因素。

本项目数据采集时选用支架式白光双目扫描仪，定标过程按以下步骤进行：

1）找出和扫描仪型号相对应的标定板，如图 3-5 所示。

2）调节扫描仪增益值和曝光值，以保证人眼能够在拍摄图像上清晰地分辨出黑色圆点，达到最好的效果。

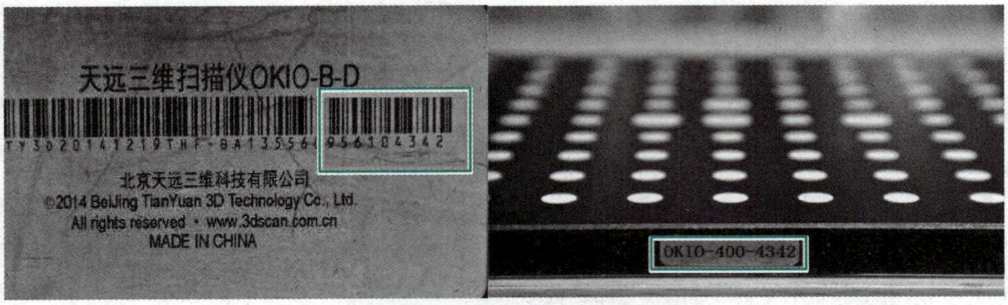

图 3-5　扫描仪型号与标定板一致

3）调节扫描仪位置，使其扫描范围和标定板大小一致，且上下、左右方向都有调节余地；然后在标定板上放置一张白纸，打开视场中心按钮，调节扫描仪高度和角度，使红十字、黑十字中心对齐；再取掉白纸，移动扫描仪，使十字光斑位于中心大点内，此时为设备定标初始位置。

4）将标定板进行旋转查看，确保每个位置都能在CCD相机中看到中间四个大点和尽可能多的小点，并且保证全程能够顺利旋转，无磕碰和中心偏移现象；确认无误后，旋转转盘，使标定板四个大点中共线的三个大点在另一个大点的下方，此时为标定板初始位置。

5）单击设备定标图标，在当前位置上直接单击位置1。

6）顺时针方向旋转标定板90°，将三脚架高度上调两圈，使红十字位于黑十字外，单击位置2。

7）同方向旋转标定板90°，将三脚架高度下调四圈，使红十字位于黑十字外，单击位置3。

8）同方向旋转标定板90°，调整相机仰角（上调15°~30°，角度为50°~60°），在标定板上放入白纸，调整扫描仪高度，使红十字、黑十字中心对齐；取掉白纸，单击位置4。

9）同方向旋转标定板90°，将三脚架高度下调四圈，使红十字位于黑十字外，单击位置5。

10）同方向旋转标定板90°，将三脚架高度下调四圈，使红十字位于黑十字外，单击位置6。

11）同方向旋转标定板90°，调整相机左倾角（角度为15°~20°），使红十字、黑十字中心对齐，单击位置7。

12）同方向旋转标定板90°，将三脚架高度上调两圈，使红十字位于黑十字外，单击位置8。

13）同方向旋转标定板90°，将三脚架高度下调四圈，使红十字位于黑十字外，单击位置9。

14）同方向旋转标定板90°，调整相机右倾角（角度为15°~20°），使红十字、黑十字中心对齐，单击位置10。

15）同方向旋转标定板90°，三脚架高度上调两圈，使红十字位于黑十字外，单击位置11。

16）同方向旋转标定板90°，三脚架高度下调四圈，使红十字位于黑十字外，单击位置12。

以上步骤操作完成后，单击【确定】按钮，弹出定标结果对话框，查看设备精度值，若精度在0.02mm以内，则单击【确定】按钮；若精度不高，则需重新标定。本次定标操作，设备精度符合要求，定标成功。

（2）视场对齐　当精度达到要求时，将零件放置在转盘上，调整扫描仪角度和位置，确保转盘和零件在扫描仪十字中间，如图 3-6a 所示，旋转转盘一周，保证在软件实时显示区能够看到零件整体。

（3）参数调整　观察实时显示区域中零件的亮度，在软件中设置相应的相机曝光值和增益值，一般情况下曝光值为 52 左右，增益值为 10 左右，可根据环境适当调整，以物体不反光为宜。

（4）位置调整　检查扫描仪与零件的距离，此距离可依据软件实时显示区红十字和黑十字中心重合确定，重合后距离约为 600mm 高度为宜，如图 3-6b 所示。

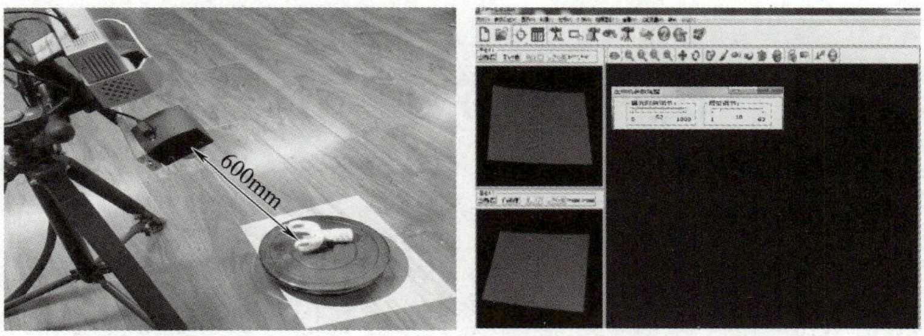

a)　　　　b)

图 3-6　扫描仪与零件距离参考图

2. 零件扫描

万向节叉数据采集

调整好零件位置和设备参数后，按以下步骤进行扫描。

（1）上表面数据采集　按图 3-7 所示将万向节叉放置在转盘上，调整角度，使其上表面和过渡区的标志点在左右两个 CCD 相机中都能被识别，用黑色工业橡皮泥固定位置。

打开扫描仪视场中心，调整万向节叉位置，使视场中心位于万向节叉上表面的正中间，关闭视场中心，单击【扫描】按钮，开始扫描。第一步扫描完成后，输入扫描文件名称，单击【确定】按钮。然后旋转转盘，旋转角度控制在 15°~30° 之间，继续单击【标志点拼接扫描】按钮，并使用【拼接当前数据】按钮完成两次扫描数据拼接。继续旋转转盘，用相同的方法完成上表面其他数据扫描；当旋转到开始位置时，单击【标志点识别】按钮，过渡区标志点均为红色时，上表面数据扫描工作结束。

（2）下表面数据采集　上表面数据采集结束后，翻转零件；调整零件摆放角度，单击【标志点识别】按钮，当过渡区红色标志点数量为 4 个以上时，可进行下表面数据扫描，并利用上下表面的公共标志点进行数据拼接，如图 3-8 所示，下表面零件上同样粘贴一定数量的标志点，以保证数据采集的顺利进行。确定摆放角度后，固定零件，单击【扫描】按钮开始扫描，按上半部分的扫描步骤完成数据采集。

3. 数据保存

数据采集完成后，选择保存路径，将扫描点云数据另存为“万向节叉 .asc”格式文件。采集完成后的点云数据需要应用 Geomagic Wrap 软件将扫描杂点去除，并填充粘贴标志点形成的孔洞，形成封闭完整的零件数据。

图 3-7　零件上表面摆放示意图

图 3-8　零件下表面摆放示意图

任务二　数 据 处 理

一、点云阶段数据处理

应用 Geomagic Wrap 软件将扫描杂点去除，完成数据封装，获得多边形数据。

1. 打开文件

打开 Geomagic Wrap 软件，将“万向节叉 .asc”文件拖入界面，选择比率（100%）和单位（mm），进入软件界面，如图 3-9 所示。

万向节叉数据处理

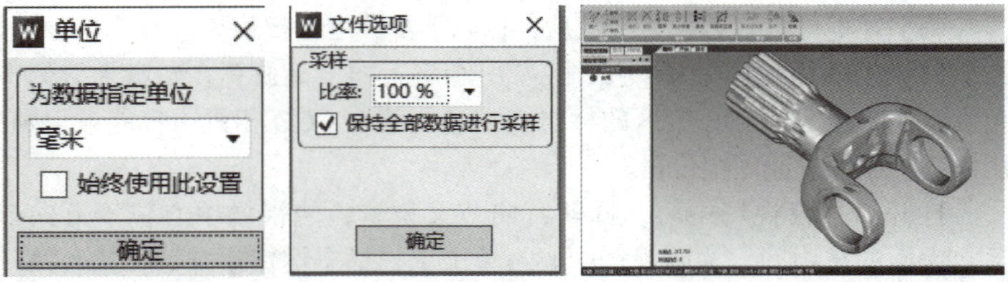

a)　　b)　　c)

图 3-9　打开扫描数据

2. 去除杂点

（1）着色　单击【着色】下拉菜单中的【着色点】命令按钮，点云数据由黑色变成绿色。

（2）删除非连接项　单击【选择】下拉菜单中的【非连接项】命令按钮，出现图 3-10 所示对话框，根据点云数据的完整性选择合适数值，以不改变零件特征为宜，本次选择低分隔和尺寸 5.0，单击【确定】按钮将数据中的非连接项删除。

（3）删除体外孤点　单击【选择】下拉菜单中的【体外孤点】命令按钮，出现图 3-11 所示对话框，以删除较多杂点为目标，合理调整敏感度值。本次选择敏感度为 85，单击【确定】按钮，将点云中选中的杂点删除。

图 3-10　选择非连接项对话框

图 3-11　选择体外孤点对话框

（4）减少噪音　单击【减少噪音】命令按钮，出现图 3-12 所示对话框，单击【确定】按钮去除点云中的噪音点，完成后的数据如图 3-13 所示。

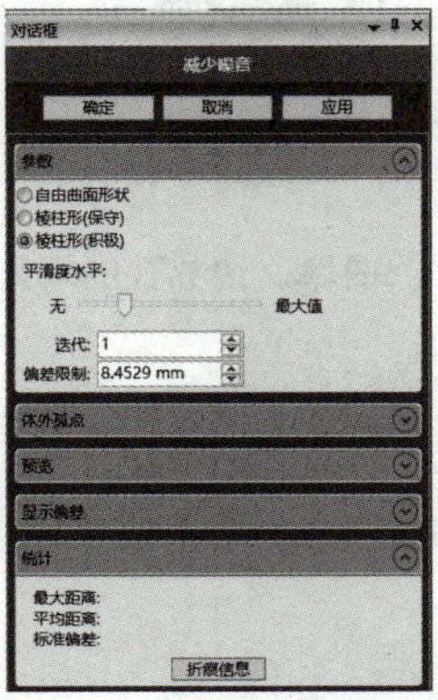

图 3-12　减少噪音对话框

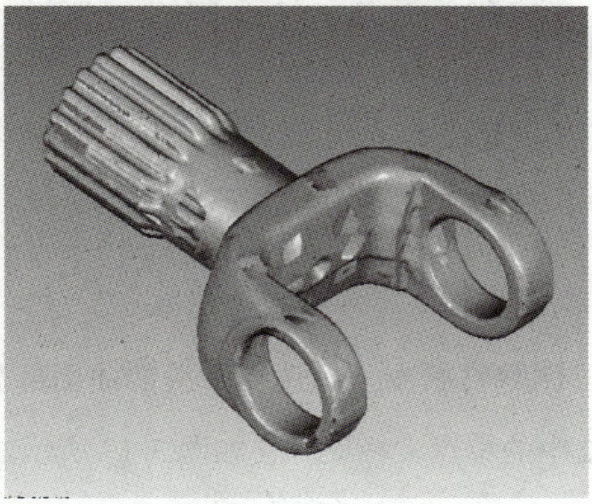

图 3-13　去除噪音点后的数据

3. 封装点云数据

单击【封装】命令按钮，出现图 3-14a 所示对话框，选择自动降低噪音，勾选【最大三角形数】，单击【确定】按钮，数据由点云转换为多边形界面，如图 3-14b 所示。

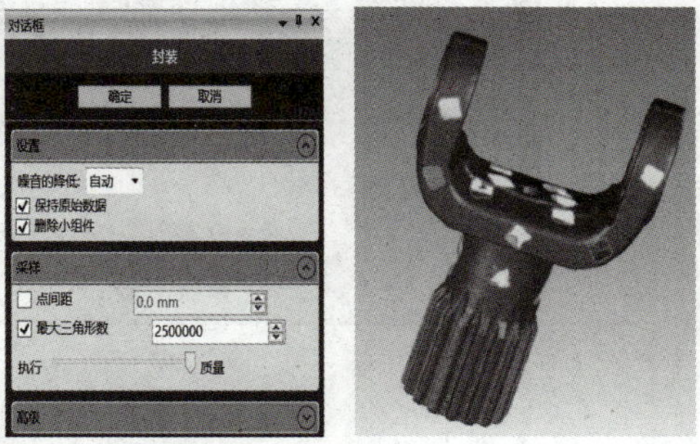

a)　b)

图 3-14　封装数据

二、多边形阶段数据处理

多边形阶段的数据表面有众多粘贴标志点形成的孔洞，以及部分扫描数据缺失形成的孔洞，需要应用【填充孔】命令进行填充修补，使数据完整封闭。此外，针对零件表面凹凸不平的部分，需要应用【删除钉状物】【去除特征】等命令对数据进行平整光顺。

1. 填充孔洞

（1）填充内部孔　针对粘贴标志点形成的孔洞，单击【填充单个孔】命令按钮，选择【平面】和【内部孔】命令，单击选取要填充的孔，完成孔洞填充，如图 3-15 所示。

（2）填充边界孔　对于扫描过程中缺失的边缘数据，可单击【填充单个孔】命令按钮，选择【曲率】和【边界孔】选项，将数据中的其他孔洞填充；也可结合【切线】【搭桥】选项，在不改变原有特征的情况下合理搭配使用，完成对孔洞的填充，如图 3-16 所示。

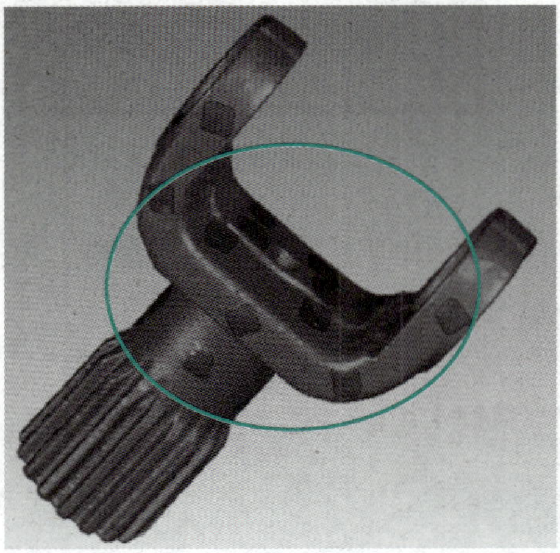

图 3-15　平面、内部孔的填充

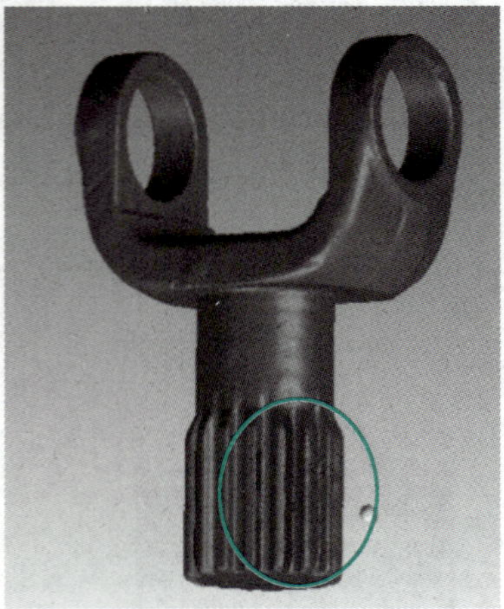

图 3-16　曲率、边界孔的填充

2. 平滑曲面

（1）删除钉状物　框选要平滑的曲面部分，单击【删除钉状物】命令按钮

，将多边形网格中的单点尖峰展开，如图 3-17 所示。

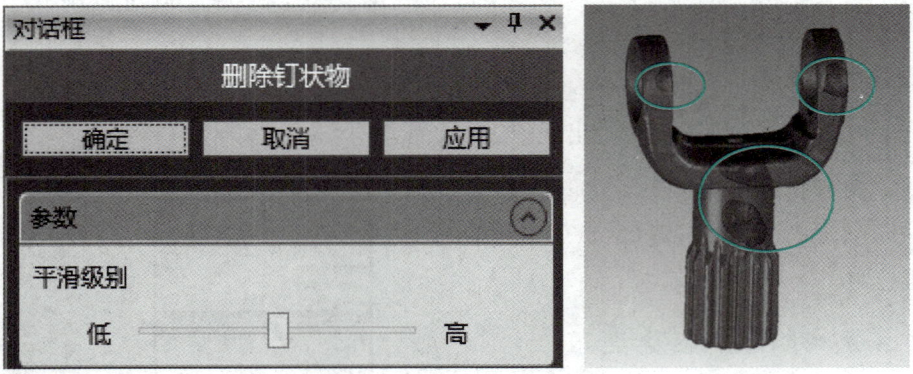

a)　　b)

图 3-17　删除钉状物

（2）松弛　框选要平滑的曲面部分，使用【松弛】命令

处理紧皱网格，如图 3-18a 所示；使用【砂纸】命令使多边形网格变得更平滑，如图 3-18b 所示。

（3）去除特征　框选要平滑的曲面部分，使用【去除特征】命令将凸起部分数据处理平滑，平滑前后的特征如图 3-19 所示。

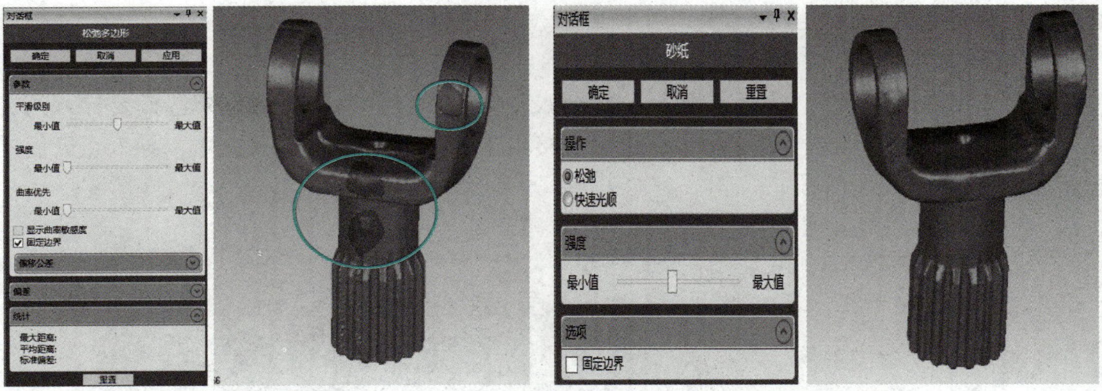

a) 松弛网格　　b) 砂纸打磨网格

图 3-18　网格变平滑

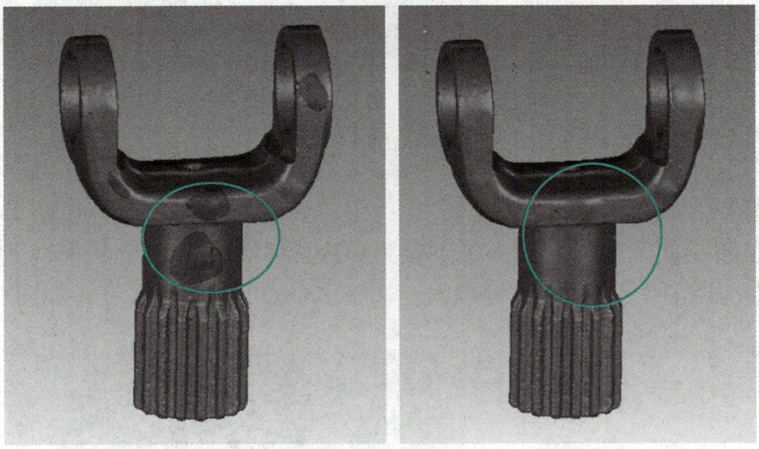

a)　　b)

图 3-19　去除特征

3. 保存文件

将处理好的数据另存为“万向节叉 .stl”格式文件。

三、逆向设计过程

该零件是简单钢件，整体结构对称，由圆孔、圆柱及花键特征组成，在逆向设计过程中，可以利用 Design X 软件中的面片草图、拉伸等命令完成各部分的实体设计，花键可设计其中一个键齿，围绕花键中心线通过圆形阵列命令获得整体形状。

万向节叉逆向设计 1

万向节叉逆向设计 2

万向节叉逆向设计 3

下面讲述逆向设计的详细步骤。

1. 打开文件

打开 Design X 软件，选择【插入】|【导入】命令，在弹出的对话框中选择要导入的文件“万向节叉.stl”，如图 3-20a 所示，也可直接单击 STL 文件将其拖入窗口，导入点云后的界面如图 3-20b 所示。

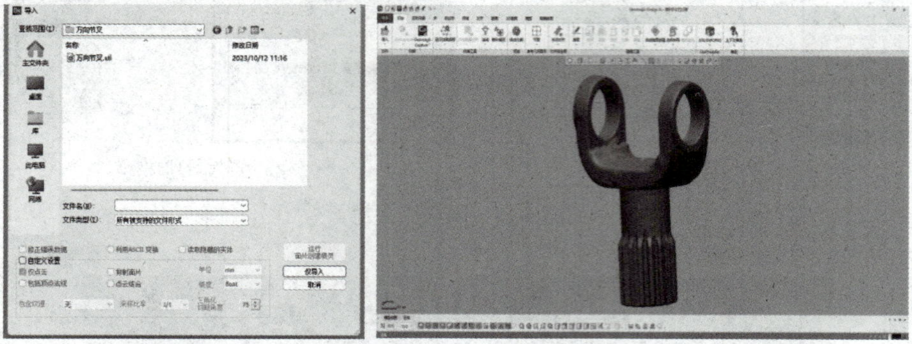

a)　　b)

图 3-20　打开文件

2. 建立坐标系

（1）建立参照平面　单击【插入】下拉菜单中的【参照几何形状】|【追加平面】命令按钮，方法是【选择多个点】，在花键端面上选择多个点，创建平面 1，如图 3-21 所示。

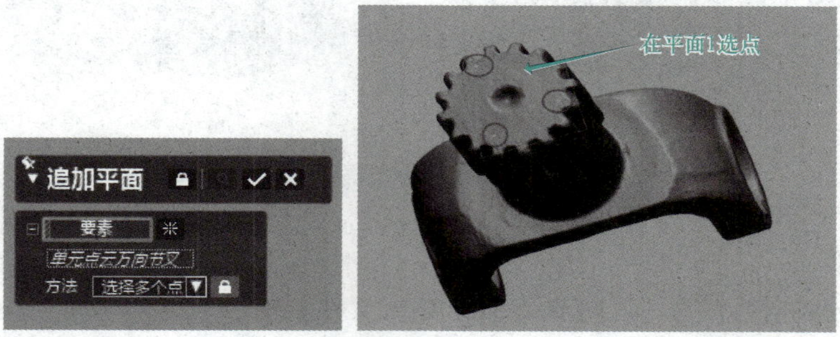

a)　　b)

图 3-21　建立参照平面

（2）绘制参考线　单击【面片草图】命令，选择平面 1 作为基准面，选择【直线】命令，以圆弧圆心为起点，绘制一条直线，双击直线添加【水平】约束，如图 3-22 所示。

（3）对齐坐标系　单击【手动对齐】按钮，单击按钮进入下一阶段，【移动】方式选择【3-2-1】，如图 3-23 所示，依次选择平面 1 和直线作为参考，单击【确定】按钮完成坐标对齐，然后单击主视图，如图 3-24 所示。

3. 花键模型设计

（1）创建草图基准面　单击【面片草图】按钮，选择圆柱底面作为基准，设置由基准面偏移的距离为 57.5mm，如图 3-25a 所示，单击【确定】按钮，完成后如图 3-25b 所示。

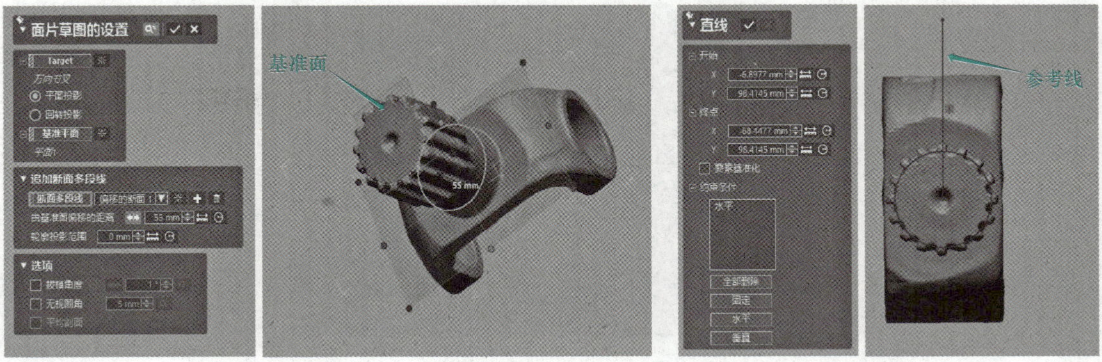

a)　　b)

图 3-22　绘制参考线

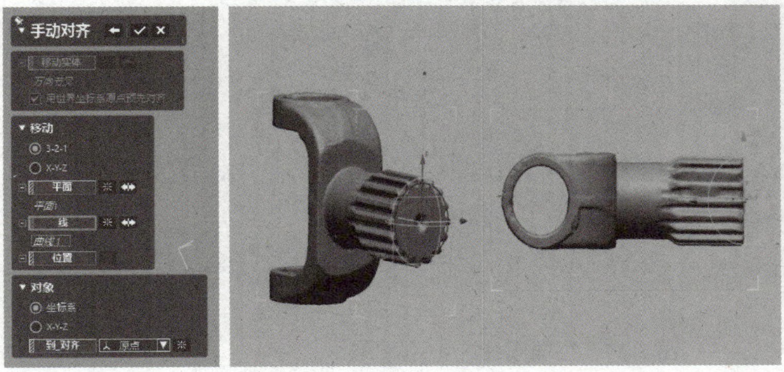

图 3-23　手动对齐坐标系

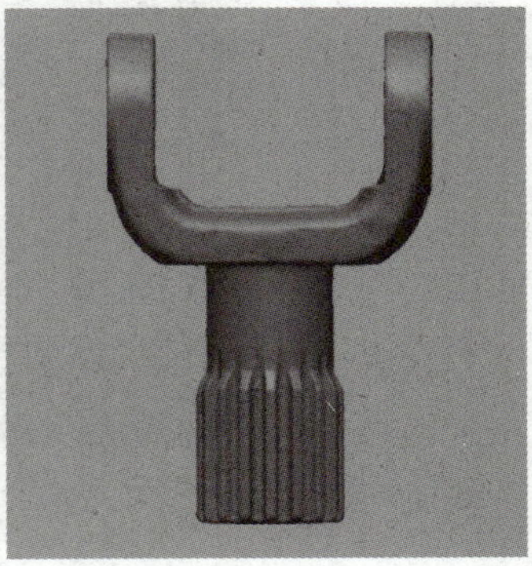

图 3-24　对齐后的视图

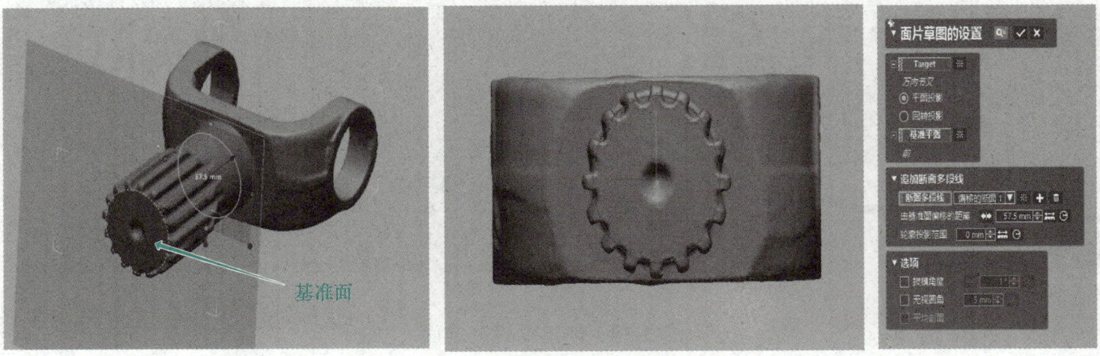

a)　　b)　　c)

图 3-25　创建草图基准面

（2）绘制轮廓草图　单击【圆】按钮绘制圆，直到轮廓线与参考线重合，如图 3-26 所示，单击【确定】按钮。

（3）拉伸圆柱　选择【拉伸】命令，选择上一步绘制的圆柱草图轮廓，设置拉伸长度为 75mm，单击【确定】按钮，如图 3-27 所示。

4. 键齿绘制

（1）创建轮廓基准面　单击【面片草图】按钮，选择圆柱底面作为基准面，设置由基准面向上偏移距离 20mm，如图 3-28a 所示，单击【确定】按钮，完成后如图 3-28b 所示。

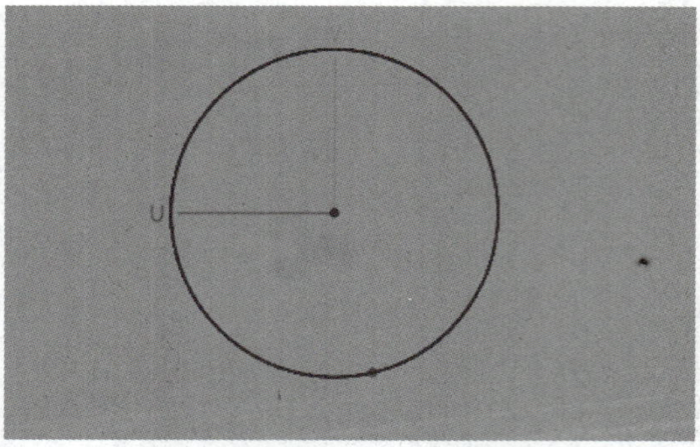

图 3-26　绘制轮廓草图

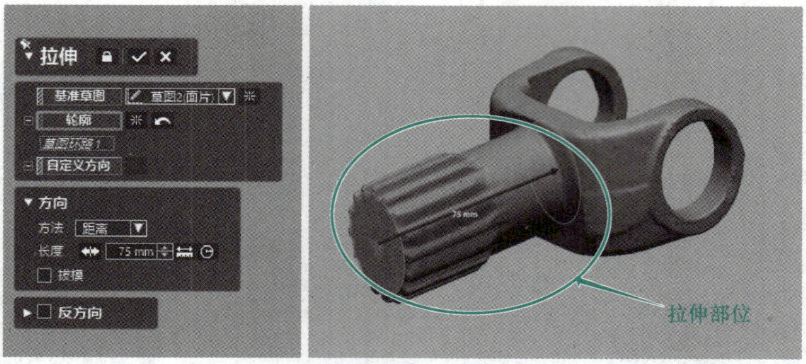

a)　　　　　　　　b)

图 3-27　拉伸圆柱

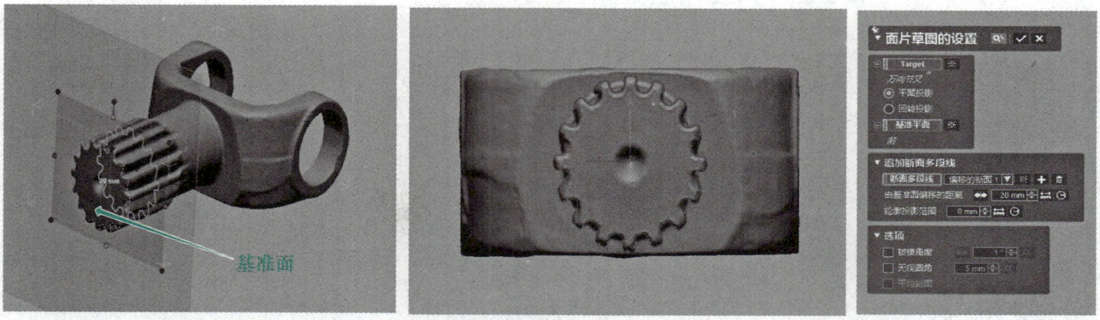

a)　　　　　　　　b)　　　　　　　　c)

图 3-28　创建轮廓基准面

（2）绘制轮廓草图　单击【直线】|【三点圆弧】|【圆角】按钮，绘制单个键齿的轮廓线，调整位置使绘制的轮廓线与参考线重合，如图 3-29 所示，然后单击【确定】按钮。

（3）拉伸轮廓　选择【拉伸】命令，选择之前绘制的单个齿轮廓草图，然后单击【拉伸】按钮，设置【长度】为 43mm，单击【确定】按钮，如图 3-30 所示。

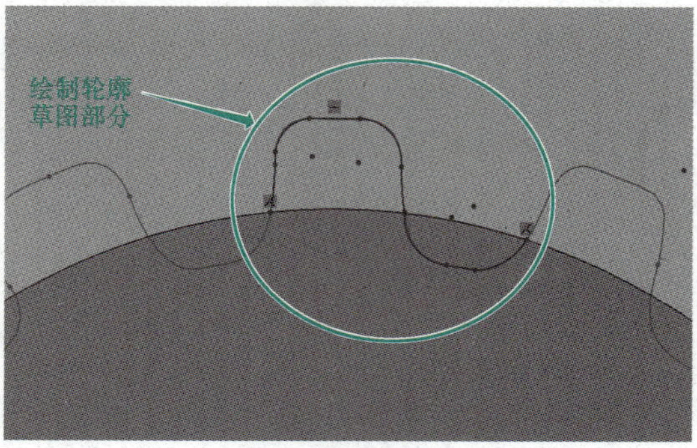

图 3-29　绘制轮廓草图

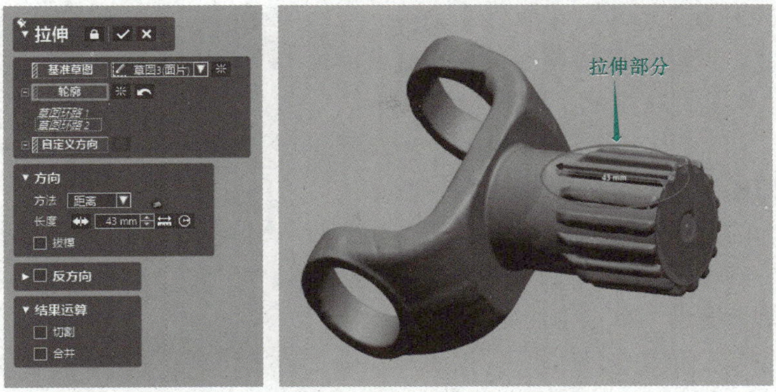

a)　　　　　　　　b)

图 3-30　拉伸轮廓

（4）提取中心线　选择【添加线】命令，【方法】选择【提取】命令，【要素】选择圆柱侧表面，然后提取圆柱面中心线，单击【确定】按钮，如图 3-31 所示。

（5）创建草图基准面　单击【面片草图】按钮，选择【中心】作为基准，设置由基准面偏移的距离为 0mm，如图 3-32a 所示，单击【确定】按钮，完成后如图 3-32b 所示。

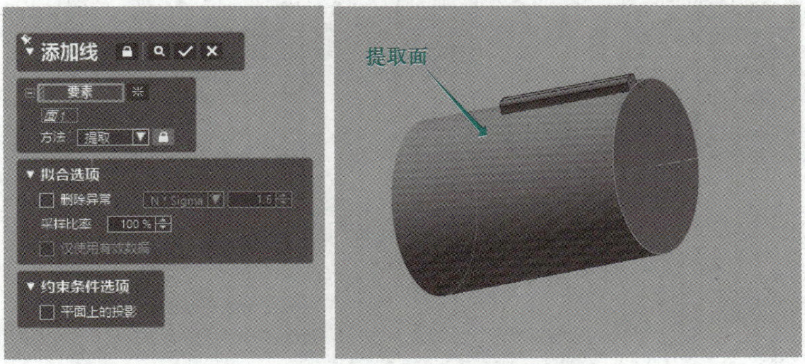

a)　　　　　　　　b)

图 3-31　提取中心线

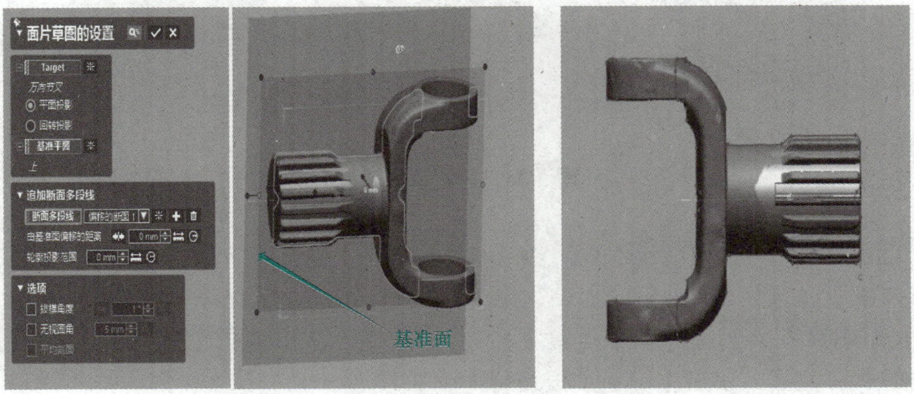

a)　　　　　　　　b)

图 3-32　创建草图基准面

（6）绘制轮廓草图　单击【直线】命令按钮，绘制直线，调整位置使绘制的轮廓线与参考线重合，如图 3-33 所示，单击【确定】按钮。

（7）曲面扫描　单击【扫描】命令按钮，选择上一步绘制的直线，【路径】选择为【圆柱边】，如图 3-34 所示，单击【确定】按钮。

（8）剪切单个键齿　单击【切割】命令，【工具要素】选择之前的【扫描】部分，【对象体】选择拉伸键齿，【残留体】选择长段部分，单击【确定】按钮，如图 3-35 所示。

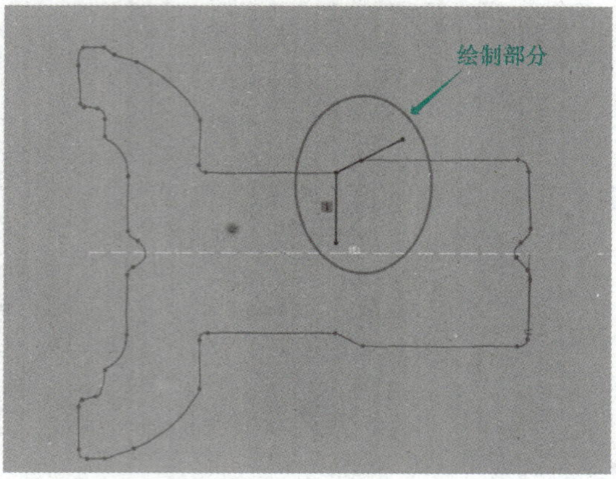

图 3-33　绘制轮廓草图

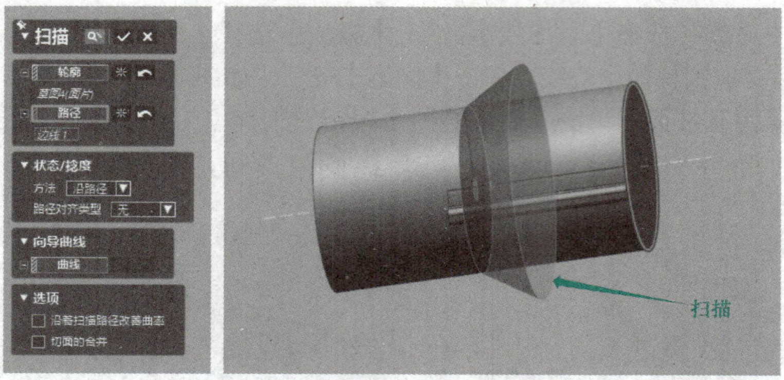

a)　　b)

图 3-34　曲面扫描

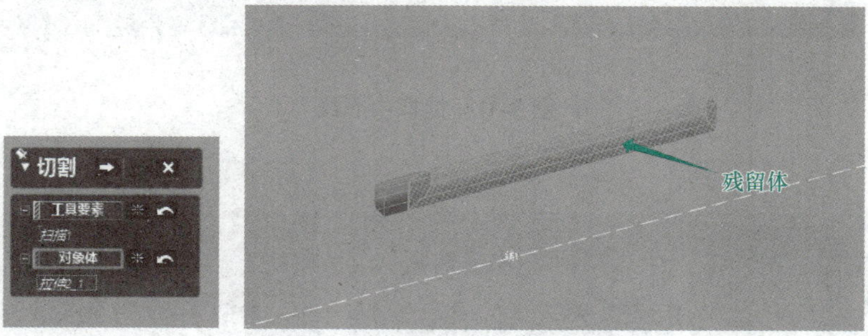

a)　　b)

图 3-35　剪切单个键齿

（9）圆形阵列　单击【圆形阵列】命令按钮，【体】选择单个键齿，【回转轴】选择【中心线】，【要素】设置为 16，【角度】设置为 360°，单击【确定】按钮，如图 3-36 所示。

（10）布尔合并　选择【布尔运算】命令，【操作方法】选择【合并】，【要素】选择上一步阵列的所有键齿，单击【确定】按钮，如图 3-37 所示。

（11）拉伸轮廓　选择【拉伸】命令，选择第（2）步绘制的键齿凹槽草图，单击【拉伸】按钮，【长度】设置为 42mm，单击【确定】按钮，如图 3-38 所示。

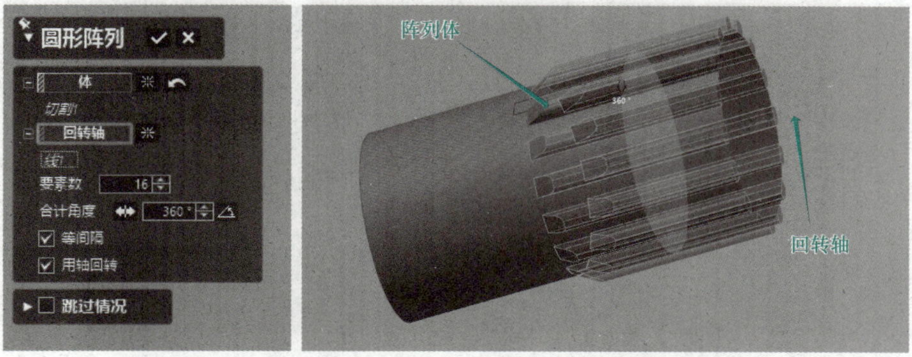

a)　　　　　　　　b)

图 3-36　阵列键齿

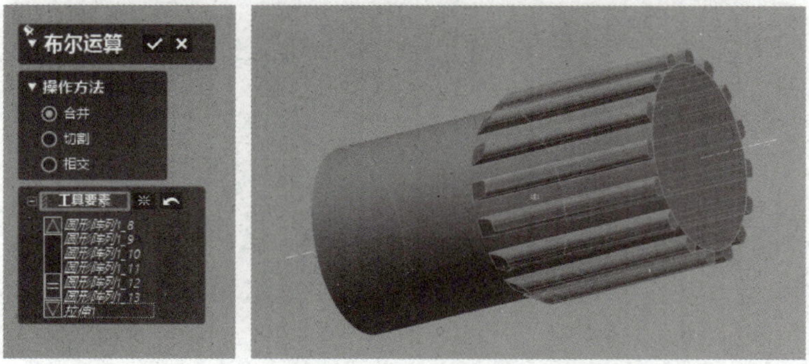

a)　　　　　　　　b)

图 3-37　布尔合并

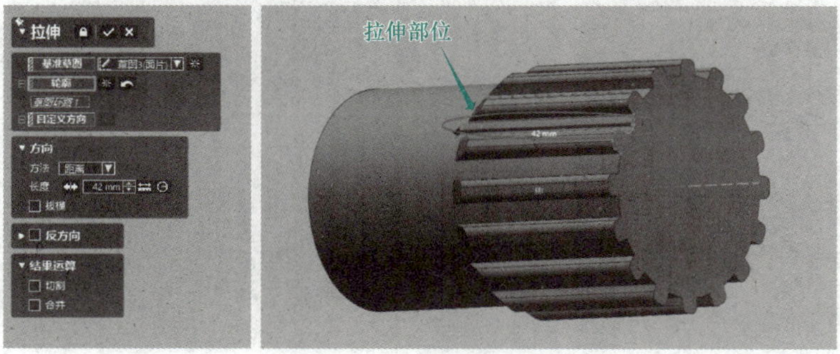

a)　　　　　　　　b)

图 3-38　拉伸轮廓

（12）倒圆角　选择【圆角】命令，【要素】选择上一步拉伸体的前端面，【半径】设置为 1mm，单击【确定】按钮，如图 3-39 所示。

（13）圆形阵列　单击【圆形阵列】按钮，【体】选择第（11）步键齿凹槽部分，【回转轴】选择中心线，【要素】设置为 16，【角度】设置为 360°，单击【确定】按钮，如图 3-40 所示。

（14）布尔求差　单击【布尔运算】按钮，【操作方法】选择【切割】，【要素】选择上一步阵列的体，单击【确定】按钮，如图 3-41 所示。

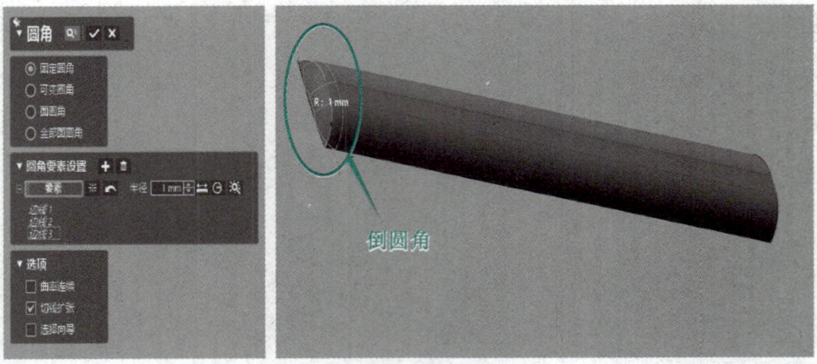

a)　　b)

图 3-39　倒圆角

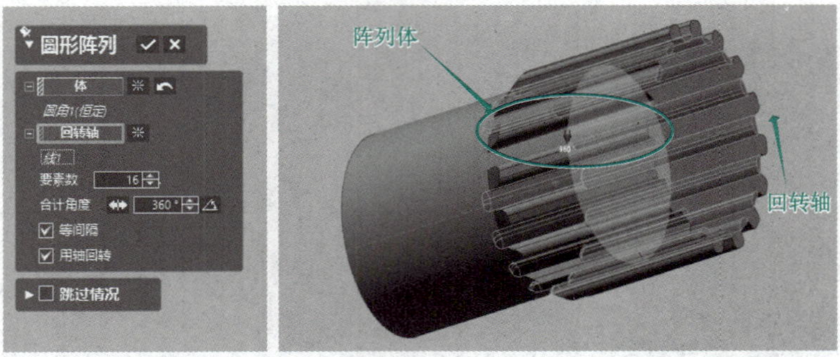

a)　　b)

图 3-40　圆形阵列

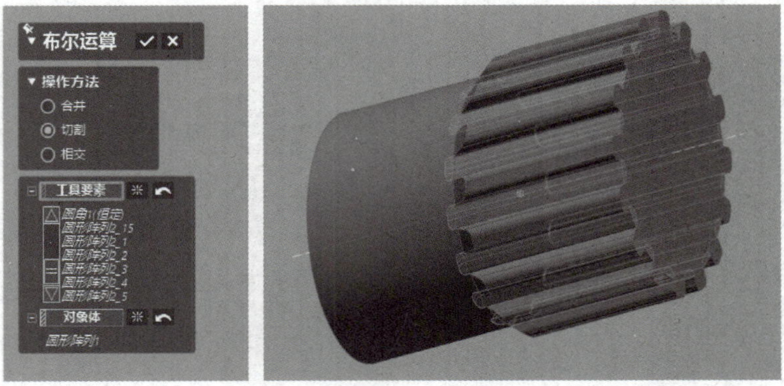

a)　　b)

图 3-41　布尔求差

5. 万向节叉头部模型的设计

（1）创建草图基准面　单击【面片草图】按钮，选择圆柱中心为基准面，由基准面向内设置偏移距离为 14mm，如图 3-42a 所示，单击【确定】按钮，完成后如图 3-42b 所示。

（2）绘制草图轮廓　单击【直线】|【三点圆弧】按钮，绘制模型轮廓线，调整位置使绘制的轮廓线与参考线重合，并使圆弧与直线两两相切，如图 3-43 所示，然后单击【确定】按钮。

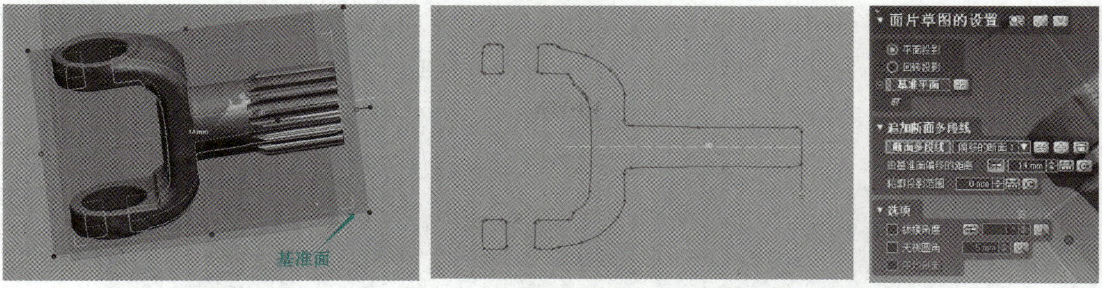

a)　　　　　　　　b)　　　　　　　　c)

图 3-42　创建草图基准面

（3）拉伸轮廓　选择【拉伸】命令，选择上一步绘制的草图轮廓，单击【拉伸】按钮，设置【长度】为 20.5mm；再选择【反方向】命令，设置长度为 20.5mm，单击【确定】按钮，如图 3-44 所示。

（4）倒圆角　选择【圆角】命令，【要素】选择上一步拉伸体的边，【半径】设置为 20mm，单击【确定】按钮，如图 3-45 所示。

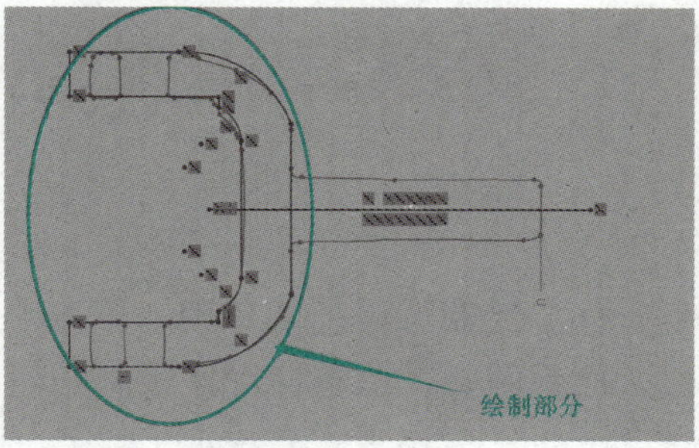

图 3-43　绘制草图轮廓

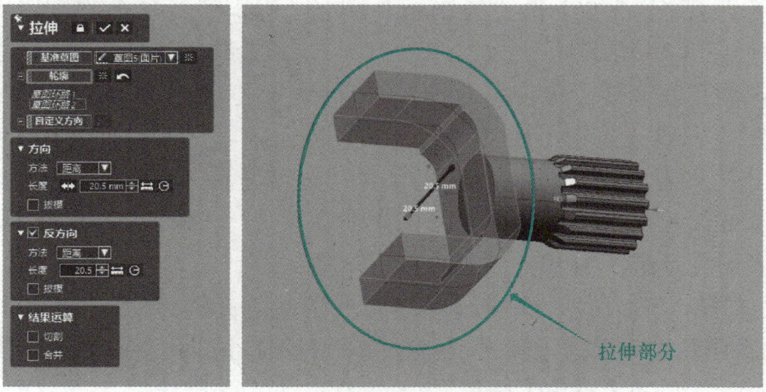

a)　　　　　　　　b)

图 3-44　拉伸轮廓

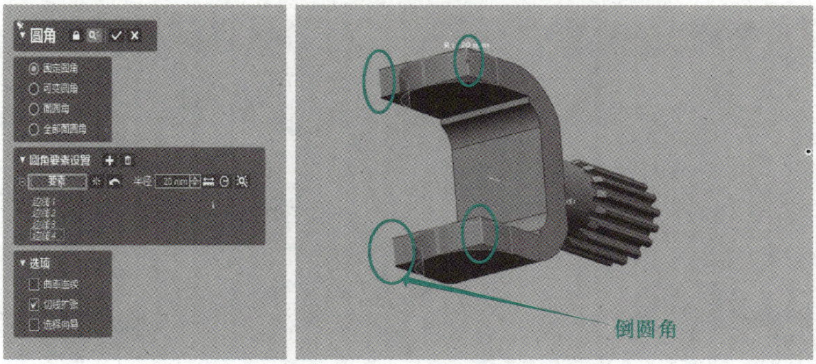

a)　　　　　　　　b)

图 3-45　倒圆角

（5）创建轮廓基准面　单击【面片草图】命令按钮，选择左侧面为基准面，由基准面向内设置偏移距离为 5mm，如图 3-46a 所示，单击【确定】按钮，完成后如图 3-46b 所示。

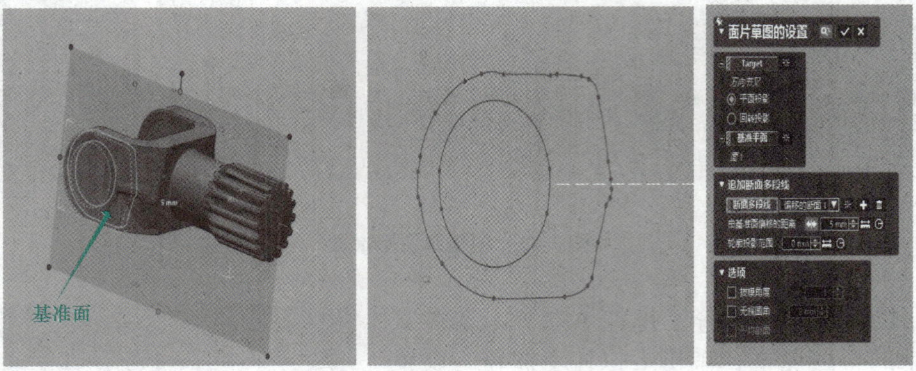

a)　　　　　　b)　　　　　　c)

图 3-46　创建轮廓基准面

（6）绘制圆弧轮廓草图　单击【圆弧】命令按钮，绘制圆弧，调整位置使绘制的轮廓线与参考线重合，如图 3-47 所示，单击【确定】按钮。

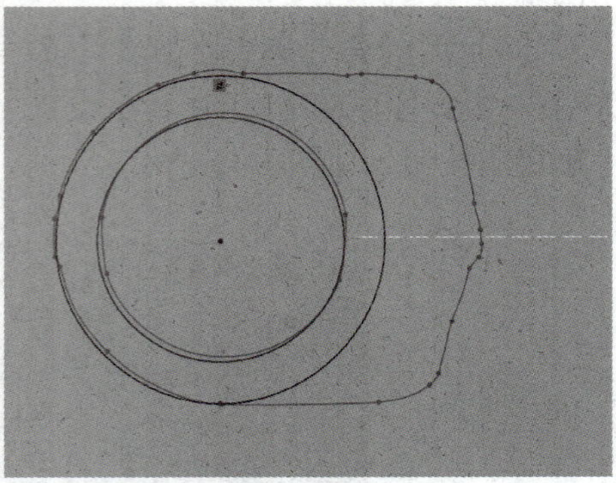

图 3-47　绘制圆弧轮廓草图

（7）拉伸外圆　单击【拉伸】命令按钮，选择上一步绘制的外圆弧，【长度】设置为 2mm，单击【确定】按钮，如图 3-48 所示。

（8）拉伸内圆孔　选择【拉伸】命令，选择绘制的草图内圆弧，【长度】选择【通过】，【方法】选择【切割】，单击【确定】按钮，如图 3-49 所示。

（9）创建基准面轮廓　单击【面片草图】命令按钮，选择上表面为基准，由基准面向内设置偏移距离为 1.5mm，如图 3-50a 所示，单击【确定】按钮，完成后如图 3-50b 所示。

（10）绘制草图轮廓　单击【圆弧】命令按钮，绘制小圆孔，调整位置使其与参考线重合，如图 3-51 所示，单击【确定】按钮。

（11）拉伸小圆孔　单击【拉伸】命令按钮，选择上一步绘制的小圆孔，设置【长度】为 87mm，【方法】选择【切割】，单击【确定】按钮，如图 3-52 所示。

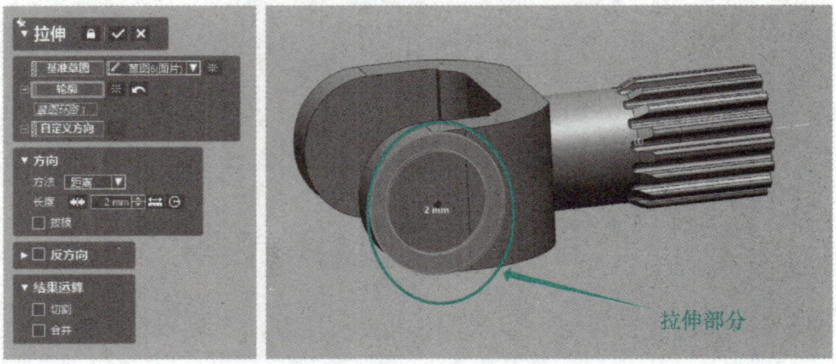

a)　　　　　　b)

图 3-48　拉伸外圆

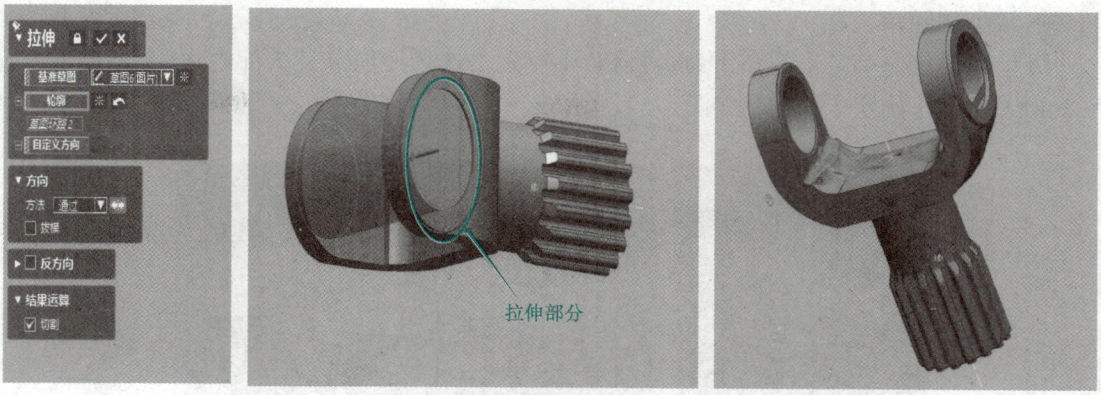

a)　　b)　　c)

图 3-49　拉伸内圆孔

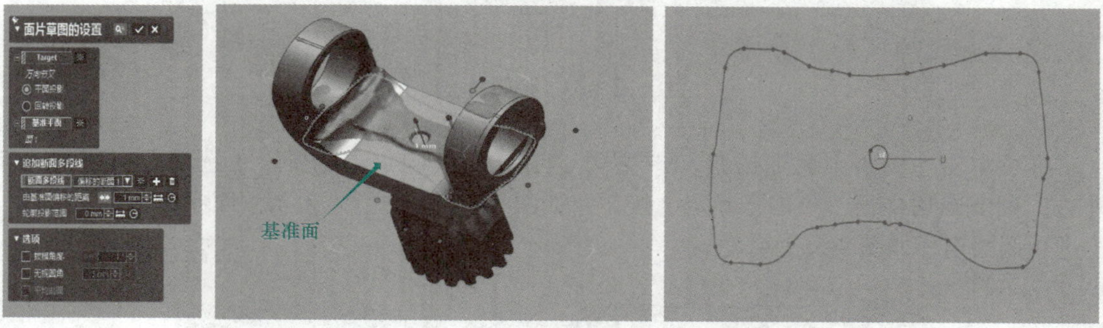

a)　　b)　　c)

图 3-50　创建基准面轮廓

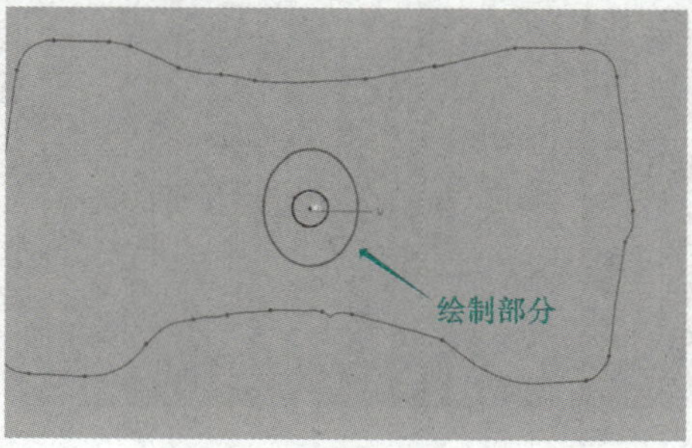

图 3-51　绘制小圆孔

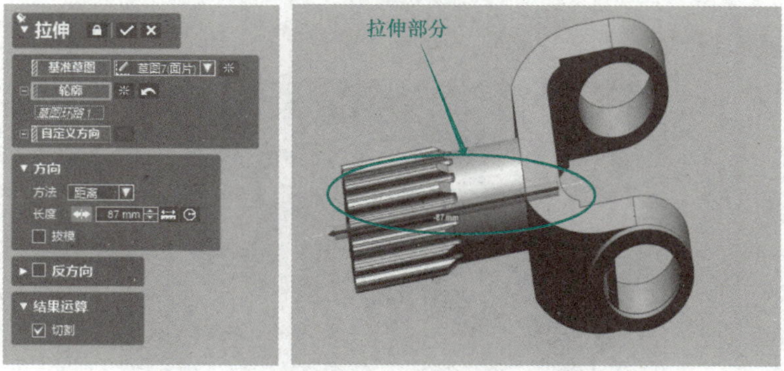

a)　　b)

图 3-52　拉伸小圆孔

6. 模型倒圆角

（1）倒圆角　单击【圆角】命令按钮，【要素】选择万向节叉头部内边，【半径】设置为 2mm，单击【确定】按钮，如图 3-53 所示。

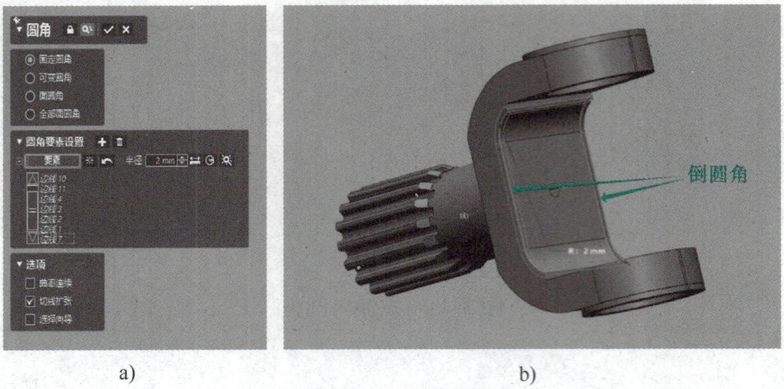

图 3-53　倒圆角

继续单击【圆角】命令按钮，【方法】选择【可变圆角】，【要素】选择万向节叉头部外边，调节圆角半径，单击【确定】按钮，如图 3-54 所示。用相同的倒圆角方法，对另一边进行倒圆角，如图 3-55 所示。

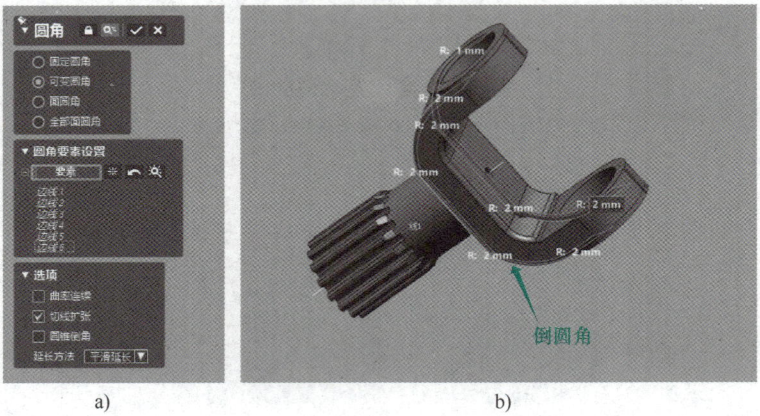

图 3-54　另一边倒圆角（一）

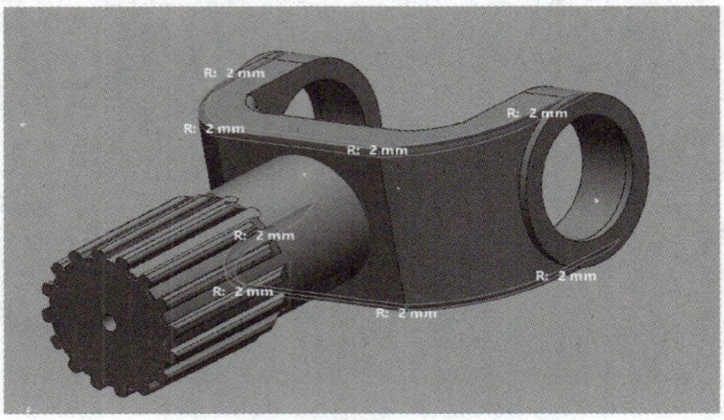

图 3-55　另一边倒圆角（二）

（2）布尔合并　单击【布尔运算】命令按钮，【操作方法】选择【合并】，【要素】选择所有体，单击【确定】按钮，如图 3-56 所示。

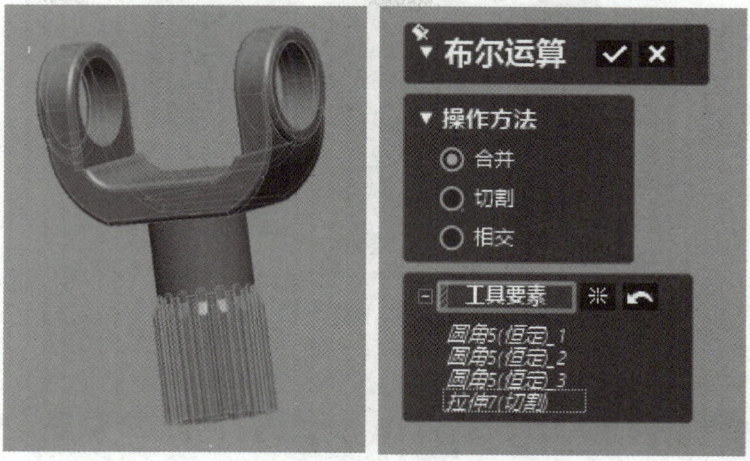

a)　　b)

图 3-56　布尔合并

（3）倒圆角　单击【圆角】命令按钮，【要素】选择圆柱与万向节叉头部相交边，【半径】设置为 1mm，单击【确定】按钮，如图 3-57 所示。

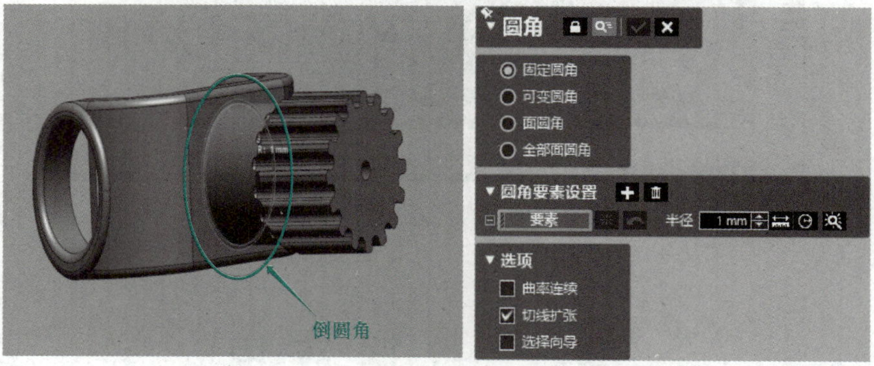

a)　　b)

图 3-57　倒圆角

7. 偏差分析

在【Accuracy Analyzer（TM）】面板的【类型】选项组中选中【偏差】选项，显示曲面与网络（三角面片）之间的误差，根据设计要求填写曲面与原始数据之间的上、下极限偏差值，如图 3-58 所示，图形显示零件为绿色，表示模型偏差在设计范围内，符合要求。

8. 输出文件

逆向设计完成后的实体模型经检验合格后，就可以应用3D打印技术对其进行蜡模打印。为了保证零件在软件间的通用性，将模型输出为 STP 格式。

在菜单栏中单击【文件】|【输出】按钮，选择零件为输出要素，如图 3-59 所示，然后单击【确定】按钮，选择文件的保存路径及格式，将文件命名为“万向节叉”，最后单击【保存】按钮。

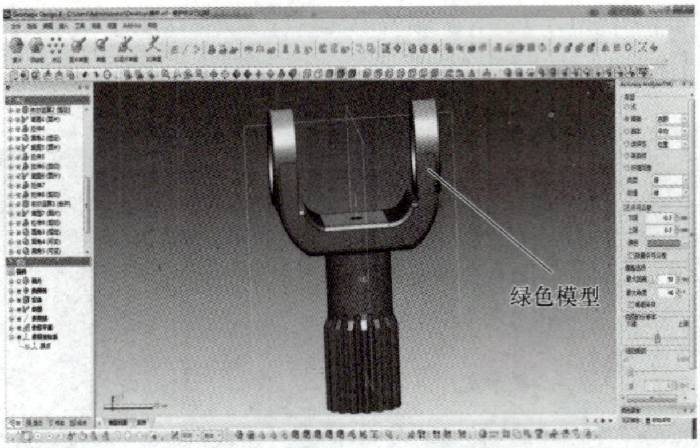

图 3-58　偏差分析

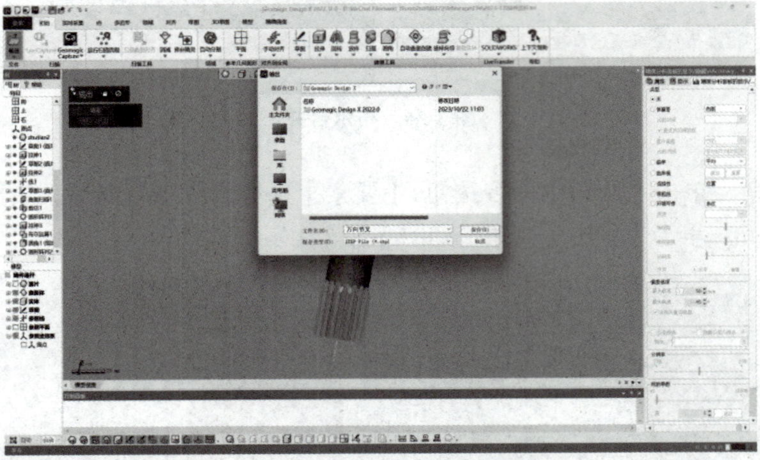

图 3-59　输出文件

任务三　数 据 应 用

逆向设计完成后的模型可应用 3D 打印机完成蜡模打印，用于零件铸造。为适应打印机的文件格式，需要先将文件导入 UG 软件，转换输出 STL 格式文件，再将其输入打印机操作软件中，合理设置参数后就可以打印模型了。

1. 打开文件

打开 UG 软件，单击【文件】|【打开】按钮，在弹出的对话框中选择要打开的文件“万向节叉 .stp”，如图 3-60 所示。

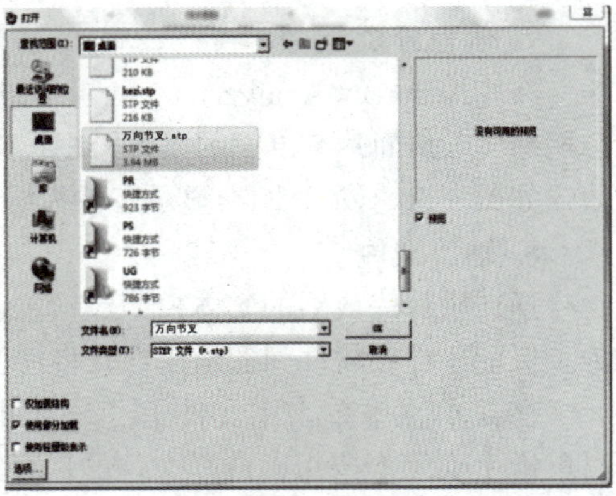

图 3-60　打开文件

2. 格式转换

将导入的模型选中，导出文件为“万向节

叉 .stl”格式，如图 3-61 所示。

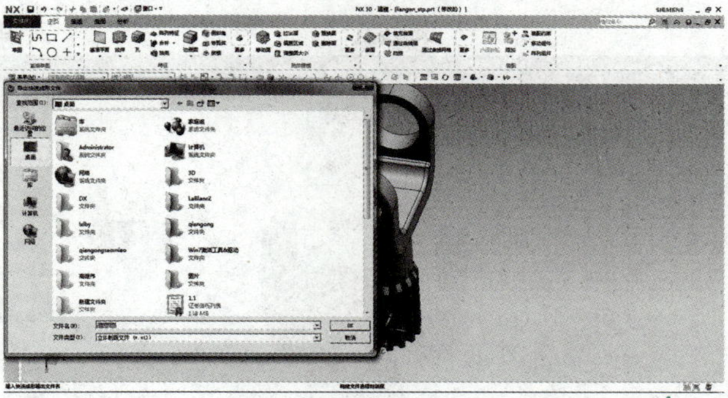

图 3-61　输出 STL 格式文件

3. 导入文件

打开 3D 打印机操作软件，导入“万向节叉 .stl”格式文件，其参数设置如图 3-62 所示。

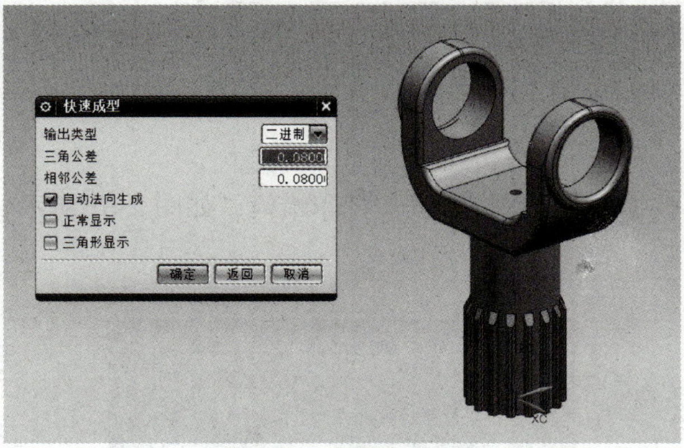

图 3-62　导入文件

4. 参数设置

合理摆放模型后，依次设置打印参数，如图 3-63 所示。

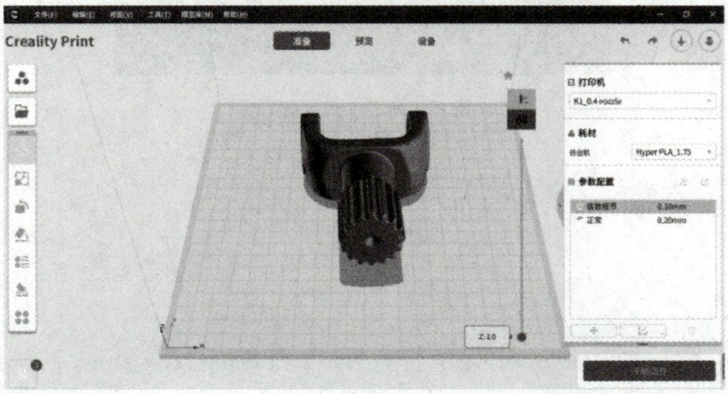

图 3-63　打印参数设置

5. 模型打印

参数设置完成后，输出打印文件，可对打印模型进行预测分析，如图 3-64 所示。

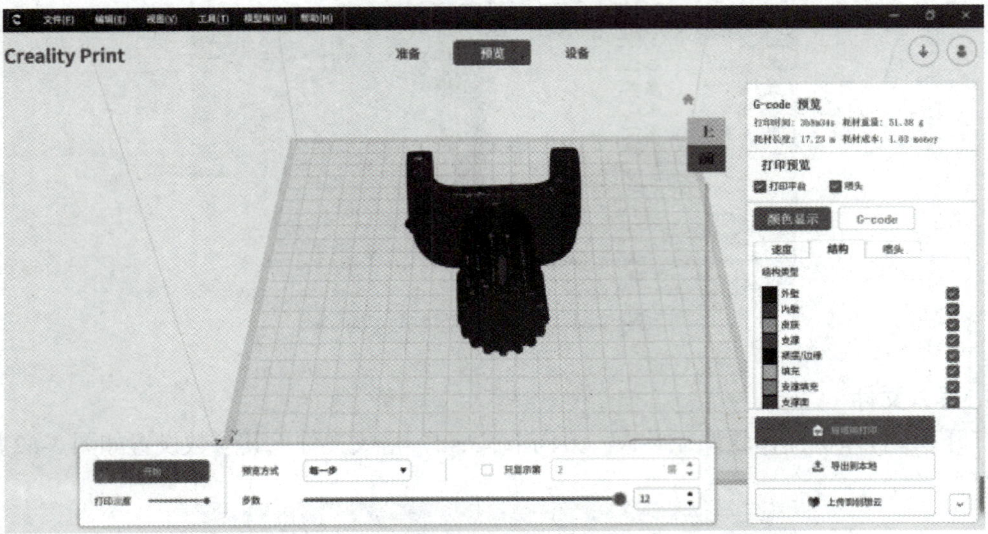

图 3-64　输出打印模型

6. 模型表面处理

将处理后的模型数据导入 3D 打印机，打印蜡模，如图 3-65 所示，蜡模经表面后处理，可满足使用要求。

图 3-65　打印蜡模

项目拓展

1. 请阅读以下内容，谈谈你对安全生产必要性的看法。

责任担当：安全生产——你我都是主角

万向节是实现变角度动力传递的机件，是汽车驱动系统中万向传动装置的“关节”部件。汽车万向节出现损坏后，会出现斜压印、疲劳剥落、使套圈表层烧蚀、滚针或垫片失效等现象，造成安全隐患。

安全生产既是保护劳动者的安全、健康和保护国家财产，促进社会生产力发展的基本保证，也是保证社会主义经济发展，进一步实行改革开放的基本条件。因此，做好安全生产工作具有重要的意义。作为新时代的技能人才，我们要提高安全生产意识，时刻严格遵守操作规程，确保本岗位安全生产工作。

2. 请从教学资源包下载“机械件”点云数据，并按要求完成数据处理及逆向设计过程。

数据处理及逆向设计要求：处理后的点云分布规整平滑，无多余杂点及无噪音点；逆向设计命令使用恰当，过程简洁合理，模型尺寸误差控制在 ±0.1mm 内。

项目四
旋钮零件扫描与逆向设计

04

学习目标

知识目标：

1. 掌握 Geomagic Wrap 软件的数据处理流程；
2. 掌握 Geomagic Design X 软件中建立坐标系的基本方法；
3. 掌握 Geomagic Design X 软件中面片草图、拉伸、扫描等命令的操作。

技能目标：

1. 能够熟练使用白光双目扫描仪完成数据采集；
2. 能够熟练应用 Geomagic Wrap 软件进行数据预处理；
3. 能够熟练应用 Geomagic Design X 软件完成零件逆向设计。

素质目标：

1. 树立严格遵循国家标准、行业标准的标准意识；
2. 养成求真务实、踏实严谨的工作作风；
3. 培养学生坚持真理、勇于创新、实事求是的科学精神。

项目发布

某品牌电暖气上市后，消费者反映旋钮开关易破损，厂家需要生产旋钮配件以备消费者更换。但厂家的原有模具设计图样丢失，现需要根据旋钮实物，结合逆向工程技术，对其重新进行模具设计。经分析，决定通过三维扫描技术对旋钮进行数据采集，完成逆向设计，并依据设计模型应用注塑模㊀向导完成模具工作零件的设计。

项目分析

1. 产品分析

（1）表面分析 旋钮原件如图 4-1 所示，为黑色塑料制件，整体表面光洁。外表面镀有

㊀ 科技名词术语中为注射模，为与软件统一，本书采用注塑模。

红色亮漆，略有反光；内表面为哑光黑色，不利于数据采集。

图 4-1 旋钮原件

（2）外形分析 该产品为圆形薄壁件，质量轻，外径约为 50mm，壁厚均匀，约为 1.5mm；外侧有旋转手柄，内部有半圆形装配孔，内外表面均有结构特征需要采集。

（3）精度分析 数据采集过程中要求数据完整，保留产品原有特征；逆向设计模型形状精确、三维数据完整、特征清晰，模型误差控制在 ±0.1mm 内。

经上述分析，本项目的重点和难点如下：

重点： 本项目重点是使用支架式白光双目扫描仪完成薄壁件整体数据采集，使数据采集过程速度快，精度高，数据完整性好；应用逆向设计软件完成回转体的逆向设计过程。

难点： 产品原型为薄壁件，尺寸较小，表面反光，内外表面特征均需采集，需要经过多角度、多范围的多次扫描才能获得完整三维数据，因此如何保证内外表面数据的顺利拼接是本项目的难点。

2. 策略制定

（1）数据采集策略

1）表面处理。观察后发现旋钮外表面为红色亮漆、会反光，内表面为黑色，整体材质及颜色不利于数据的采集，因此需对其表面进行喷粉处理。

2）数据采集。旋钮主要数据采集部分为外表面、侧面和内表面，需要经过多角度、多范围的多次扫描才能完成旋钮完整数据的采集，因此需要在旋钮正反面都粘贴标志点，以实现多次扫描数据的坐标系统一；扫描过程中用侧面标志点实现旋钮的翻转扫描。

3）选择转盘。旋钮尺寸较小，且需进行翻转扫描，在表面粘贴过多标志点会造成外形数据缺失。为保证数据采集的顺利进行，可借助工作转盘，并在转盘上粘贴相应数量的标志点，既节省时间，也能减少零件表面标志点的粘贴数量。

（2）逆向设计策略 针对数据采集过程中多余的杂点和不完美数据，选用 Geomagic Wrap 软件对其进行处理，将多余杂点删除、孔洞填充，进一步优化表面整体数据；并使用 Geomagic Design X 软件对其进行整体逆向设计，通过使用【面片草图】、【扫描】、【曲面拟合】、【抽壳】等命令完成特征设计。

（3）数据应用策略 将逆向设计后的模型按接缝进行分块处理，并使用 NX 软件注塑模向导模块对其进行模具设计。工作部件型芯、型腔设计完成后，可根据生产企业的生产条件、设备型号、批量大小，合理进行模具设计。

项目实施

任务一　数 据 采 集

一、扫描前的准备工作

旋钮喷粉操作

1. 喷粉

该产品为塑料制件，表面颜色在不喷粉的状态下很难直接进行扫描，所以选择在零件表面喷涂一层薄薄的显像剂，喷粉原则和注意事项可参考项目三。

喷粉距离约为 30cm，如图 4-2 所示。在满足扫描要求的前提下，喷粉尽可能薄且均匀，喷粉后的零件如图 4-3 所示。

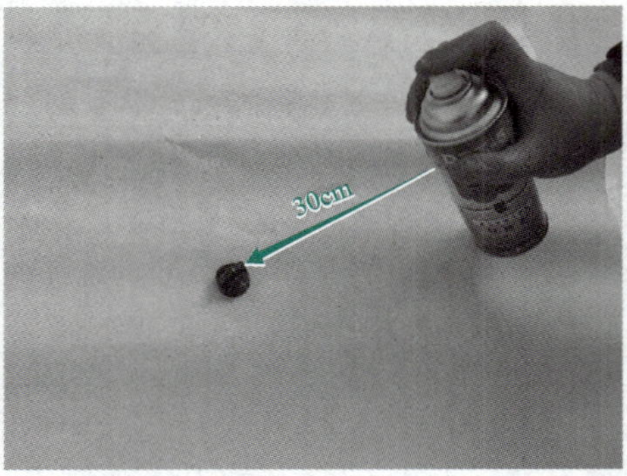

图 4-2　显像剂喷涂示意图

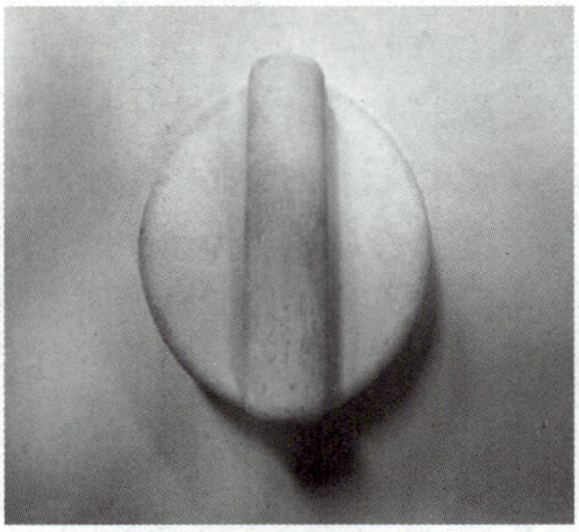

图 4-3　喷粉效果图

旋钮标志点粘贴

2. 粘贴标志点

针对本次扫描任务，按照整体扫描策略制定的要求，选用“外 6 内 4”的圆形标志点，需要用到的工具：棉签 1 包、标志点若干、黑色背景板 1 块、零件 1 个。

标志点的粘贴位置不同，使用要求也不同，如果粘贴在扫描零件表面，优点是可以在扫描过程中按照需求及时调整扫描零件的位置和角度；缺点是在粘贴位置会形成孔洞，影响扫描零件的外形数据。

为了得到完整的采集数据，选择在旋钮侧面粘贴标志点作为内外表面的翻转过渡区，以实现内外表面的扫描数据统一；考虑旋钮侧面狭窄细小，不利于标志点的合理分布，因此在侧面较大区域进行标志点粘贴，数量大于 4 个即可，粘贴原则和注意方法可参考项目三。

当零件内外表面数据采集时，为避免粘贴标志点形成孔洞造成旋钮曲面的影响，可在转盘上粘贴标志点，需要注意的是，如果在转盘上粘贴了标志点，那么在扫描过程中旋钮是不可以发生相对位置移动的，否则极易出现数据错层现象，导致数据拼合不成功。所以在翻转零件时，工作转盘上不可粘贴标志点，若在转台上粘贴标志点时翻转零件，易造成扫描数据错移。本次扫描时标志点粘贴方式如图 4-4 所示，供大家参考。

二、采集数据

图 4-4　标志点粘贴方式示意图

结合产品设计要求，选用天远 OKO 系列白光双目扫描仪完成数据采集。

1. 调整设备

（1）视场对齐　扫描数据前需对扫描仪进行精度校准，校准方式参考项目三。当精度达标时，将旋钮放置在转盘上，调整旋钮与扫描仪的距离，确定转盘和零件在扫描仪十字中间，尝试旋转转盘一周，在软件实时显示区保证能够看到零件整体，如图 4-5 所示。

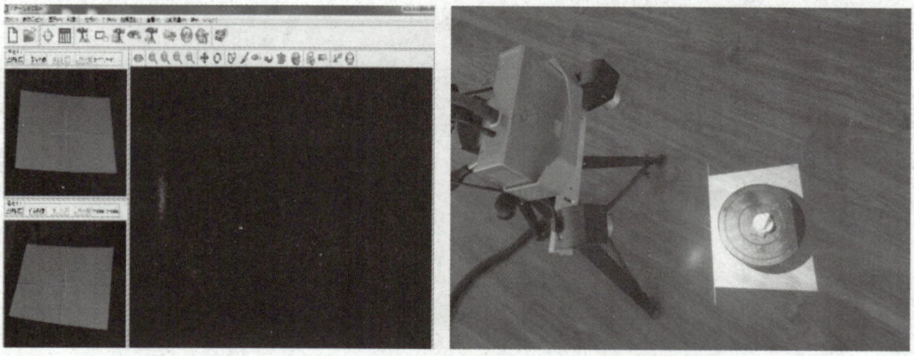

a)　　　　　　　　　　b)

图 4-5　扫描仪与调整旋钮工作距离示意图

（2）参数调整　观察实时显示区中旋钮的亮度，在软件中设置相应的相机曝光值和增益值，可根据环境适当调整，以物体不反光为宜。

旋钮数据采集

2. 扫描零件

调整好设备和零件的位置后，按以下步骤进行扫描。

（1）外表面数据采集　调整旋钮倾斜角度，单击设备操作软件中的标志点识别命令，使侧面标志点成为有效标志点（标志点变成亮白色）即可，再将其倾斜固定，如图 4-6 所示，单击【扫描】按钮，从侧面开始扫描，每扫描一次将转盘旋转一定角度，直至整个外表面数据采集完毕。

（2）过渡区扫描　撤掉转盘上的标志点，翻转旋钮，记住标志点识别命令以识别有效公共标志点，确定倾斜角度后将旋钮固定，零件摆放如图 4-7 所示，单击【扫描】按钮，扫描数据与外表面拼接重合，即表示翻转成功。

（3）内表面数据采集　加入转盘上的标志点，零件摆放如图 4-8 所示，按照外表面的扫描方法完

图 4-6　外表面扫描零件摆放示意图

成旋钮内表面数据的扫描。

图 4-7　过渡区扫描示意图

图 4-8　内表面扫描零件摆放示意图

3. 保存数据

数据采集完成后，选择保存路径，将扫描点云数据另存为“旋钮 .asc”格式文件。

采集完成后的点云数据包含一些扫描物体之外的杂点，粘贴标志点的位置也会出现数据缺失，需要应用 Geomagic Wrap 软件将扫描杂点去除，并填充粘贴标志点形成的孔洞，形成封闭完整的零件数据。

任务二　数 据 处 理

一、点云阶段数据处理

1. 打开文件

打开 Geomagic Wrap 软件，将旋钮 .asc 文件拖入界面，选择比率（100%）和单位（毫米），进入软件界面，如图 4-9 所示。

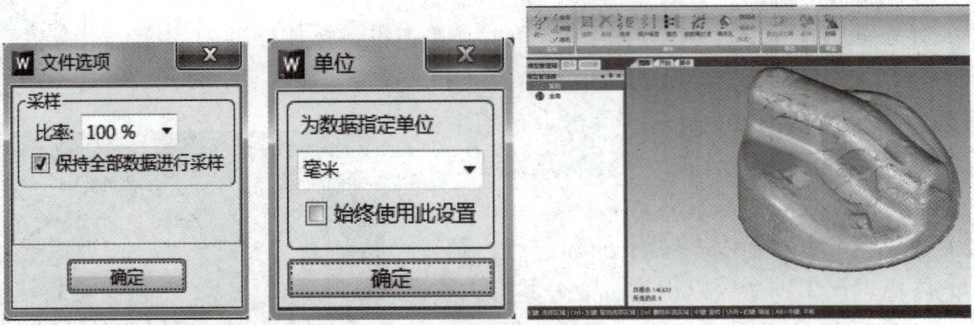

图 4-9　打开扫描数据

2. 去除杂点

（1）着色　单击【着色】

下拉菜单中的【着色点】命令按钮，点云数据则由黑色变成绿色。

（2）删除非连接项　单击【选择】下拉菜单中的【非连接项】命令按钮，出现图 4-10 所示对话框，根据点云数据的完整性选择合适数值，以不改变零件形状特征为宜，本次选择低分隔和尺寸 5.0mm，单击【确定】按钮将数据中的非连接项删除。

（3）删除体外孤点　单击【选择】下拉菜单中的【体外孤点】命令按钮，出现图 4-11 所示对话框，选择敏感度为［100］，单击【确定】按钮，将点云中选中的杂点删除。

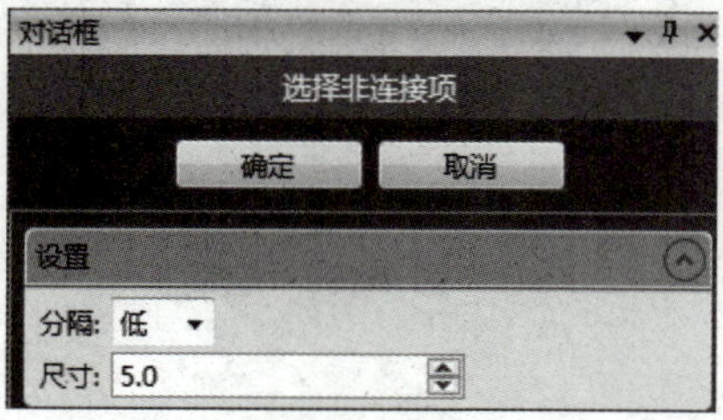

图 4-10　选择非连接项对话框

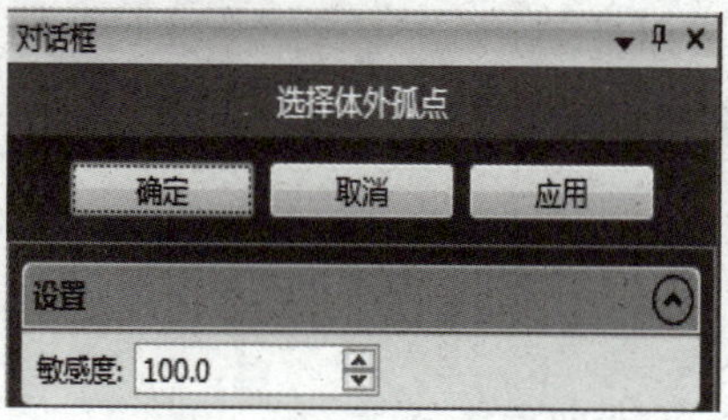

图 4-11　选择体外孤点对话框

（4）减少噪音　单击【减少噪音】命令按钮，出现图 4-12 所示对话框，单击【确定】按钮去除点云中的噪音点，完成后数据如图 4-13 所示。

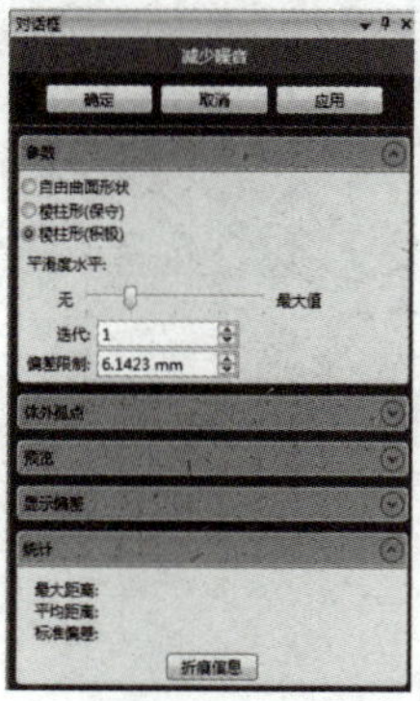

图 4-12　减少噪音对话框

图 4-13　去除杂点后的数据

3. 封装点云数据

单击【封装】命令按钮，出现图 4-14a 所示对话框，选择自动降低噪音，勾选【最大三角形数】，单击【确定】按钮，数据由点云转换为多边形界面，如图 4-14b 所示。

二、多边形阶段数据处理

1. 填充孔

单击【填充单个孔】命令按钮，选择【曲率】|【内部孔】，将数据中的部分孔填充，如图 4-15 所示。

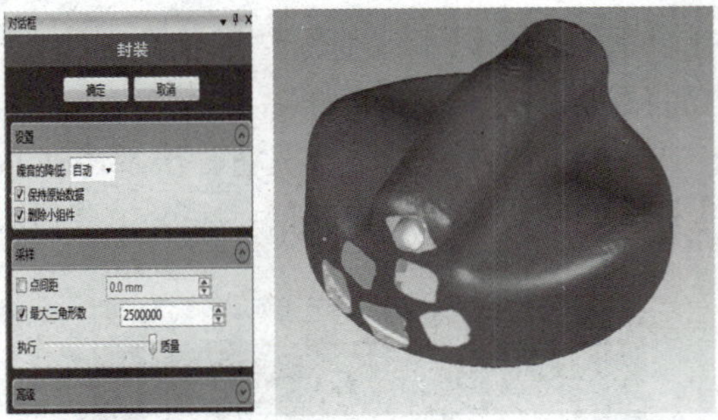

a)　　b)

图 4-14　封装点云数据

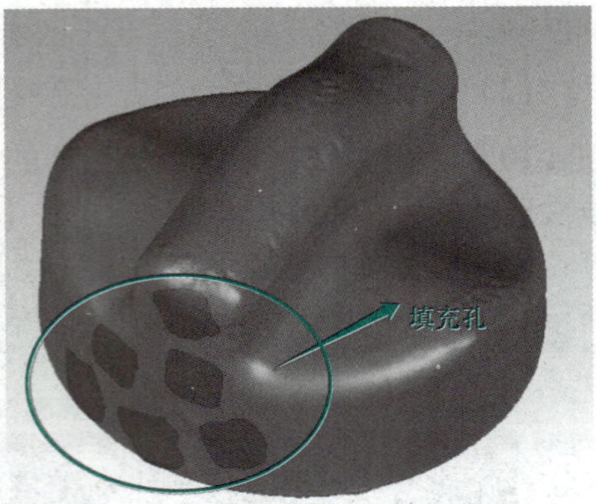

图 4-15　填充孔

2. 平滑曲面

（1）删除钉状物　单击【删除钉状物】命令按钮，将选中区域多边形网格中的单点尖峰展开，如图 4-16 所示。

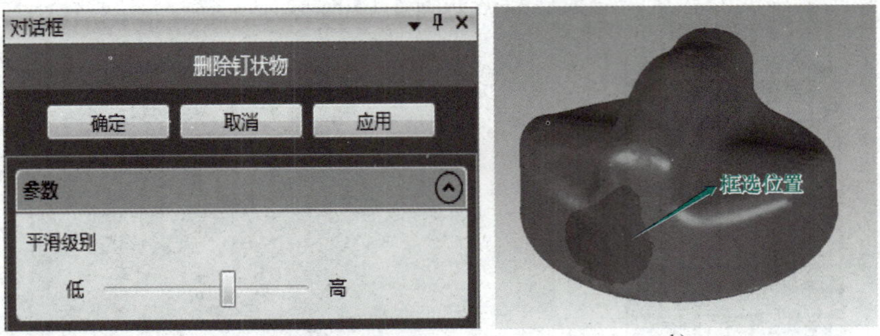

a)　　b)

图 4-16　删除钉状物

（2）松弛网格　单击【松弛】命令按钮，以处理紧皱网格，如图 4-17a 所示；采用【砂纸】命令使多边形网格更平滑，如图 4-17b 所示。

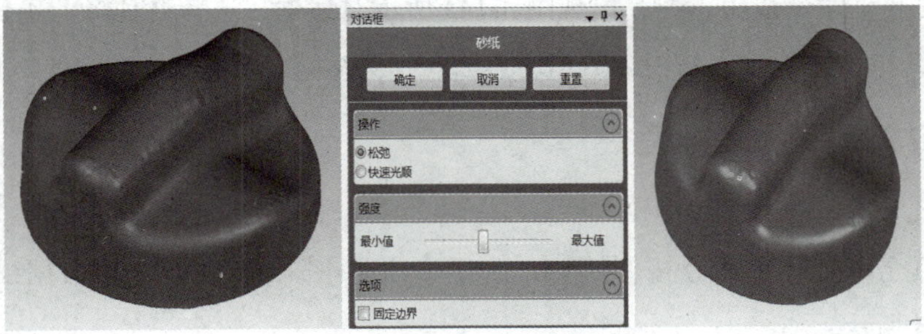

a)　　b)　　c)

图 4-17　松弛网格和平滑网格

（3）光顺网格　采用【快速光顺】命令按钮将凸起部分的数据处理平滑，平滑后的效果如图 4-18a 所示。

（4）去除特征　使用【去除】特征命令按钮，将选中位置数据进行平滑处理，平滑后如图 4-18b 所示。

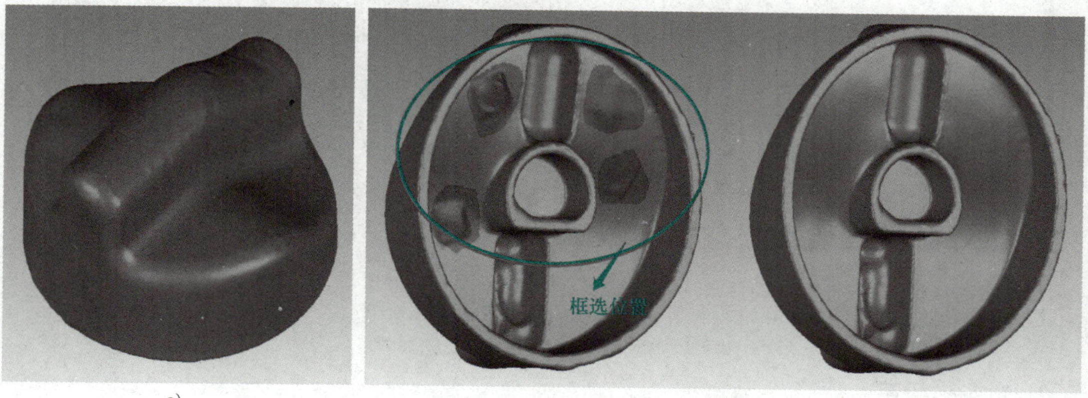

a)　　　　b)

图 4-18　快速光顺效果

3. 保存文件

将处理好的数据另存为“旋钮 .stl”格式文件，如图 4-19 所示。

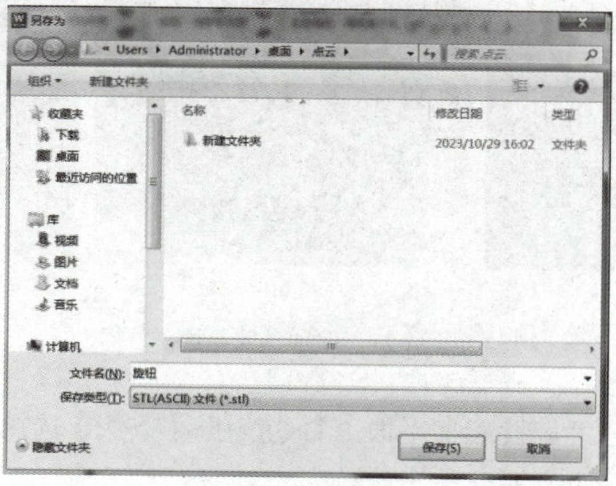

图 4-19　保存文件

旋钮逆向设计 1

旋钮逆向设计 2

三、逆向设计过程

该零件是典型的塑料制件，壁厚均匀，外观要求高，结构特征明显。在逆向设计过程中，可以利用 Design X 软件中的面片草图、扫描、曲面拟合等命令完成设计，通过布尔运算获得整个零件，通过抽壳命令得到壁厚均匀的产品模型，以便于后期在注塑模向导中完成模具分型。

1. 打开文件

打开 Design X 软件，单击【插入】|【导入】命令按钮，在弹出的对话

框中选择要导入的文件，也可直接将 STL 文件拖入窗口，导入点云后的界面如图 4-20 所示。

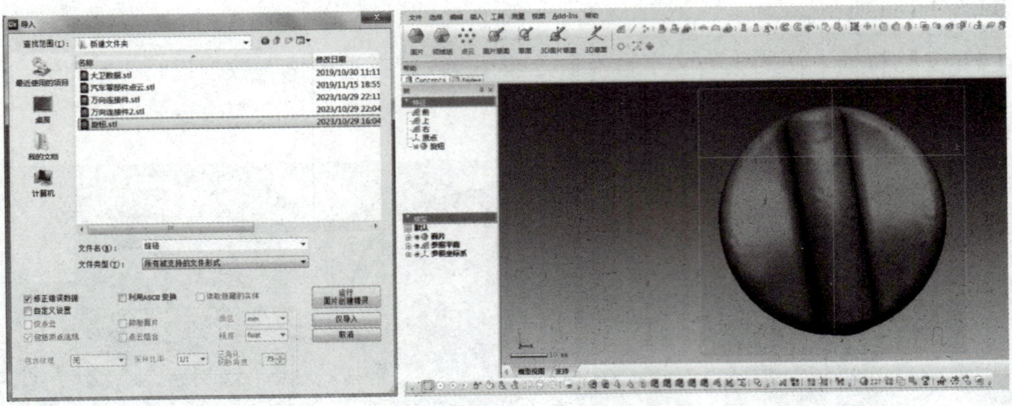

a) b)

图 4-20 打开文件

2. 对齐坐标系

（1）追加参照平面 单击【追加平面】命令按钮，【方法】选择【选择多个点】，在零件底部上下左右位置分别选择 3 个点，单击【确定】按钮，创建平面 1，如图 4-21 所示。

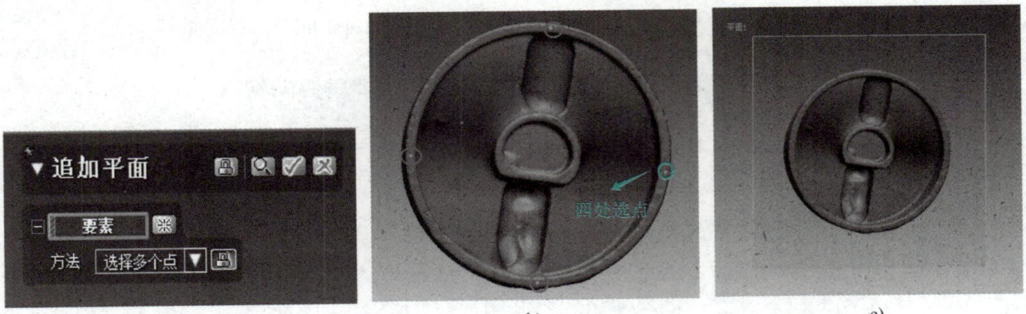

a) b) c)

图 4-21 追加参照平面 1

（2）创建镜像平面 单击【参照平面】命令按钮，【方法】选择【绘制直线】，单击【确定】按钮，创建平面 2，如图 4-22 所示。

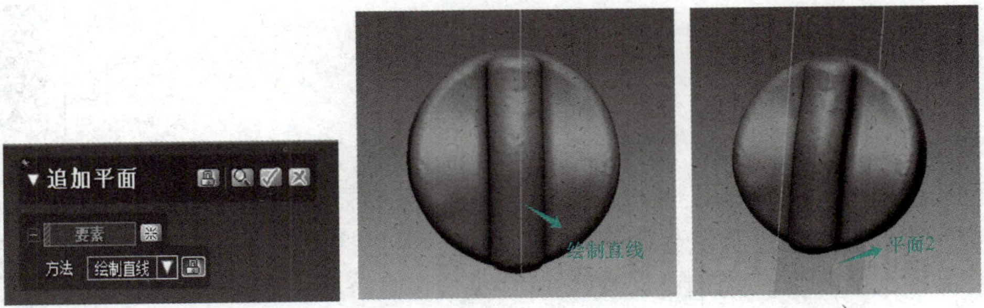

a) b) c)

图 4-22 追加参照平面 2

再次单击【追加参照平面】命令按钮，弹出对话框，【方法】选择【镜像】，选择直线，按 <Ctrl+A> 组合键选择所有点云，单击【确定】按钮，在旋钮中心线位置绘制直线，创建平面 3，如图 4-23 所示。

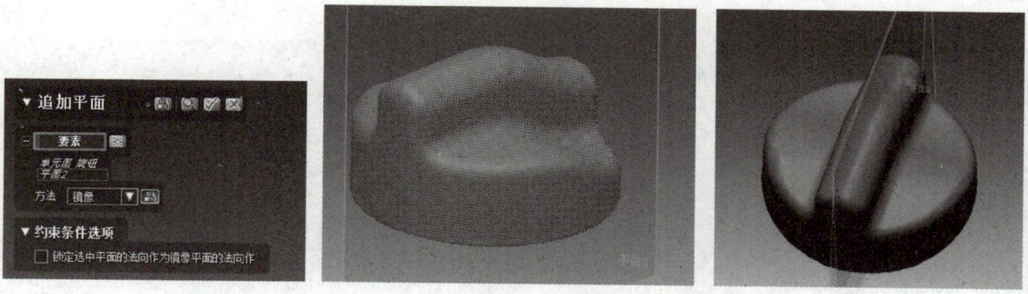

a)　　b)　　c)

图 4-23　追加参照平面 3

（3）对齐坐标系　单击【手动对齐】按钮，单击按钮进入下一阶段，【移动】方式选择【3-2-1】，如图 4-24a 所示，依次选择平面 1 和平面 3 作为参考，单击【确定】按钮完成坐标对齐，单击前视图如图 4-24b 所示。

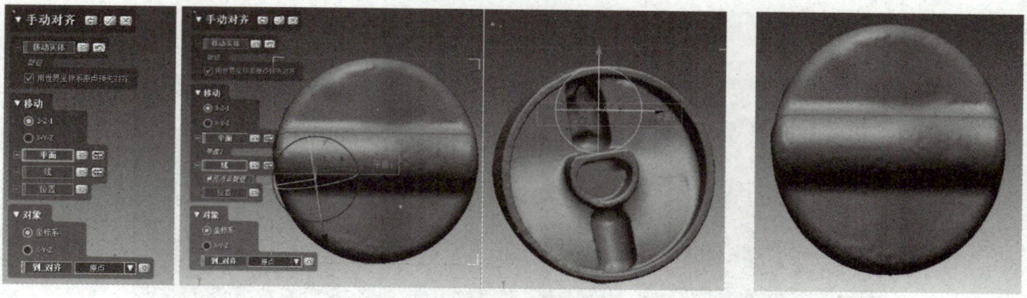

a)　　b)

图 4-24　对齐坐标系

3. 设计旋钮凸起部分

（1）创建草图基准面 1　单击【面片草图】命令按钮，基准面选择上平面，将轮廓范围调整到工件中心位置，单击【确定】按钮完成草图基准面 1 的创建，如图 4-25 所示。

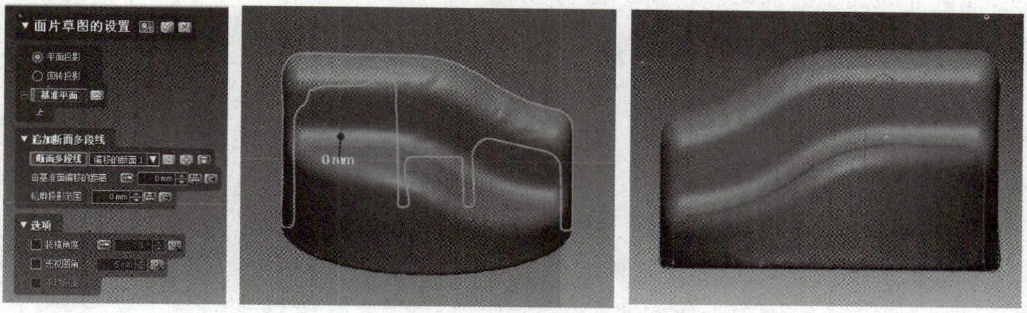

a)　　b)　　c)

图 4-25　创建草图基准面 1

（2）绘制轮廓 1 草图 单击【3 点圆弧】命令按钮，绘制曲线，调整曲线位置使其尽量贴合点云表面，使线条两两相切，与参考线重合。如图 4-26 所示，单击【确定】按钮。

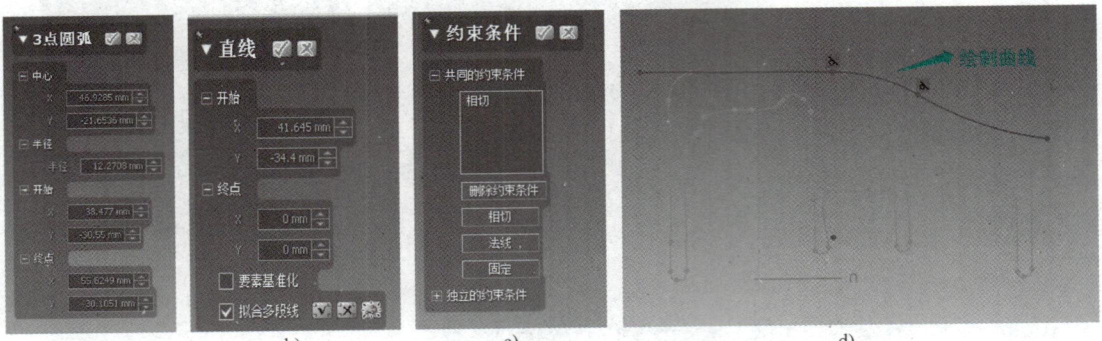

a) b) c) d)

图 4-26 绘制轮廓 1 草图

（3）创建草图基准面 2 再次单击【面片草图】命令按钮，基准面选择右平面，将轮廓范围调整到旋钮凸起部分最高处，设置由基准面偏移的距离为 13mm，单击【确定】按钮完成草图基准面 2 的创建，如图 4-27 所示。

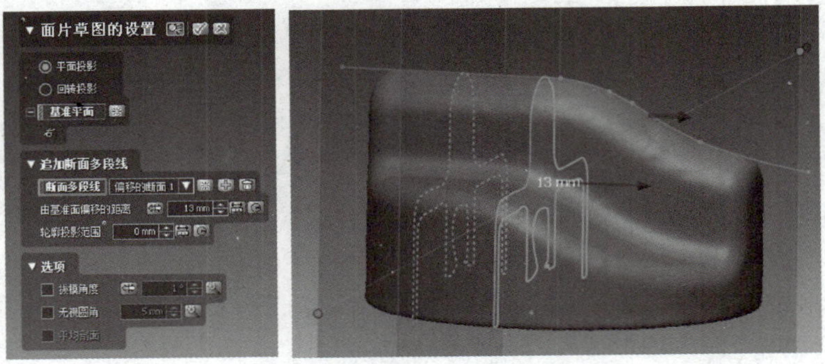

图 4-27 创建草图基准面 2

（4）绘制轮廓 2 草图 单击【3 点圆弧】命令按钮、【直线】命令按钮，绘制轮廓曲线，调整曲线位置，使绘制轮廓线与参考线重合，并保证圆弧与直线两两相切。再利用【剪切】|【相交剪切】命令使轮廓线两两相交，保证轮廓封闭，如图 4-28 所示，单击【确定】按钮。

（5）扫描 单击【扫描】命令按钮，【轮廓】选择草图 2 轮廓，【路径】选择草图 1，单击【确定】按钮创建实体，如图 4-29 所示。

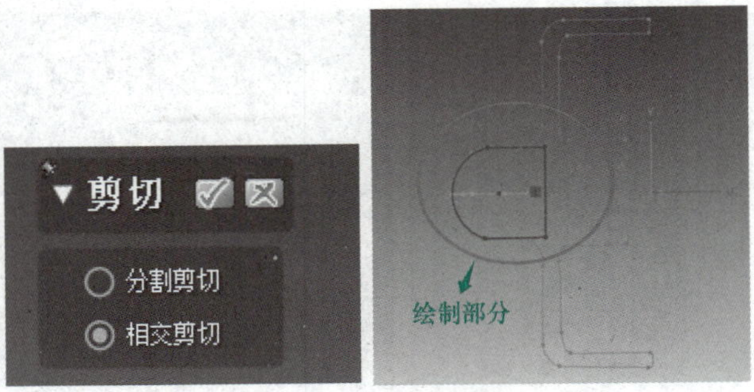

a) b)

图 4-28 绘制轮廓 2 草图

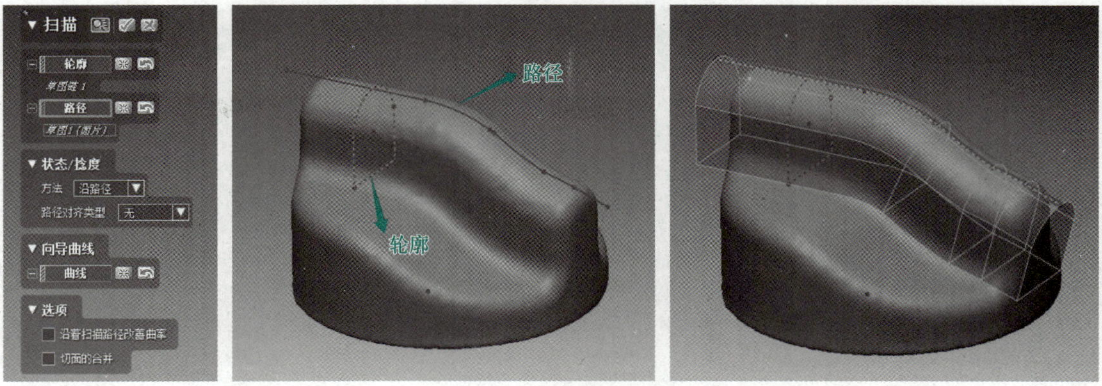

a)　　b)　　c)

图 4-29　扫描

4. 设计旋钮底座模型

（1）创建领域组　单击【领域组】命令按钮，选择【画笔】模式，单击旋钮表面进行区域选择，注意不要涂抹到圆角，单击【插入】命令按钮或右击选择【插入】命令按钮，创建领域组，如图 4-30 所示。

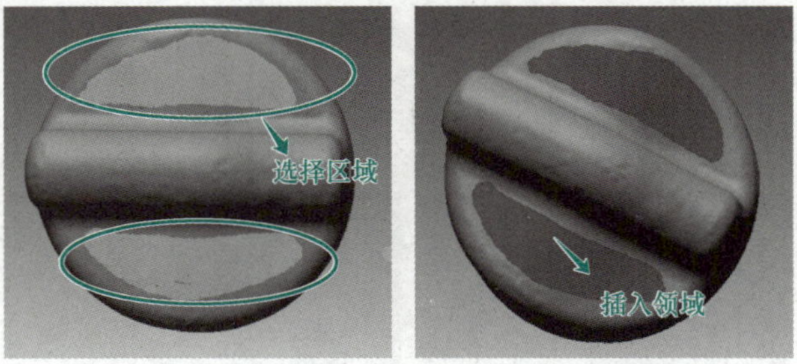

a)　　b)

图 4-30　创建领域组

（2）面片拟合　单击【面片拟合】命令按钮，选择领域组 1，单击【确定】按钮，创建面片，如图 4-31 所示。

（3）创建轮廓基准面　单击【面片草图】命令按钮，基准面选择前平面，调整轮廓范围位置，设置由基准面偏移的距离为 3mm，以能看到完整圆轮廓为宜，单击【确定】按钮完成，如图 4-32 所示。

（4）绘制草图轮廓　单击【圆】命令按钮，绘制底面外轮廓，然后创建草图 3，如图 4-33 所示。

（5）实体拉伸　单击【拉伸】命令按钮，基准草图选择草图 3，单击箭头调整拉伸高度，使拉伸高度超过面片，如图 4-34 所示。

（6）曲面偏移　单击【曲面偏移】命令按钮，选择圆柱侧面，单击【确定】按钮，创建曲面偏移，如图 4-35 所示。

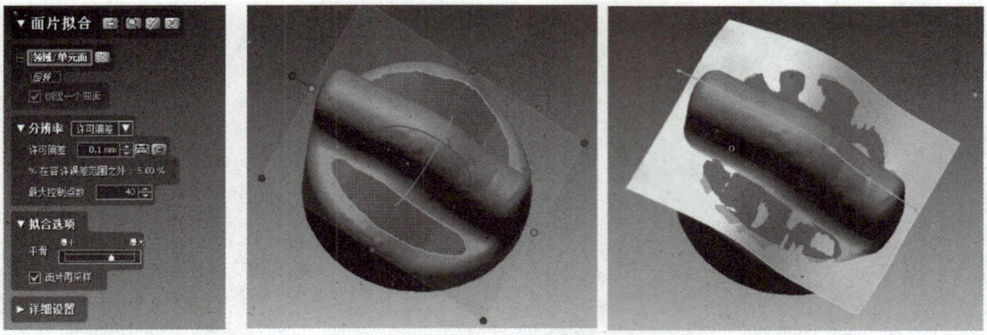

a)　　b)　　c)

图 4-31　面片拟合

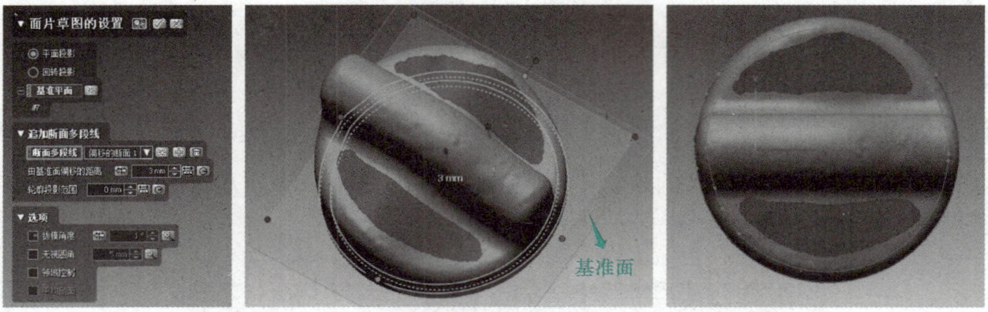

a)　　b)　　c)

图 4-32　创建轮廓基准面

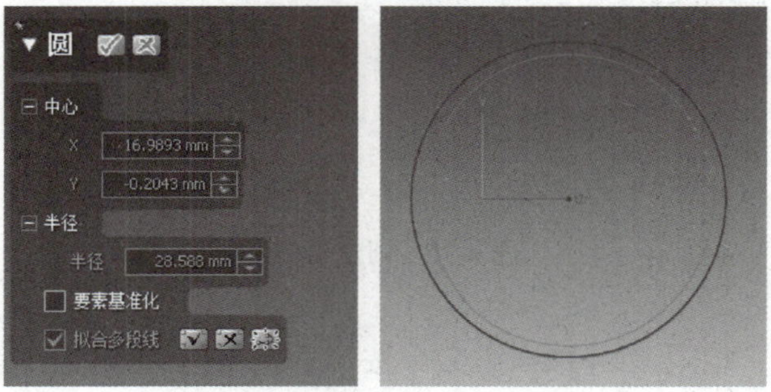

a)　　b)

图 4-33　绘制草图 3 轮廓

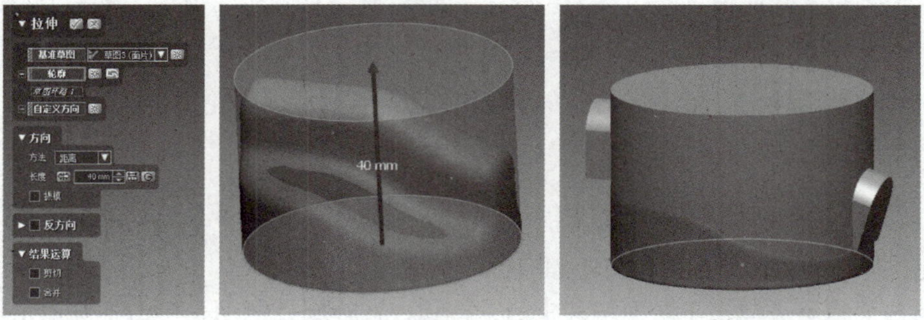

a)　　b)　　c)

图 4-34　拉伸

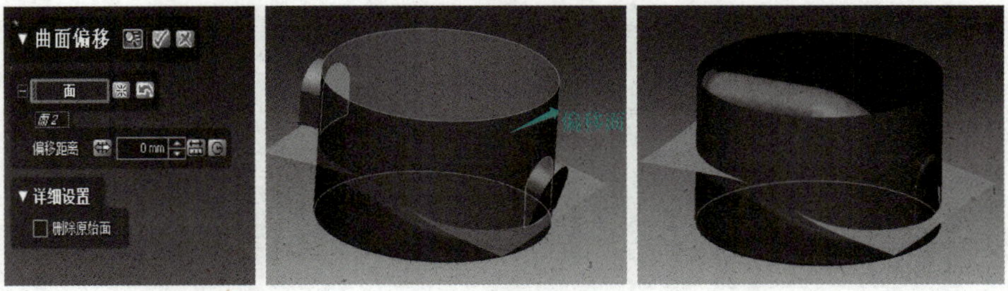

a)　　b)　　c)

图 4-35　曲面偏移

（7）剪切实体　单击【剪切】命令按钮，【工具要素】选择曲面偏移，【对象体】选择旋钮凸起部分，单击【下一阶段】按钮，【残留体】选择实体中部，如图 4-36 所示。

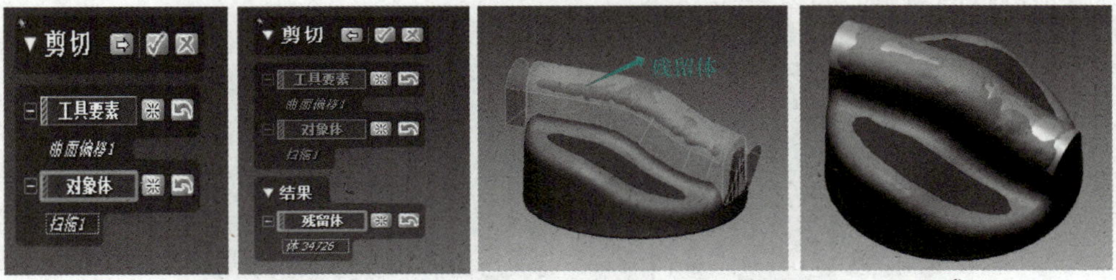

a)　　b)　　c)　　d)

图 4-36　剪切实体

继续单击【剪切】命令按钮，【工具要素】选择面片拟合，【对象】选择圆柱拉伸体，单击【下一阶段】按钮，【残留体】选择圆柱体下部，如图 4-37 所示。

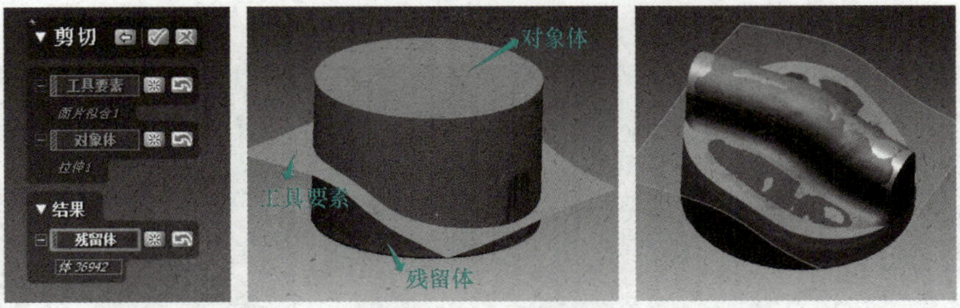

a)　　b)　　c)

图 4-37　剪切圆柱

（8）布尔运算合并　单击【布尔运算】命令按钮，【操作方法】选择【合并】，选择两个实体部件，如图 4-38 所示。

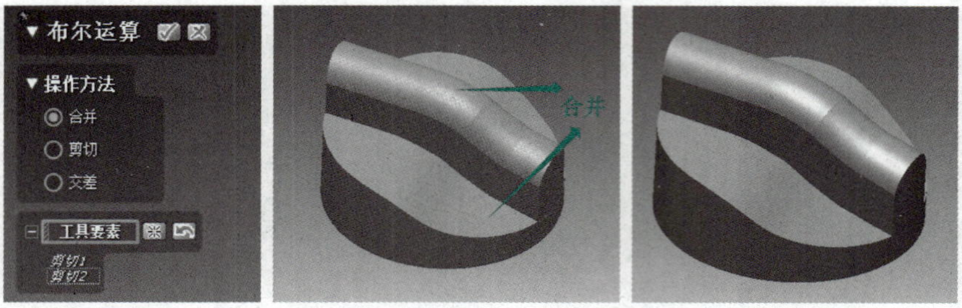

a)　　b)　　c)

图 4-38　布尔运算合并

（9）倒圆角　单击【圆角】命令按钮，选择【固定圆角】,【要素】选择边线，设置半径为 4mm，单击【确定】按钮完成倒圆角，如图 4-39 所示。采用相同的操作方法，依次对模型各边进行倒圆角，如图 4-40 所示。

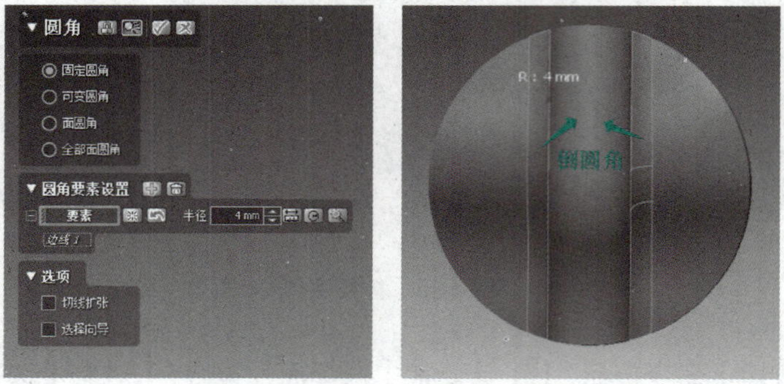

a)　　b)

图 4-39　倒圆角

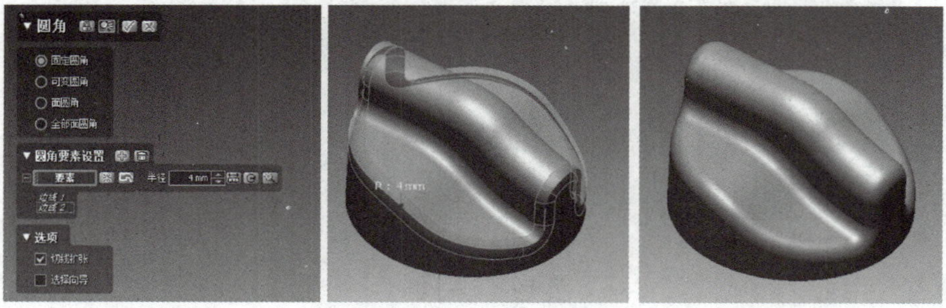

a)　　b)　　c)

图 4-40　各边倒圆角

（10）抽壳　依次单击【插入】|【实体】|【抽壳】命令按钮,【体】选择旋钮实体,【删除面】选择底面,【深度】值设置为 3mm，单击【确定】按钮完成抽壳，如图 4-41 所示。

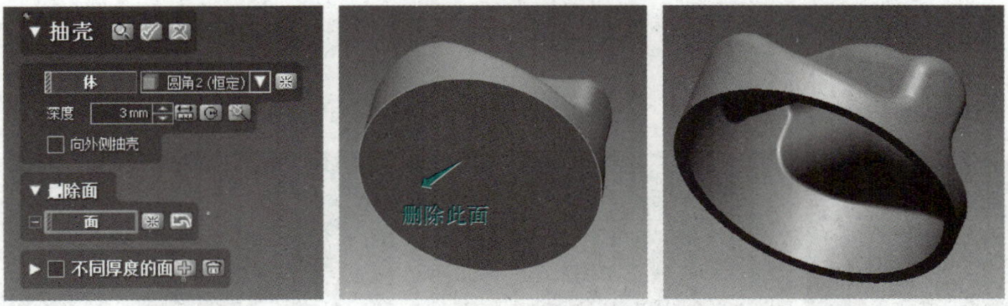

a)　　b)　　c)

图 4-41　抽壳

5. 设计安装孔

（1）创建草图基准面　单击【面片草图】命令按钮，【基准平面】选择前平面，将轮廓范围调整到中心位置，以能看到完整内孔轮廓为宜，单击【确定】按钮，如图 4-42 所示。

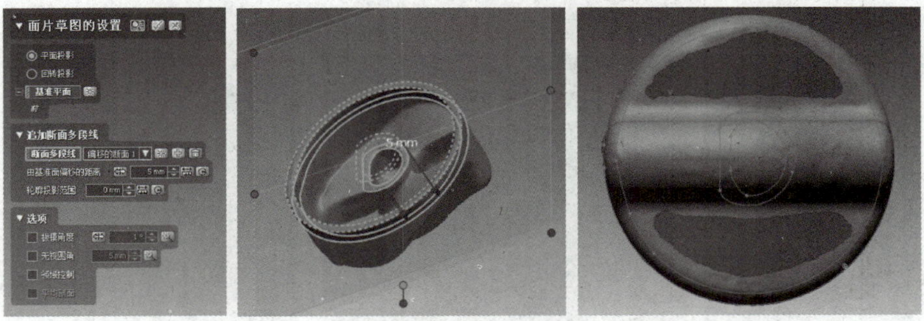

a)　　b)　　c)

图 4-42　创建草图基准面

（2）绘制草图轮廓　单击【三点圆弧】命令按钮，绘制圆孔轮廓，调整曲线位置，使其尽量贴合点云表面，并使绘制线条两两相切，完成草图轮廓的绘制，如图 4-43 所示。

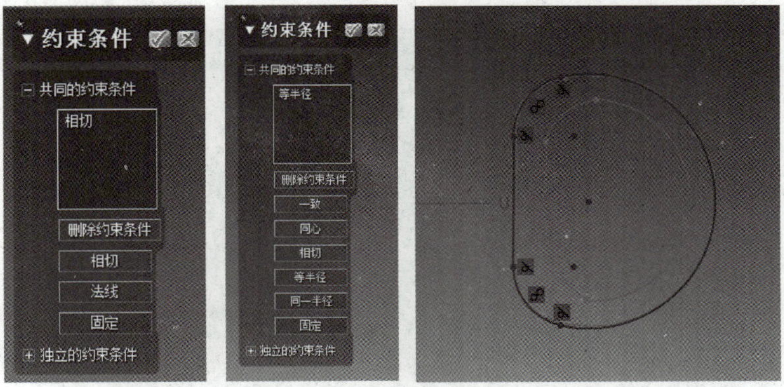

a)　　b)　　c)

图 4-43　绘制草图轮廓 4

（3）拉伸　单击【拉伸】命令按钮，选择外轮廓，要求长度超出模型，单击【确定】按钮，如图 4-44 所示。

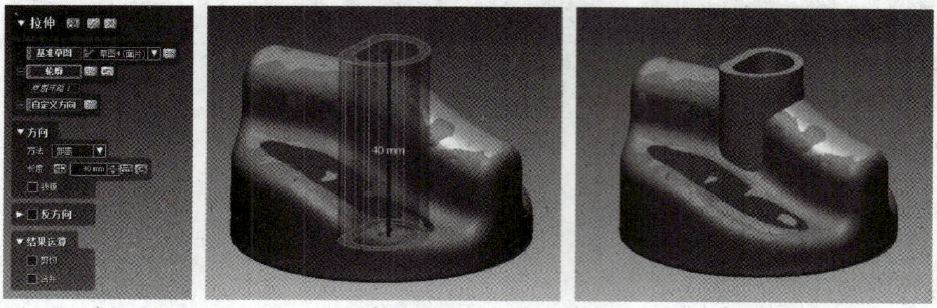

a)　　b)　　c)

图 4-44　拉伸

（4）绘制草图轮廓　单击【面片草图】命令按钮，草图基准平面选择前平面，单击【三点圆弧】命令按钮，绘制内轮廓曲线，如图 4-45 所示。

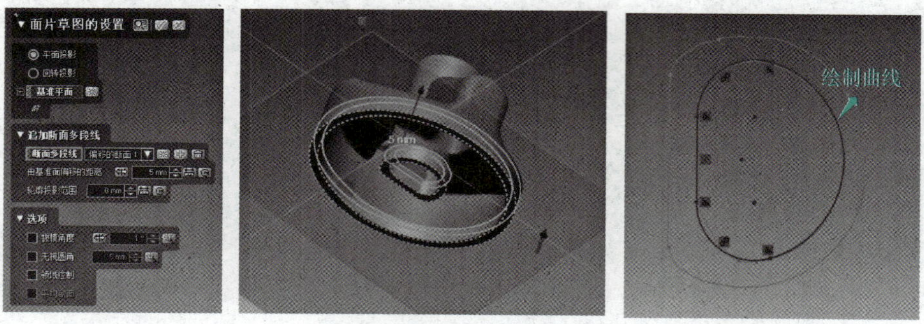

a)　　b)　　c)

图 4-45　绘制草图轮廓 5

（5）拉伸　单击【拉伸】命令按钮，选择内轮廓草图 5，【长度】设置为 10mm，【结果运算】选择【剪切】，单击【确定】按钮完成拉伸，如图 4-46 所示。

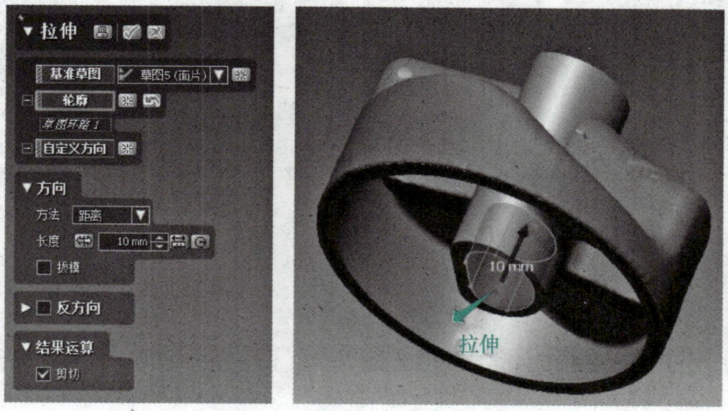

a)　　b)

图 4-46　内孔拉伸

6. 修正模型

（1）曲面偏移　先将拉伸体隐藏，单击【曲面偏移】命令按钮，选择旋钮外表面，【偏移距离】设置为 0mm，单击【确定】按钮完成曲面偏移，如图 4-47 所示。

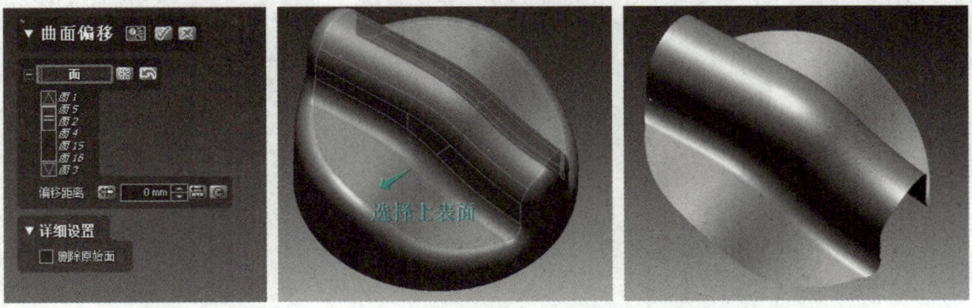

a)　　b)　　c)

图 4-47　曲面偏移

（2）剪切安装孔　使安装孔整体显示，单击【剪切】命令按钮，【工具要素】选择【曲面偏移】,【对象体】选择安装孔拉伸体，单击【下一阶段】按钮，【残留体】选择圆柱体下半部分，单击【确定】按钮，剪切完成后如图 4-48 所示。

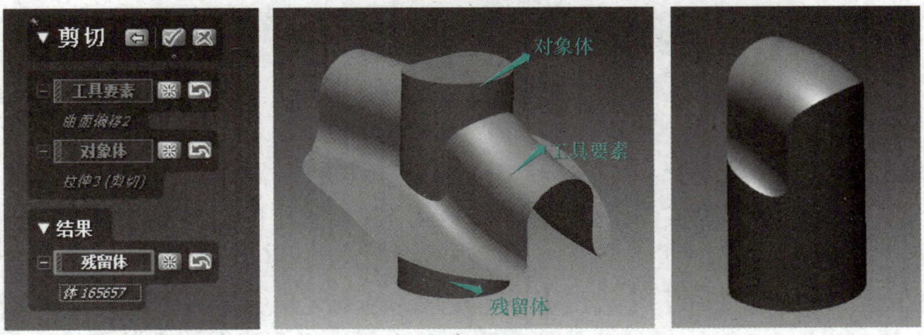

a)　　b)　　c)

图 4-48　剪切安装孔

7. 布尔运算合并

单击【布尔运算】命令按钮，【操作方法】选择【合并】,【工具要素】选择模型所有部件，单击【确定】按钮完成布尔运算合并，如图 4-49 所示。

最终完成旋钮逆向设计模型，如图 4-50 所示。

8. 偏差分析

在【Accuracy Analyzer（TM）】面板的【类型】选项组中选择【偏差】选项，显示曲面与网格（三角面片）之间的误差，勾选接触下方的【许可公差】，根据需求设定曲面与原始数据之间的上、下极限偏差值，如图 4-51 所示，图形显示零件为绿色，表示模型偏差在设计范围内，符合要求。

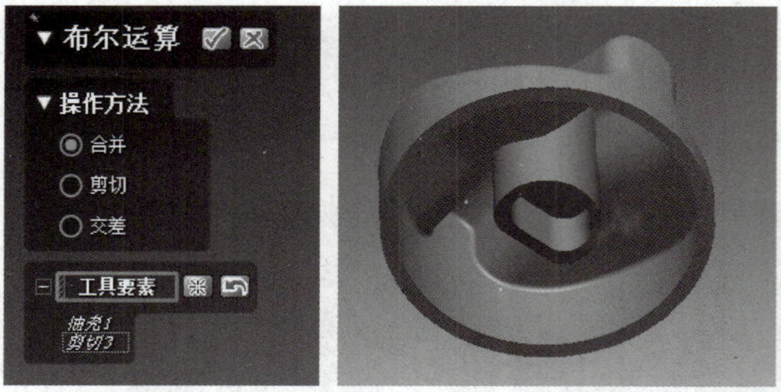

a)　　b)

图 4-49　布尔运算合并

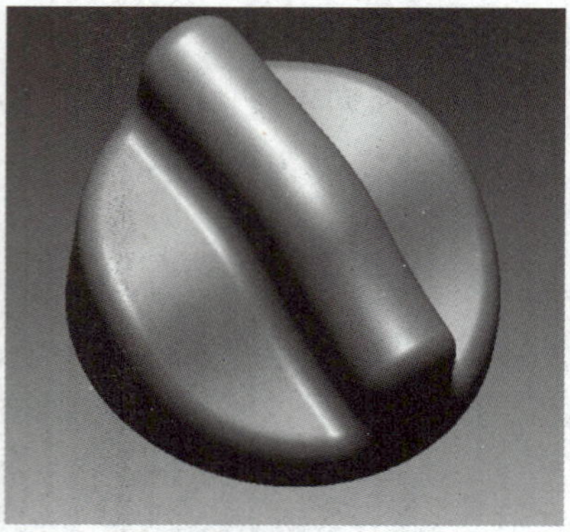

图 4-50　逆向设计模型

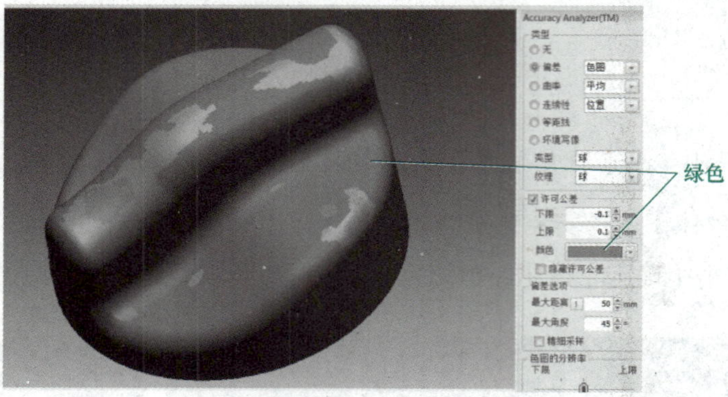

图 4-51　偏差分析

9. 输出文件

有了逆向设计完成后的实体模型，就可以应用 NX 软件中的注塑模向导对其进行模具设计了。为了保证模型在软件间的通用性，将模型输出为 STP 格式。

在菜单栏中单击【文件】|【输出】命令按钮，选择零件为输出要素，如图 4-52 所示，然后单击【确定】按钮，选择文件的保存路径及格式，将文件命名为“旋钮”，单击【保存】按钮保存文件。

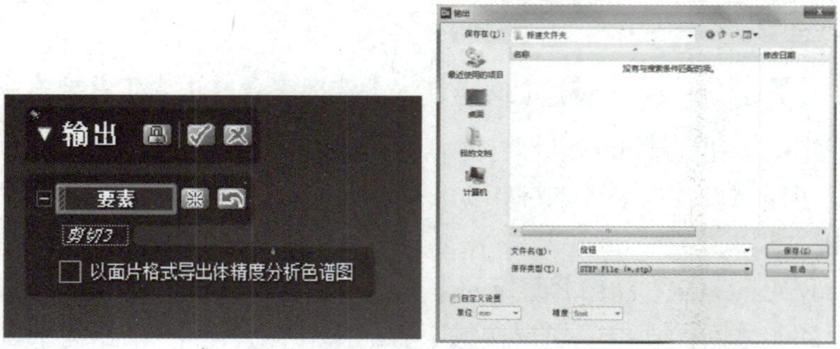

a)　　b)

图 4-52　保存文件

任务三　数 据 应 用

下面应用NX软件中的注塑模向导对旋钮的逆向设计数据进行模具设计。

1. 打开文件

打开NX软件，选择【打开】命令，文件类型选择STP格式，打开保存的“旋钮”文件，如图4-53所示。

2. 进入注塑模向导

单击【开始】命令，进入【建模】模块，依次单击【开始】|【应用模块】|【注塑模】命令按钮，进入工作界面；选择注塑模工具，如图4-54所示。

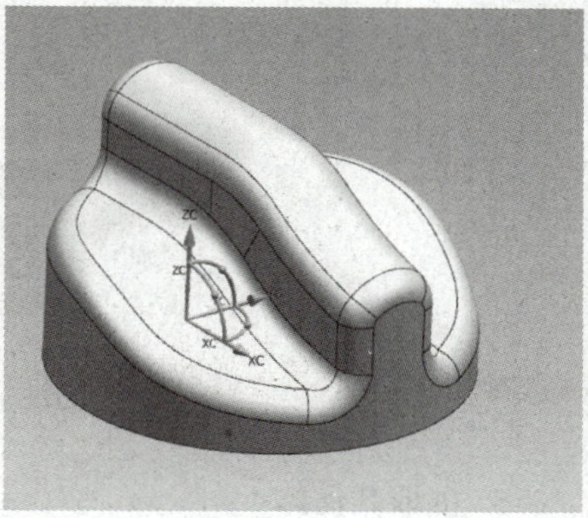

图4-53　打开文件

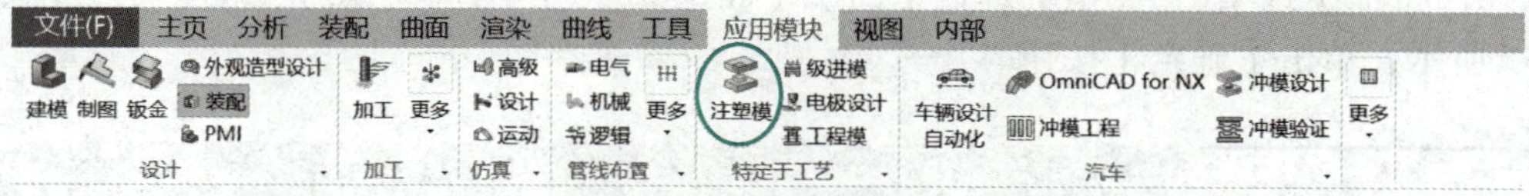

图4-54　注塑模工具

3. 创建包容块

在工具条中单击【创建方块】命令按钮，选择【体的面】命令，选择整个零件表面，如图4-55所示，单击【确定】按钮创建包容块。

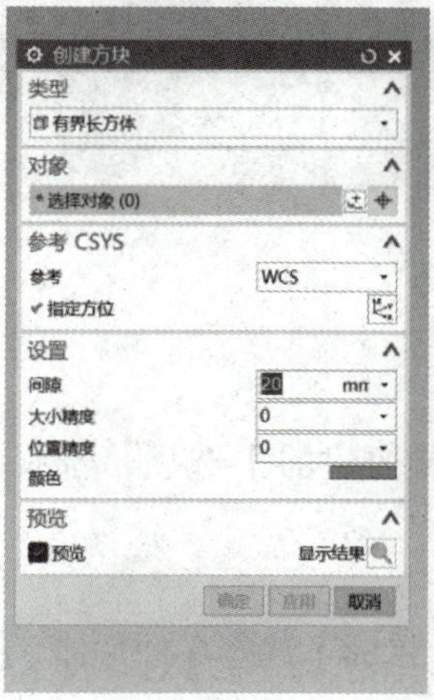

a)

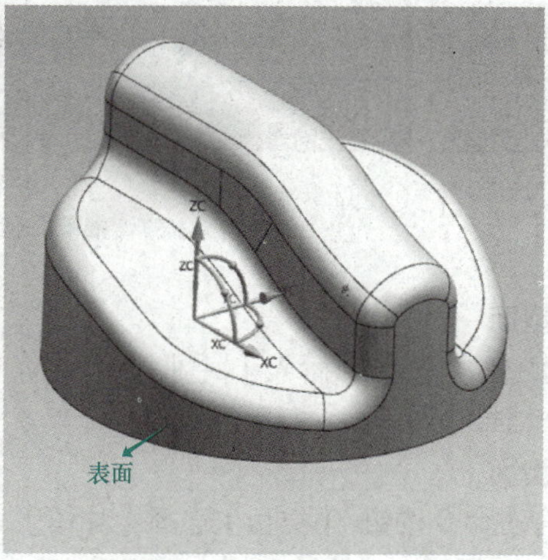

b)

图4-55　创建包容块

4. 包容块求差

单击【求差】命令按钮，【目标】选择包容块，【工具】选择零件，单击【设置】按钮，勾选【保存工具】选项，如图4-56所示。

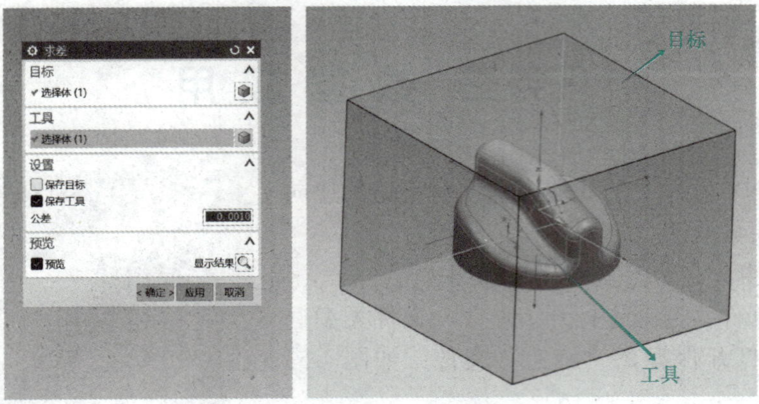

a) b)

图 4-56 包容块求差

5. 抽取几何体

单击【显示和隐藏】命令按钮，隐藏包容块，然后依次选择【插入】|【关联复制】|【抽取几何特征】选项，【类型】选择【面】，【面选项】选择【单个面】，选择旋钮外圆，如图 4-57 所示，单击【确定】按钮。

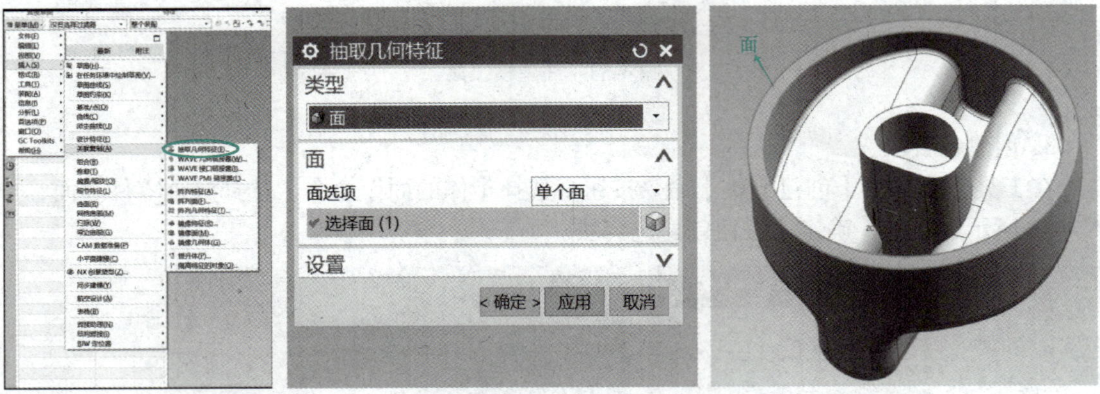

a) b) c)

图 4-57 抽取几何体

6. 构建分型面

在工具条中依次选择【插入】|【曲面】|【条带构建器】选项，选择拉伸曲面，如图 4-58a 所示，结果如图 4-58b 所示。

7. 缝合分型面

单击【缝合】命令按钮，【类型】选择【片体】，【目标】选择零件片体，【工具】选择拉伸片体，如图 4-59 所示，单击【确定】按钮。

8. 显示包容块

单击【显示和隐藏】命令按钮，将包容块与零件体显示出来，如图 4-60 所示。

9. 拆分包容块

依次选择【插入】|【修剪】|【拆分体】选项，【目标】选择包容块，【工具选项】选择面或平面，选择缝合后的片体，如图 4-61 所示，单击【确定】按钮。

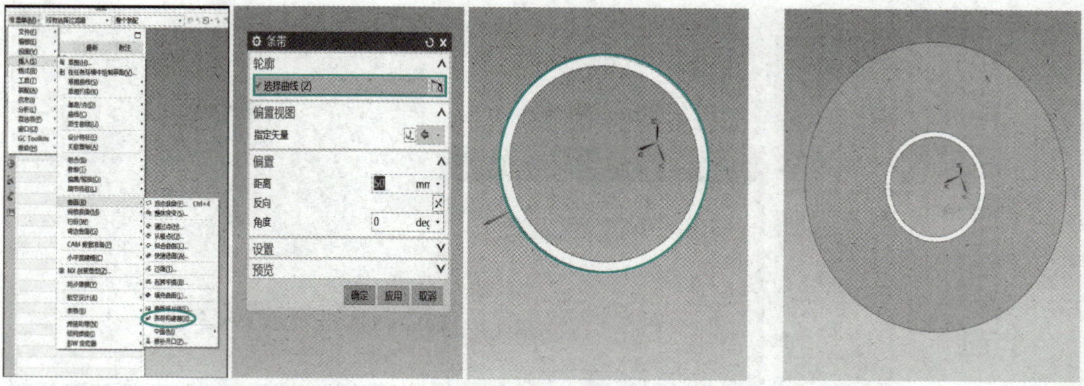

a)　　　　b)

图 4-58　条带构建分型面

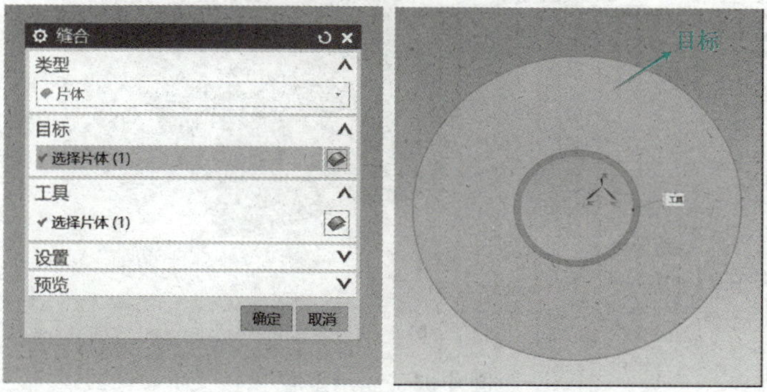

a)　　　　b)

图 4-59　缝合分型面

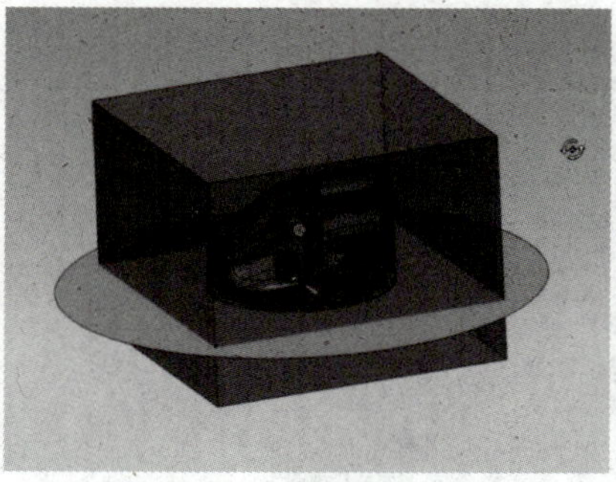

图 4-60　显示包容块

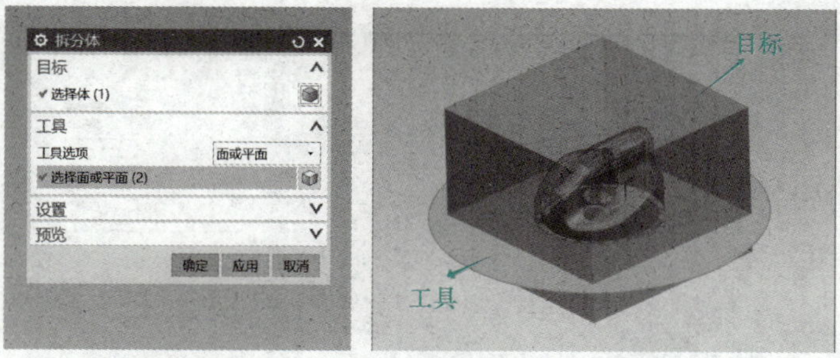

a)　　　　b)

图 4-61　拆分包容块

10. 显示工作部件

选择【显示和隐藏】选项，将模型全部隐藏。选择【类选择】选项，选择上模，如图 4-62a 所示，然后单击【确定】按钮，结果如图 4-62b 所示。

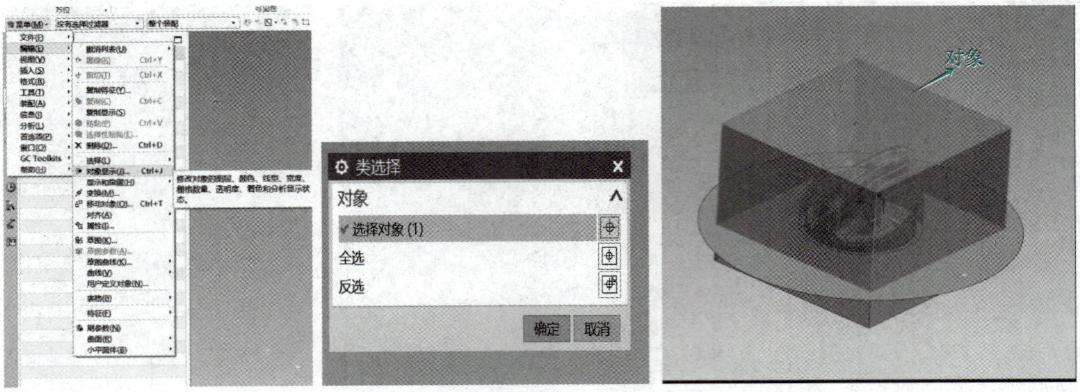

a)

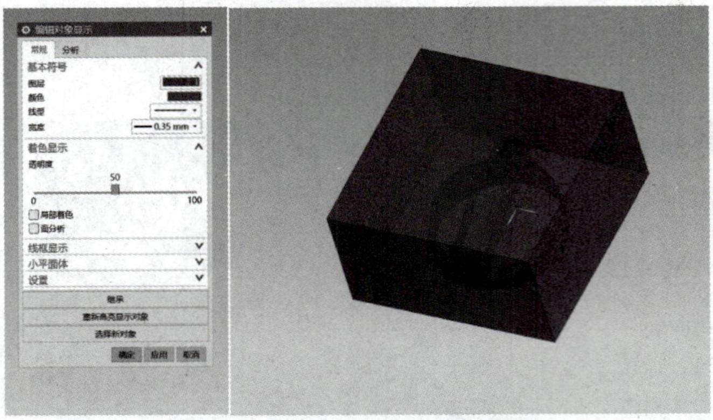

b)

图 4-62　显示型腔

继续选择【类选择】选项，选择下模，如图 4-63a 所示，然后单击【确定】按钮，结果如图 4-63b 所示。

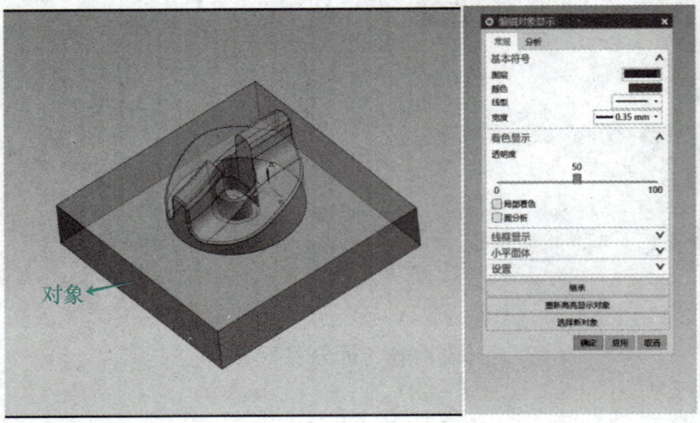

a)

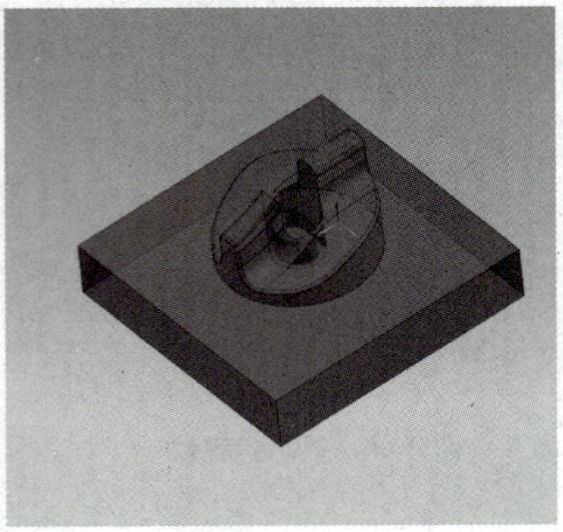

b)

图 4-63　显示型芯

最终合模，如图 4-64 所示。

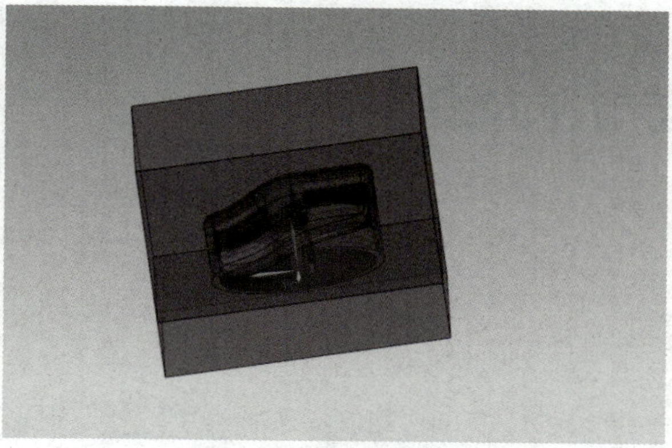

图 4-64 工作部件合模

工作部件型芯、型腔设计完成后，可根据生产企业的生产条件、设备型号、批量大小，合理进行模具设计。

项目拓展

1. 请阅读以下内容，并查阅相关资料，说一说模具智能制造的意义。

科技创新：解锁智能工厂——模具设计与制造

旋钮是我们生活中常见的一种手动元件，它款式多、批量大、价格低，是比较典型的模具零件。俗语说“模具是工业之母”，随着以智能制造为主导的工业 4.0 时代的到来，模具设计与制造也在发生翻天覆地的变化，模具工厂也在向智能工厂转型升级。

智能工厂是利用 IOT 技术和监控技术，加强信息管理服务，使得生产过程得到极大的控制性，并合理规划和调度。同时，建设高效、节能、绿色、环保、舒适的人文环境工厂，将原有的智能手段与智能系统等新技术相结合，具备自主收集、分析、判断和计划的能力。智能工厂是未来制造企业发展的必由之路。

2. 请从教学资源包下载“肥皂盒”点云数据，并按要求完成数据处理及逆向设计过程。

数据处理及逆向设计要求： 处理后的点云分布规整平滑，无多余杂点及无噪音点；逆向设计命令使用恰当，过程简洁合理，模型误差控制在 ±0.1mm 内。

项目五
阀体支架扫描与逆向设计

05

学习目标

知识目标：

1. 掌握 Geomagic Wrap 软件的数据对齐方法；
2. 掌握 Geomagic Design X 软件自动分割点云领域的方法；
3. 掌握基于面片草图构造实体的基本方法。

技能目标：

1. 能够合理制定扫描方案；
2. 熟练使用白光双目扫描仪完成数据采集；
3. 能够应用 Geomagic Wrap 软件手动注册命令完成点云合并；
4. 熟练应用 Geomagic Design X 软件完成规则模型特征设计。

素质目标：

1. 培养学生的质量意识和安全意识。
2. 培养学生吃苦耐劳的劳动精神和精益求精的工匠精神。

项目发布

某企业车间阀体支架图样丢失，要求结合逆向工程技术，在不破坏原产品的情况下对其进行数据采集，并对逆向设计后的零件进行制造加工，要求成品误差控制在 ±0.1mm，内外表面光洁。

项目分析

1. 产品分析

（1）表面分析 该产品原型为金属件，如图 5-1 所示，其表面光洁，无毛刺、污垢，自带金属光泽，极易反光。

（2）外形分析 产品外形尺寸最大处约为 90mm，体积不大，为正反双面件，两面都有不同的细节特征，主要形状包括圆柱、内孔、凹槽、内凹圆弧等。

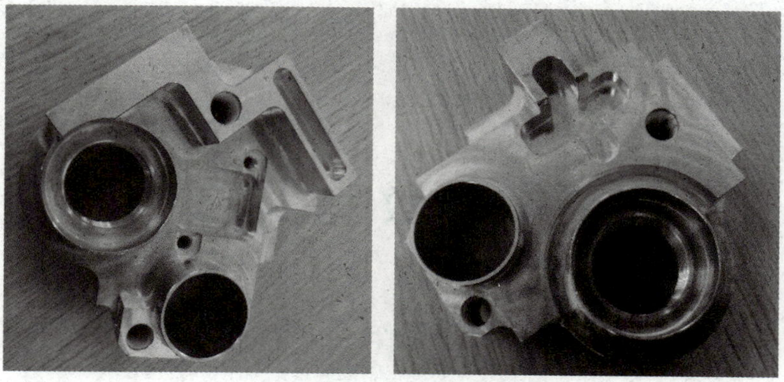

图 5-1　阀体支架

（3）材质分析　产品材质为 1060 铝合金，其密度低、强度高，接近或超过优质钢，塑性好，可加工成各种型材，具有优良的导电性、导热性和耐蚀性，在工业领域广泛使用。

（4）精度分析　数据采集过程中要求零件正反面的结构特征和形状精确，整体三维数据完整，细节特征清晰；对逆向设计后的零件模型进行制造加工，加工成品误差控制在 ±0.1mm 内，内外表面光洁。

经上述分析，本项目的重点和难点如下：

重点：零件细节结构特征较多，通过扫描无法获得完整的整体数据，需要通过软件对扫描数据进行拼接，从而获得完整数据。

难点：如何正确使用数据处理软件对上、下表面数据进行合理拼接，并保证整体数据的完整性和精确度。

2. 策略制定

（1）数据采集策略　由于该产品为铝合金材质零件，自带金属光泽，不利于数据采集，因此，首先需对零件表面进行喷粉处理。

该产品表面精度高、结构复杂，正反面均有细节特征，扫描时要求保证数据完整，保留产品原有特征，点云分布规整平滑，需经过多角度、多次扫描才能完成整体采集。为保证扫描顺利进行，选用工作转盘，并可在零件和转盘上都粘贴标志点，分别对上、下表面数据进行采集，再利用软件将其拼接获得整体数据。

结合产品设计要求，选用天远 OKO 系列白光双目扫描仪，该扫描仪扫描精度高、速度快、采集数据量大，尤其适用于小件物品的数据采集，可实时显示摄像机的图像和得到的三维数据结果。

（2）数据处理策略　选用 Geomagic Wrap 软件对其进行处理，将多余杂点删除后，应用【对齐】命令将上、下表面数据拼合并完成数据封装；选用 Geomagic Design X 软件对零件进行整体逆向设计，通过【草图】、【拉伸】、【几何特征】等命令完成各规则体的实体设计，再通过【布尔运算】命令获得整个实体轮廓，完成整体逆向设计。

（3）零件加工策略　数据处理后所获得的数据模型，运用 NX 软件 CAM 加工模块生成数控加工刀路，根据铝合金材质的特性，设置合理的加工参数，运用数控铣床加工出最终零件，加工过程中尽量控制好机床进给速度和主轴转速，保证零件最终的精度。

项目实施

任务一　数 据 采 集

阀体支架喷粉操作

一、扫描前的准备工作

1. 喷粉

喷粉距离约为 30cm，如图 5-2 所示。在满足扫描要求的前提下，喷粉尽可能薄且均匀，因为显像剂喷涂过多，会造成物体厚度增加，影响扫描精度。喷粉后的零件如图 5-3 所示。

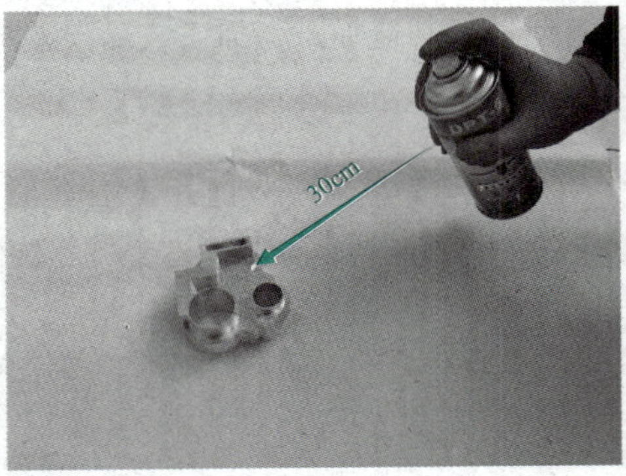

图 5-2　显像剂喷涂示意图

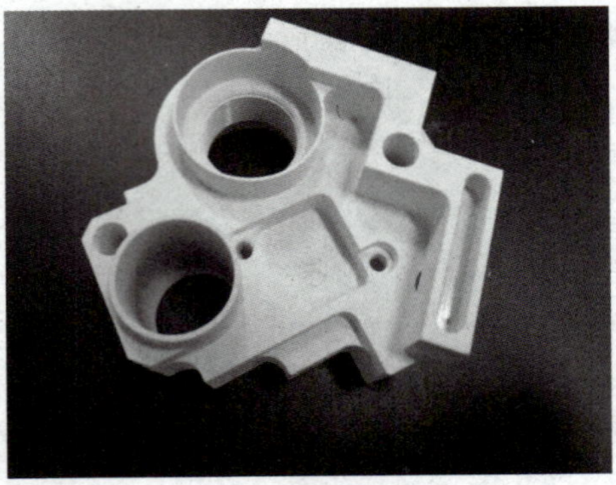

图 5-3　喷粉效果图

2. 粘贴标志点

针对本次扫描任务，按照扫描策略制定的要求，选用项目中“外 7 内 4”的圆形标志点，需要用到的工具：棉签 1 包、标志点若干、黑色背景板 1 块，阀体支架零件一个。

阀体支架标志点粘贴

因为本次扫描的零件侧面与底面、顶面相互垂直，想要一次性完成整体数据采集，难度较大；若过渡区选择在零件侧面，扫描过程中极易出现由于公共标志点不够而导致扫描中断，因此选择用分部扫描的方式进行，将上、下表面数据分别采集，再应用专业软件对其进行数据拼合。

阀体支架数据采集

在对上、下表面进行数据采集时，可以把标志点粘贴在零件表面，也可以借助转盘，将标志点粘贴在转盘上；如果把标志点粘贴在转盘上，该零件的上、下表面数据会比较完整，没有标志点孔。如果把标志点粘贴在零件表面，可以在扫描过程中随时移动零件，使数据更加完整。需要注意的是，如果在转盘上粘贴了标志点，那么在扫描过程中，零件不可以发生相对位置移动，否则极易出现数据错层现象，导致数据拼合不成功。

本次扫描时粘贴标志点如图 5-4 所示。

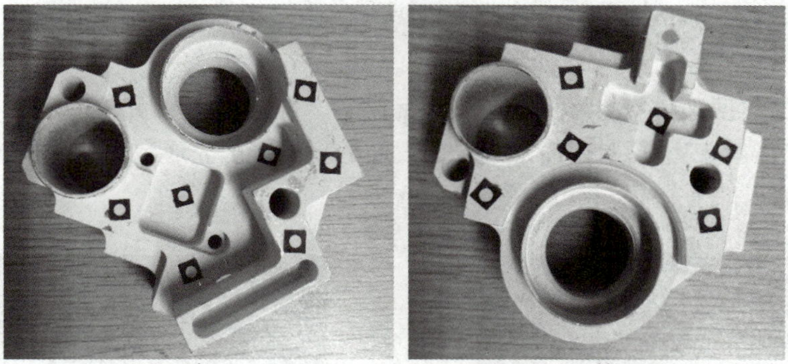

a)　　　　b)

图 5-4　粘贴标志点示意图

二、采集数据

1. 调整设备

（1）视场对齐　扫描数据前需对扫描仪进行精度校准，校准方式参考项目三。当精度达标时，将零件放置在转盘上，调整扫描仪角度和位置，确保转盘和零件在扫描仪十字中间，旋转转盘一周，观察软件实时显示区，保证能够看到零件整体，如图 5-5 所示。

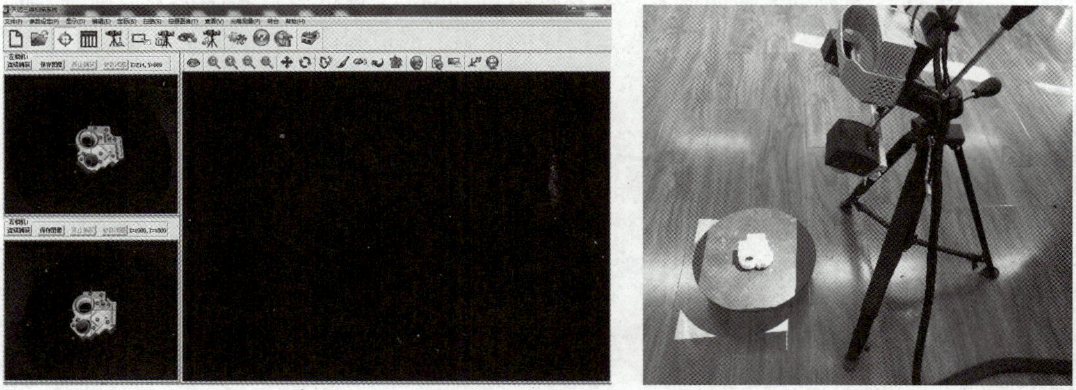

a)　　　　b)

图 5-5　扫描仪与零件距离参考图

（2）参数调节　观察实时显示区中零件的亮度，在软件中设置相应的相机曝光值和增益值，可根据环境适当调整，以零件不反光为宜。

2. 扫描零件

调整好位置和设备参数后，按以下步骤进行扫描。

本次数据采集过程采取上、下表面分开进行，考虑后期数据能够顺利拼接，因此选择零件侧面较大区域或典型特征部分作为数据重合区，即需要保证这些特征数据既要在上表面数据采集过程中出现，又要在下表面数据采集过程中出现，所以需要格外注意零件的摆放角度。

（1）上表面数据采集　按图 5-6 所示固定摆放零件，单击【扫描】按钮后开始扫描，每扫描一次将转盘旋转一定角度，直至整个上表面数据采集完毕。在扫描过程中，需实时观察扫描数据的完整性，及时调整扫描仪角度和位置，对缺失数据的部位有针对地进行扫描，使扫描数据尽量完整。扫描完成后，选择保存路径，将扫描点云数据另存为“加工件上 .asc”格式文件。

（2）下表面数据采集 将零件上、下表面翻转，固定摆放如图 5-7 所示，重新打开扫描文件，单击【扫描】按钮开始扫描，按照上表面的扫描方法完成数据的采集过程，并将点云数据另存为“加工件下 .asc”格式文件。

图 5-6 零件上表面摆放示意图

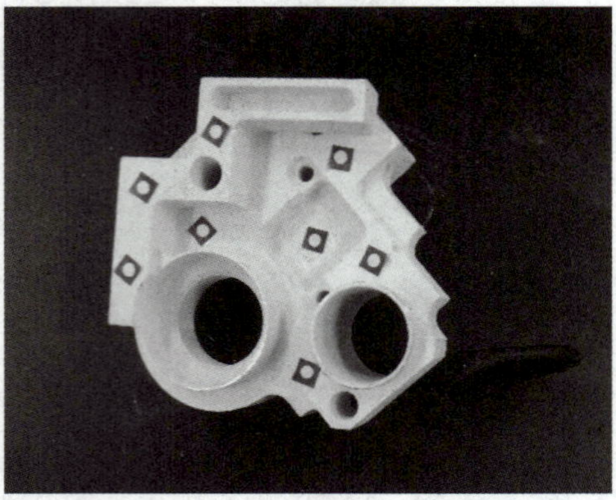

图 5-7 零件下表面摆放示意图

上、下表面点云数据采集完成后，需要应用 Geomagic Wrap 软件将两部分数据拼合成整体，并将扫描杂点去除，填充粘贴标志点形成的孔洞，形成封闭完整的零件数据。

任务二 数 据 处 理

阀体支架数据处理

一、点云阶段数据处理

应用 Geomagic Wrap 软件将扫描杂点去除，完成数据封装，获得多边形数据。

1. 打开文件

打开 Geomagic Wrap 软件，将“加工件上 .asc”文件拖入界面，选择比率（100%）和单位（毫米），进入软件界面，如图 5-8 所示。

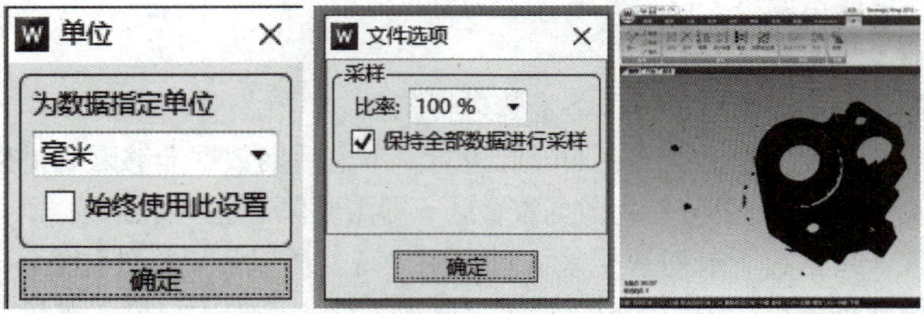

a) b) c)

图 5-8 打开扫描数据

2. 去除杂点

（1）着色　单击【着色】下拉菜单中的【着色点】命令按钮，点云由黑色变成绿色。

（2）删除非连接项　单击【选择】下拉菜单中的【非连接项】命令按钮，出现图 5-9 所示对话框，选择低分隔和尺寸 5.0mm，单击【确定】按钮将数据中的非连接项删除。

（3）删除体外孤点　单击【选择】下拉菜单中的【体外孤点】命令按钮，出现图 5-10 所示对话框，选择敏感度为 85，单击【确定】按钮，将点云中选中的杂点删除。

图 5-9　选择非连接项对话框

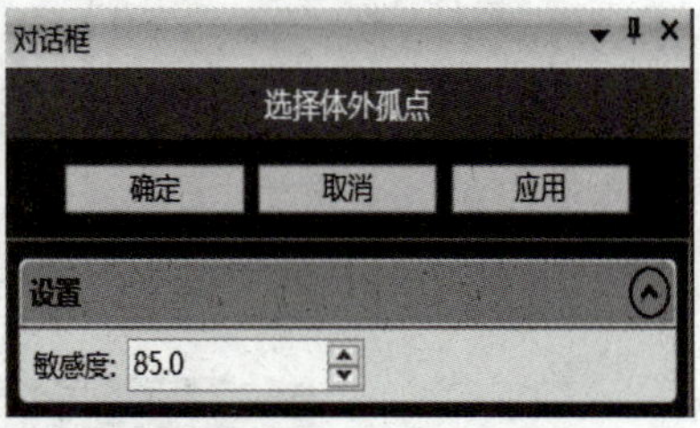

图 5-10　选择体外孤点对话框

（4）减少噪音　单击【减少噪音】命令按钮，出现图 5-11 所示对话框，单击【确定】按钮去除点云中的噪音点，完成后的数据如图 5-12 所示。

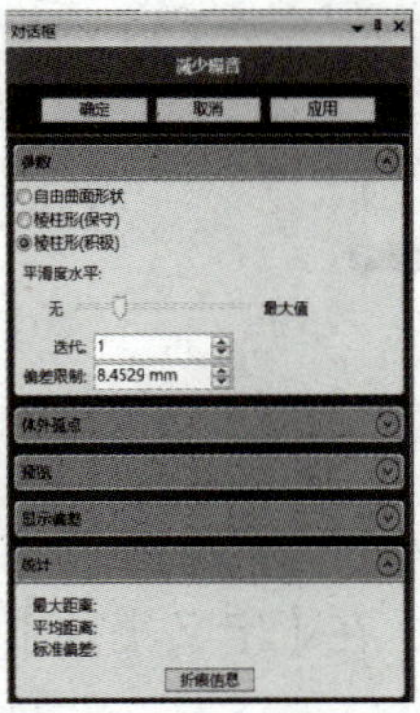

图 5-11　减少噪音对话框

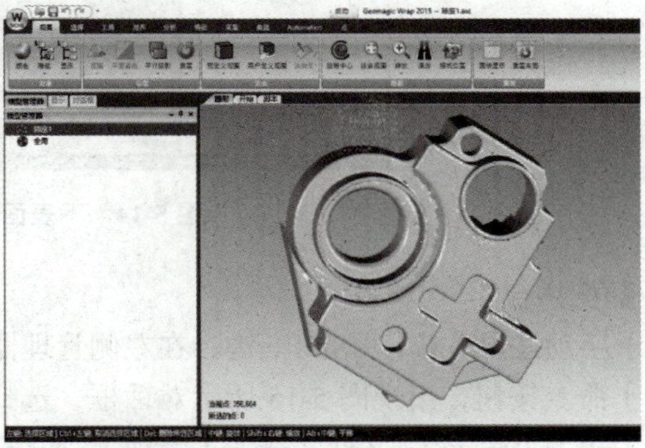

图 5-12　去除杂点后的数据

3. 封装点云数据

单击【封装】命令按钮，出现图 5-13a 所示对话框，选择自动降低噪音，勾选【最大三角形数】，单击【确定】按钮，数据由点云转换为多边形界面，如图 5-13b 所示。

4. 处理下表面文件

依次单击【文件】|【导入】命令按钮，选择“加工件下 .asc”文件，设置比率（100%）和单位（毫米），进入软件界面，用相同的操作步骤对下表面的数据进行处理，结果如图 5-14 所示。

二、多边形阶段数据处理

应用 Geomagic Wrap 软件的【手动注册】命令将上、下表面数据拼合成整体，应用【填充孔】命令完成孔洞填补，应用【删除钉状物】、【去除特征】等命令光顺零件表面。

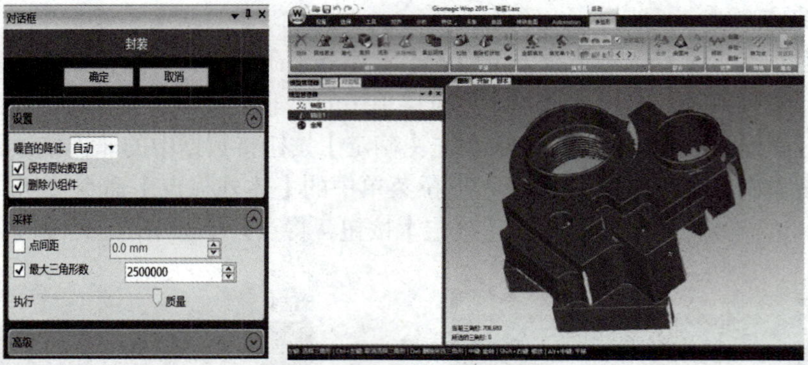

a)　　　　　　　　b)

图 5-13　封装点云数据

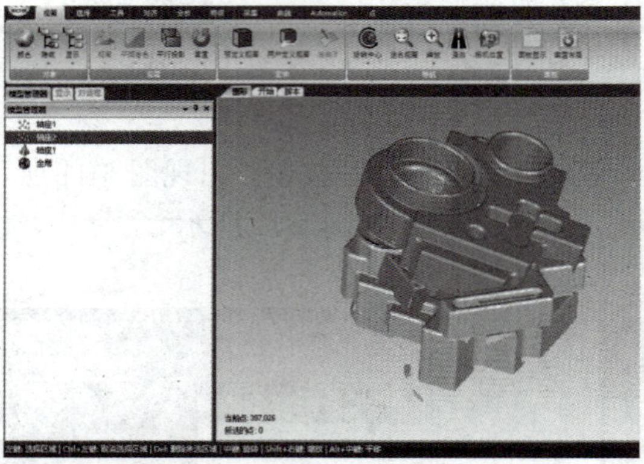

图 5-14　下表面数据

1. 数据拼合

（1）手动注册　按住 <Shift> 键，在左侧管理器中单击选中文件 1 和文件 2，再单击【手动注册】命令按钮，出现图 5-15 所示对话框，选择【n 点注册】，在【定义集合】对话框中将文件 1 选为【固定】，文件 2 选为【浮动】，如图 5-15 所示。

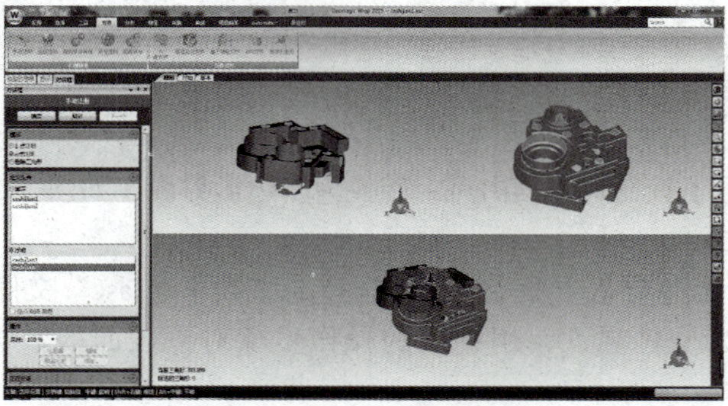

图 5-15　手动注册

（2）在公共区中选择重合点　调整视图角度，确定重合区域，依次在固定、浮动重合区相同的位置选择点作为拼合依据，如图 5-16 所示。选择点的位置越精确、数量越多，拼合精度越高。

（3）数据对齐　当两组数据实现完全对齐后，单击【注册器】命令按钮，软件自行运算，完成数据对齐，如图 5-17 所示。

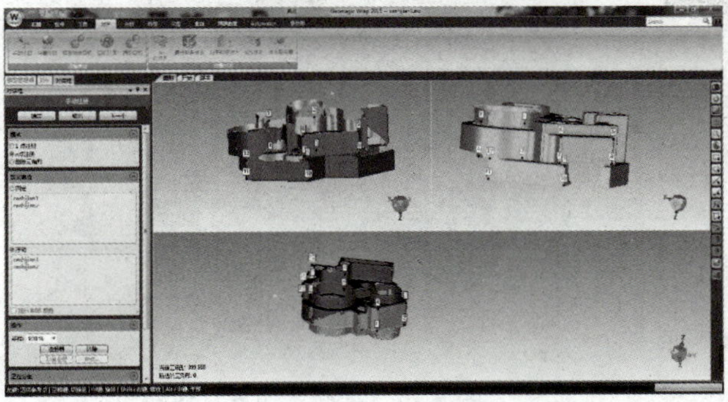

图 5-16　选择重合点

图 5-17　数据对齐

（4）合并　对齐后的数据出现裂纹和重叠时，可单击【合并】命令按钮，设置参数如图 5-18a 所示，完成数据合并后如图 5-18b 所示。

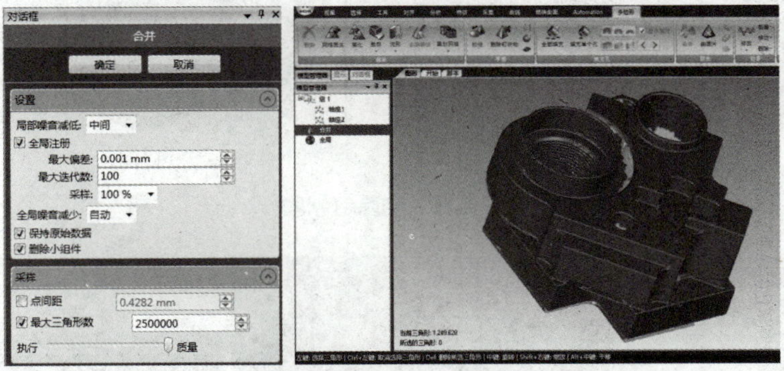

a)　　b)

图 5-18　合并数据

2. 填充孔洞

（1）填充内部孔　单击【填充单个孔】命令，依次选择【曲率】|【内部孔】选项，填充数据中的部分孔，如图 5-19 所示。

（2）填充边界孔　单击【填充单个孔】命令按钮，依次选择【平面】|【边界孔】选项，将数据中的其他孔洞填充；也可结合【切线】、【搭桥】选项，在不改变原有特征的情况下合理搭配使用，完成孔洞的填充，如图 5-20 所示。

3. 平滑曲面

（1）删除钉状物　使用【删除钉状物】命令，将多边形网格中的单点尖峰展开，如图 5-21 所示。

（2）松弛网格　使用【松弛】命令处理紧皱网格，如图 5-22a 所示；使用【砂纸】命令使多边形网格更平滑，如图 5-22b、c 所示。

（3）去除特征　使用【去除特征】命令将凸起部分数据处理平滑，平滑前后对比效果如图 5-23a、b 所示。

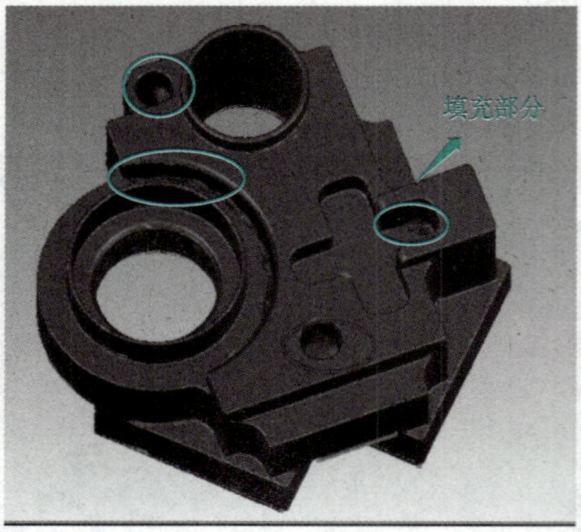

图 5-19　曲率、内部孔填充

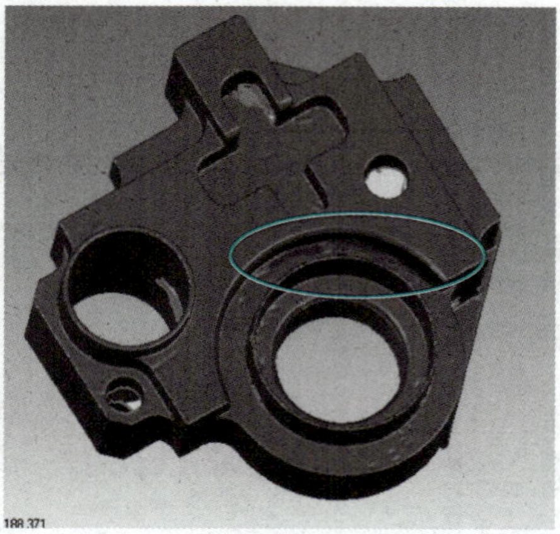

图 5-20　平面、边界孔填充

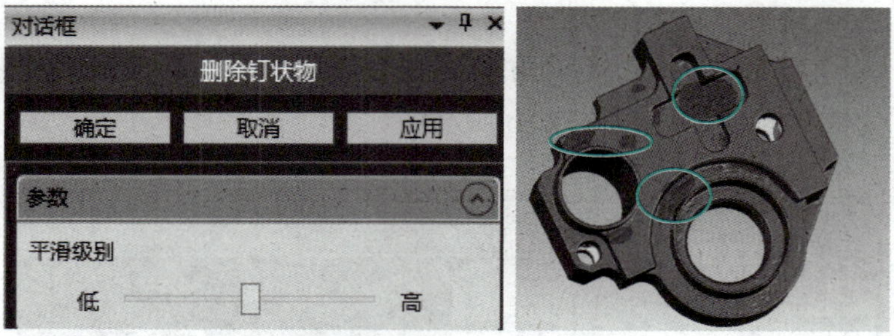

a)　b)

图 5-21　删除钉状物

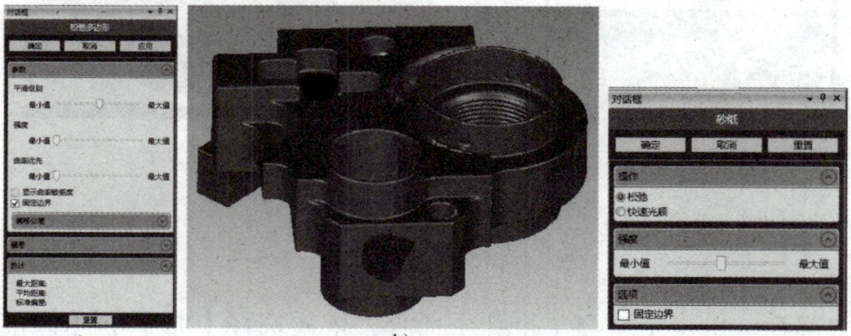

a)　b)　c)

图 5-22　网格平滑

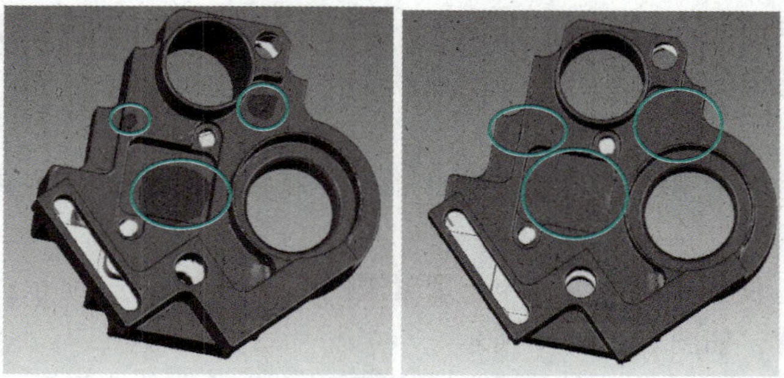

a)　b)

图 5-23　去除特征

4. 保存文件

将处理好的数据另存为“阀体支架 .stl”格式文件。

三、逆向设计过程

阀体支架逆向设计 1

阀体支架逆向设计 2

阀体支架逆向设计 3

该零件是典型的数控加工件，由很多规则几何体组合而成，具有明显的特征。在逆向设计过程中，可以利用Design X软件中的【面片草图】、【拉伸】、【几何特征】等命令完成各规则体的实体设计，再通过【布尔运算】获得整个实体轮廓，便于后期数控编程加工。

逆向设计的详细步骤如下。

1. 打开文件

打开 Design X 软件，选择【插入】|【导入】命令按钮，在弹出的对话框中选择要导入的文件“阀体支架 .stl”，也可直接将 STL 文件拖入窗口，导入点云后的界面如图 5-24 所示。

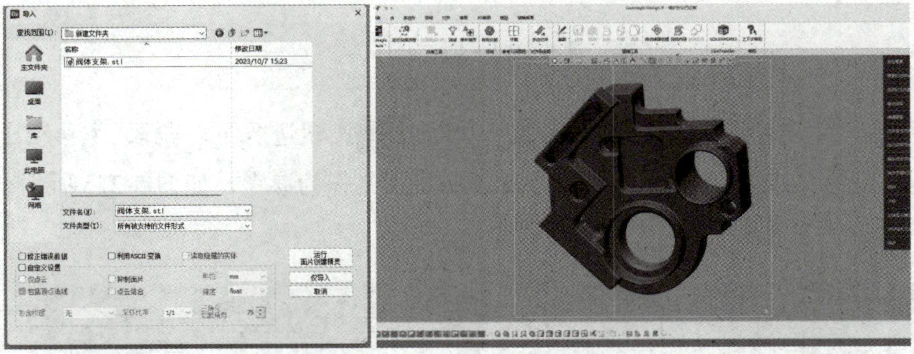

a)　　　　　　　　　　b)

图 5-24　打开文件

2. 领域组划分

单击【领域组】命令按钮，选择【自动分割】选项，弹出对话框，调整敏感度为 65，或以各部件区域划分合理、明显为宜，单击【确定】按钮，完成领域自动分割，如图 5-25 所示。

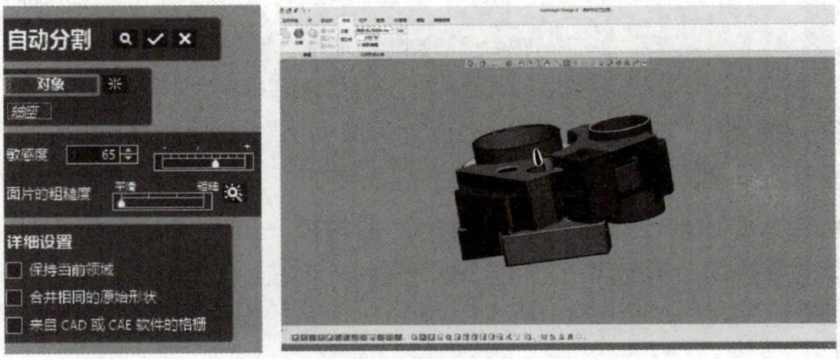

a)　　　　　　　　　　b)

图 5-25　领域自动分割

3. 建立坐标系

（1）建立参照平面　单击【插入】下拉菜单中的【参照几何形状】|【追加平面】命令按钮，选择【平面】项，单击领域组创建平面 1，再单击领域组创建平面 2，如图 5-26 所示。

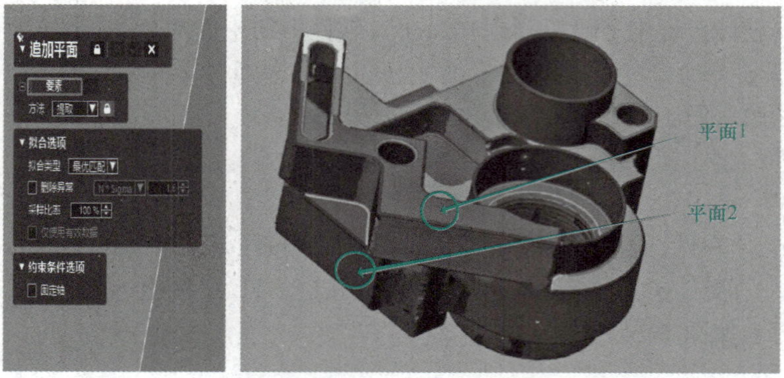

a)　　b)

图 5-26　建立参照平面

（2）对齐坐标系　单击【手动对齐】按钮，单击按钮进入下一阶段，【移动】方式选择【3-2-1】，如图 5-27a 所示，依次选择平面 1 和平面 2 作为参考，如图 5-27b 所示，单击【确定】按钮完成坐标系对齐，如图 5-27c 所示。

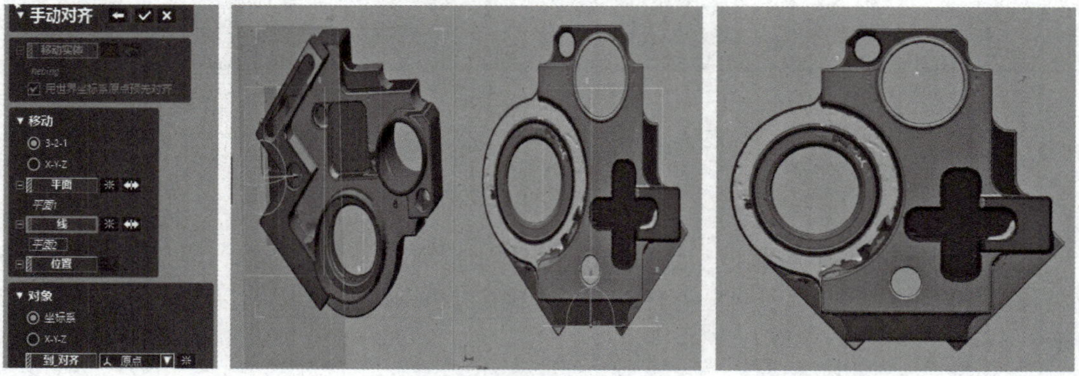

a)　　b)　　c)

图 5-27　对齐坐标系

4. 设计特征一模型

（1）创建草图基准面　单击【面片草图】命令按钮，选择平面 1 作为基准面，设置由基准面向下偏移距离为 3~5mm，如图 5-28a 所示，使特征一的轮廓完全呈现即可，如图 5-28b 所示，单击【确定】按钮，完成后如图 5-28c 所示。

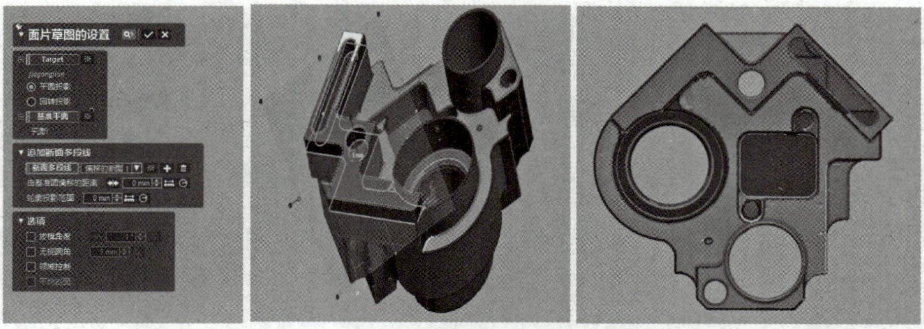

a)　　　　b)　　　　c)

图 5-28　创建特征一轮廓基准面

（2）绘制特征一轮廓草图　单击【直线】命令按钮，分别选择草图中的直线，完成直线绘制；单击【圆角】命令按钮，调整圆角大小，直到绘制的轮廓线与参考线重合，再利用【剪切】|【相交剪切】命令完成轮廓线两两相交，保证轮廓闭合，如图 5-29 所示，单击【确定】按钮。

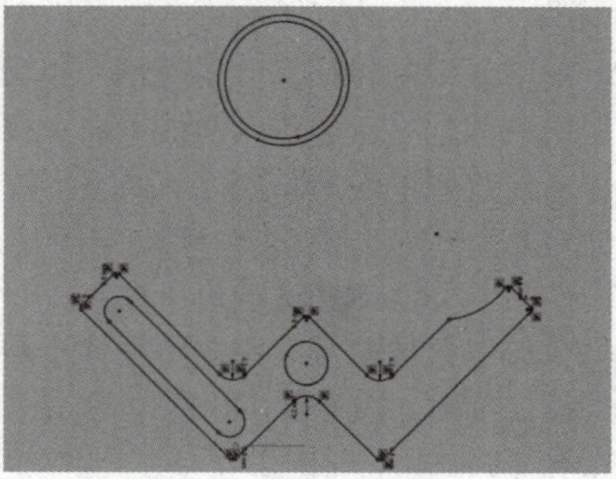

图 5-29　绘制特征一轮廓草图

（3）拉伸轮廓　单击【拉伸】命令按钮，选择特征一草图，【方向】选择【到领域】，单击特征一底面领域确定拉伸高度，单击【确定】按钮；再次选择之前绘制的草图中的圆进行拉伸，【方向】选择【到领域】，再确定圆柱高度，单击【确定】按钮，结果如图 5-30c 所示。

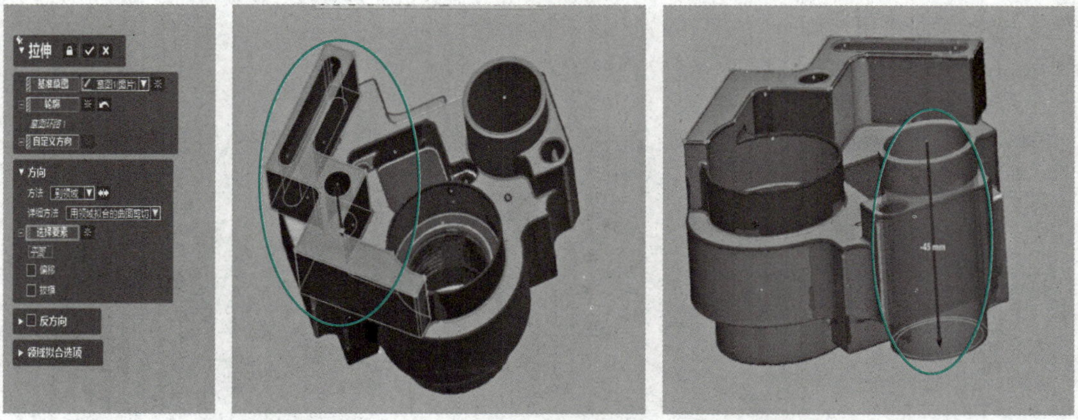

a)　　　　b)　　　　c)

图 5-30　特征一拉伸

5. 设计特征二模型

（1）创建草图基准面　单击【面片草图】命令按钮，选择圆柱上平面作为基准面，设置由基准面偏移的距离为 0mm，单击【确定】按钮，完成后如图 5-31c 所示。

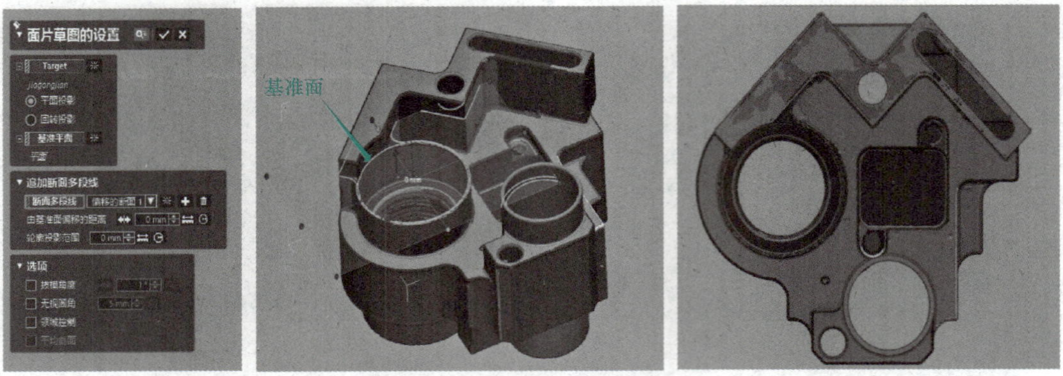

a)　　　　b)　　　　c)

图 5-31　创建特征二轮廓基准面

（2）绘制特征二轮廓草图　单击【圆】命令按钮绘制圆；单击【三点圆弧】命令按钮调整圆弧位置，使绘制的轮廓线与参考线重合；单击【圆弧】命令按钮，使绘制的轮廓线与圆角轮廓重合，如图 5-32 所示，单击【确定】按钮。

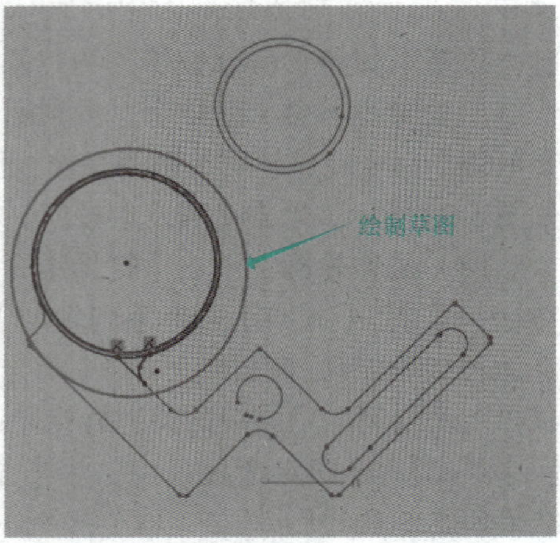

图 5-32　绘制特征二轮廓草图

（3）拉伸轮廓　单击【拉伸】命令按钮，选择特征二草图，选择圆角轮廓拉伸，【方向】选择【到领域】，单击【确定】按钮。继续选择圆柱形状拉伸，【方向】选择【到领域】，确定拉伸高度领域，单击【确定】按钮，如图 5-33 所示。

6. 设计特征三模型

（1）创建草图基准面　单击【面片草图】命令按钮，选择特征三上表面作为基准面，设置向下偏移 3~5mm，单击【确定】按钮，完成后如图 5-34c 所示。

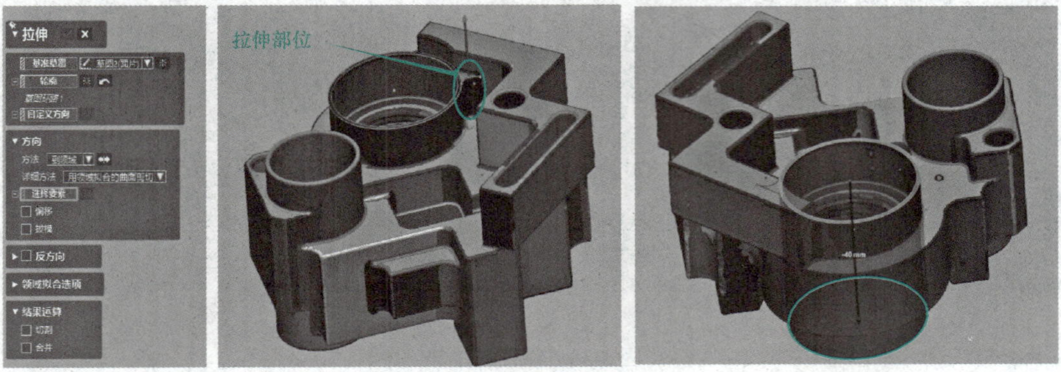

a)　　　　b)　　　　c)

图 5-33　特征二拉伸

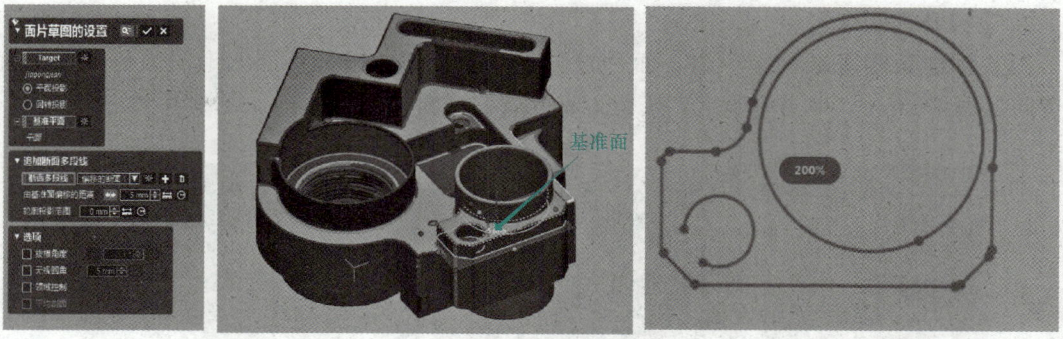

a)　　　　b)　　　　c)

图 5-34　创建特征三轮廓基准面

（2）绘制特征三轮廓草图　单击【直线】命令按钮 绘制轮廓直线；单击【三点圆弧】命令按钮绘制圆角，使绘制的轮廓线与参考线重合，如图 5-35 所示，单击【确定】按钮。

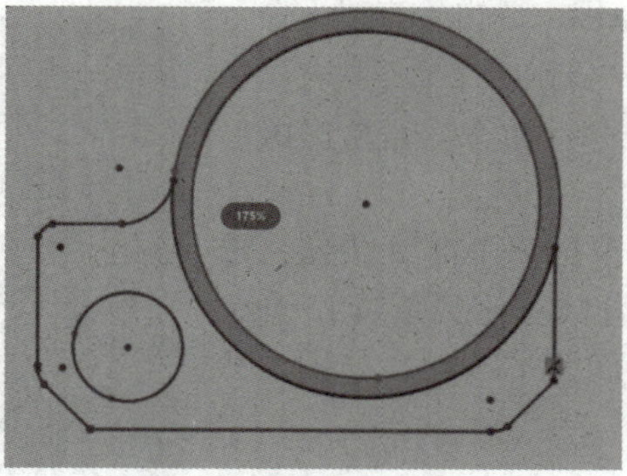

图 5-35　绘制特征三轮廓草图

（3）拉伸轮廓　单击【拉伸】命令按钮，选择特征三草图，【方向】选择【到领域】，确定特征拉伸高度，单击【确定】按钮，如图 5-36 所示。

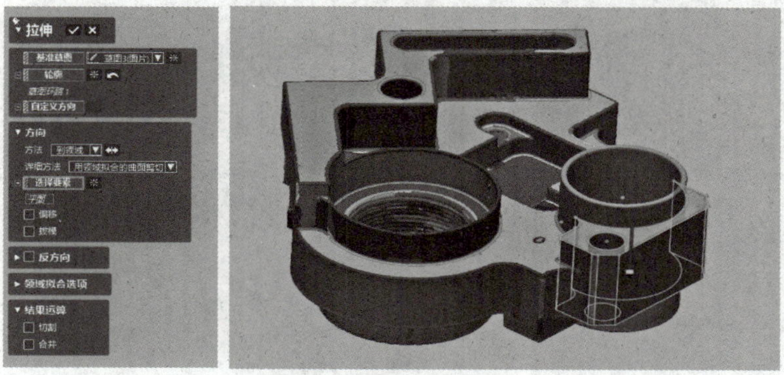

a)　　　　b)

图 5-36　特征三拉伸

7. 设计特征四模型

（1）创建草图基准面　单击【面片草图】命令按钮，选择特征四上表面作为基准面，设置向下偏移 2mm，单击【确定】按钮，完成后如图 5-37c 所示。

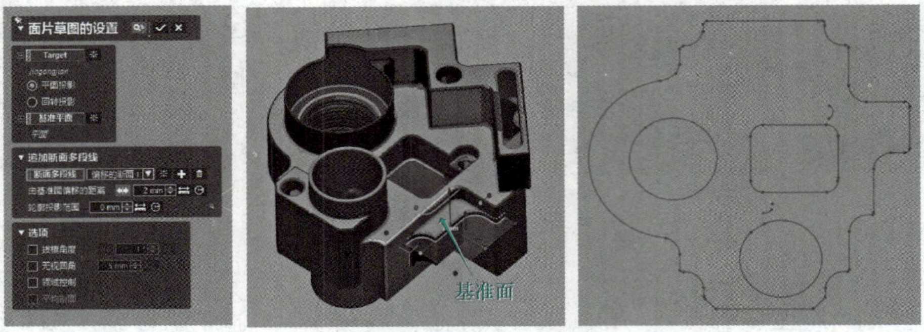

a)　　b)　　c)

图 5-37　创建特征四轮廓基准面

（2）绘制特征四轮廓草图　单击【直线】命令按钮绘制直线；单击【三点圆弧】命令按钮绘制圆角，使绘制的轮廓线与参考线重合，如图 5-38 所示，单击【确定】按钮。

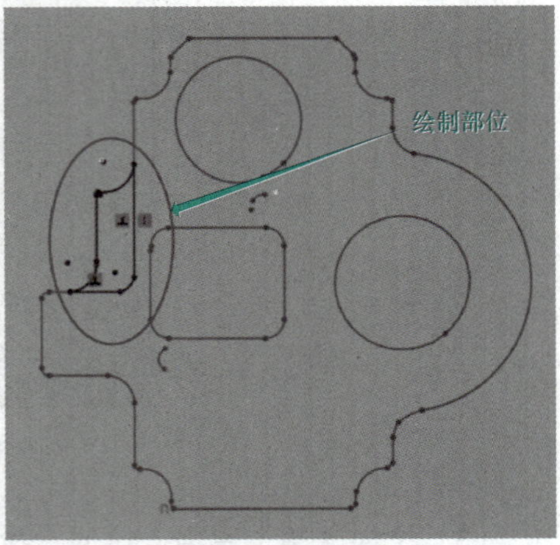

图 5-38　绘制特征四轮廓草图

（3）拉伸轮廓　单击【拉伸】命令按钮，选择特征四轮廓草图，【方向】选择【到领域】，确定特征四拉伸高度，单击【确定】按钮，如图 5-39 所示。

8. 设计特征五模型

（1）创建草图基准面　单击【面片草图】命令按钮，选择特征五上表面作为基准面，设置向下偏移 2mm，单击【确定】按钮，完成后如图 5-40c 所示。

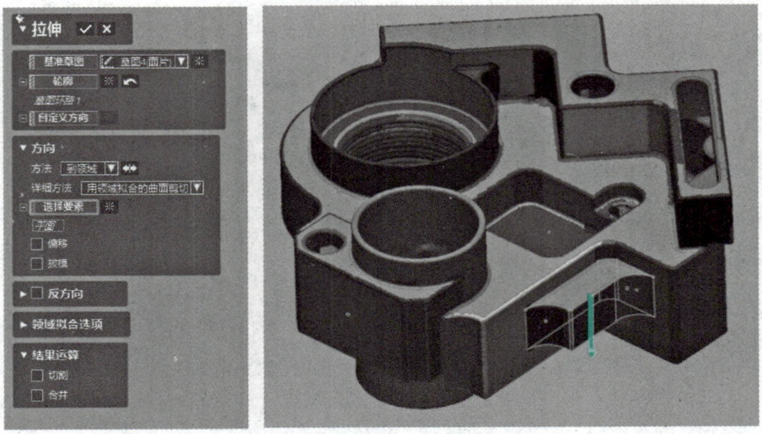

a)　　b)

图 5-39　特征四拉伸

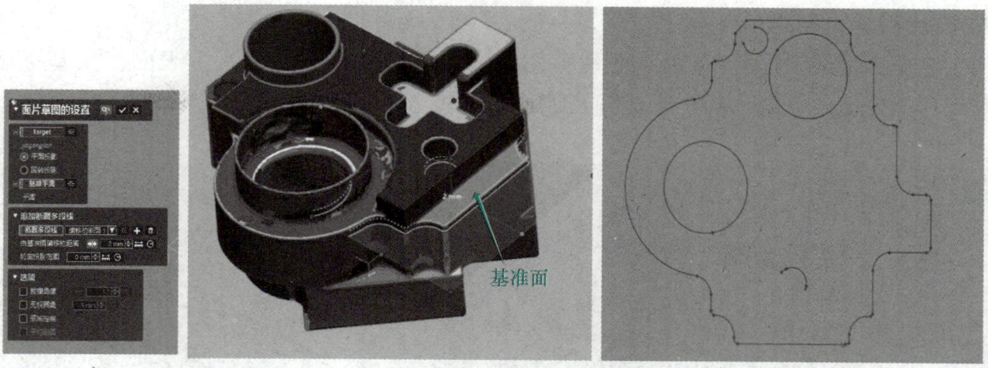

图 5-40　创建特征五轮廓基准面

（2）绘制特征五轮廓草图　单击【直线】命令按钮绘制直线；单击【三点圆弧】命令按钮绘制圆角，使绘制的轮廓线与参考线重合，如图 5-41 所示，单击【确定】按钮。

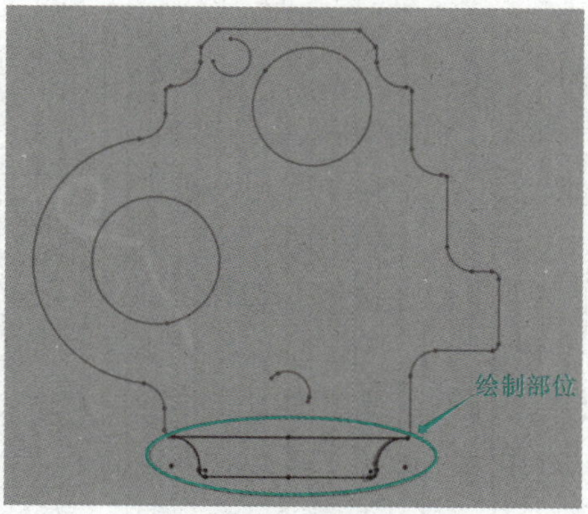

图 5-41　绘制特征五轮廓草图

（3）拉伸轮廓　单击【拉伸】命令按钮，选择特征五轮廓草图，【方向】选择【到领域】，确定拉伸高度，单击【确定】按钮，如图 5-42 所示。

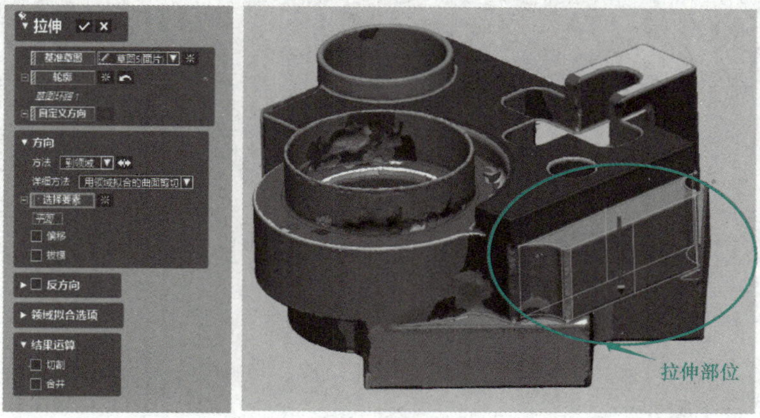

图 5-42　特征五拉伸

9. 设计特征六模型

（1）创建草图基准面　单击【面片草图】命令按钮，选择特征六上表面作为基准面，设置向下偏移 20mm，单击【确定】按钮，完成后如图 5-43c 所示。

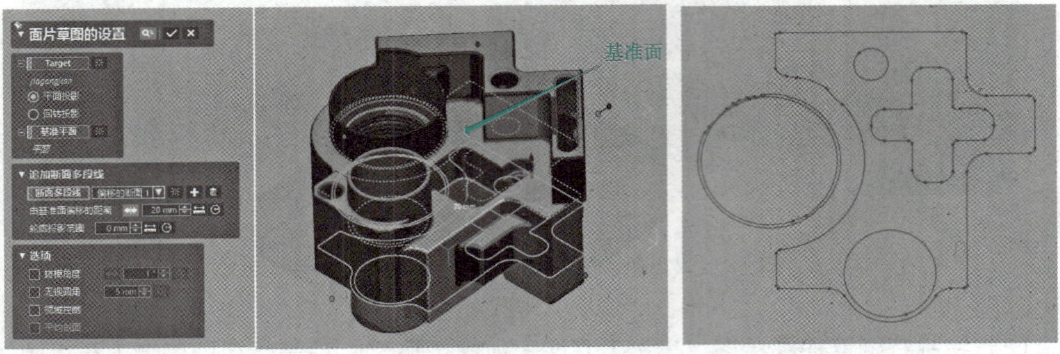

a)　　b)　　c)

图 5-43　创建特征六轮廓基准面

（2）绘制特征六轮廓草图　单击【直线】命令按钮绘制直线；单击【三点圆弧】命令按钮绘制圆角，使绘制的轮廓线与参考线重合，如图 5-44 所示，单击【确定】按钮。

（3）拉伸轮廓　单击【拉伸】命令按钮，选择特征六轮廓草图，【方向】选择【到领域】，确定特征拉伸高度，单击【确定】按钮；继续选择特征草图中的 U 形轮廓，【方向】选择【到领域】，单击【确定】按钮，如图 5-45c 所示。

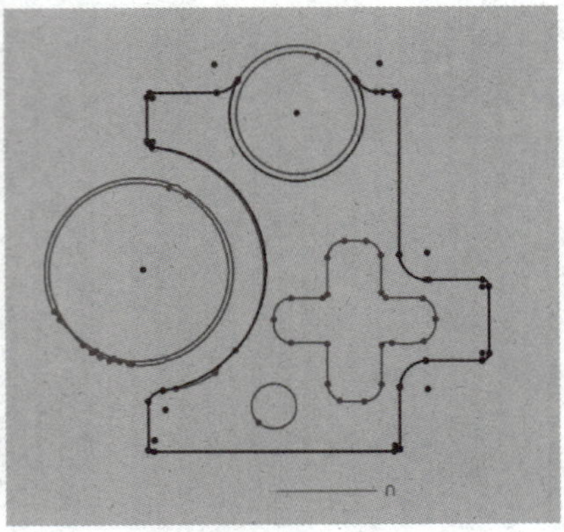

图 5-44　特征六轮廓草图

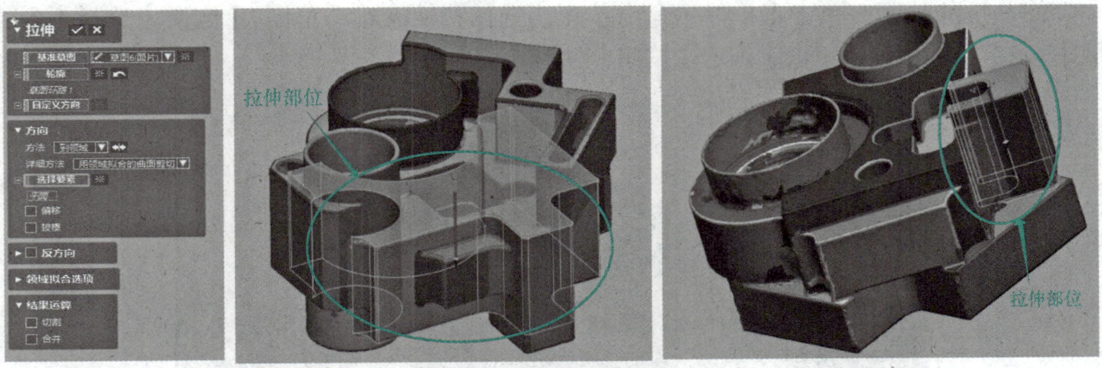

a)　　b)　　c)

图 5-45　特征六拉伸

10. 设计特征七模型

（1）创建草图基准面　单击【面片草图】命令按钮，继续选择特征六上表面作为基准面，设置偏移距离为 0mm，单击【确定】按钮，完成后如图 5-46c 所示。

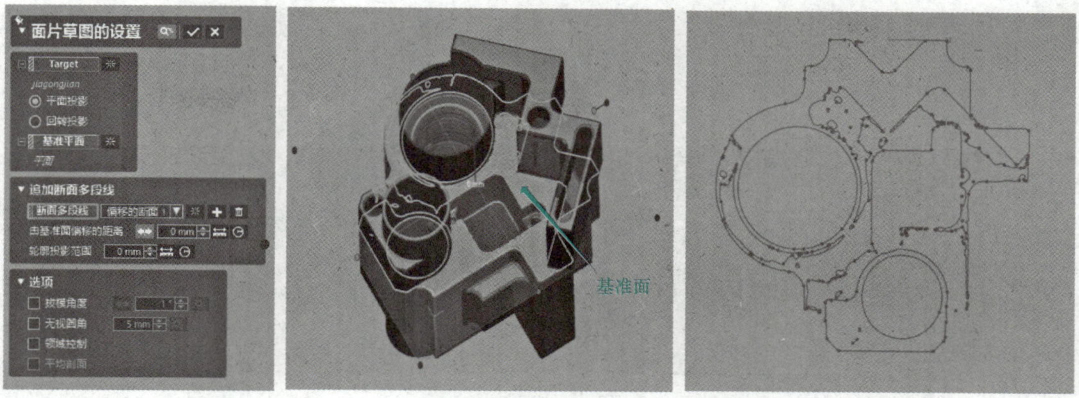

a)　　b)　　c)

图 5-46　创建特征七轮廓基准面

（2）绘制特征七轮廓草图　单击【圆弧】命令按钮绘制圆弧，使绘制的轮廓线与参考线重合，如图 5-47 所示，单击【确定】按钮。

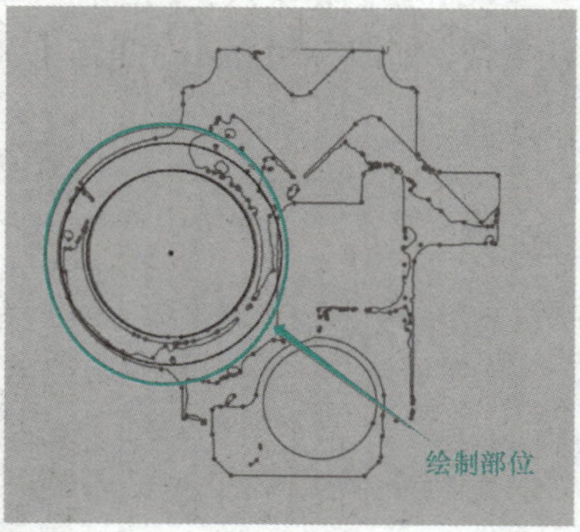

图 5-47　绘制特征七轮廓草图

（3）拉伸轮廓　单击【拉伸】命令按钮，选择特征七轮廓草图，【方向】选择【到领域】，确定拉伸高度，单击【确定】按钮，如图 5-48 所示。

11. 设计特征八模型

（1）创建草图基准面　单击【面片草图】命令按钮，选择特征六上表面作为基准面，设置向下偏移距离为 4mm，单击【确定】按钮，完成后如图 5-49c 所示。

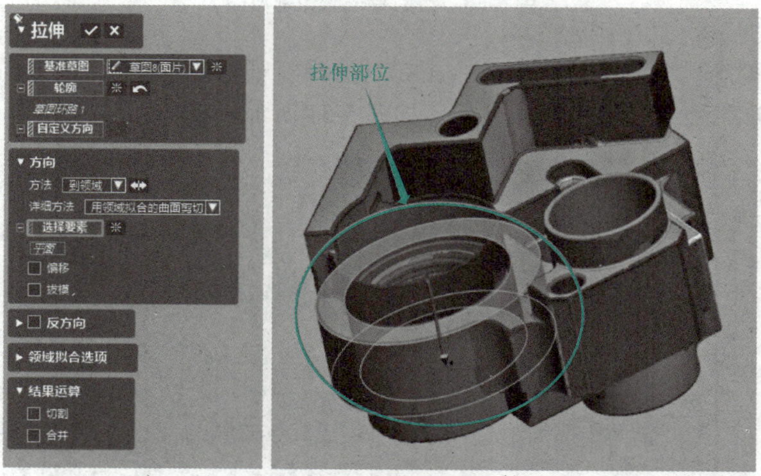

a)　　b)

图 5-48　特征七拉伸

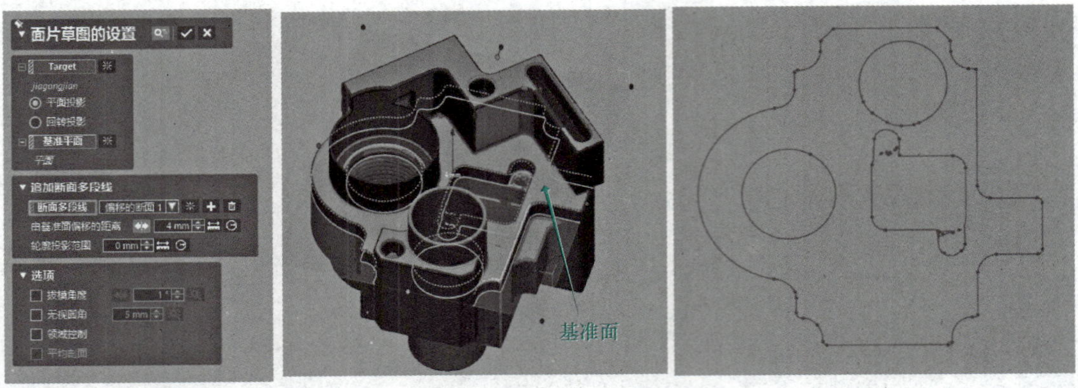

a)　　b)　　c)

图 5-49　创建特征八轮廓基准面

（2）绘制特征八轮廓草图　单击【圆弧】命令按钮绘制圆角，使绘制的轮廓线与参考线重合，如图 5-50 所示，单击【确定】按钮。

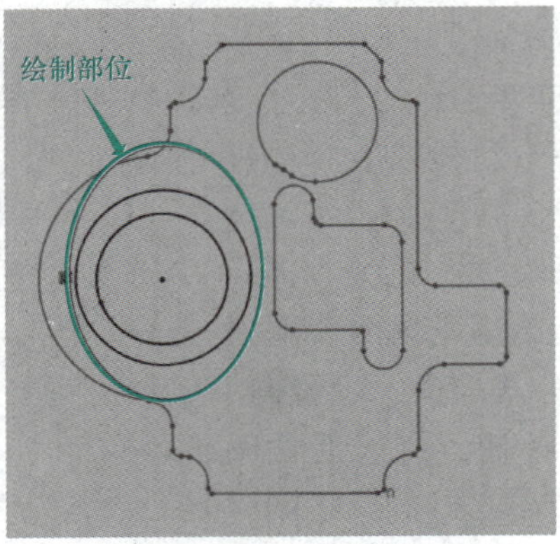

图 5-50　绘制特征八轮廓草图

（3）拉伸轮廓　单击【拉伸】命令按钮，选择特征八轮廓草图，【方向】选择【到领域】，确定拉伸高度，单击【确定】按钮，如图 5-51 所示。

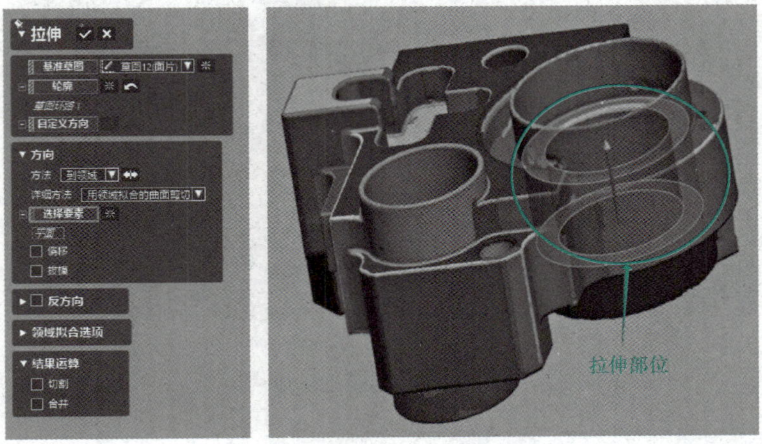

a)　　b)

图 5-51　特征八拉伸

12. 设计特征九模型

（1）创建草图基准面　单击【面片草图】命令按钮，选择特征六上表面作为基准面，设置向下偏移距离为 1.5mm，单击【确定】按钮，完成后如图 5-52c 所示。

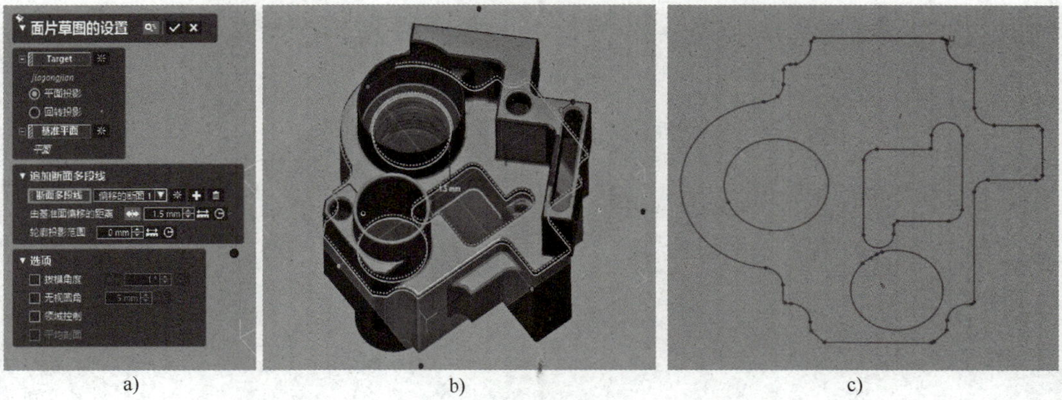

图 5-52　创建特征九轮廓基准面

（2）绘制特征九轮廓草图　单击【直线】命令按钮绘制轮廓直线；单击【三点圆弧】命令按钮绘制圆角，使绘制的轮廓线与参考线重合，如图 5-53 所示，单击【确定】按钮。

（3）拉伸轮廓　单击【拉伸】命令按钮，选择特征九轮廓草图中的正方形区域，【方向】选择【到领域】，【结果运算】选择【切割】，单击【确定】按钮；继续选择草图中另一部分形状拉伸，【方向】选择【到领域】，【结果运算】选择【切割】，单击【确定】按钮，如图 5-54 所示。

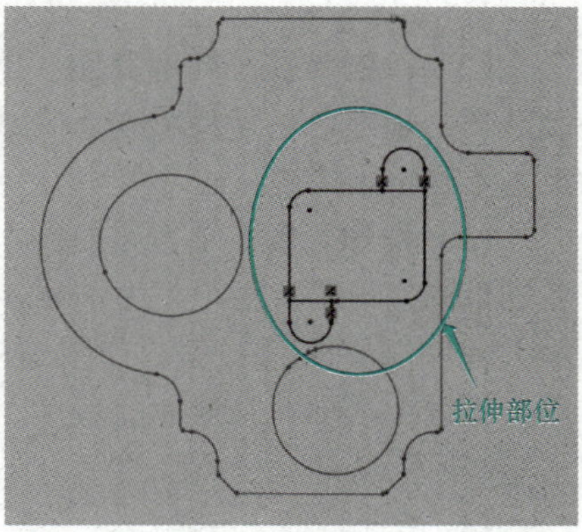

图 5-53　绘制特征九轮廓草图

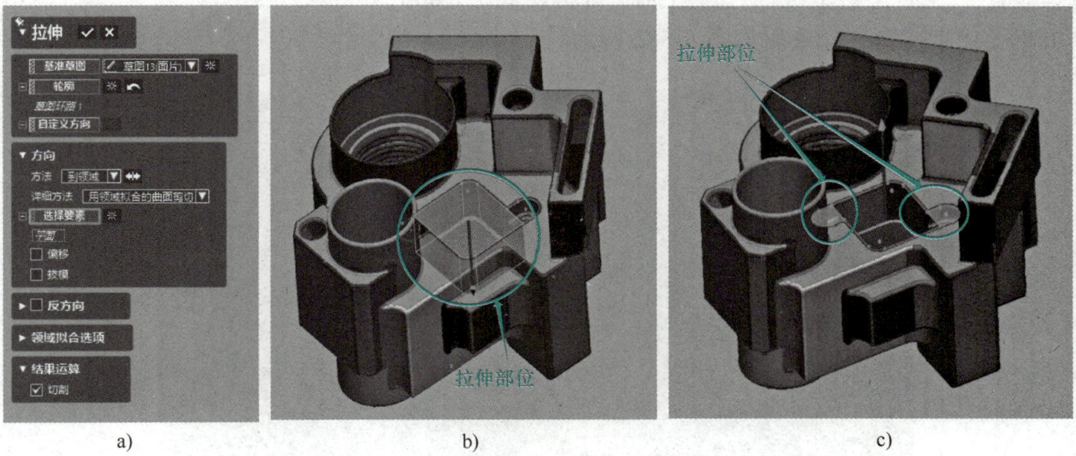

图 5-54　特征九拉伸

13. 设计特征十模型

（1）创建草图基准面　单击【面片草图】命令按钮，选择与特征九相同的基准面，设置向下偏移距离为 5mm，单击【确定】按钮，完成后如图 5-55c 所示。

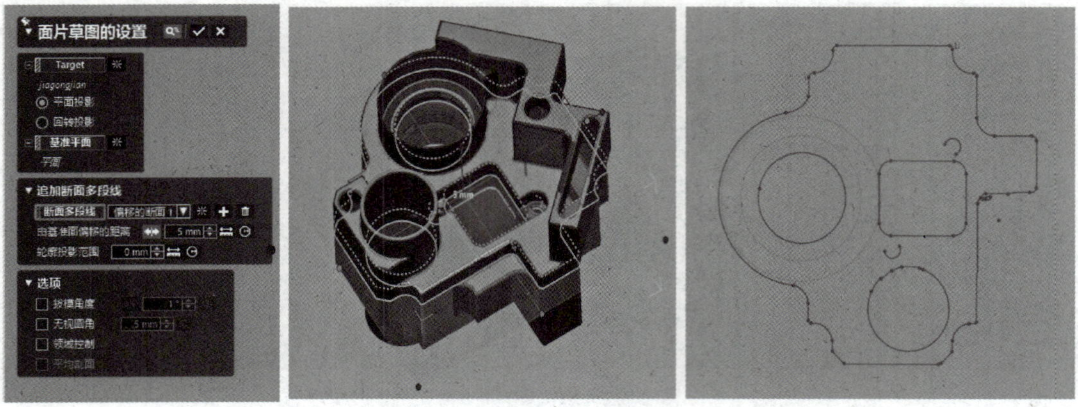

a)　　b)　　c)

图 5-55　创建特征十轮廓基准面

（2）绘制特征十轮廓草图　单击【圆弧】命令按钮绘制圆角，使绘制的轮廓线与参考线重合，如图 5-56 所示，单击【确定】按钮。

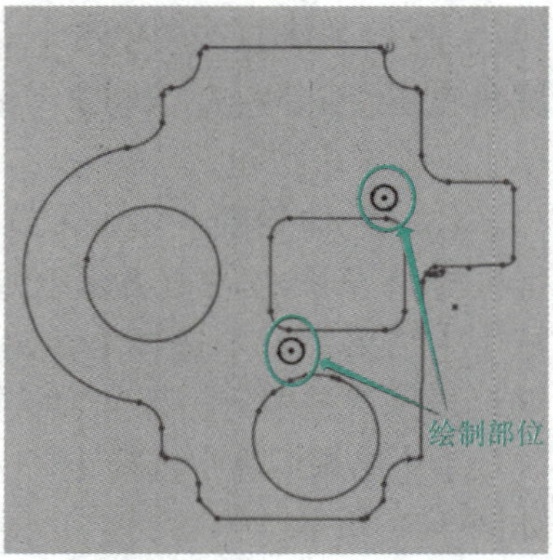

图 5-56　绘制特征十轮廓草图

（3）拉伸轮廓　单击【拉伸】命令按钮，选择特征十轮廓草图，设置长度距离为 13mm，【结果运算】选择【切割】，单击【确定】按钮，如图 5-57 所示。

零件上表面特征绘制完成后，翻转零件，用相同的方法绘制反面特征。

14. 设计特征十一模型

（1）创建草图基准面　单击【面片草图】命令按钮，选择零件下表面作为基准面，设置向下偏移距离为 5mm，单击【确定】按钮，完成后如图 5-58c 所示。

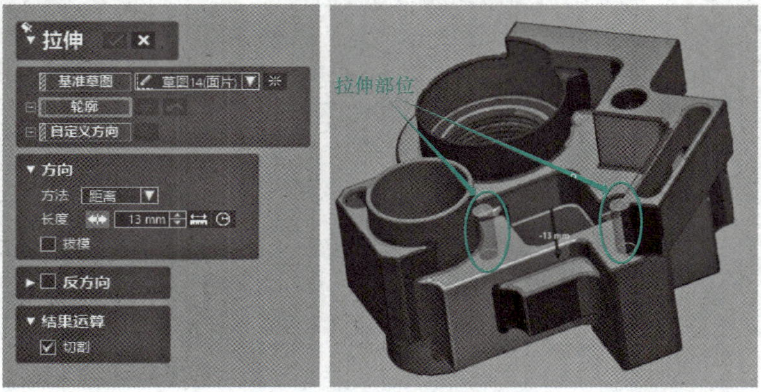

a)　　b)

图 5-57　特征十拉伸

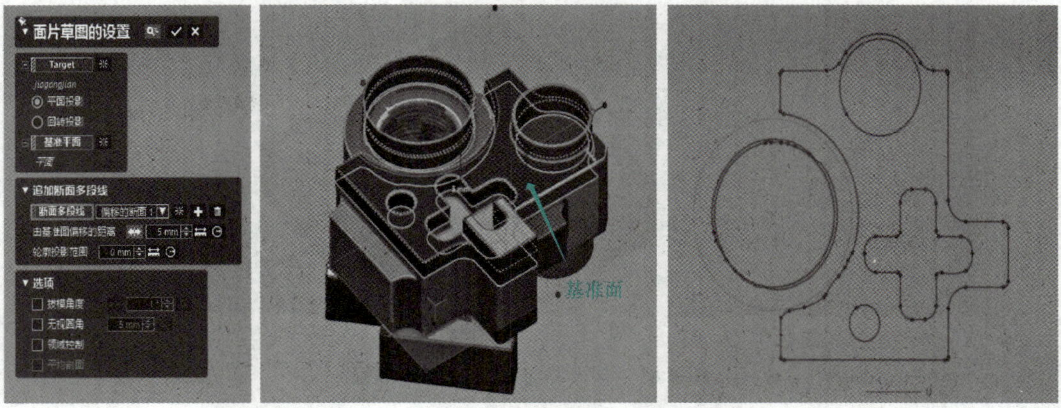

a)　　b)　　c)

图 5-58　创建特征十一轮廓基准面

(2）绘制特征十一轮廓草图　单击【直线】命令按钮 绘制直线；单击【三点圆弧】命令按钮绘制圆角，使绘制的轮廓线与参考线重合，如图 5-59 所示，单击【确定】按钮。

(3）拉伸轮廓　单击【拉伸】命令按钮，选择特征十一轮廓草图的十字形形状拉伸，【方向】选择【到领域】，【结果运算】选择【切割】，单击【确定】按钮。继续选择草图中的圆柱形状拉伸，【方向】选择【到领域】，【结果运算】选择【切割】，单击【确定】按钮，如图 5-60 所示。

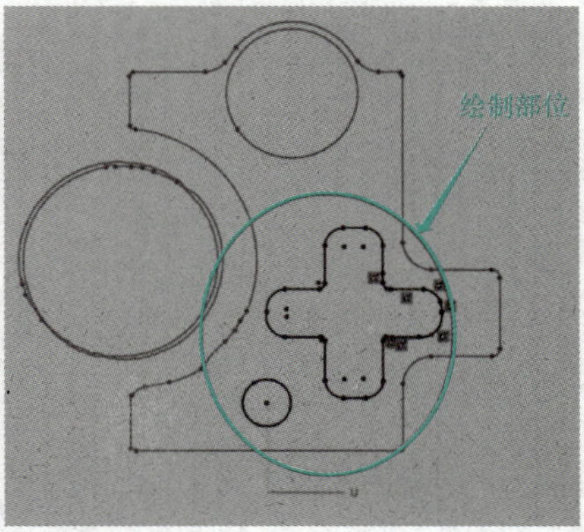

图 5-59　绘制特征十一轮廓草图

a)　　b)　　c)

图 5-60　特征十一拉伸

15. 设计特征十二模型

(1）创建基准面草图　单击【面片草图】命令按钮，选择零件侧面作为基准面，设置向后偏移距离为 10mm，单击【确定】按钮，完成后如图 5-61c 所示。

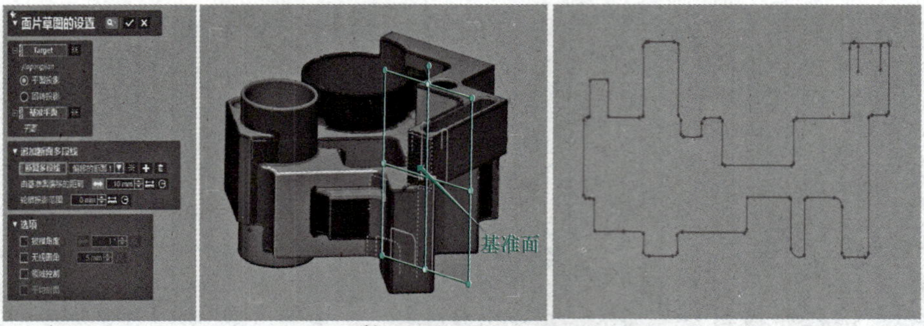

a)　　　　b)　　　　c)

图 5-61　创建特征十二轮廓基准面

（2）绘制特征十二轮廓草图　单击【直线】命令按钮绘制直线；单击【三点圆弧】命令按钮绘制圆角，使绘制的轮廓线与参考线重合，如图 5-62 所示，单击【确定】按钮。

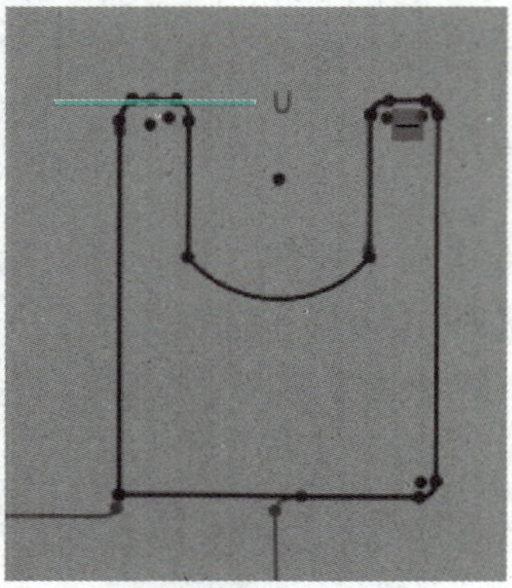

图 5-62　绘制特征十二轮廓草图

（3）拉伸轮廓　单击【拉伸】命令按钮，选择特征十二轮廓草图，【方向】选择【到领域】，确定拉伸长度，单击【确定】按钮，如图 5-63 所示。

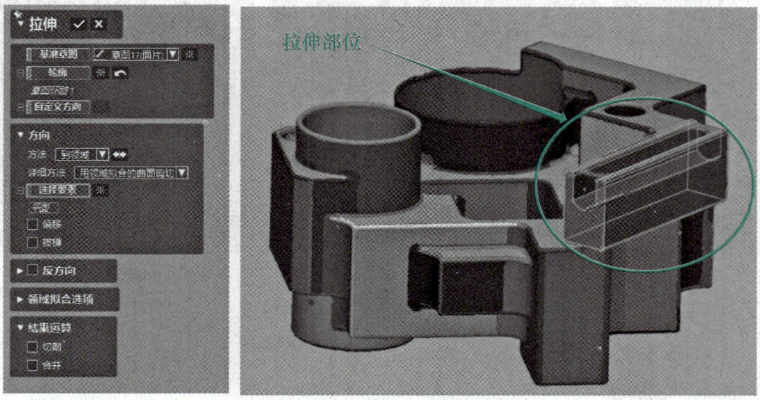

a)　　　　b)

图 5-63　特征十二拉伸

16. 倒圆

单击【圆角】命令按钮，选择图 5-64b 所示圆角位置的直线，圆角半径设置为 6.2mm，单击【确定】按钮。继续单击【圆角】命令按钮，依次为各个部分倒圆，得到最终模型，完成后如图 5-65 所示。

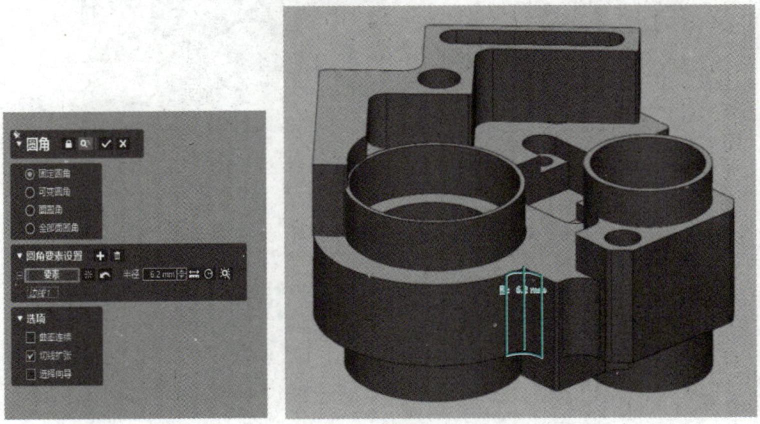

a)　　　　b)

图 5-64　倒圆

17. 偏差分析

在【Accuracy Analyzer（TM）】面板的【类型】选项组中选中【偏差】选项，显示曲面与网格（三角面片）之间的误差，如图 5-66 所示。

图 5-65　完成倒圆

18. 输出文件

有了逆向设计完成后的实体模型，就可以应用数控加工技术对其进行加工制造了。为了保证模型在软件间的通用性，将模型输出为 STP 格式。

在菜单栏中单击【文件】|【输出】命令，选择零件为输出要素，如图 5-67 所示，然后单击【确定】按钮，选择文件的保存路径及格式，将文件命名为“阀体支架”，单击【保存】按钮保存文件。

图 5-66　偏差分析

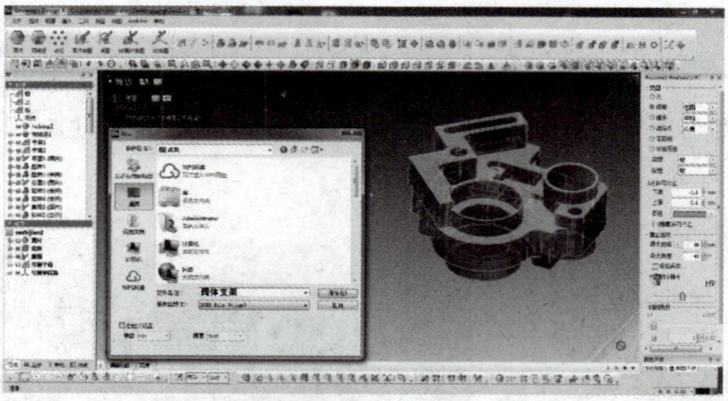

图 5-67 保存文件

任务三 数据应用

1. 打开文件

打开 NX 软件，选择【文件】|【打开】命令，在弹出的对话框中选择要打开的文件，如图 5-68 所示。

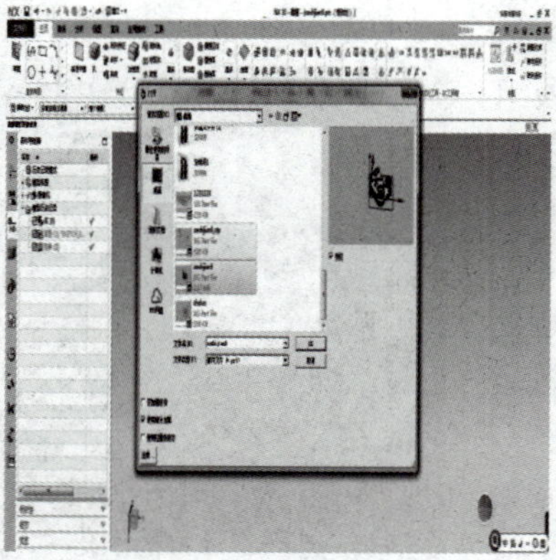

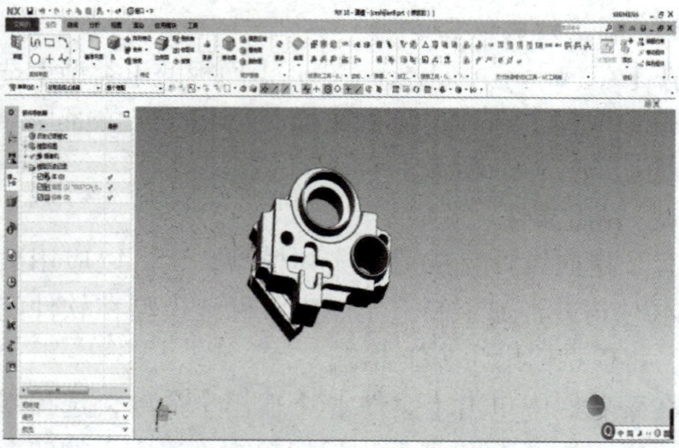

图 5-68 打开文件

2. 准备毛坯

（1）创建草图 单击【草图】命令按钮，选择底平面为基准平面，单击【确定】按钮完成草图创建，如图 5-69 所示。

（2）创建毛坯轮廓线 单击【矩形】命令按钮，创建一个 120mm × 120mm 的正方形，单击【约束】命令按钮，使草图完全约束，如图 5-70 所示。

（3）拉伸毛坯 单击【拉伸】命令按钮，选择上一步绘制的毛坯轮廓线，设置拉伸距离起始点为［−20］，终止点为［42］，【布尔运算】选择【无】，单击【确定】按钮，如图 5-71 所示。

（4）编辑毛坯颜色 依次单击【菜单】|【编辑】|【对象显示】命令按钮，如图 5-72a 所示，单击毛坯，将颜色调成蓝色，透明度调整为 60~70，单击【确定】按钮，如图 5-72b 所示。

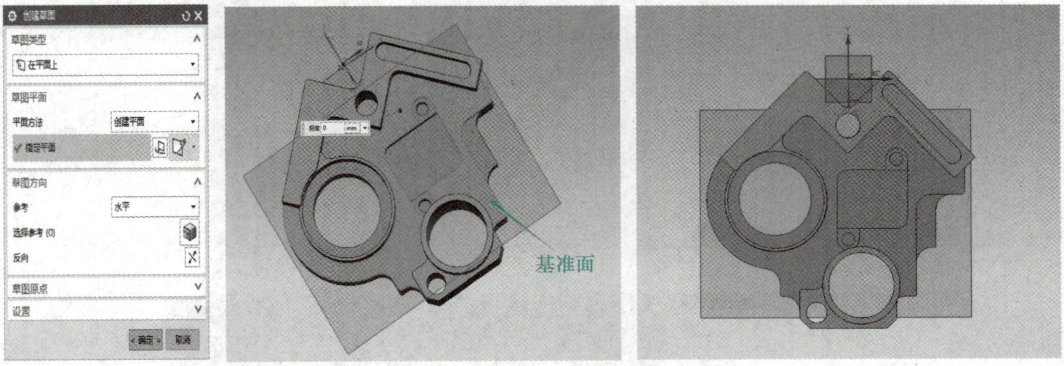

a)　　b)　　c)

图 5-69　创建草图

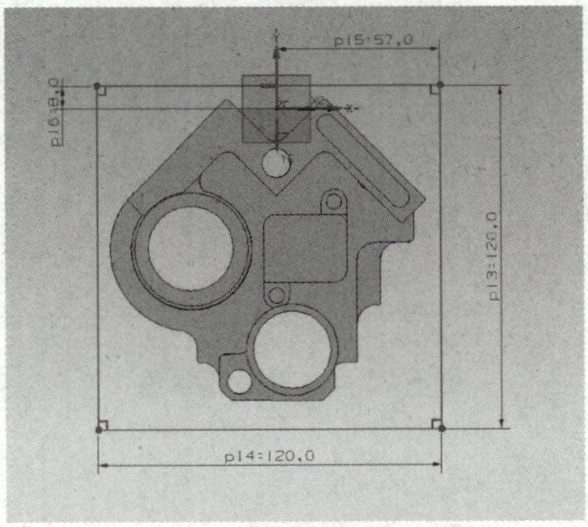

图 5-70　创建毛坯轮廓线

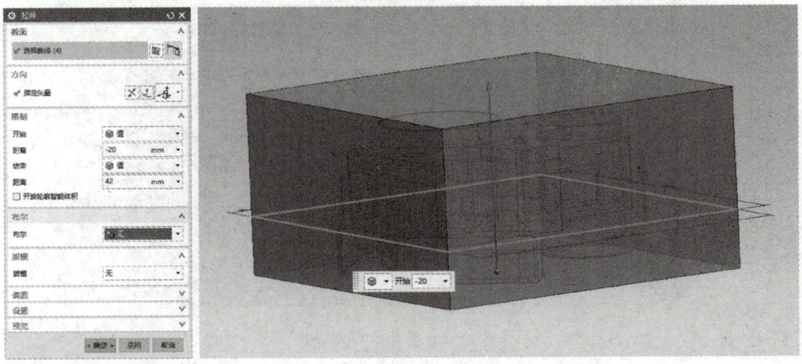

图 5-71　拉伸毛坯

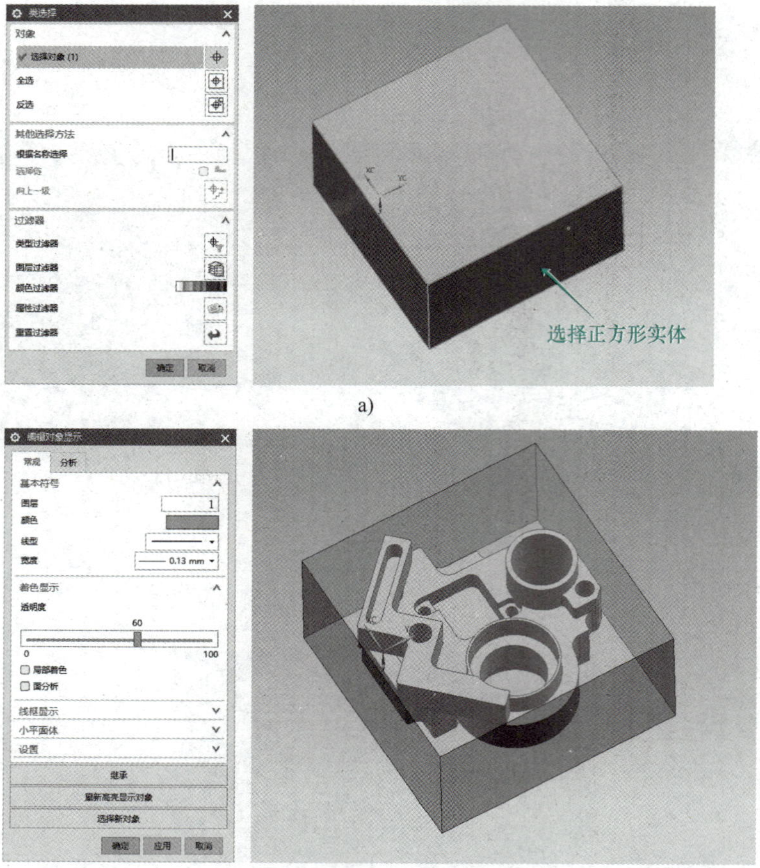

a)

b)

图 5-72　编辑毛坯颜色

3. 粗加工

（1）进入加工模块　依次单击【应用模块】|【加工】命令按钮，进入加工界面，如图 5-73 所示。

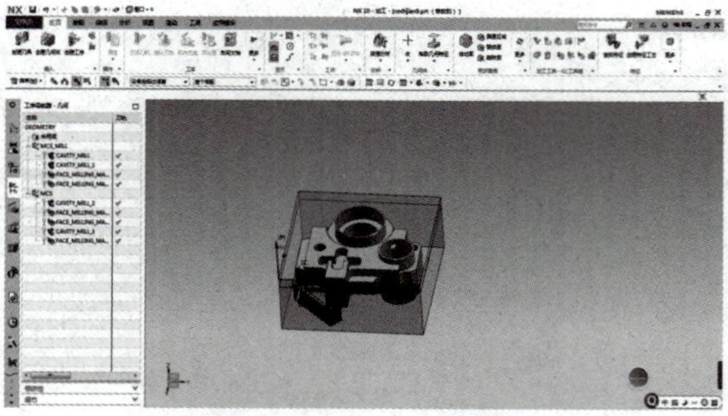

图 5-73　加工界面

（2）建立加工坐标系　单击【工序导航器】，右击进入几何视图，如图 5-74a 所示，单击 MCS_MILL 命令按钮，指定工件上表面左下角为加工坐标，单击【确定】按钮，如图 5-74b 所示。

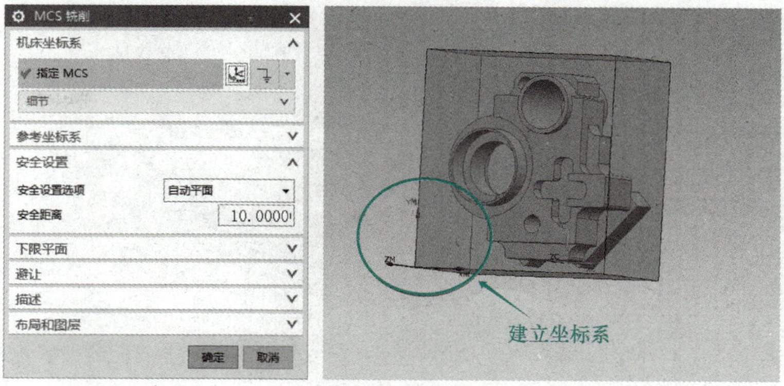

a)　　　　b)

图 5-74　建立坐标系

（3）创建工序　单击【创建工序】命令按钮，选择【型腔铣】工序，单击命令按钮，如图 5-75a 所示，再单击【确定】按钮，如图 5-75b 所示。

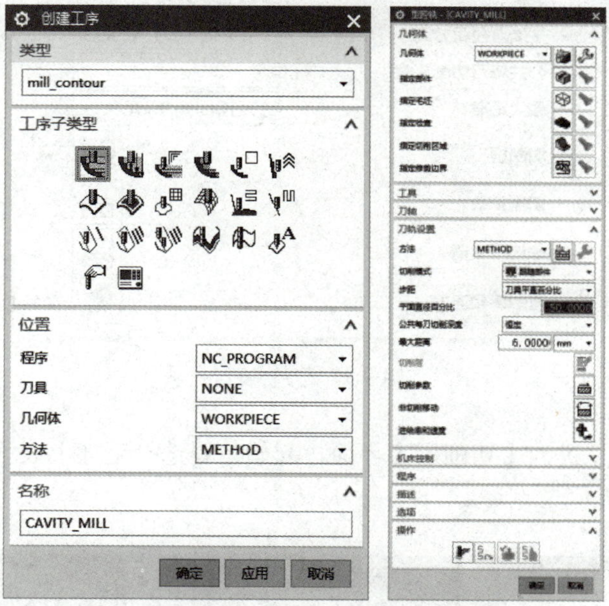

a)　　　　b)

图 5-75　创建工序

（4）选择部件　粗铣上半部分，【指定部件】选择为工件 1，【指定毛坯】选择为拉伸件，如图 5-76 所示。

（5）刀轨设置　进入【刀轨设置】界面，【方法】选择【半精铣】，【切削模式】选择【跟随周边】，【步距】选择 60%，【公共每刀切削深度】选择 1.5mm，如图 5-77 所示。

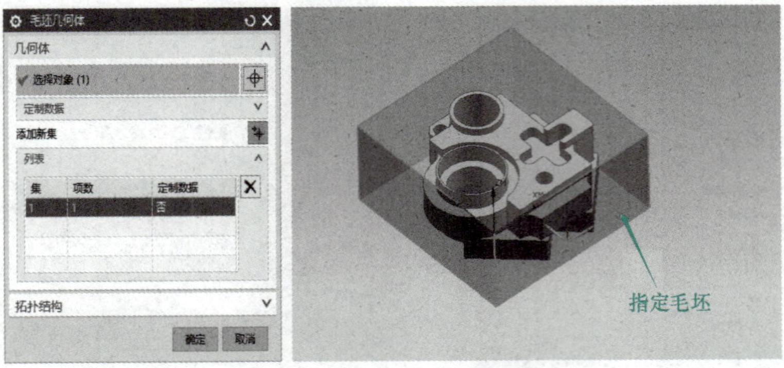

a)　　　　b)

图 5-76　选择部件

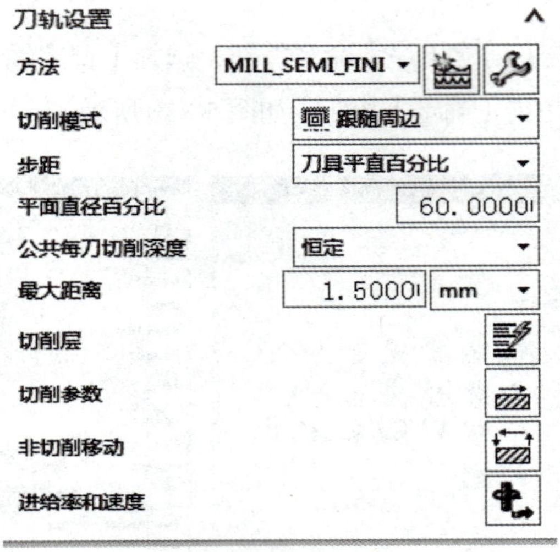

图 5-77　刀轨设置

（6）切削层设置　进入【切削层】界面，起始位置选择毛坯上表面，【范围深度】设置为［52］，如图 5-78 所示。

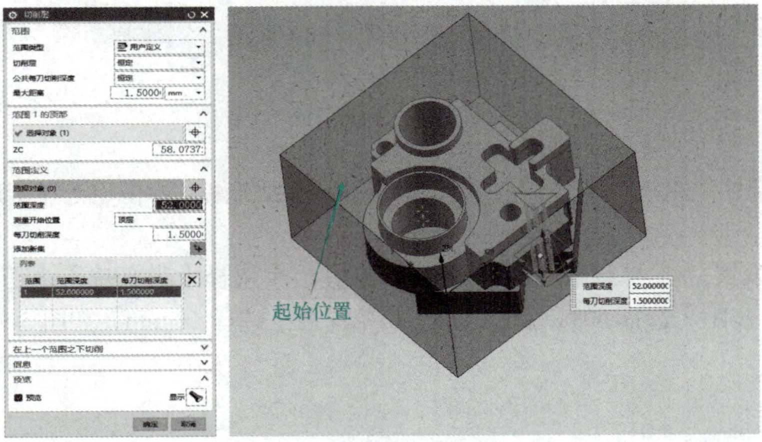

图 5-78　切削层设置

（7）切削参数设置　进入【切削参数】界面，【切削方向】选择【顺铣】，【切削顺序】选择【深度优先】，【刀路方向】选择【向内】，如图 5-79 所示。

（8）进给率和速度的设置　进入【进给率和速度】界面，【主轴速度】设置为［5000］，进给率设置为［3000］，如图 5-80 所示，这个值根据操作者的经验和材料而定。

（9）工具设置　进入【工具】界面，新建刀具，选择【刀具】为【面铣刀】，设置直径为 12mm，如图 5-81 所示。

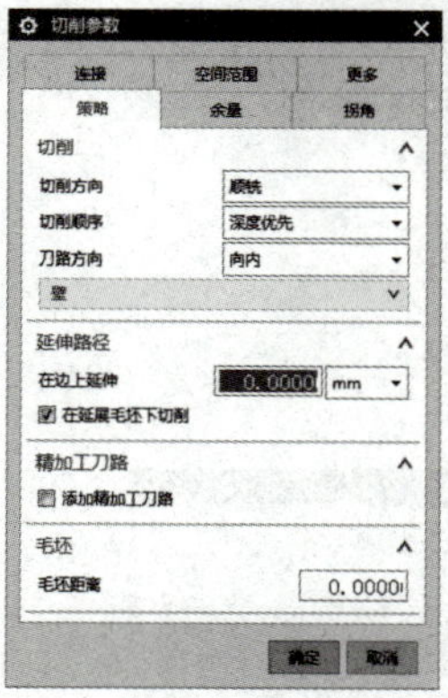

图 5-79　切削参数设置

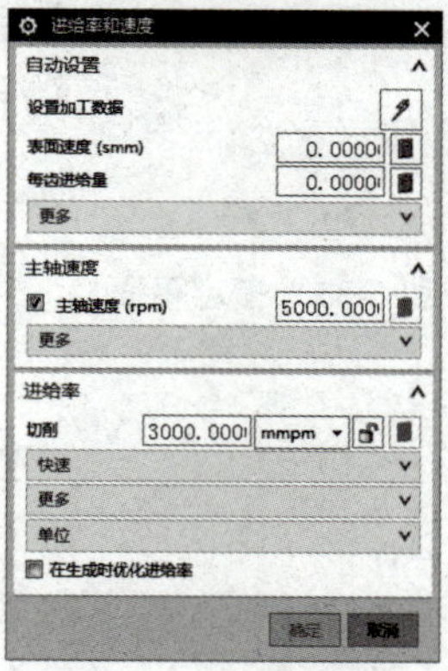

图 5-80　进给率和速度设置

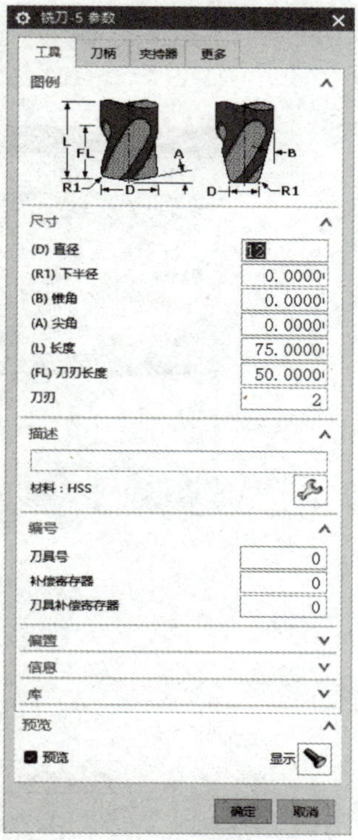

图 5-81　工具设置

（10）生成刀路　单击命令按钮，预览刀路，如图 5-82 所示。

针对未加工区域，可更改相关参数完成粗铣。

4. 精加工

（1）指定部件　精铣上半部分，【指定部件】选择为工件 1，如图 5-83a 所示，【指定切削区域】选择为指定面，如图 5-83b 所示。

（2）刀轨设置　进入【刀轨设置】界面，【方法】选择【精铣】，【切削模式】选择【混合】，【平面直径百分比】选择 75%，【毛坯距离】选择 3mm，其他参数不变，如图 5-84 所示。

（3）进给率速度设置　进入【进给率和速度】界面，【主轴速度】设置为［6000］，【进给率】设置为［3000］，如图 5-85 所示。

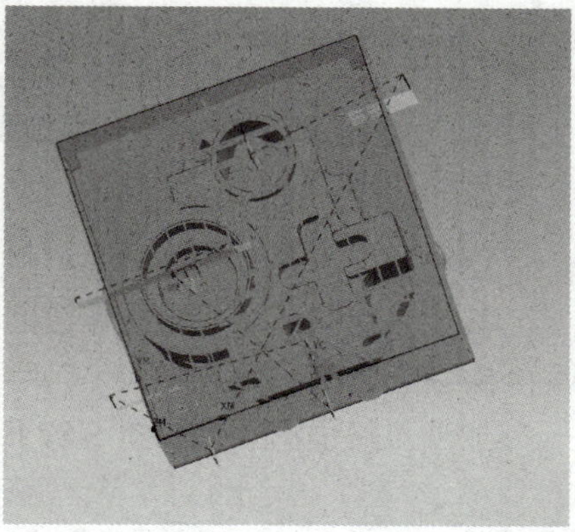

图 5-82　生成刀路

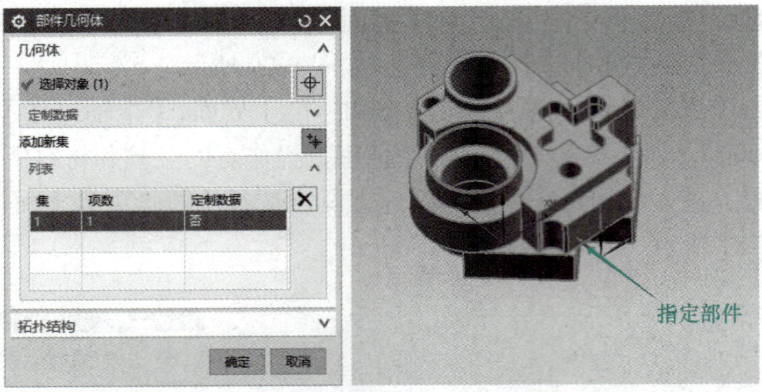

a)

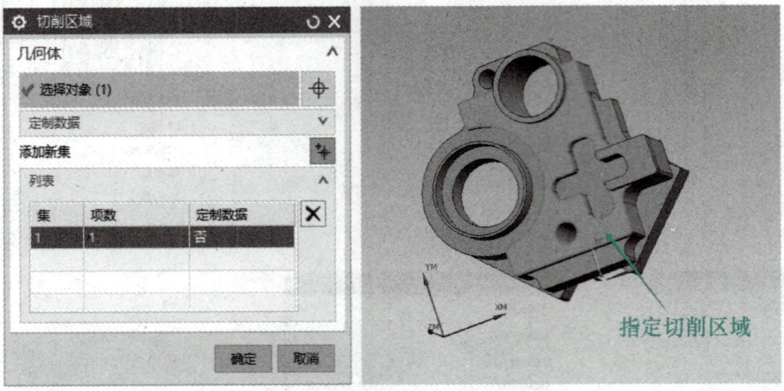

b)

图 5-83　指定平面

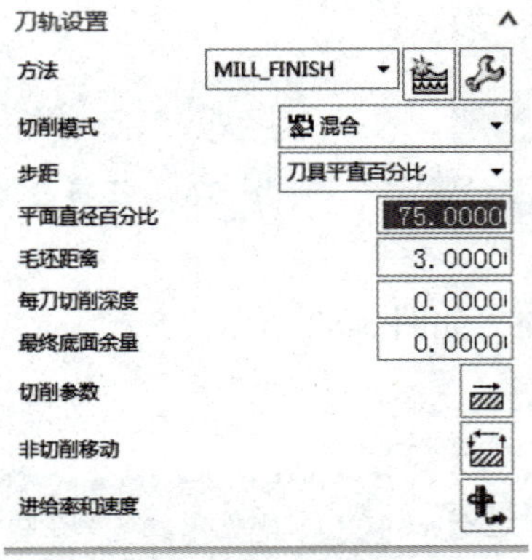

图 5-84　刀轨设置

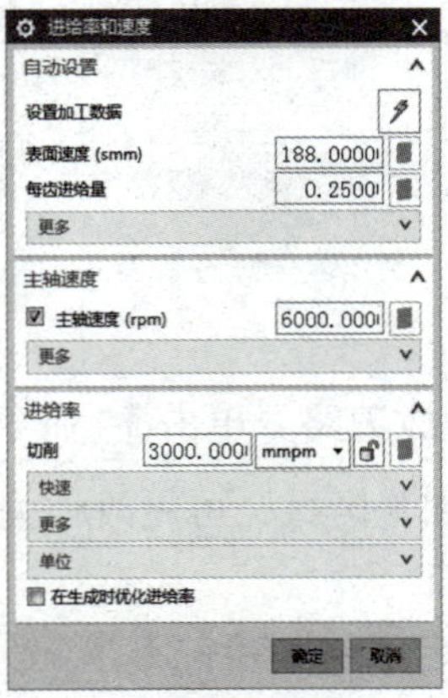

图 5-85　进给率和速度

(4) 生成刀路　单击命令按钮，预览刀路，如图 5-86 所示。

其他参数与第一次粗铣参数的设置一样。

5. 完成加工

加工刀路预览效果如图 5-87 所示。

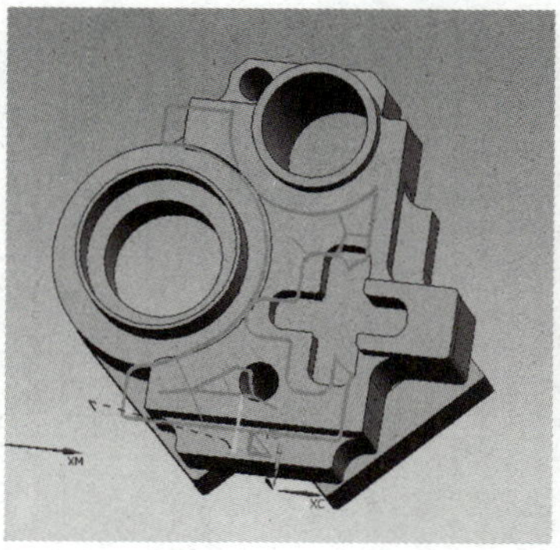

图 5-86　生成刀路

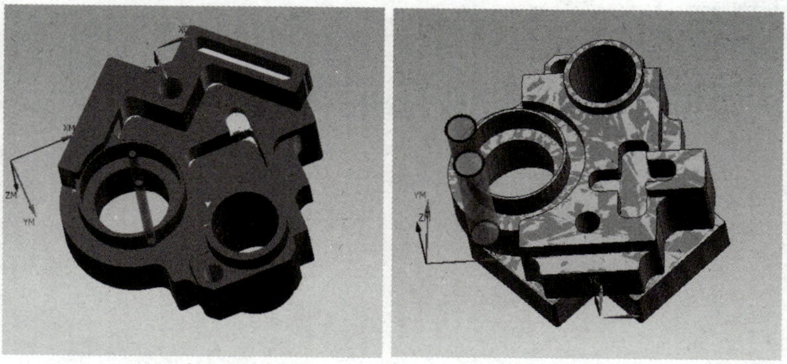

a)　　b)

图 5-87　加工刀路预览效果

项目拓展

1. 请阅读以下内容，并查阅相关资料，说一说工匠精神的内涵是什么。

大国工匠：最年轻的大国工匠陈行行

本项目是一种较为典型的复杂零件，其结构紧凑，加工要求高，在加工过程中需要同学们秉持耐心细致、精益求精的工匠精神，认真完成每一道加工工序。也许在不久的将来，你也会成为同行中的骄傲，要向年轻的大国工匠陈行行学习。

陈行行是一个从微山湖畔小乡村走出来的农家孩子，10 年时间破茧成蝶，在投身我国核武器研制的宏伟事业中，成长为数控加工领域的能工巧匠。陈行行精通多轴联动加工技术、高速高精度加工技术和参数化自动编程技术，尤其擅长薄壁类、弱刚性类零件的加工工艺与技术，是一专多能的技术技能型复合型人才。他以亲身经历衷心建议同学们：“不要被周围差的环境影响，坚持自己正确的选择。有机会多掌握一门技术，总会有用到的那一天。”

2. 请从教学资源包下载“门把手”点云数据，并按要求完成数据处理及逆向设计过程。

数据处理及逆向设计要求：合并处理后的点云分布规整平滑，无多余杂点及无噪音点，拼接位置合理并呈现产品所有特征。逆向设计命令使用恰当，过程简洁合理，模型精度控制在 ±0.1mm 内。

项目六
万向联轴器零件扫描与逆向设计

06

学习目标

知识目标：

1. 掌握 Geomagic Design X 软件中特征分区构建的基本功能；
2. 掌握 Geomagic Design X 软件中面片草图、几何特征等命令。

技能目标：

1. 能够熟练使用白光双目扫描仪完成数据采集；
2. 能够熟练应用 Geomagic Wrap 软件进行数据填补；
3. 能够熟练应用 Geomagic Design X 软件完成零件逆向设计。

素质目标：

1. 培养学生质量意识、环保意识、安全意识、创新意识；
2. 培养学生查阅资料、自主学习和勤于思考的能力；
3. 培养学生降低设计成本、缩短设计时间、优化产品设计的能力。

项目发布

某汽车万向联轴器连接件出现破损现象，需要更换，但原厂产品已下线，要求结合逆向工程技术，在不破坏原产品的情况下对其进行数据采集，并对逆向设计后的零件进行制造加工，要求零件模型结构设计合理，误差控制在 ±0.1mm 内，内外表面光洁。

项目分析

1. 产品分析

（1）表面分析 该产品原型为铸钢件，结构对称，如图 6-1 所示，正反面均有细节特征，上半部分呈浅灰色，下半部分呈浅棕色，部分位置略有反光，其表面粗糙、磨损严重，底座两端出现破损现象。

a)

b)

图 6-1　万向联轴器连接件原零件

（2）外形分析　万向联轴器连接件是一个带法兰的叉形零件，零件外形呈圆环状结构，中间凸起，两侧向外延伸成两个耳朵形状的部分，端面边缘有四个分布均匀的孔洞，反面有一个圆形的凹凸结构，用于连接和固定。

（3）材质分析　该产品为铸钢件，具有较高的强度、硬度，良好的耐磨性和耐蚀性，不易受外部加工环境的影响。

（4）精度分析　数据采集过程中要求端面上的定位孔和两个耳孔形状精确、三维数据完整、特征清晰；成品要符合原有产品特征，成品整体精度控制在 ±0.1mm。

经上述分析，本项目的重点和难点如下：

重点：主要集中在万向联轴器连接件的数据采集，在不进行任何扫描预处理的情况下，既要保证万向联轴器连接件的法兰外形结构部分和叉形部分上的通孔数据完整，还要保证扫描过程的顺利进行。

难点：1）法兰部分。由于法兰面凹凸不平，且形状不规则，在数据采集时容易导致数据丢失或错层；2）叉形部分，由于叉形部分与法兰面倾斜连接，在数据采集时容易因遮挡而导致万向联轴器连接件端面及通孔部位数据丢失。

2. 策略制定

（1）数据采集策略　观察后发现该产品原型呈暗褐色，不利于数据采集，因此需对原型表面进行喷粉处理。

零件整体由两侧连接环、圆弧上表面、底部内凹圆弧等特征组成，需要经过多角度、多范围的多次扫描，才能完成零件完整数据的采集，因此选择在零件正反面都粘贴标志点，并利用中间圆弧表面粘贴标志点完成整体数据采集。

考虑零件本身体积较小，可粘贴标志点的表面积小，因此借助工作转盘，应在转盘上粘贴相应数量的标志点，使得扫描过程既稳定，又节省时间，同时也能减少零件表面标志点的粘贴数量。

（2）逆向设计策略　针对数据采集过程中多余的杂点和不完美数据，选用 Geomagic Wrap 软件对其进行处理，将多余杂点删除、孔洞填充，进一步优化表面整体数据；选用 Geomagic Design X 软件对其进行整体逆向设计，通过使用【面片草图】、【拉伸】、【几何特征】等命令完成各规则体的实体设计。

（3）数据应用策略　使用 ANSYS 有限元分析软件对逆向设计模型进行动力学分析，模拟其工作行为，并预测其在现实环境中的性能。

项目实施

任务一　数 据 采 集

一、扫描前的准备工作

1. 喷粉

该产品原型为铸钢件，在不喷粉的状态下很难直接进行扫描，所以选择在零件表面喷涂一层薄薄的显像剂。喷粉原则参照项目三，喷粉过程如图 6-2 所示，喷粉后的零件如图 6-3 所示。

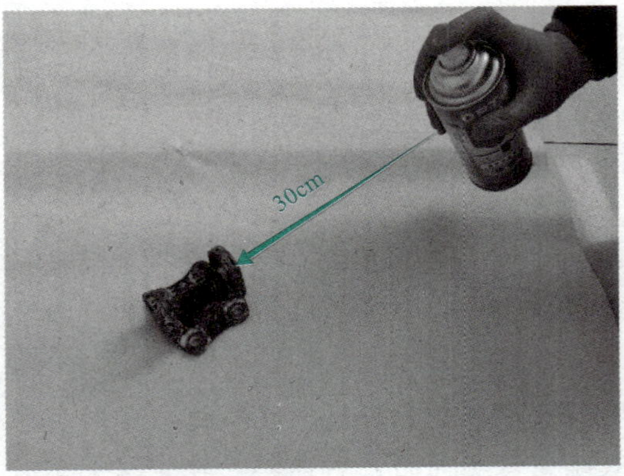

图 6-2　显像剂喷涂示意图

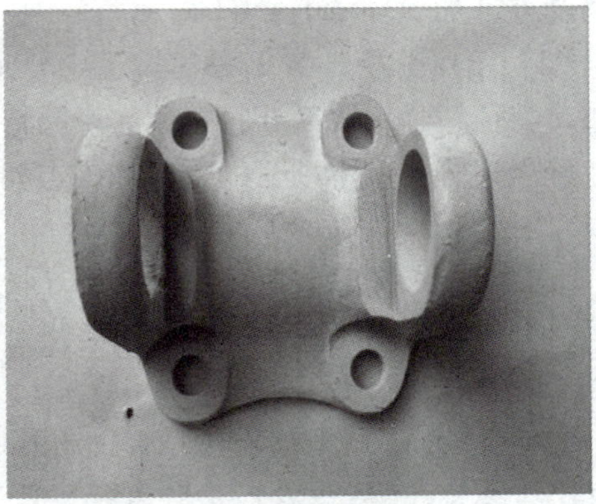

图 6-3　喷粉效果图

2. 粘贴标志点

为了得到完整的采集数据，选择在连接件中间圆弧处粘贴标志点作为内外表面的翻转过渡区；标志点粘贴在曲率变化较小的曲面上，且数量大于 4 个；采集内外表面数据时，为了避免粘贴标志点形成的孔洞对曲面曲率造成影响，选择在转盘上粘贴相应数量的标志点。粘贴原则和注意事项可参考项目三、四，本次扫描时粘贴标志点的方式如图 6-4 所示。

图 6-4　粘贴标志点的方式示意图

二、采集数据

1. 调整设备

（1）视场对齐　扫描数据前需对扫描仪进行精度校准，校准方式参考项目三。当精度达标时，将零件放置在转盘上，确定转盘和零件在扫描仪十字中间，如图 6-5 所示，尝试旋转转盘一周，观察软件实时显示区，保证能够看到零件整体。

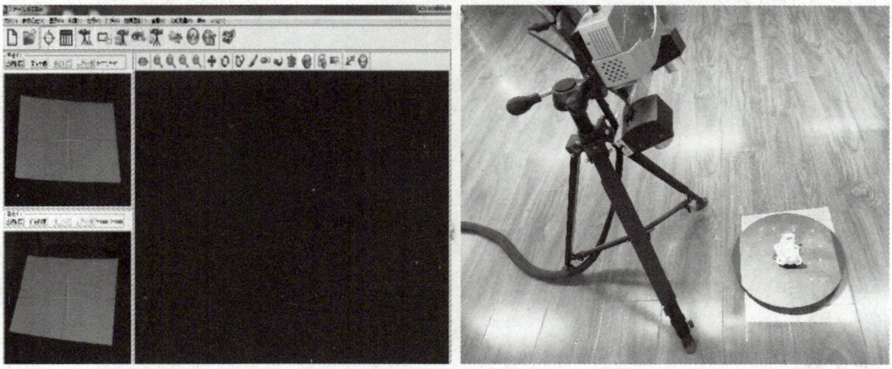

a)　　　　　　　　　　b)

图 6-5　扫描仪与零件距离参考图

（2）参数调整　观察实时显示区中零件的亮度，在软件中设置相应的相机曝光值和增益值，可根据环境适当调整，以物体不反光为宜。

2. 扫描零件

调整好位置和设备参数后，按以下步骤进行扫描。

（1）上表面数据采集　按图 6-4 所示摆放零件，单击【扫描】按钮后开始扫描，每扫描一次将工作转盘旋转一定角度，直至整个上表面数据采集完毕。

（2）过渡区扫描　撤掉转盘上的标志点，按图 6-6 所示摆放零件，借助零件上圆弧表面的标志点完成物体翻转。

（3）底部数据采集　将转盘上的标志点加入，按图 6-7 所示摆放零件，按照上表面的扫描方法完成零件底部数据扫描。

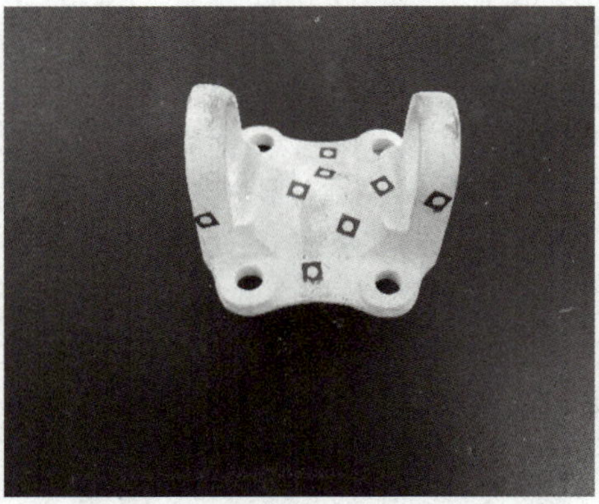

图 6-6　过渡区扫描零件摆放示意图

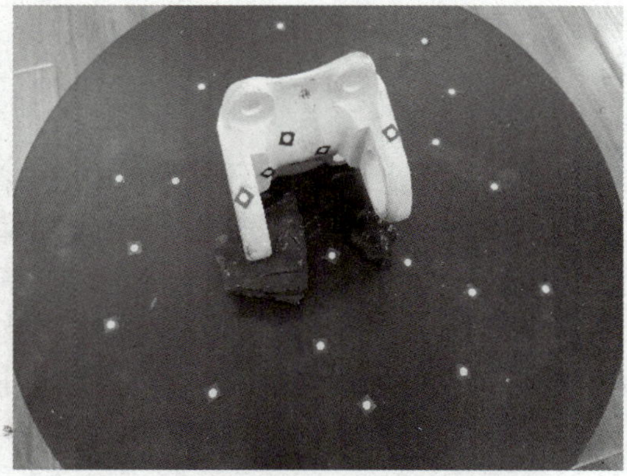

图 6-7　底部扫描零件摆放示意图

3. 保存数据

零件表面点云数据全部扫描完成后，选择保存路径，将扫描点云数据另存为“万向连接件 .asc”格式文件。

采集完成后的点云数据包含一些扫描物体之外的杂点，粘贴标志点的位置会形成孔洞，边缘部分也会出现数据缺失，需要应用 Geomagic Wrap 软件将扫描杂点去除，并填充孔洞，形成封闭完整的零件数据。

任务二　数据处理

一、点云阶段数据处理

应用 Geomagic Wrap 软件将扫描杂点去除，补全缺失数据，光顺表面后完成数据封装，获得多边形数据。

1. 打开文件

打开 Geomagic Wrap 软件，将“万向连接件 .asc”文件拖入界面，选择比率（100%）和单位（毫米），进入软件界面，如图 6-8 所示。

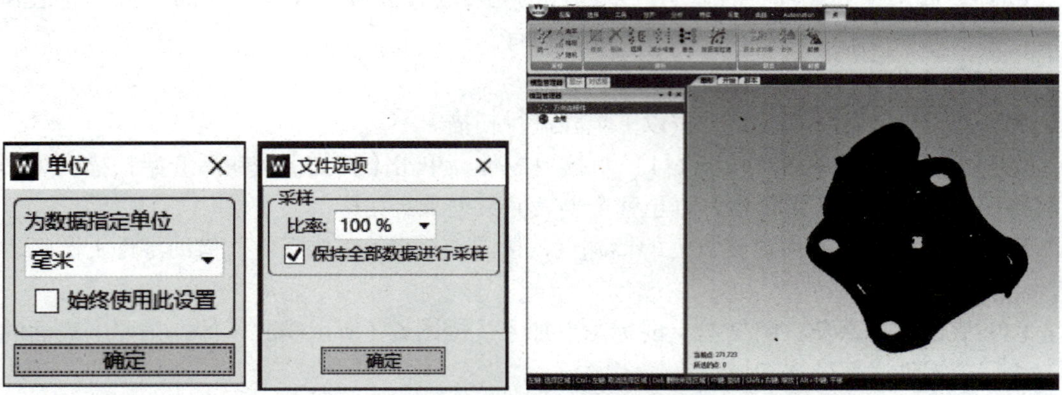

a)　　b)　　c)

图 6-8　打开扫描数据

2. 去除杂点

（1）着色　单击【着色】下拉菜单中的【着色点】命令按钮，点云数据由黑色变成绿色。

（2）删除非连接项　单击【选择】下拉菜单中的【非连接项】命令按钮，出现如图 6-9 所示的对话框，选择低分隔和尺寸 5.0mm，单击【确定】按钮将数据中的非连接项删除。

（3）删除体外孤点　单击【选择】下拉菜单中的【体外孤点】命令按钮，出现如图 6-10 所示的对话框，选择敏感度为 85，单击【确定】按钮，将点云中选中的杂点删除。

图 6-9　选择非连接项对话框

图 6-10　选择体外孤点对话框

（4）减少噪音　单击【减少噪音】命令按钮，出现如图 6-11 所示的对话框，单击【确定】按钮去除点云中的噪音点，完成后的数据如图 6-12 所示。

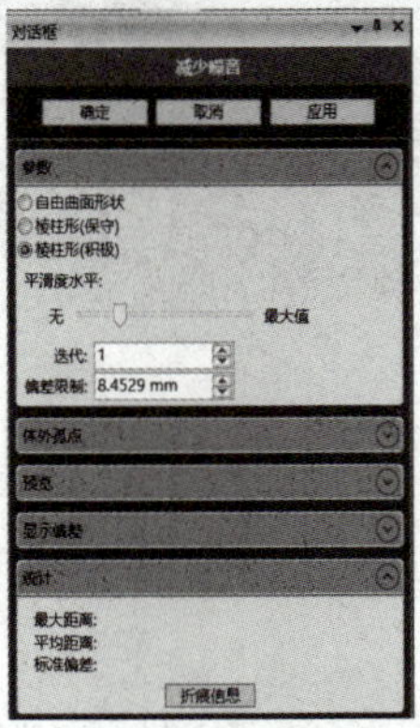

图 6-11　减少噪音对话框

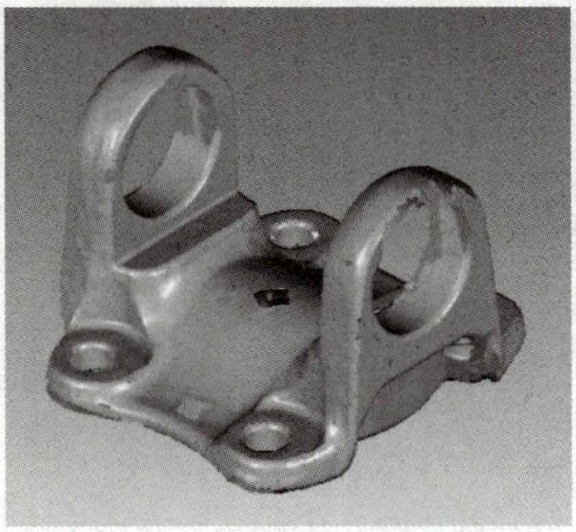

图 6-12　去除杂点后的数据

3. 封装点云数据

单击【封装】命令按钮，出现图 6-13 所示的对话框，选择自动降低噪音，选择【最大三角形数】，单击【确定】按钮，数据由点云转换为多边形界面，如图 6-14 所示。

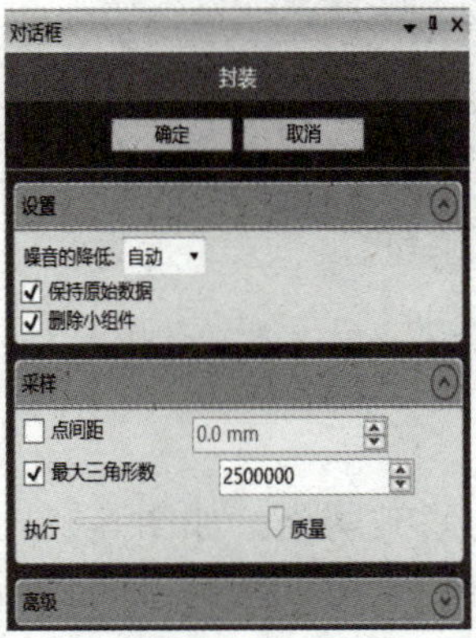

图 6-13　封装对话框

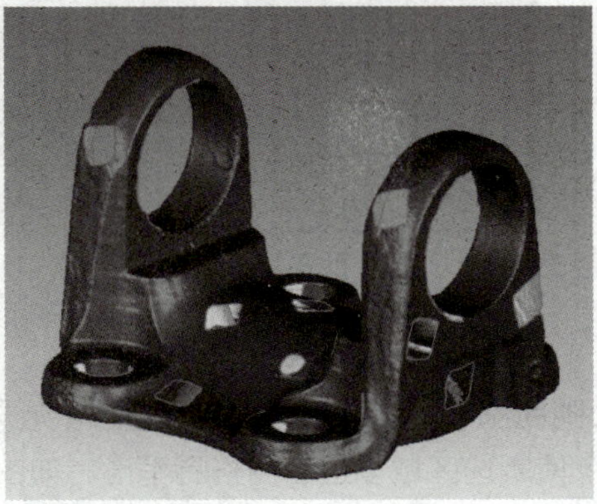

图 6-14　封装数据

二、多边形阶段数据处理

1. 填充孔

（1）填充内部孔　单击【填充单个孔】命令按钮，依次选择【曲率】和【内部孔】选项，填充数据中的部分孔，如图 6-15 所示。

（2）填充边界孔　单击【填充单个孔】命令按钮，依次选择【平面】和【边界孔】选项，填充数据中的其他孔；也可结合【切线】【搭桥】选项，在不改变原有特征的情况下合理搭配使用，完成孔的填充，如图 6-16 所示。

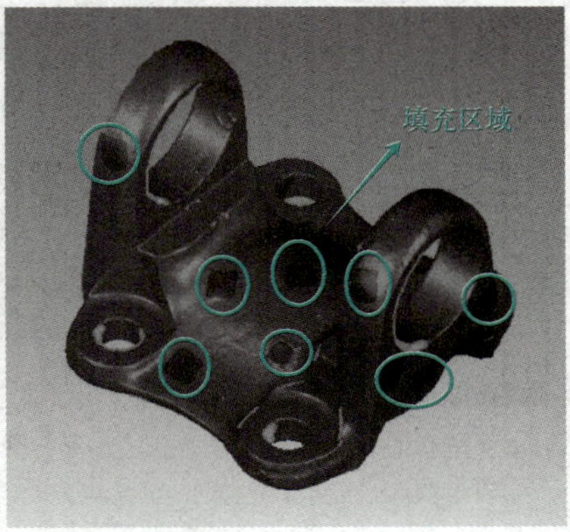

图 6-15　曲率、内部孔填充

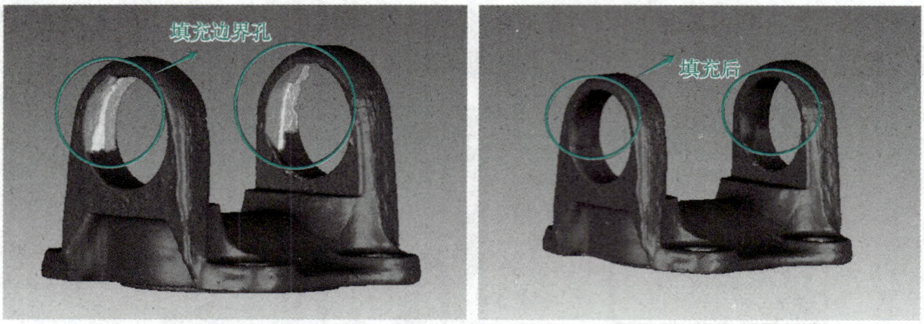

a)　　b)

图 6-16　平面、边界孔填充

2. 平滑曲面

（1）删除钉状物　使用【删除钉状物】命令，将选中多边形网格中的单点尖峰展开，如图 6-17 所示。

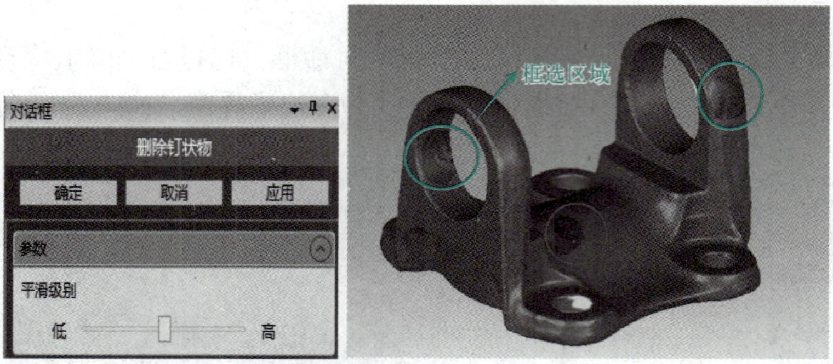

a)　　b)

图 6-17　删除钉状物

（2）松弛网格　使用【松弛】命令处理所选区域的紧皱网格，如图 6-18a 所示；使用【砂纸】命令使所选区域多边形网格更平滑，如图 6-18b 所示。

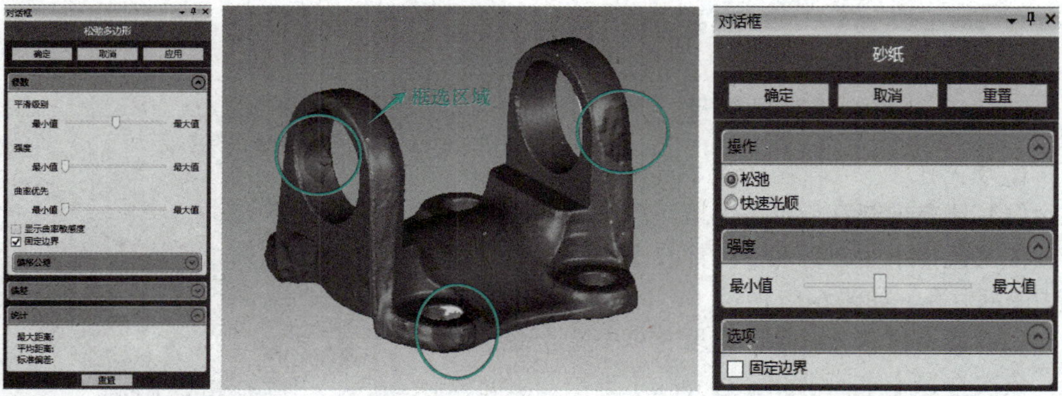

a) 松弛网格　　b) 砂纸打磨网格

图 6-18　网格平滑

（3）去除特征　使用【去除特征】命令将选中的凸起部分数据处理平滑，平滑前后对比效果如图 6-19 所示。

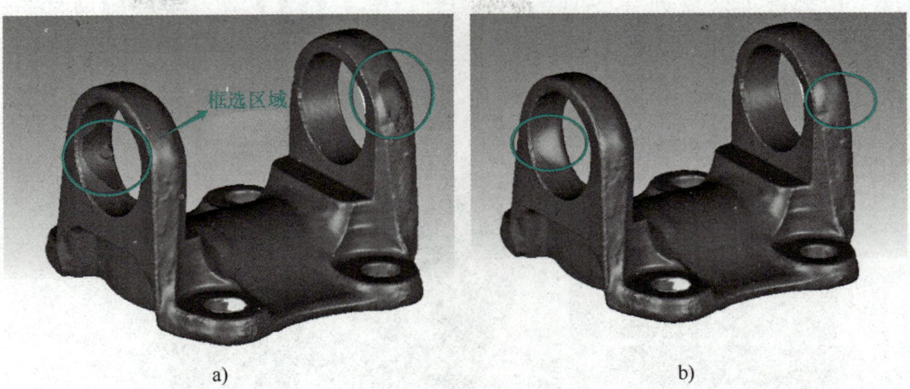

a)　　b)

图 6-19　去除特征

3. 保存文件

将处理好的数据另存为“万向连接件 .stl”格式文件。

三、逆向设计过程

万向连接件逆向设计 1

万向连接件逆向设计 2

万向连接件逆向设计 3

1. 打开文件

打开 Design X 软件，依次单击【插入】|【导入】命令按钮，在弹出的对话框中选择要导入的文件“万向连接件 .stl”，也可将 STL 文件拖入窗口，导入点云后的界面如图 6-20 所示。

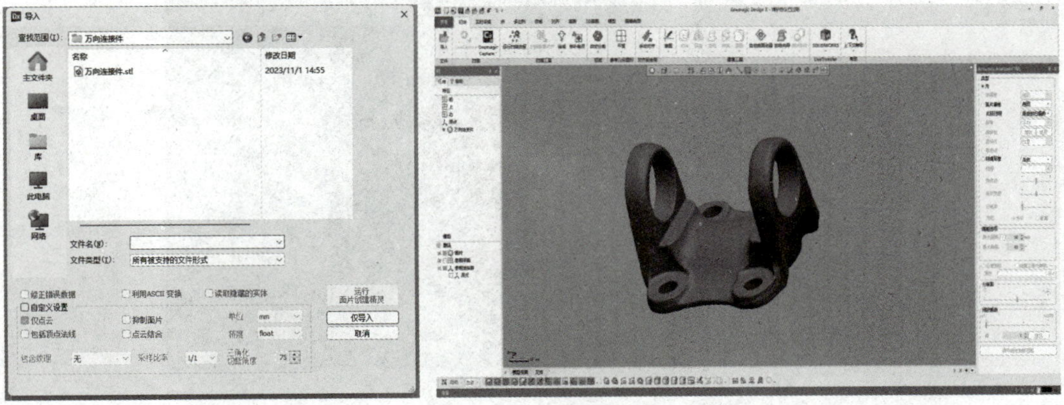

a)　　b)

图 6-20　打开文件

2. 划分领域组

（1）自动划分领域　单击【领域组】命令按钮，选择【自动分割】选项，弹出对话框，调整敏感度，以各部件区域划分合理、明显为宜，单击 按钮，完成领域自动划分，如图 6-21 所示。

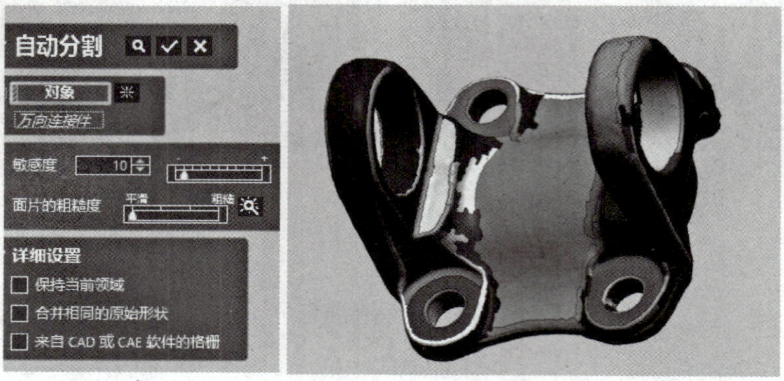

a)　　b)

图 6-21　自动划分领域

（2）手动划分领域组　单击左上角的【分离】按钮 ，选择【画笔模式】 ，划分领域组，如图 6-22 所示，单击【确定】按钮。

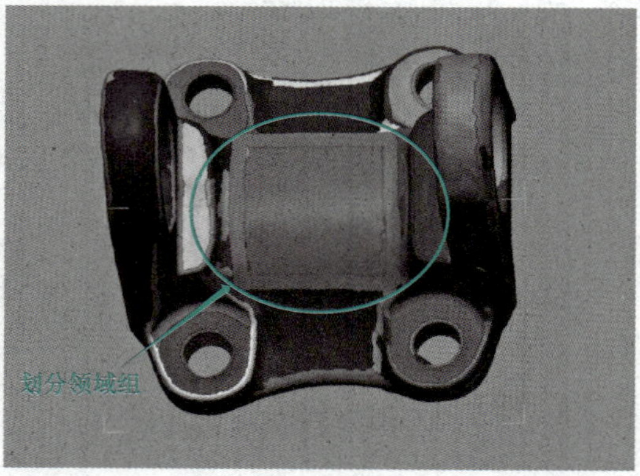

图 6-22　手动划分领域组

3. 建立坐标系

（1）建立参照平面　单击【插入】下拉菜单中的【参照几何形状】|【追加平面】命令按钮，选择【平面】项，单击零件底部领域组创建平面 1，再单击左右两侧领域组，创建平面 2，如图 6-23 所示。

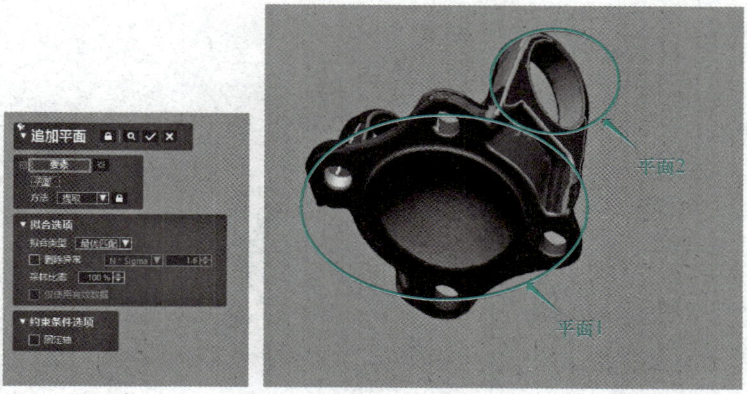

a)　　b)

图 6-23　建立参照平面

（2）对齐坐标系　单击【手动对齐】按钮，单击进入下一阶段，【移动】方式选择【3-2-1】，依次选择平面 1 和平面 2 作为参考，单击【确定】按钮完成坐标对齐，如图 6-24 所示。

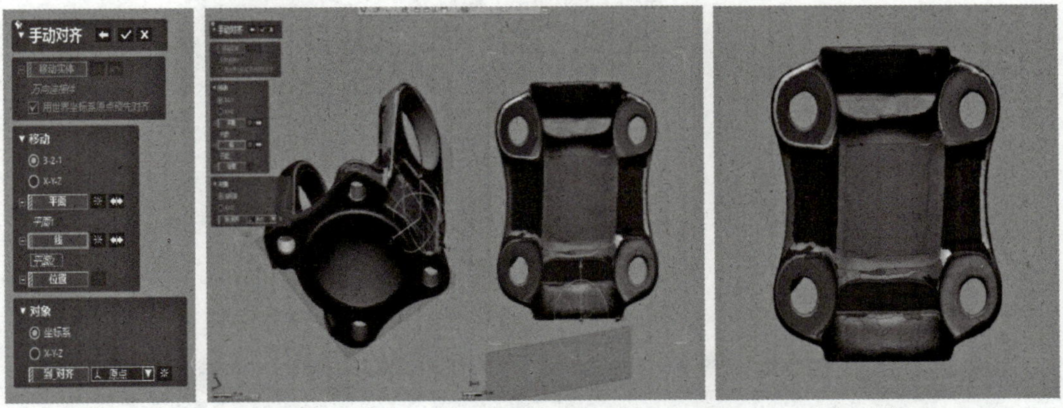

a)　　b)　　c)

图 6-24　对齐坐标系

4. 设计底座模型

（1）创建圆柱体　单击【几何形状】命令按钮，选择圆柱体，选择图 6-25b 所示领域组，单击【确定】按钮，完成后如图 6-25c 所示。

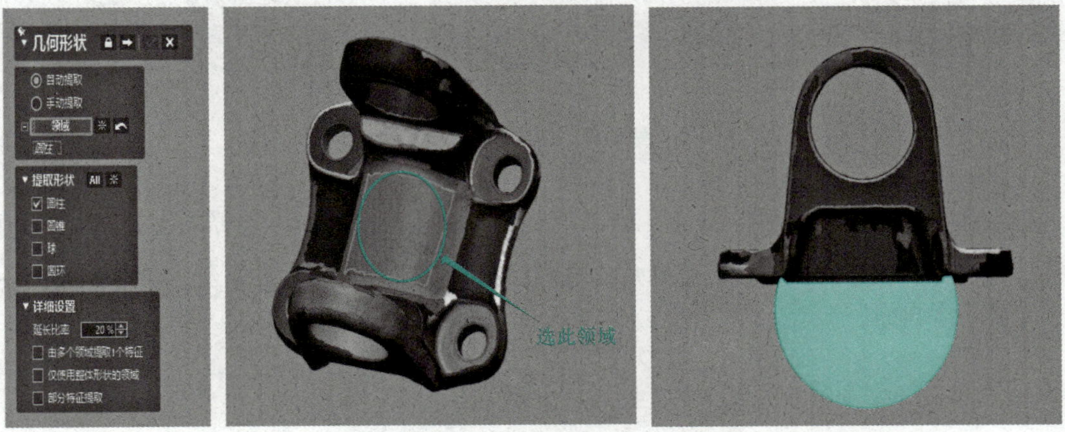

a)　　b)　　c)

图 6-25　创建圆柱体

（2）修剪圆柱体　单击【切割】命令按钮，【工具要素】选择平面 1，【对象体】选择圆柱 1，【残留体】选择上半部分，如图 6-26 所示，单击【确定】按钮。

（3）创建底面轮廓　单击【面片草图】命令按钮，选择平面 1，设置由基准面偏移的距离为 3mm，调整轮廓投影范围值至 122mm，使其包括整个零件，单击【确定】按钮后如图 6-27c 所示。

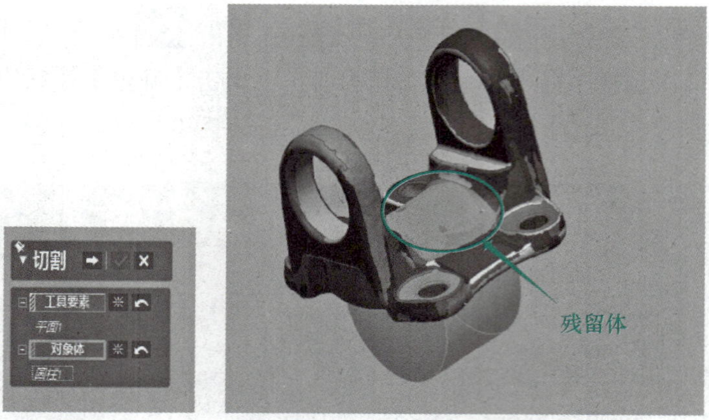

图 6-26　修剪圆柱体

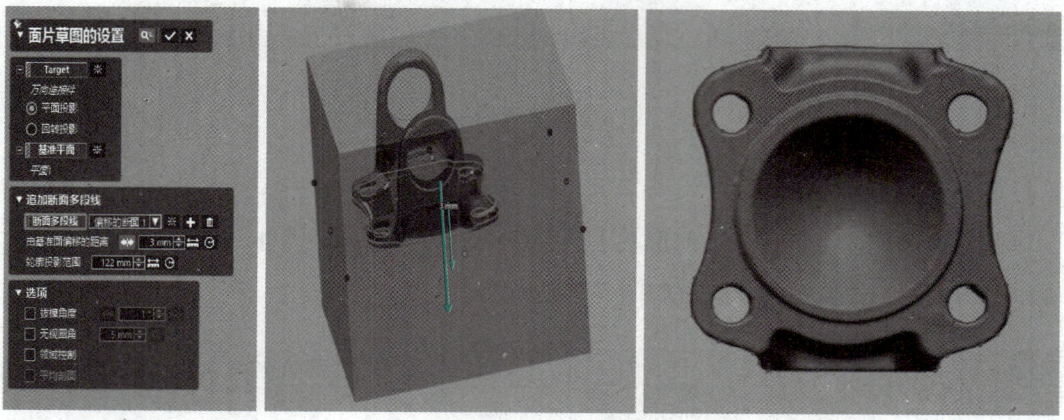

a)　　b)　　c)

图 6-27　创建底面轮廓

（4）绘制底面轮廓草图　单击【自动草图】命令按钮，选择除去四个圆之外的曲线；单击【圆角】命令按钮调整圆角，直到绘制的轮廓线与参考线重合，如图 6-28 所示，单击【确定】按钮。

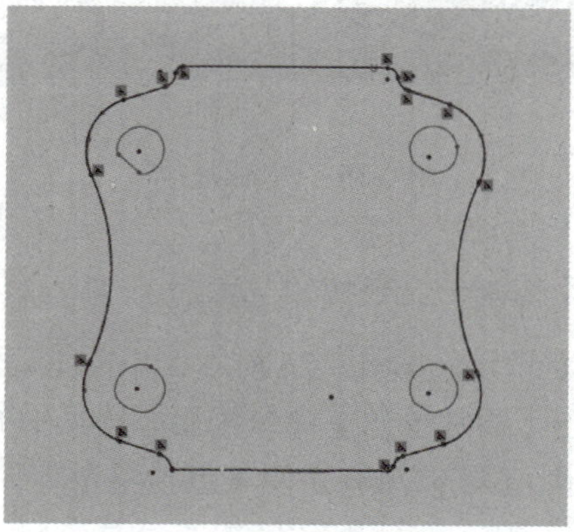

图 6-28　绘制底面轮廓草图

（5）拉伸轮廓　单击【拉伸】命令按钮，选择上一步绘制的草图曲线，拉伸方法选择【到领域】,【详细方法】为【最大距离的位置】，单击【确定】按钮，如图 6-29 所示。

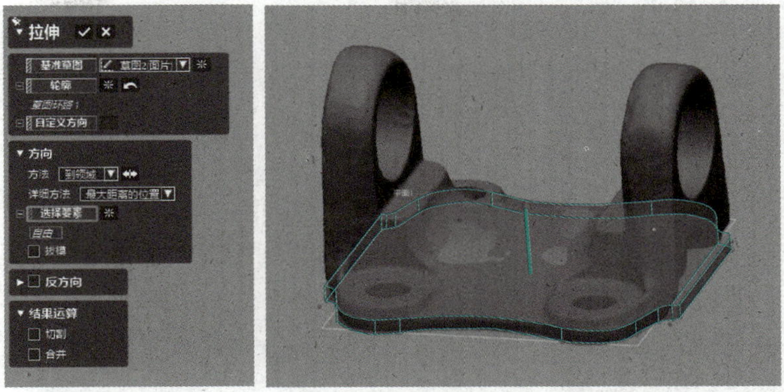

a)　　　　　　　　　　　　b)

图 6-29　拉伸轮廓

（6）合并实体　单击【布尔运算】命令按钮，选择【合并】项，如图 6-30 所示。

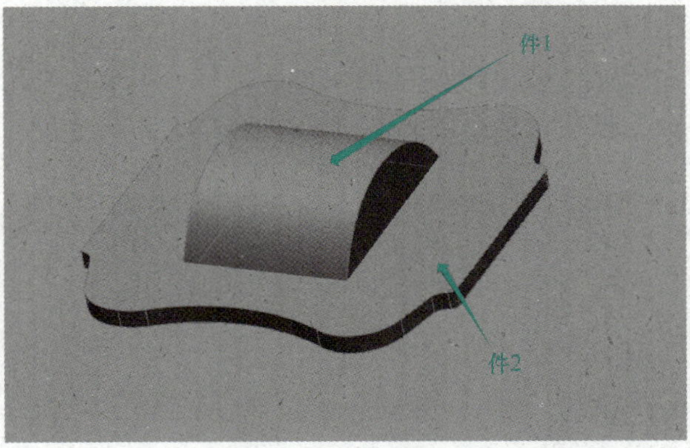

图 6-30　合并实体

（7）创建圆角　单击【圆角】命令按钮，选择柱面与平面的相交线，输入半径 22mm，单击【确定】按钮，完成圆角设计，如图 6-31 所示。

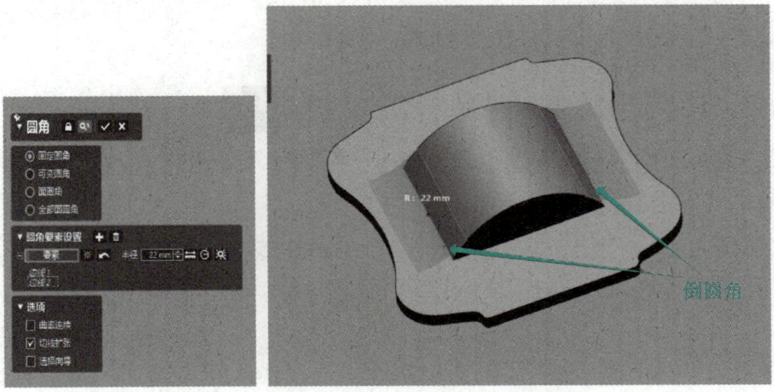

a)　　　　　　　　　　　　b)

图 6-31　创建圆角

5. 设计侧耳

（1）创建侧耳轮廓　单击【面片草图】命令按钮，选择图 6-32 所示的领域组，设置由基准面偏移的距离为 5mm，单击【确定】按钮。

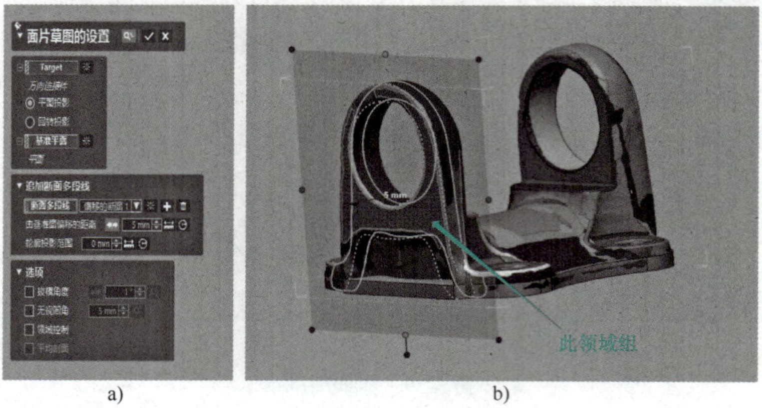

图 6-32　侧耳轮廓

（2）绘制侧耳草图

1）单击【圆】命令按钮，选择图 6-33 所示外圆曲线，单击【确定】按钮。

2）单击【直线】命令按钮，选择图 6-34 所示的直线，单击【确定】按钮。

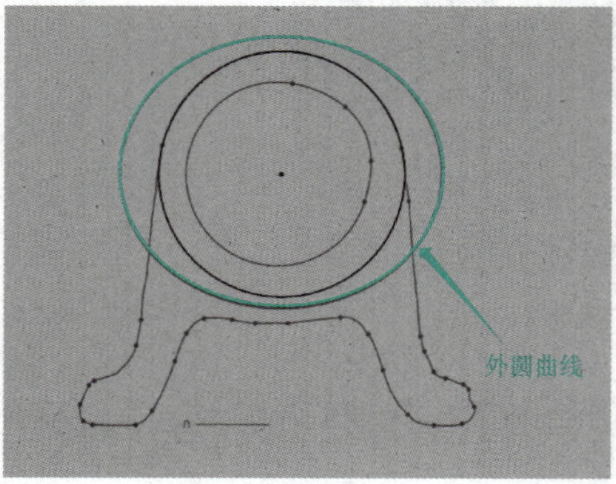

图 6-33　绘制圆

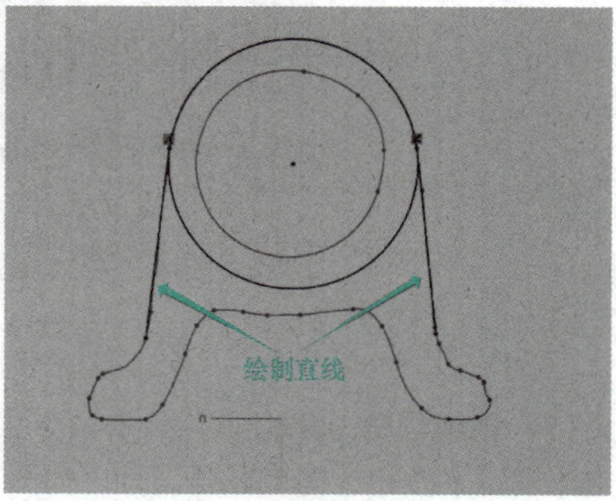

图 6-34　绘制直线

3）添加约束，移动直线端点到圆上，当出现图标  时，松开鼠标。

4）用上述方法画出另外两条线，单击【调整】命令按钮将直线延长，再单击【直线】命令按钮连接两条线，如图 6-35 所示。

5）单击【剪切】命令按钮，剪切掉图 6-36 所示曲线。

6）单击【圆】命令按钮，画出图 6-37 所示的内圆，单击【确定】按钮。

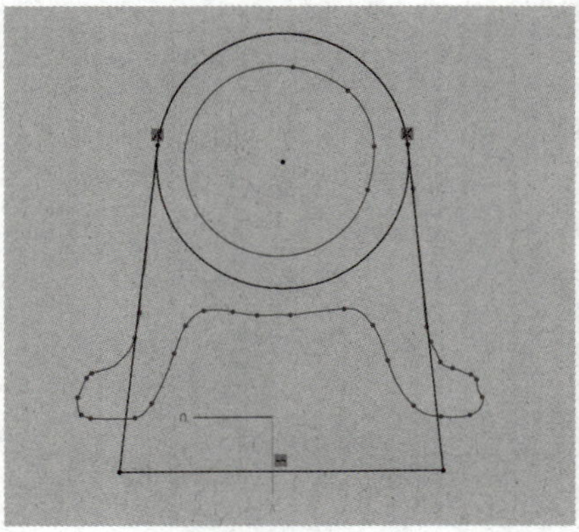

图 6-35　侧耳轮廓草图

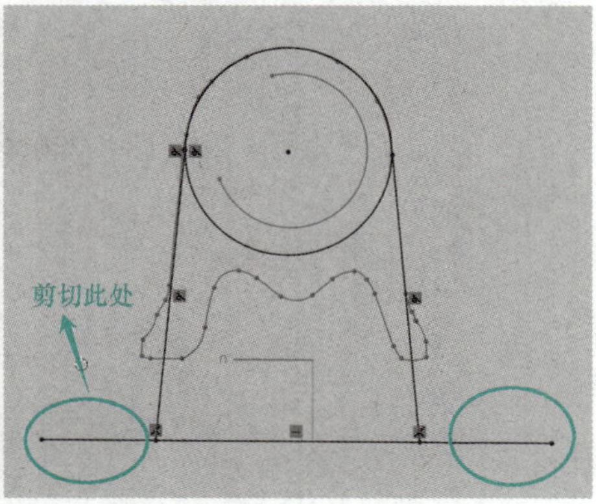

图 6-36　剪切曲线

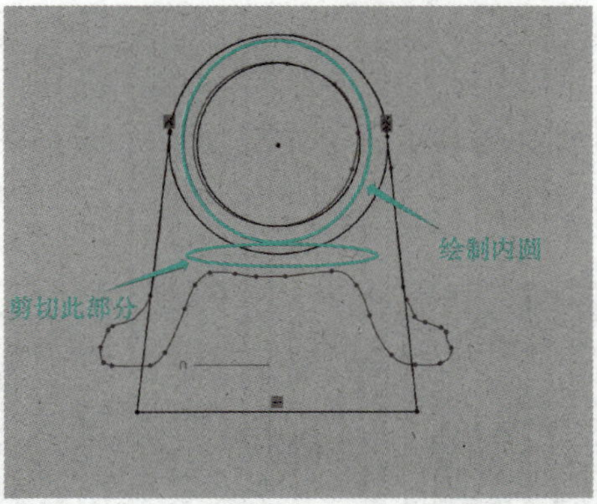

图 6-37　绘制圆

（3）**拉伸侧耳**　单击【拉伸】命令按钮，选择刚刚画好的侧耳草图，设置拉伸距离为12.5mm，单击【确定】按钮，完成侧耳实体的绘制，如图 6-38 所示。重复以上步骤，把另一半侧耳拉伸成实体，如图 6-39 所示。

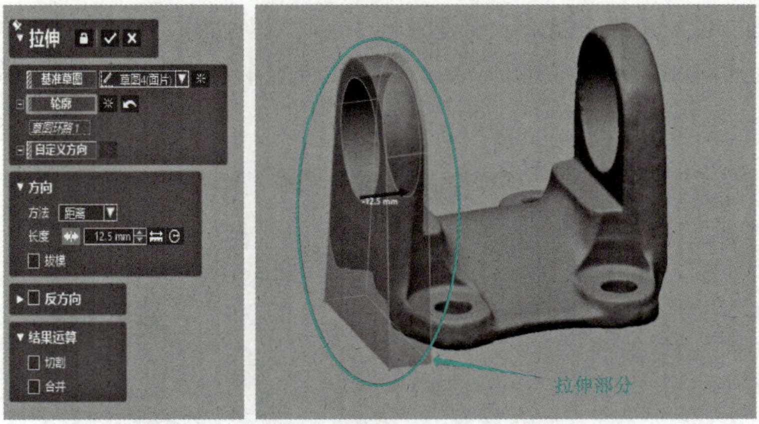

a)　　b)

图 6-38　拉伸侧耳

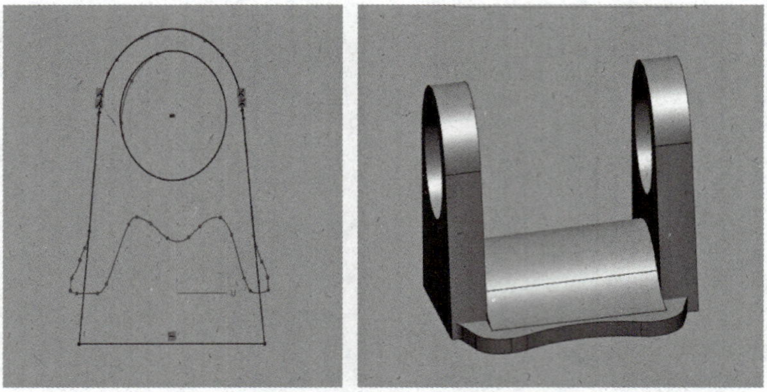

a)　　b)

图 6-39　拉伸双侧耳

6. 修正底面

（1）偏移底面　单击【曲面偏移】命令按钮 ，选择图 6-40 所示区域，设置偏移距离为 0mm，单击【确定】按钮。

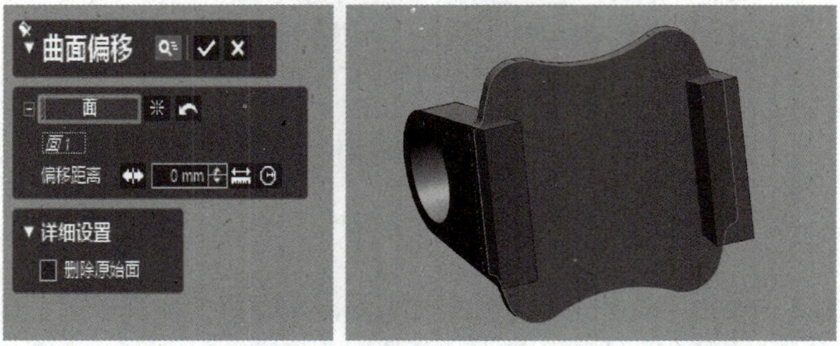

a)　　b)

图 6-40　偏移底面

（2）替换面　依次选择【插入】|【建模特征】|【替换面】命令，选择图 6-41 所示的面，【工具要素】选择曲面偏移后得到的平面，单击【确定】按钮。重复上述步骤，修正底面，完成后如图 6-42 所示。

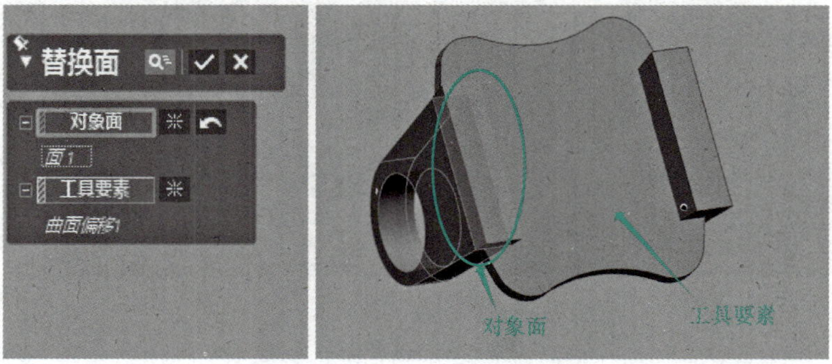

a)　　b)

图 6-41　替换面

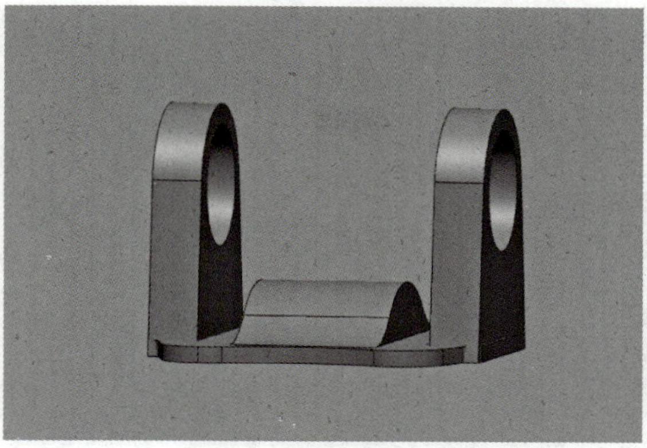

图 6-42　底面修正

7. 内侧凸台设计

（1）偏移曲面　单击【面片草图】命令按钮，选择图 6-43b 所示的领域组，设置基准面偏移的距离为 1mm。

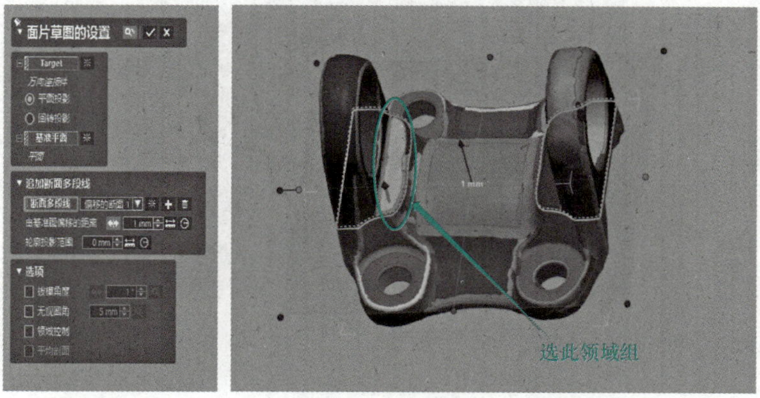

a)　　　　　　　　　　b)

图 6-43　偏移曲面

（2）绘制直线　利用【直线】命令绘制图 6-44 所示的直线（直线与直线两两互相垂直）。

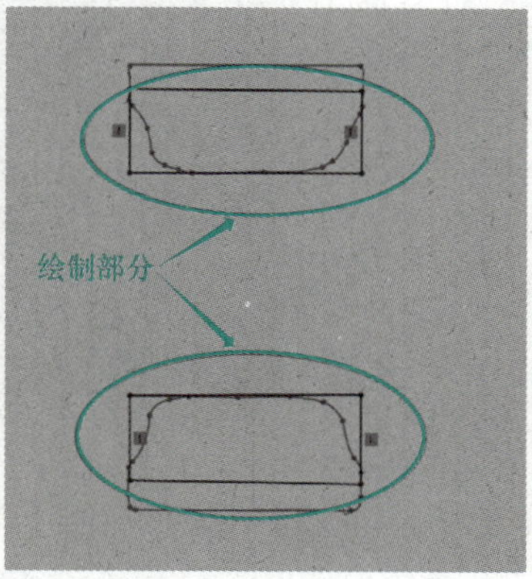

图 6-44　绘制直线

（3）拉伸凸台　单击【拉伸】命令按钮，选择上一步所画的草图，设置拉伸高度为 20mm，如图 6-45 所示，选择【合并】，单击【确定】按钮。

（4）倒圆角　单击【圆角】命令按钮，选择图 6-46 所示曲线，设置半径为 6.15mm，单击【确定】按钮。

8. 设计底部内凹圆形

（1）回转　单击【回转精灵】命令按钮，选择图 6-47 所示领域组，【结果运算】选择【导入片体】，单击【确定】按钮。

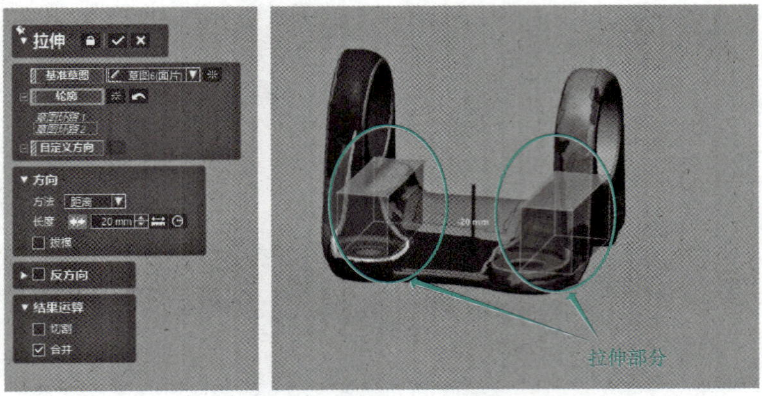

a)　　　　　　　　b)

图 6-45　拉伸凸台

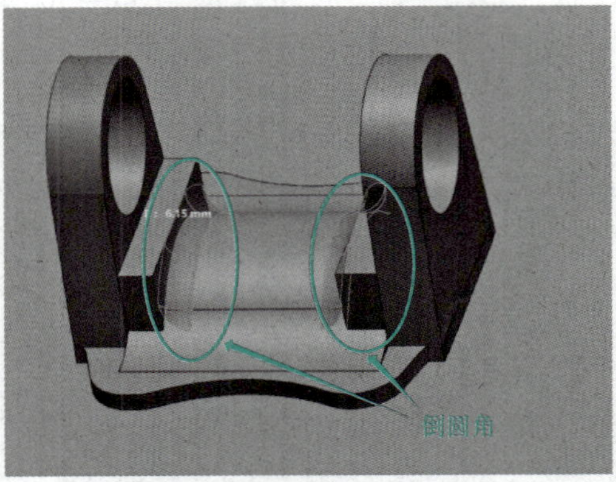

图 6-46　倒圆角

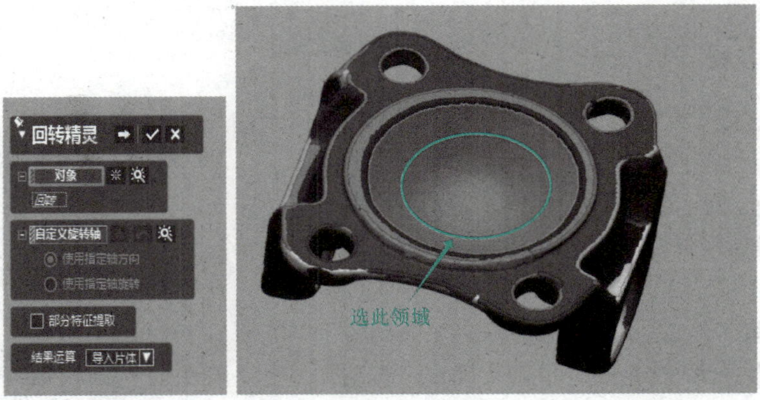

a)　　　　　　　　b)

图 6-47　回转精灵

（2）剪切曲线　选择左侧特征栏中的草图 17，右击选择【编辑】选项，单击【调整】命令按钮，将曲线拉长过中心线，如图 6-48a 所示；再利用【剪切】命令把图中所示的部分剪掉，如图 6-48b 所示，单击【确定】按钮。

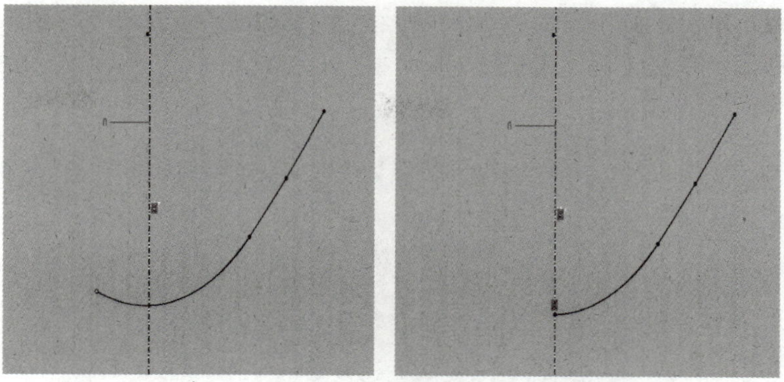

a)　　　　　　　　　　b)

图 6-48　剪切曲线

（3）延长曲面　单击【延长曲面】命令按钮，延长图 6-49b 所示曲面边线，单击【确定】按钮。

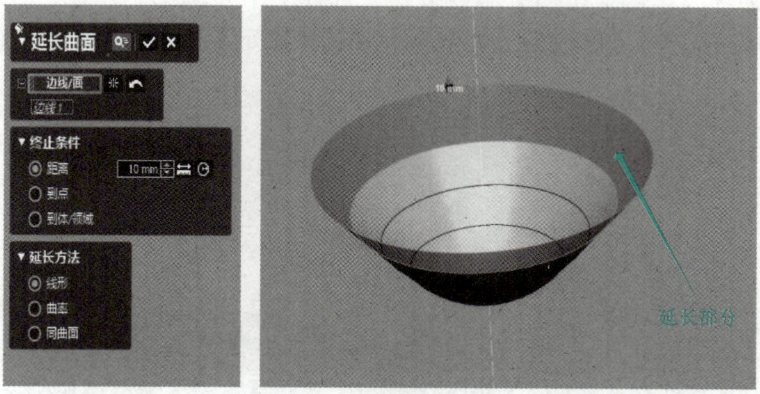

a)　　　　　　　　　　b)

图 6-49　延长曲面

（4）拉伸底面圆环　单击【面片草图】命令按钮，选择图 6-50b 所示底面圆环，设置拉伸距离为 1mm，单击【确定】按钮。

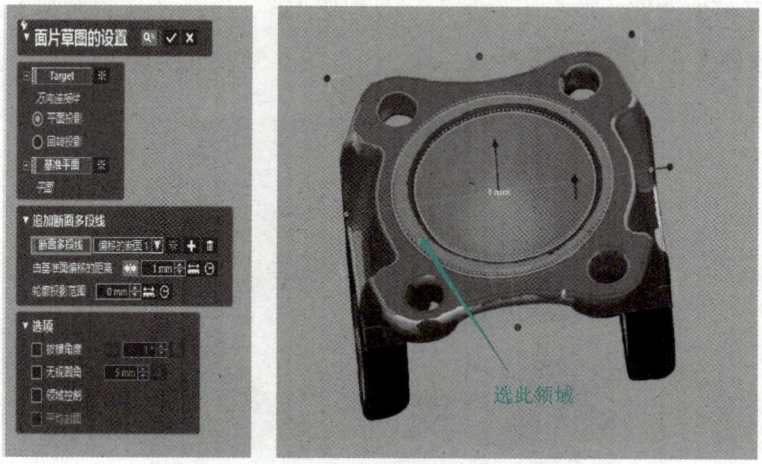

a)　　　　　　　　　　b)

图 6-50　拉伸底面圆环

（5）绘制圆　单击【圆】命令按钮，以上一步曲面的中心为圆心画圆，画出两个同心圆，如图6-51所示，单击【确定】按钮。

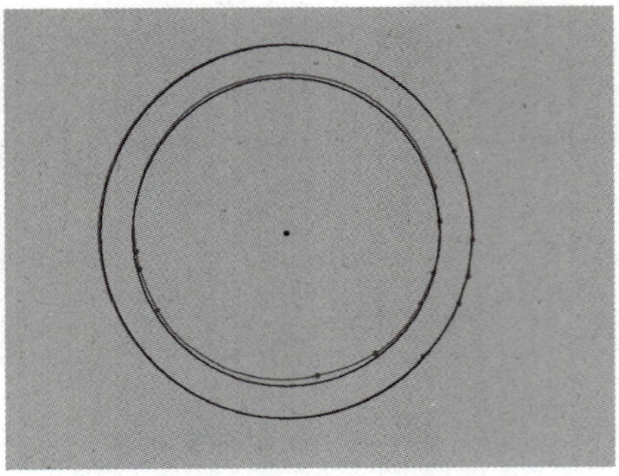

图6-51　绘制圆

（6）拉伸圆环　单击【拉伸】命令按钮，选择上一步画的两个圆，设置拉伸距离为1.5mm，拔模角度为10°，选择【合并】选项，单击【确定】按钮，如图6-52所示。

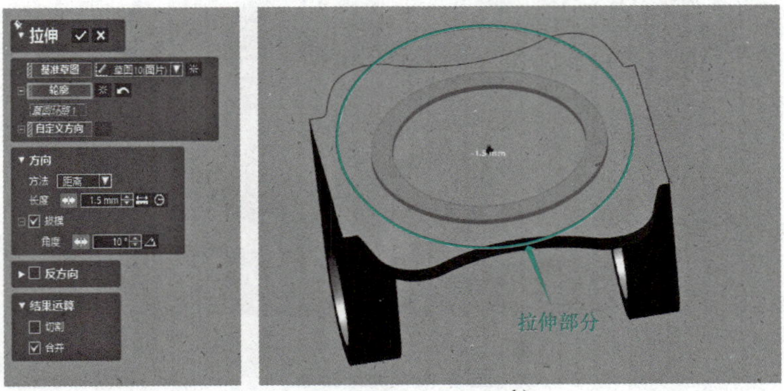

a)　　b)

图6-52　拉伸圆环

（7）修剪底部内凹圆　单击【切割】命令按钮，选择延长曲面为【工具要素】，整个实体为【对象体】，【残留体】选择大的部分，如图6-53所示，单击【确定】按钮。

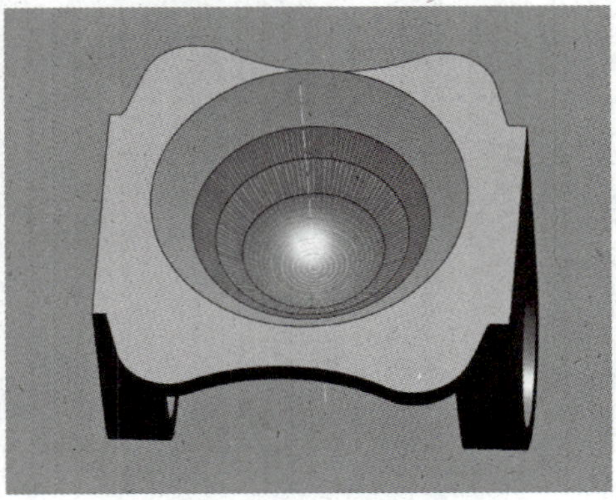

图6-53　修剪底部内凹圆

9. 设计侧耳外部

（1）绘制侧耳外部圆弧面　单击【曲面的几何形状】命令按钮 ，选择图 6-54b 所示领域组，创建圆柱，选择【部分特征提取】选项，再单击【确定】按钮，完成后如图 6-54c 所示。

然后绘制另一侧耳特征，操作步骤同上，结果如图 6-55 所示。

（2）延长曲面　单击【延长曲面】命令按钮，将前一步创建的 4 个曲面分别延长，设置延长距离为 5mm，如图 6-56 所示。

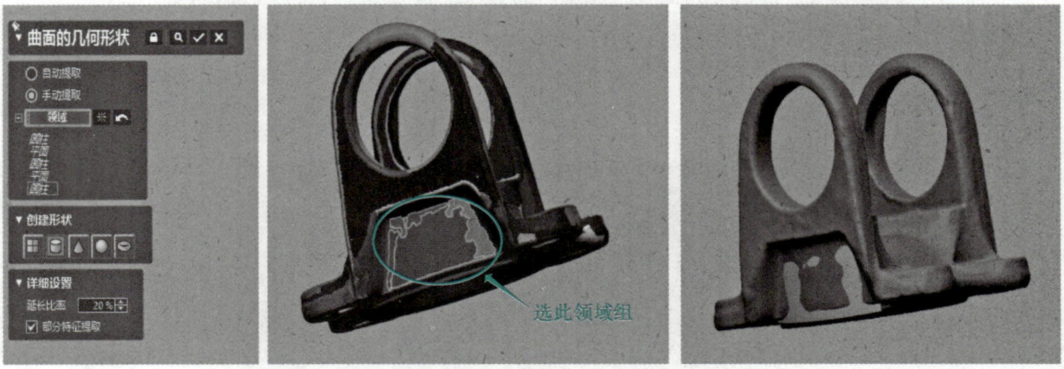

a)　　b)　　c)

图 6-54　创建圆柱

图 6-55　创建侧耳

图 6-56　延长曲面

（3）剪切曲面　单击【剪切曲面】命令按钮 ,【工具要素】选择 4 个曲面,【对象体】也选择 4 个曲面，残留体的选择如图 6-57b 所示。

（4）剪切侧耳　单击【切割】命令按钮 ,【工具要素】选择上一步的残留体,【对象体】选择整体,【残留体】选择图 6-58 所示的大块部分，单击【确定】按钮。

（5）倒圆角　单击【圆角】命令按钮，选择图 6-59b 所示的 3 条直线，设置圆角半径为 3mm，单击【确定】按钮。

重复上述（2）~（5）步骤，运用【剪切】【倒圆角】命令绘制另一半曲面。

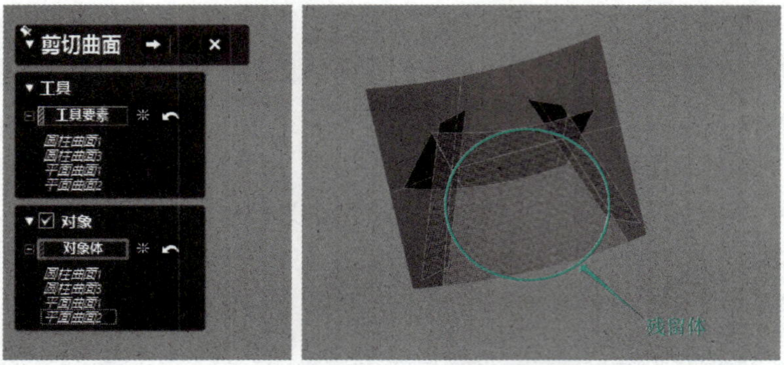

a)　　b)

图 6-57　剪切曲面

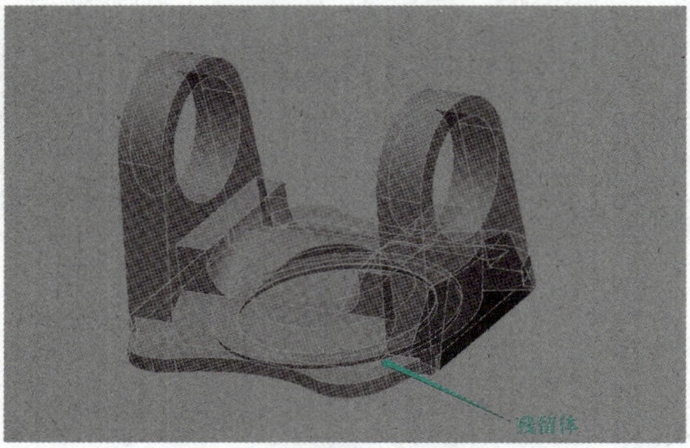

图 6-58　剪切侧耳

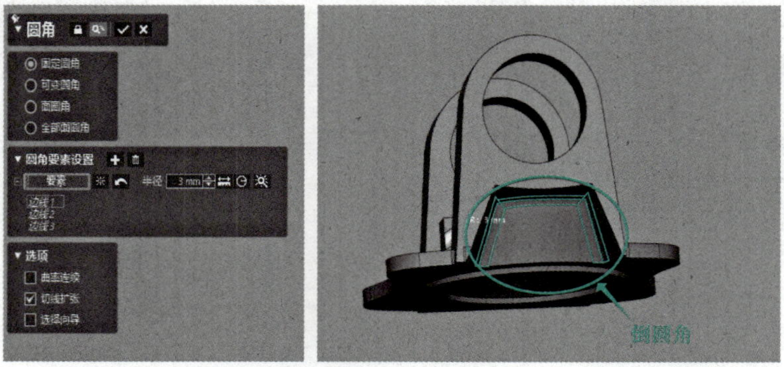

a)　　b)

图 6-59　倒圆角

10. 设计底座圆柱凸起

（1）创建面片草图　单击【面片草图】命令按钮，选择图 6-60b 中箭头所指的领域组，设置基准面偏移的距离为 1mm，单击【确定】按钮。

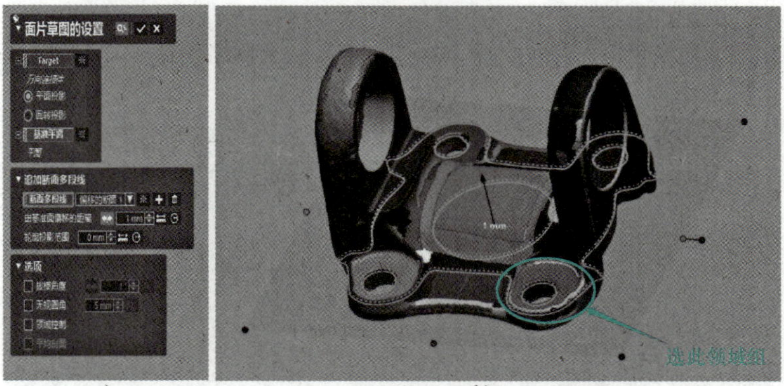

a)　　　　　　　　　　b)

图 6-60　创建面片草图

（2）绘制圆　单击【圆】命令按钮，选择图 6-61 中的 4 条曲线绘制圆，单击【确定】按钮。

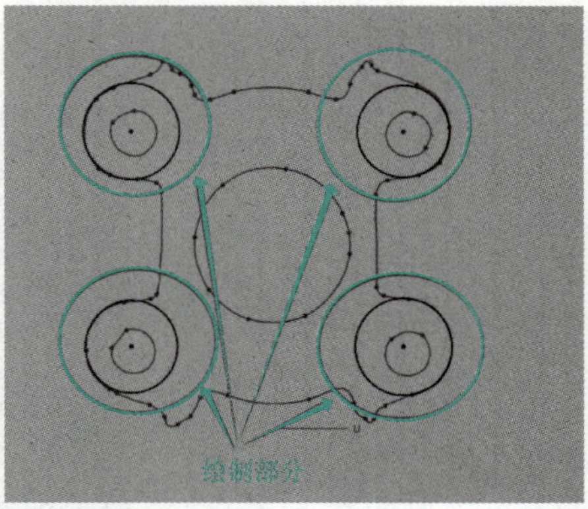

图 6-61　绘制圆

（3）拉伸圆柱　单击【拉伸】命令按钮，选择上一步绘制的圆形草图，设置拉伸距离为 70mm，勾选【切割】选项，如图 6-62 所示，单击【确定】按钮。

（4）创建面片草图　单击【面片草图】命令按钮，【基准平面】选择图 6-63b 所示平面，单击【确定】按钮。

（5）绘制轮廓　单击【变换要素】命令按钮，绘制底座轮廓曲线，再用【直线】命令绘制直线，如图 6-64 所示。

（6）拉伸　单击【拉伸】命令按钮，选择上一步绘制的草图，拉伸至图 6-65b 中箭头所指领域组，设置拔模角度为 20°，【结果运算】为【合并】，单击【确定】按钮。

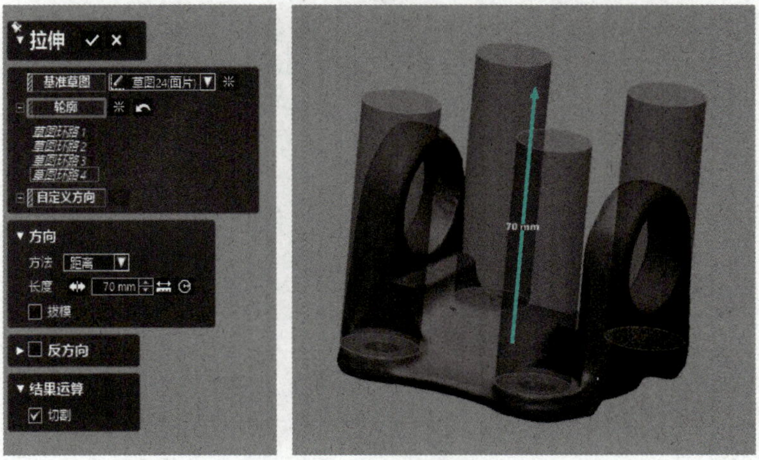

a)　　　　　　　　　　b)

图 6-62　拉伸圆柱

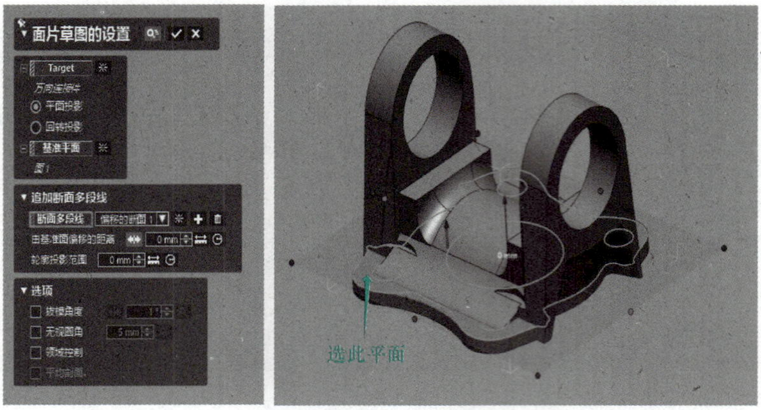

a)　　　　b)

图 6-63　创建面片草图

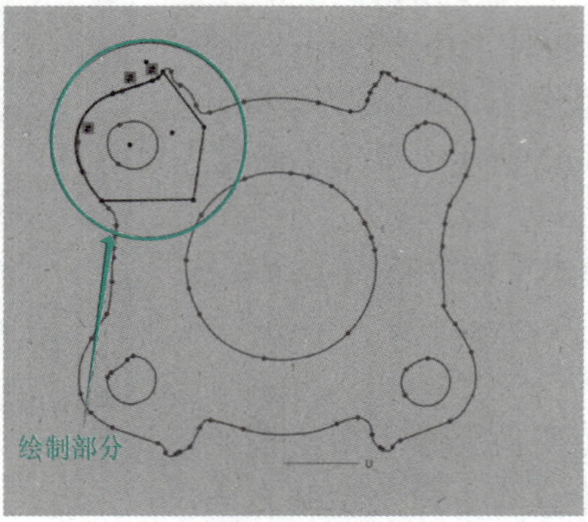

图 6-64　绘制轮廓

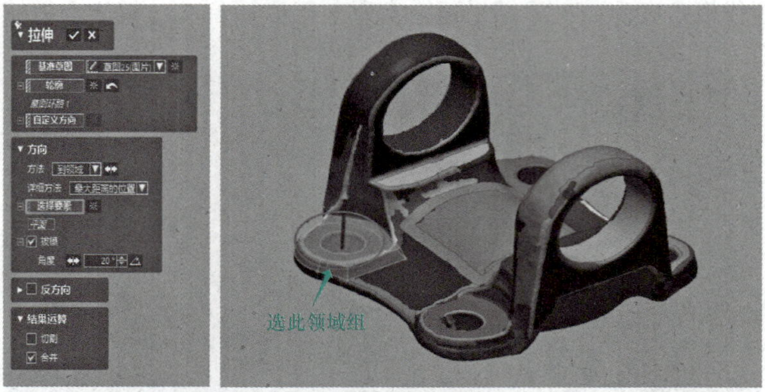

a)　　　　b)

图 6-65　拉伸

11. 设计底座小孔

（1）创建面片草图　单击【面片草图】命令按钮，【基准平面】选择图 6-66b 所示基准面，设置偏移距离为 2mm，单击【确定】按钮。

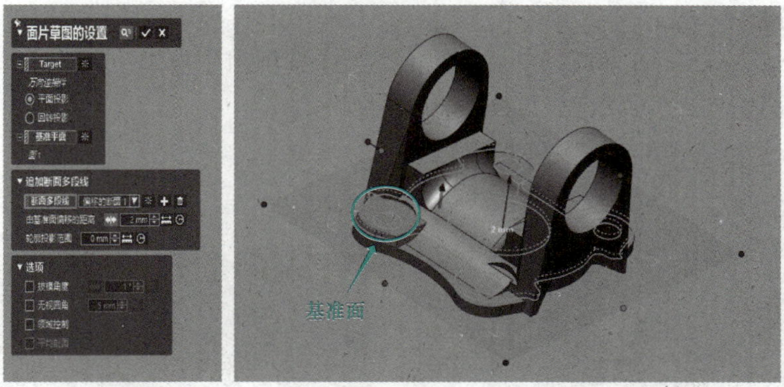

a)　　　　　　　　　　b)

图 6-66　创建面片草图

（2）绘制圆　单击【圆】命令按钮，绘制图 6-67 所示内孔圆。

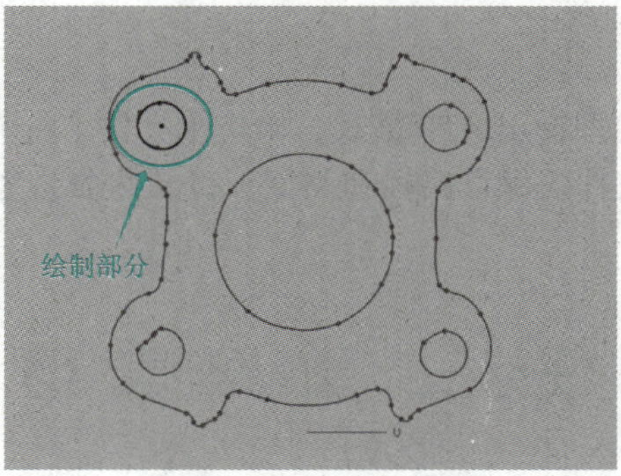

图 6-67　绘制圆

（3）拉伸孔　单击【拉伸】命令按钮，选择上一步绘制的圆，设置拉伸距离为 10mm，【运算结果】为【切割】，单击【确定】按钮，如图 6-68 所示。

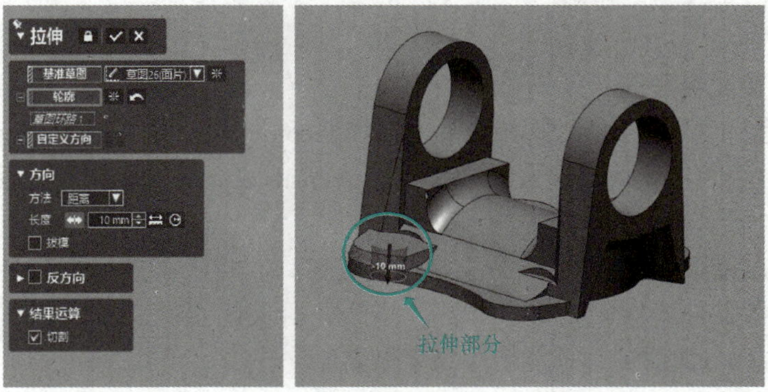

a)　　　　　　　　　　b)

图 6-68　拉伸孔

（4）倒圆角　单击【圆角】命令按钮，画出各个部分的圆角，如图 6-69 所示。

重复（1）~（4）步骤，画出另外 3 处圆孔，完成最终模型设计。

12. 偏差分析

在【Accuracy Analyzer（TM）】面板的【类型】选项组中选中【偏差】选项，显示曲面与网格（三角面片）之间的误差，如图 6-70 所示。

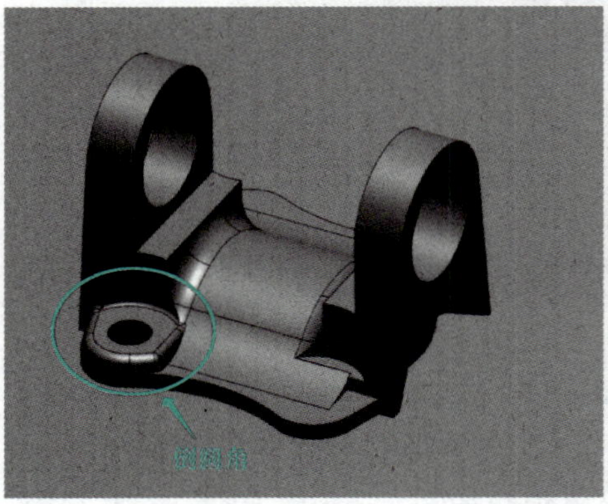

图 6-69　倒圆角

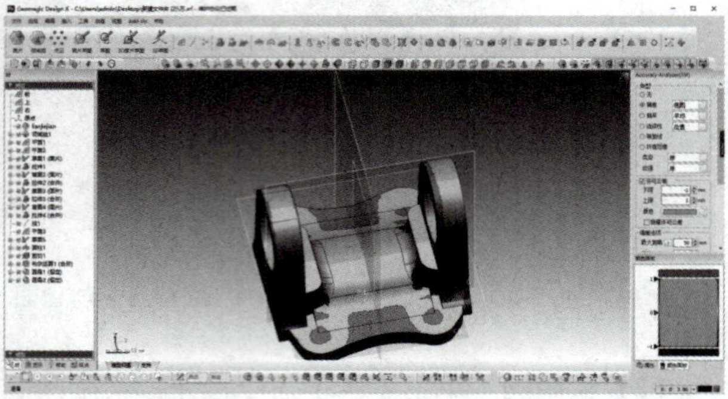

图 6-70　偏差分析

13. 输出文件

将建模完成后的实体模型输出 STP 格式，单击【文件】|【输出】命令按钮，选择万向连接件为输出要素，选择文件的保存路径和类型，将文件命名为【万向连接件】，单击【保存】按钮保存文件。

任务三　数 据 应 用

逆向设计完成后的模型可应用使用 ANSYS 有限元分析软件对模型进行动力学分析，模拟其工作行为并预测在现实环境中的性能。

下面简要讲述数据应用步骤。

打开 Ansys Workbench 软件，创建 Transient Structural。

一、前处理

1. 模型的创建或者导入

（1）导入模型　单击右键在弹出菜单中选择 Geometry → Import Geometry → Browse 选项，在弹出的选项框中选择要导入的模型“Universal-joint coupling.stp”后，单击【打开】按钮，如图 6-71 所示。

（2）查看修改模型　双击 Geometry 打开交互窗口，将零件进行重命名，将零件半联轴器命名为“1”，将零件十字轴命名为“2”，修改好后关闭当前交互窗口，如图 6-72 所示。（注：按照个人仿真习惯命名，不能使用汉字命名）

2. 材料参数的定义

（1）材料的定义　零件材料为铸铁，密度为 7150kg/m^3，杨氏模量为 $1.4\times10^{11}\text{Pa}$，泊松比为 0.25。

（2）材料的赋予　进入交互界面后，单击下方菜单栏中 Assignment 后，单击 Structural Steel 右侧的▸图标，选择创建的 cast iron 材料进行批量材料的赋予，如图 6-73 所示。

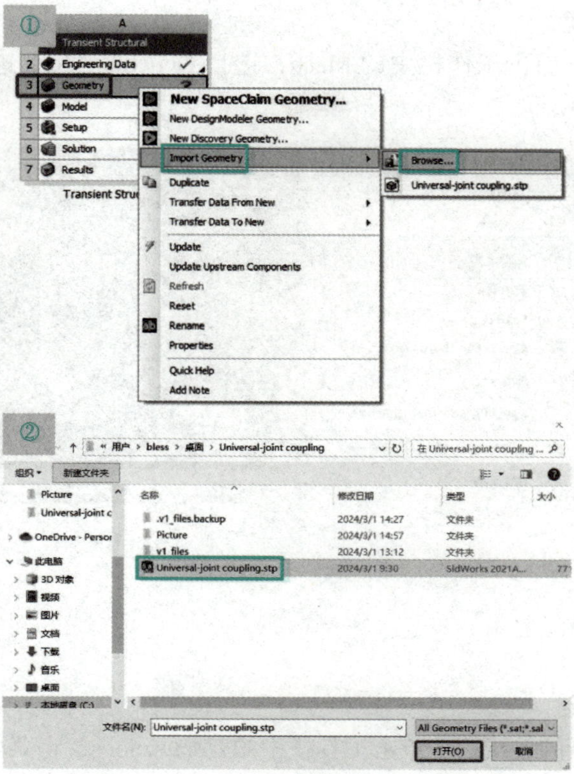

图 6-71　导入模型

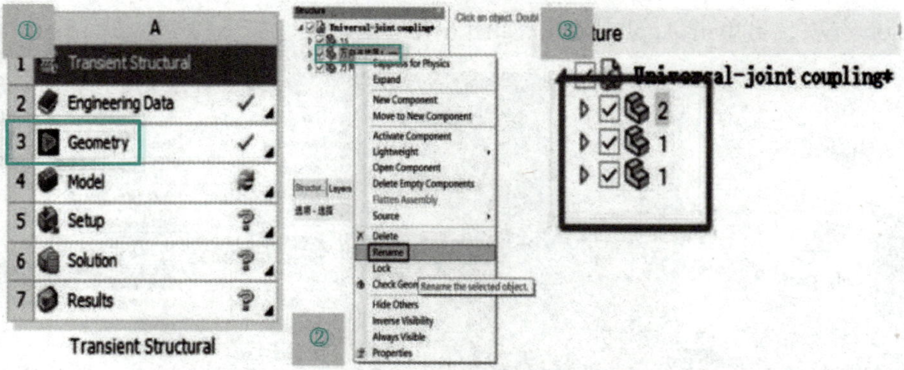

图 6-72　零件重命名

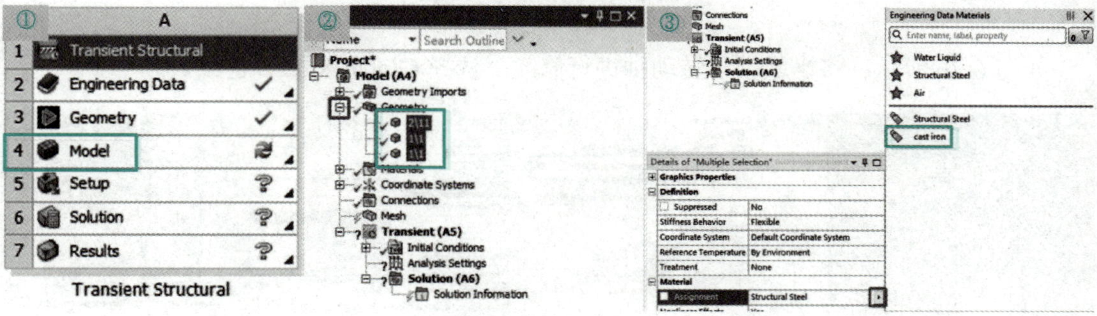

图 6-73　材料的赋予

3. 网格系统的构建

在 Model 界面下，右击工作栏中的 Mesh，选择 Generate Mesh 进行自动网格划分，划分后网格如图 6-74 所示。

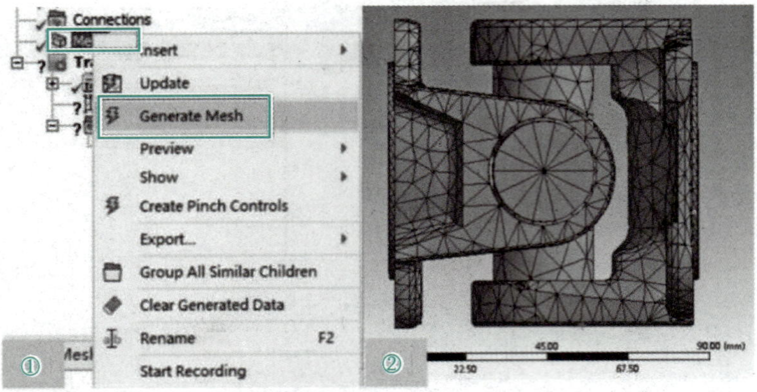

图 6-74　网格的划分

二、求解

1. 连接关系的设定

（1）建立半联轴器的铰接副　单击工具栏中的 Connections，将菜单栏切换至 Connections 界面，单击菜单栏中 Joint 下方的 ▾ 图标，展开下级菜单，单击 Body-Ground 下方的 ▾ 图标，选择 Revolute，按下 <Ctrl> 键同时选中半联轴器的 3 个表面，单击属性栏中 Scope 右侧的 No Selection 选项，再单击 Apply 按钮，如图 6-75 所示。

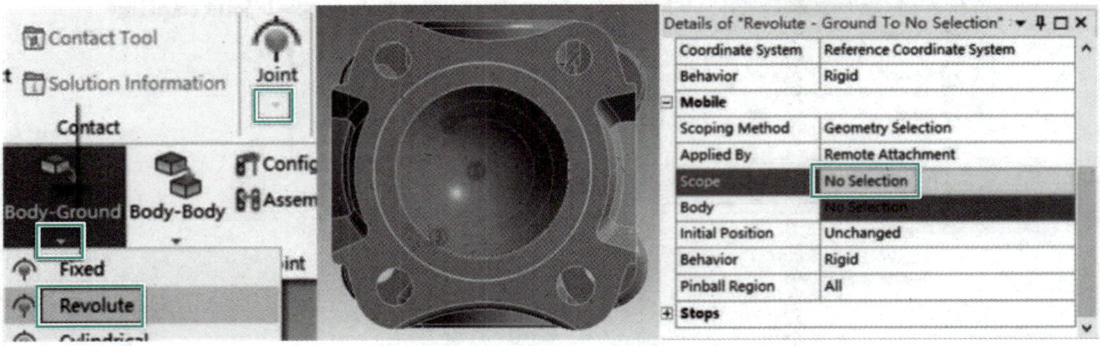

图 6-75　连接关系的设定

如图 6-76 所示，将半联轴器转动轴进行修改，选择 Global X Axis 选项。

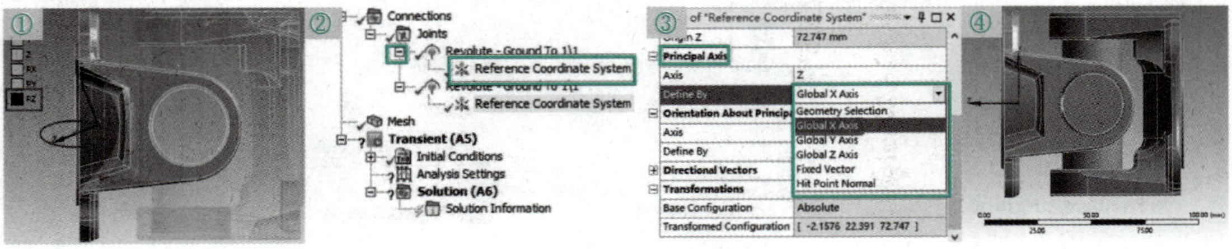

图 6-76　修改转动轴

重复上述操作，建立另一侧半联轴器对地的铰接副。

（2）建立十字轴与半联轴器的转动副　建立十字轴与半联轴器的转动副如图 6-77 所示。

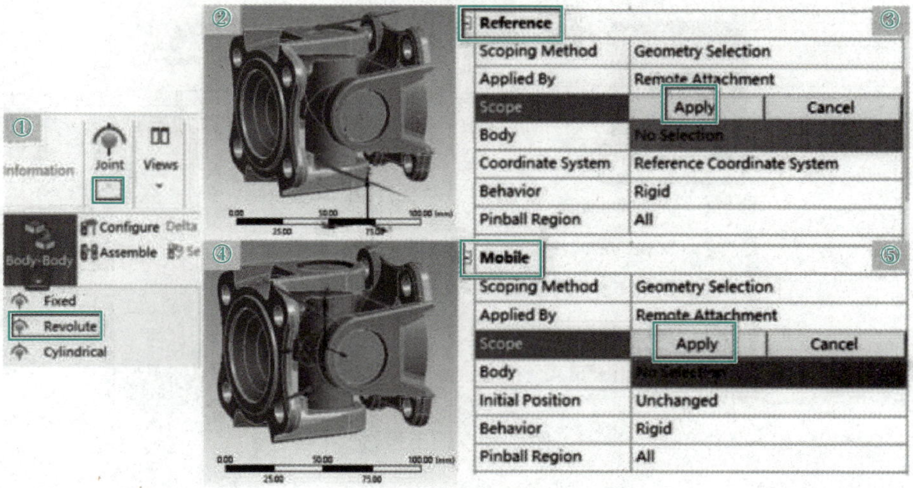

图 6-77　建立十字轴与半联轴器的转动副

2. 边界条件的设定

单击工具栏中的 Transient 选项，切换至 Environment 界面，单击菜单栏中 Loads 下方的 ▾ 图标，选择 Joint Load 选项；单击属性栏中 Joint 左侧的黄色区域激活设置，再单击右侧的 ▾ 图标，展开下拉菜单选择 Revolute-Ground To 1\1 选项；单击属性栏中 Type 左侧的黄色区域激活设置，再单击右侧的 ▾ 图标，展开下拉菜单选择 Rotational Velocity 选项，单击右侧 Tabular Data 中的黄色区域，分别输入 0、1.57，完成转动速度的设置，如图 6-78 所示。

3. 求解器的设定

（1）求解设置　单击菜单栏中的 Analysis Settings 选项，进入求解设置，单击属性栏中 Step Controls → Auto Time Setting，选择 Off，Define By 更改为 Substeps，Number Of Substeps 设置为 45，如图 6-79 所示。

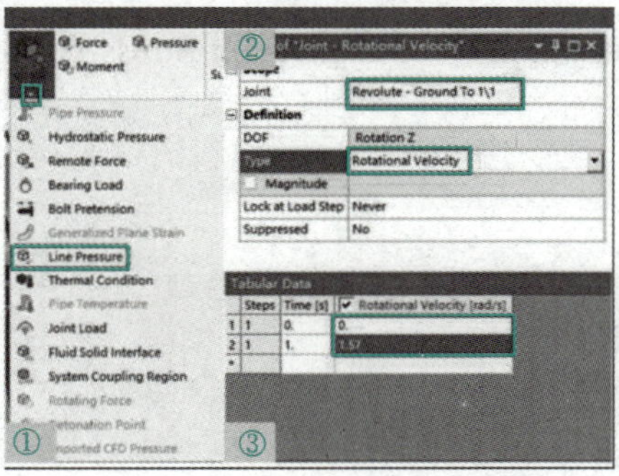

图 6-78　边界条件的设定

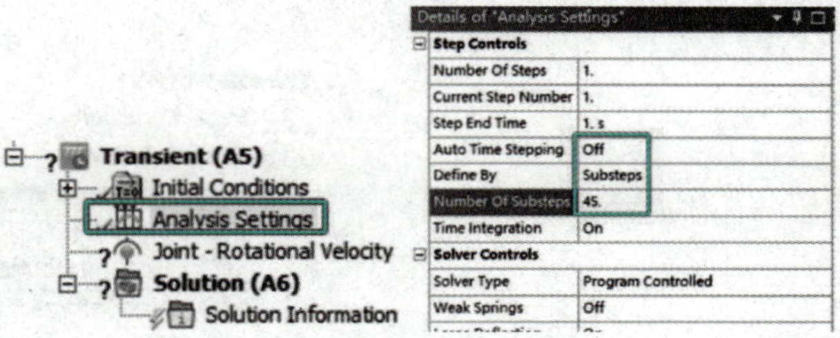

图 6-79　求解设置

（2）输出设置　单击菜单栏中的 Solution 选项，切换至 Solution 界面，单击菜单栏中 Deformation 下方的 ▾ 图标，选择 Total 选项；单击菜单栏中 Stress 下方的 ▾ 图标，选择 Equivalent Stress（von-Mises）选项，如图 6-80 所示。

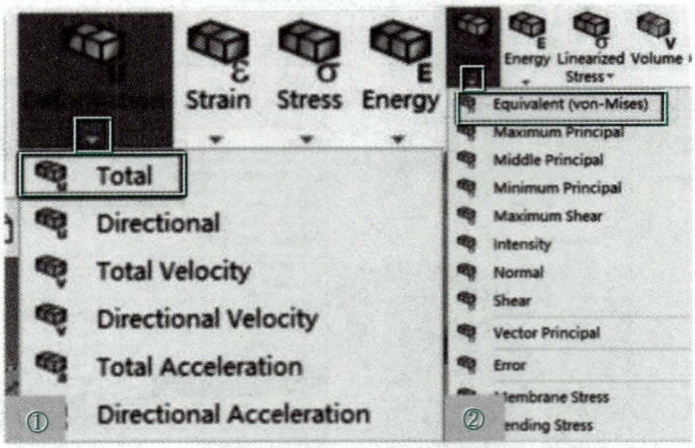

图 6-80　输出设置

设置完成后，右击工具栏中 Transient（A5）选项，选择 Solve 选项进行求解，如图 6-81 所示。

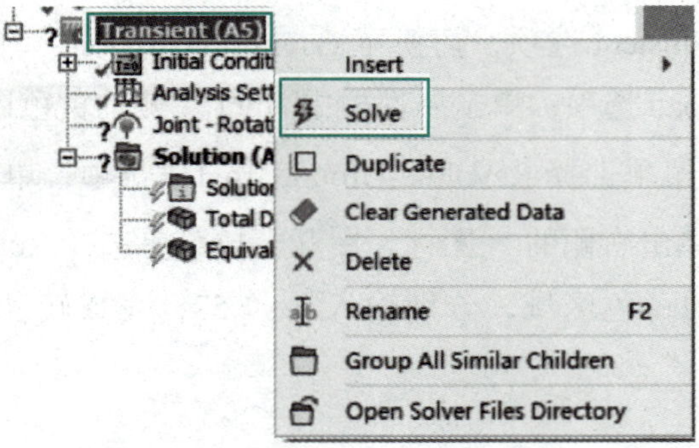

图 6-81　求解

三、结果查看

求解完成后单击工具栏中 Solution 下的 Total Deformation 以及 Equivalent Stress 选项，查看求解结果，如图 6-82 所示。

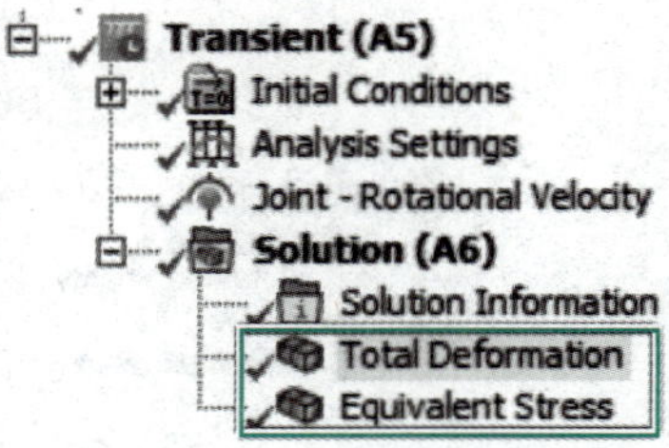

图 6-82　结果查看

单击 Graph 界面中▶图标，可播放应力计算结果，如图 6-83 所示。

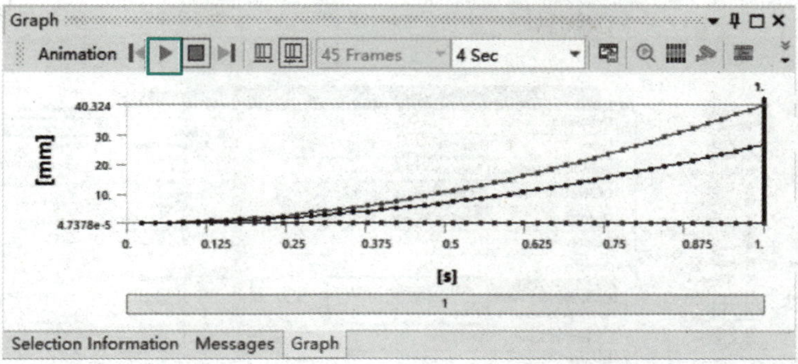

图 6-83　计算结果

（1）应力求解结果（半联轴器）　应力求解结果如图 6-84 所示。

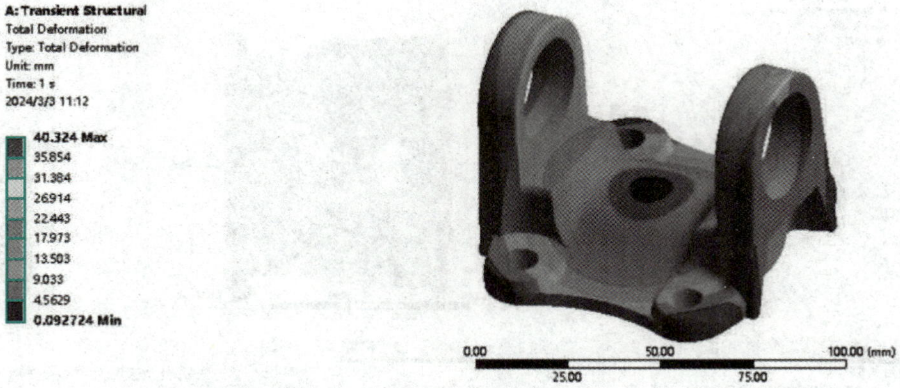

图 6-84　应力云图

（2）位移求解结果（半联轴器）　位移求解结果如图 6-85 所示。

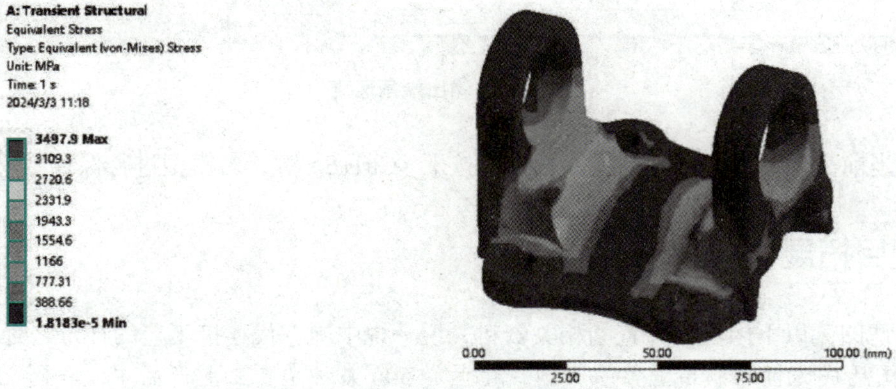

图 6-85　位移云图

（3）输出端角速度求解结果　右击 Solution 选项，单击选择 Insert→Probe→Joint 选项，将属性栏中的 Boundary Condition 更改为 Revolute-Ground To 1\1（第二个选项），将 Result

Type 更改为 Relative Angular Velocity；将 Result Selection 更改为 Z Axis，右击工具栏中的 Joint Probe → Evaluate All Results 选项，进行求解，如图 6-86 所示，求解完成后输出端角速度如图 6-87 所示。

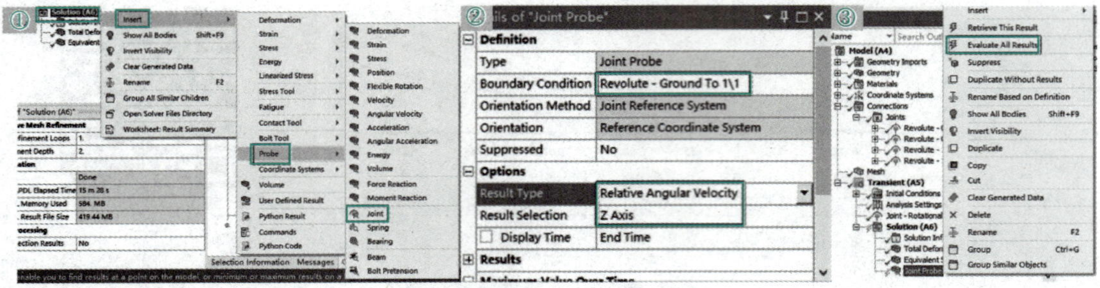

图 6-86　输出端角速度的查看

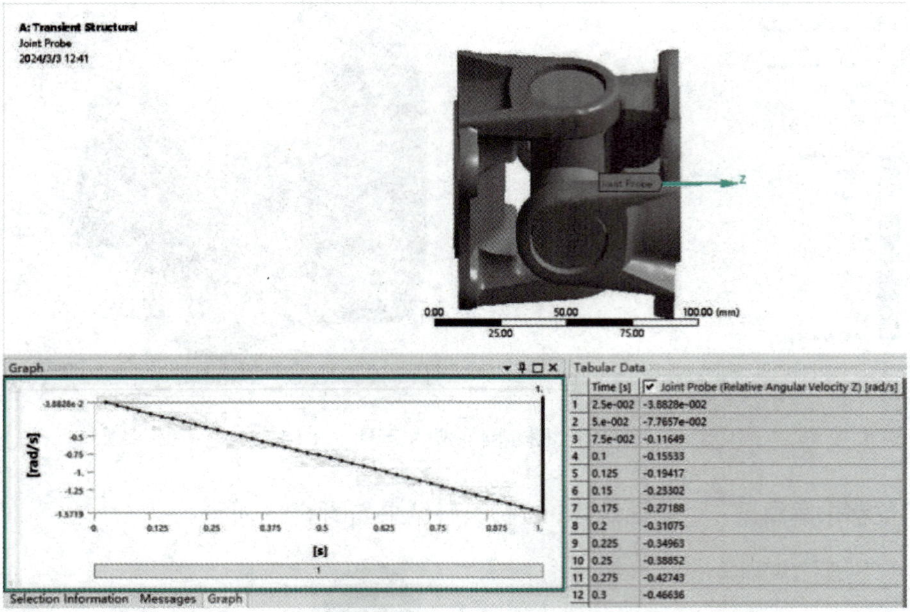

图 6-87　输出端角速度

关闭当前交互窗口，回到主界面，同时按下 <Ctrl+S> 键，对模型进行保存。

项目拓展

1. 请阅读以下内容，并查阅相关资料，说一说中国古代连接工艺的神奇之处。

我国已成为世界制造业第一大国，在世界 500 多种主要工业产品中，我国 220 多种工业产品的产量位居世界第一，联轴器也位列其中。联轴器是用来连接不同机构中的两根轴，使之共同旋转以传递转矩和力的机械零件。在高速重载的动力传动中，有些联轴器还具有缓冲、减振和提高轴系动态性能的作用，产品质量至关重要。

在工业产品的生产过程中，产业工人是支撑中国制造的重要基础，对推动经济高质量发展具有重要作用。现代社会的“工匠”，他们很多人在本职岗位上工作了几十年之久，干出了一番事业，是爱岗敬业的典范。产业工人要以这种精神做引领，树立爱岗敬业、无私奉献的价值观，不计较个人得失。只有大努力才会有大成功、大未来，这是促进国家发展的保障。

2. 请从教学资源包下载“眼部按摩仪”点云数据，并按要求完成数据处理及逆向设计过程。

数据处理及逆向设计要求：处理后的点云分布规整平滑，无多余杂点及无噪音点；逆向设计命令使用恰当，过程简洁合理，模型精度控制在 ±0.1mm 内。

项目七 鼠标外形扫描与逆向设计

07

学习目标

知识目标：

1. 掌握 Geomagic Wrap 软件中对称类零件坐标对齐的要求与技巧；
2. 掌握 Geomagic Design X 软件中 3D 草图、放样等命令。

技能目标：

1. 熟练应用 Geomagic Design X 软件完成样条曲线的曲面拟合；
2. 熟练应用 Geomagic Design X 软件完成复杂曲面间的修剪与缝补。

素质目标：

1. 树立严格遵循国家标准、行业标准的标准意识；
2. 培养学生的创新思维与创新能力；
3. 培养学生查阅资料、自主学习和勤于思考的能力。

项目发布

某厂家鼠标产品升级换代，将原产品升级为带底座自充电式鼠标套装。要求在原有鼠标基础上进行结构和工艺优化，并创新设计一款充电底座。

鼠标属于规则结构，主要由自由曲面组成，从产品设计角度考虑，该项目适合培养学生的逆向设计水平，要求指定坐标合适，曲面拆分合理，在要求的公差范围内曲面尽量光滑，各区域过渡合理，并符合设计理念。

项目分析

1. 产品分析

（1）表面分析 本项目鼠标原型为 ABS 材料，上表面呈灰白色，中间滚轮和底面呈黑色，表面光洁，无毛刺，易反光，如图 7-1 所示。

图 7-1 鼠标原型

（2）外形分析 该鼠标外形尺寸约 10cm，结构对称，由左右按键、面盖、中壳、底壳、滚轮五部分拼接组成，各部件间有明显分界线，曲面光滑过渡。

（3）精度分析　数据采集过程中要求整体数据完整，保留产品原有特征，点云分布规整平滑，整体精度控制在 ±0.1mm。

重点： 1）使用支架式白光双目扫描仪完成简单曲面零件整体数据采集，要求数据采集过程速度快、精度高、数据完整性好；2）应用逆向设计软件完成自由曲面零件设计。

难点： 1）鼠标侧面细而窄，如何灵活使用标志点，顺利完成整体数据采集过程；2）逆向设计中如何让两个不规则曲面实现光滑过渡，无明显接痕。

2. 策略制定

（1）数据采集策略　项目要求鼠标整体数据完整，若采取整体扫描的方案可优先满足要求，既能避免数据丢失，也能保留产品原有细节特征，因此选用整体扫描的方式。观察后发现鼠标上表面为白色塑料，会反光，底部为黑色，整体材质及颜色不利于数据的采集，因此需对其表面进行喷粉处理。

鼠标外形特征主要由曲面构成，主要数据采集部分为上表面、侧面和底平面，需要经过多角度、多范围的多次扫描才能完成鼠标完整数据的采集，需要在鼠标正反面都粘贴标志点，以实现多次扫描数据的坐标系统一，扫描过程中通过侧面标志点并借助工作转盘实现鼠标的翻转扫描。

（2）逆向设计策略　针对数据采集过程中多余的杂点和不完美数据，选用 Geomagic Wrap 软件对其进行处理，将多余杂点删除后，进一步优化鼠标表面整体数据；选用 Geomagic Design X 软件对鼠标进行整体逆向设计。

（3）数据应用策略　应用 NX 软件进行充电底座创新设计。参考鼠标模型，设计无线充电底座外形结构和功能，并在鼠标相应位置设计充电口，使原产品升级为带底座自充电式鼠标套装。

项目实施

任务一　数据采集

一、扫描前的准备工作

1. 喷粉

喷粉原则和注意事项可参考项目三，喷粉示意图如图 7-2 所示，喷粉后的效果图如图 7-3 所示。

2. 粘贴标志点

鼠标上表面为主要采集区，为保证数据的完整性，选择在工作转盘上粘贴标志点，鼠标上表面不粘贴任何标志点；为实现正反面扫描数据的坐标系统一，选择鼠标侧面粘贴标志点作为翻转过渡区；采集底面数据时，需要及时调整鼠标的摆放角度，所以在底平面粘贴一定数量的标志点，原则及注意事项参考项目三，本次扫描标志点的粘贴方式如图 7-4 所示。

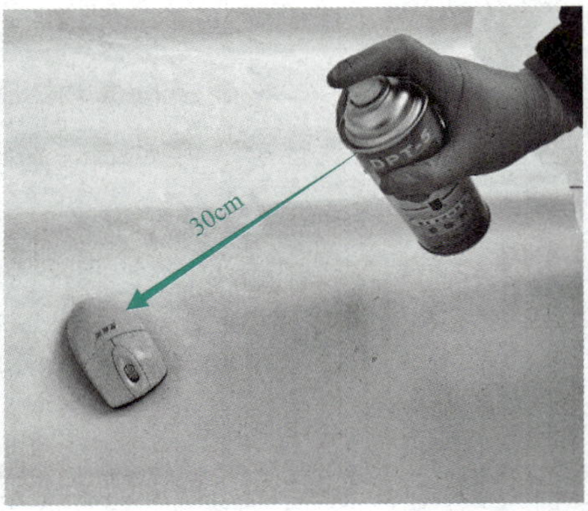

图 7-2　喷粉示意图

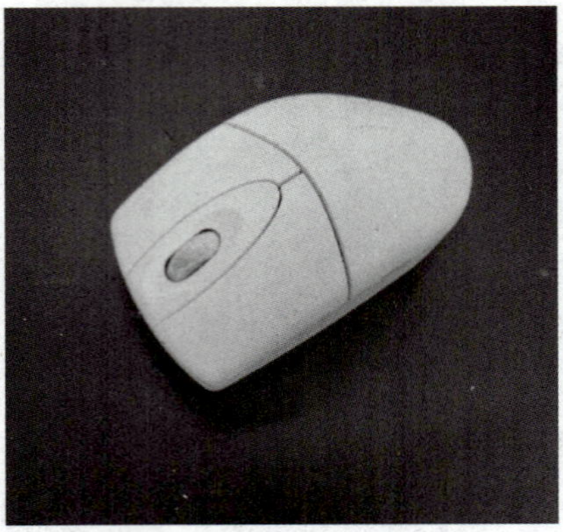

图 7-3　喷粉后的效果图

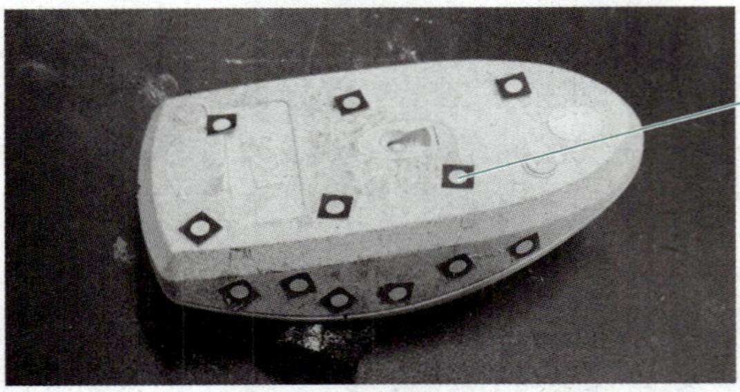

图 7-4　标志点的粘贴方式示意图

二、采集数据

1. 调整设备

（1）视场对齐　扫描数据前需对扫描仪进行精度校准，校准方式参考项目三。当精度达标时，将鼠标放置在工作转盘上，调整鼠标与扫描仪的距离，确定转盘和零件在扫描仪十字中间，尝试旋转转盘一周，在软件实时显示区保证能够看到零件整体，如图 7-5 所示。

a)

b)

图 7-5　扫描仪与鼠标工作距离示意图

（2）参数调整　观察实时显示区中鼠标的亮度，在软件中设置相应的相机曝光值和增益值，可根据环境适当调整，以物体不反光为宜。

2. 扫描零件

调整好设备和零件的位置后，按以下步骤进行扫描。

（1）正面数据采集　调整鼠标倾斜角度，使侧面标志点为有效标志点，将其倾斜摆放，如图 7-6 所示，单击【扫描】按钮后开始扫描，每扫描一次将工作转盘旋转一定角度，直至整个上表面数据采集完毕。

图 7-6　鼠标摆放示意图

（2）底面数据采集　去掉工作转盘上的标志点，翻转鼠标使底面向上，调整鼠标倾斜角度，使侧面标志点为公共标志点，底面标志点为有效标志点，倾斜摆放鼠标，如图 7-7 所示。单击【扫描】按钮后开始扫描，随时调整鼠标倾斜角度，完成鼠标底面数据采集。

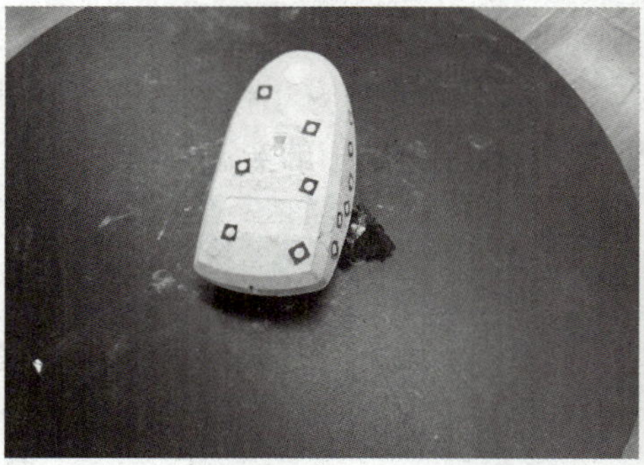

a)

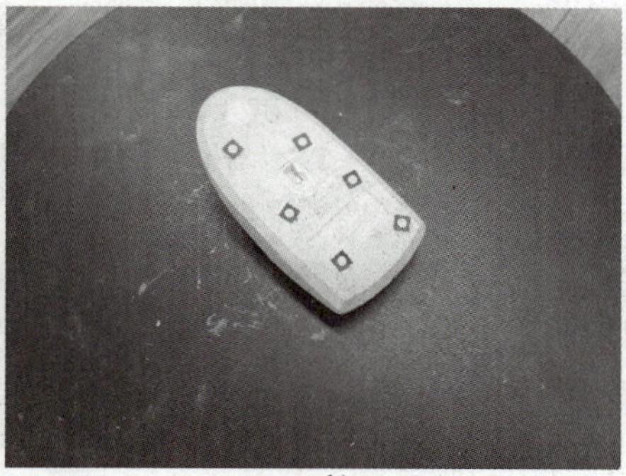

b)

图 7-7　底面扫描示意图

3. 保存数据

扫描完成后，选择保存路径，将扫描点云数据另存为“鼠标 .asc”格式文件。

采集完成后的点云数据包含一些扫描物体之外的杂点，边角数据容易被遗漏，且粘贴标志点的位置也会出现数据缺失，需要应用 Geomagic Wrap 软件将扫描杂点去除，并填充粘贴标志点形成的孔洞，补全数据，形成封闭完整的零件数据。

任务二　数 据 处 理

一、点云阶段数据处理

1. 打开文件

打开 Geomagic Wrap 软件，将“鼠标 .asc”文件拖入界面，选择比率（100%）和单位（毫米），进入软件界面，如图 7-8 所示。

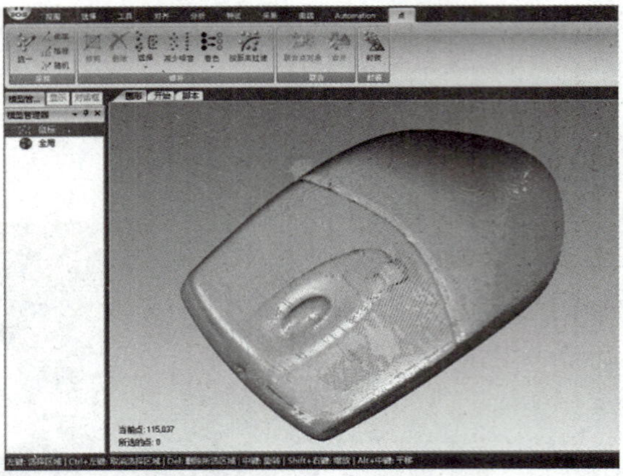

图 7-8　打开扫描数据

2. 去除杂点

（1）着色　单击【着色】下拉菜单中的【着色点】命令按钮，点云数据由黑色变成绿色。

（2）删除非连接项　单击【选择】下拉菜单中的【非连接项】命令按钮，出现图 7-9 所示对话框，选择低分隔和尺寸 5.0mm，单击【确定】按钮将数据中的非连接项删除。

（3）删除体外孤点　单击【选择】下拉菜单中的【体外孤点】命令按钮，出现图 7-10 所示对话框，选择敏感度 85，单击【确定】按钮，将点云中选中的杂点删除。

图 7-9　选择非连接项对话框

图 7-10　选择体外孤点对话框

（4）减少噪音　单击【减少噪音】命令按钮，出现图 7-11 所示对话框，单击【确定】按钮去除点云中的噪音点，完成后的数据如图 7-12 所示。

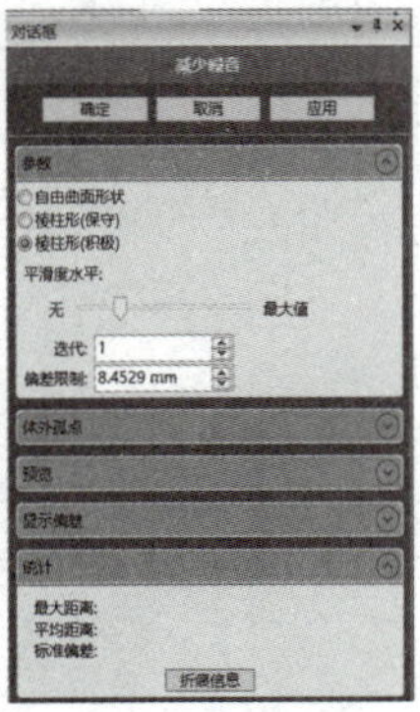

图 7-11　减少噪音对话框

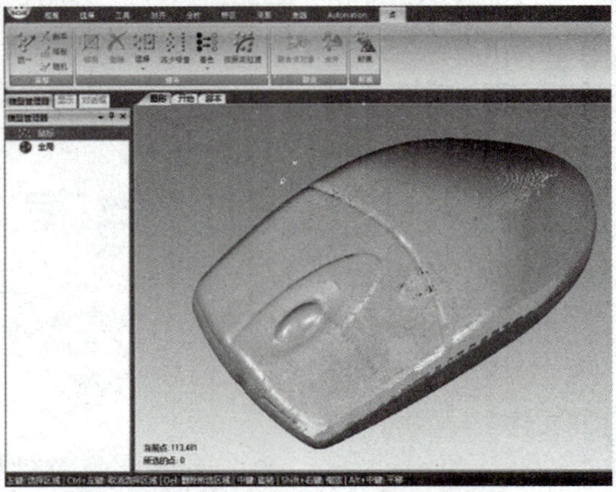

图 7-12　去除杂点后的数据

3. 封装点云数据

单击【封装】命令按钮，出现图 7-13 所示对话框，选择自动降低噪音，勾选【最大三角形数】，单击【确定】按钮，数据由点云转换为多边形界面，如图 7-14 所示。

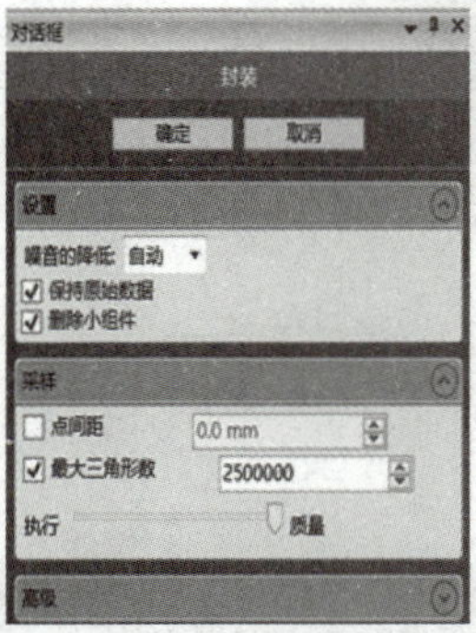

图 7-13　封装对话框

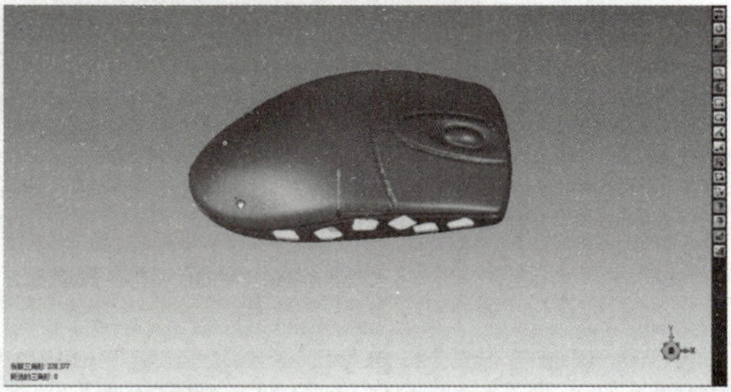

图 7-14　封装数据

二、多边形阶段数据处理

1. 填充孔

（1）填充内部孔　单击【填充单个孔】命令按钮，选择【曲率】和【内部孔】选项，填充数据中的部分标志点孔，如图 7-15 所示。

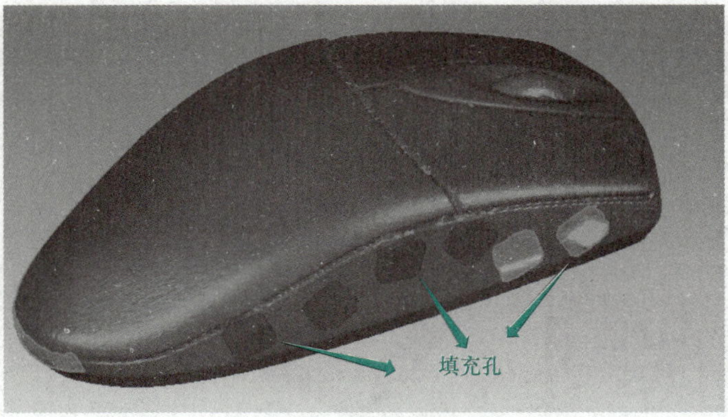

图 7-15　曲率、内部孔填充

（2）填充边界孔　单击【填充单个孔】命令按钮，选择【平面】和【边界孔】选项，填充数据中的其他孔；也可结合【切线】【搭桥】选项，在不改变原有特征的情况下合理搭配使用，完成孔的填充，如图 7-16 所示。

2. 平滑曲面

（1）删除钉状物　框选要进行平滑的曲面部分，单击【删除钉状物】命令按钮，适当调整平滑级别，以不改变零件细节特征为宜，将多边形网格中的单点尖峰展开，如图 7-17 所示。

（2）松弛多边形　框选要松弛的曲面部分，单击【松弛】命令按钮，调整平滑级别，单击【确定】按钮，尽量不改变零件细节，将紧皱网格松弛展开，如图 7-18 所示。

处理完成后的多边形鼠标数据表面光顺，可以进行下一步逆向设计。

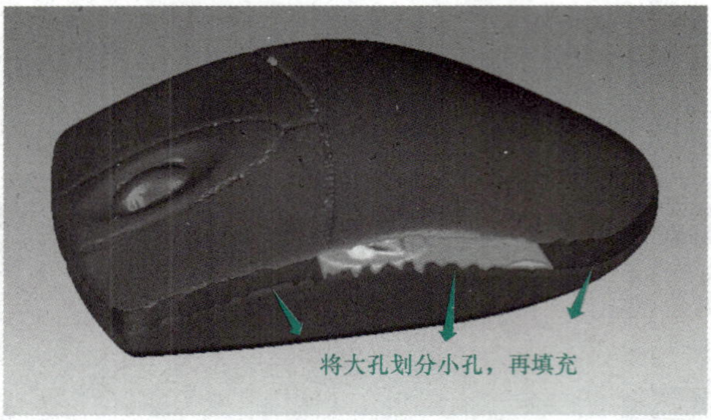

图 7-16　平面、边界孔填充

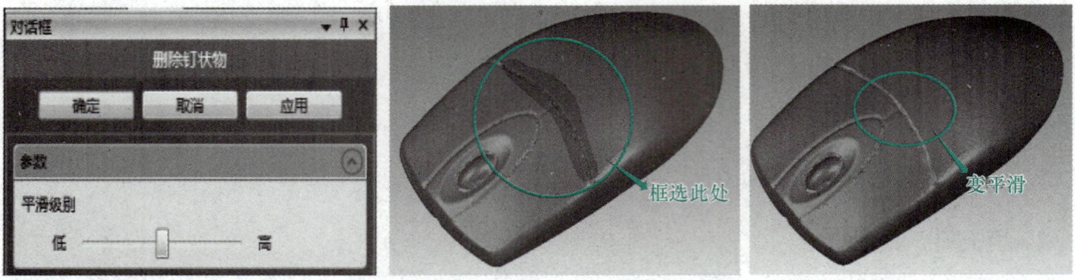

a)　　b)　　c)

图 7-17　删除钉状物

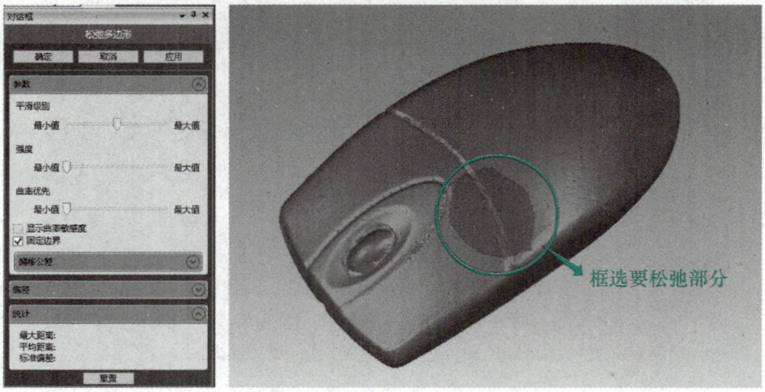

a)　　b)

图 7-18　松弛多边形

3. 保存文件

将处理好的数据另存为“鼠标 .stl”格式文件。

三、逆向设计过程

1. 打开文件

打开 Design X 软件，选择【插入】|【导入】命令，在弹出的对话框中选择要导入的文件数据，也可将“鼠标 .stl”文件拖入窗口，导入点云后的界面如图 7-19 所示。

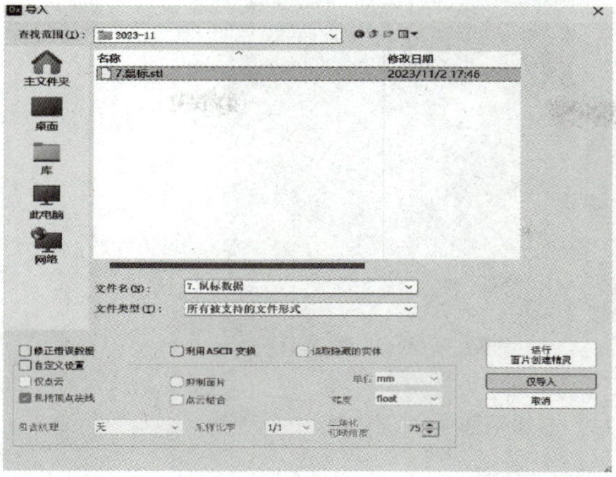

图 7-19　打开文件

鼠标外形逆向设计 1

鼠标外形逆向设计 2

鼠标外形逆向设计 3

鼠标外形逆向设计 4

2. 对齐坐标系

（1）追加平面　单击【追加平面】命令按钮，弹出对话框，【要素】选择【自定义】，在鼠标底面选择点，如图 7-20 所示，创建参照平面 1。

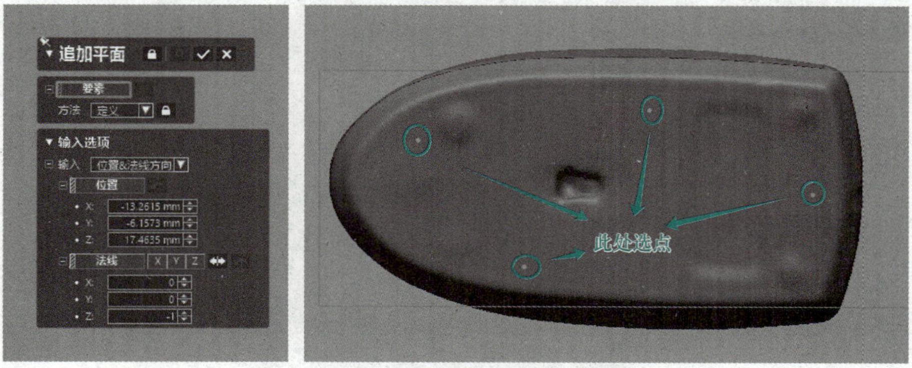

a)　　b)

图 7-20　追加平面 1

继续单击【追加平面】命令按钮，弹出对话框，【要素】选择【绘制直线】，单击【确定】按钮，在鼠标中心线位置绘制直线，创建参考平面 2，如图 7-21 所示。

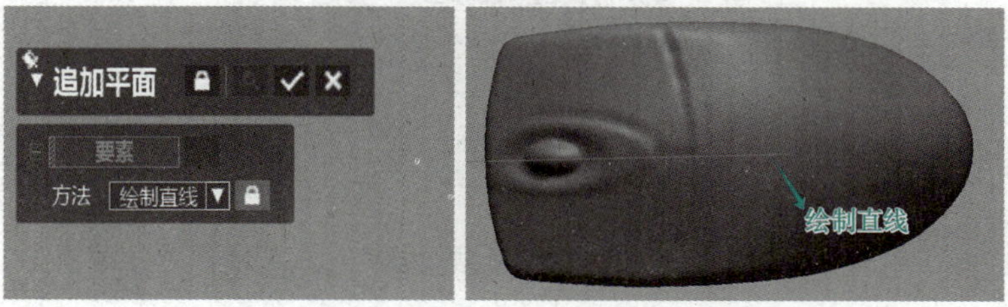

图 7-21　追加平面 2

再次单击【追加平面】命令按钮，弹出对话框，【要素】选择【镜像】，单击选择直线，按组合键 <Ctrl+A> 选择所有数据，单击【确定】按钮，在鼠标对称中心位置创建平面 3，如图 7-22 所示。

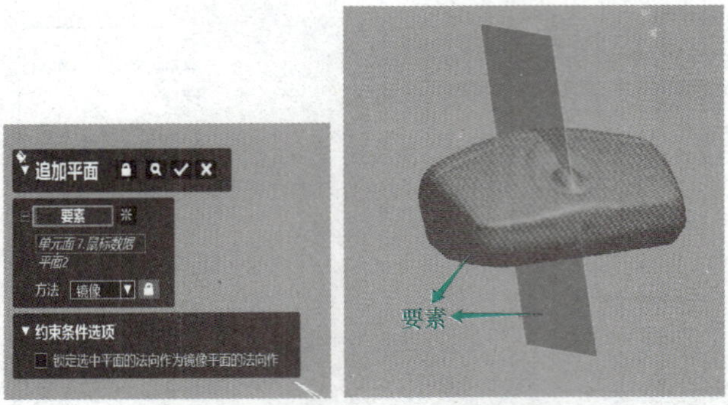

a)　　b)

图 7-22　追加平面 3

(2) 对齐坐标系　单击【手动对齐】命令按钮，单击进入下一阶段，【移动】方式选择【3-2-1】，依次选择平面 1 和平面 3 作为参考，如图 7-23a 所示，单击【确定】按钮完成坐标对齐，如图 7-23b 所示。

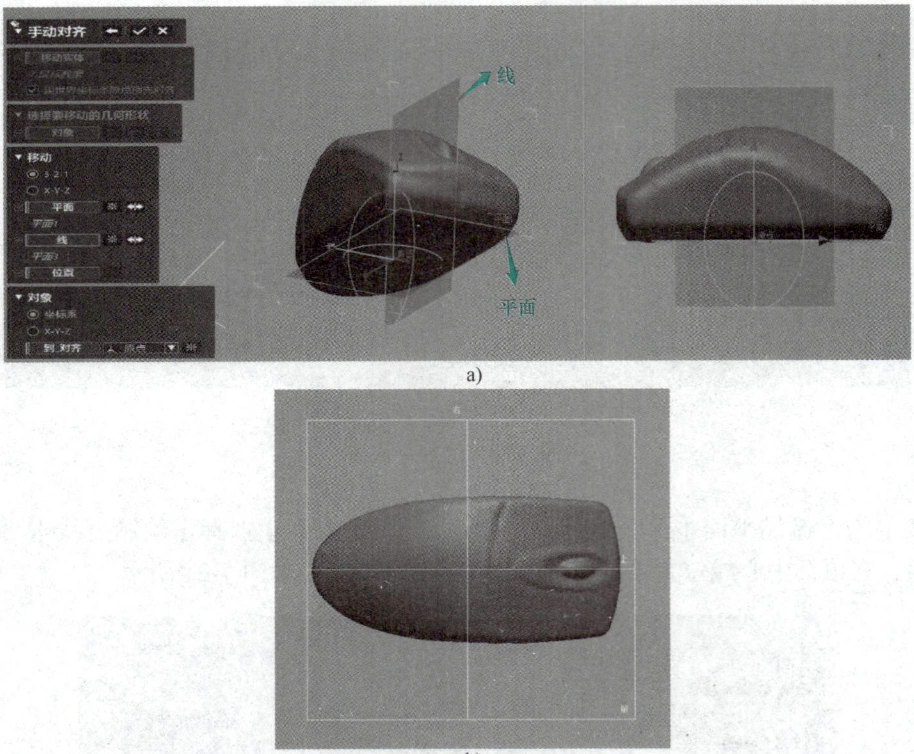

a)

b)

图 7-23　对齐坐标系

3. 绘制鼠标上表面

(1) 绘制样条曲线　单击【3D 面片草图】命令按钮，调整鼠标视图角度，再单击【样条曲线】命令按钮，如图 7-24 所示。在鼠标上表面分区域绘制样条曲线，绘制的曲线要尽量贴近圆角边缘，保证曲线光顺平整、封闭拟合，如图 7-25 所示。

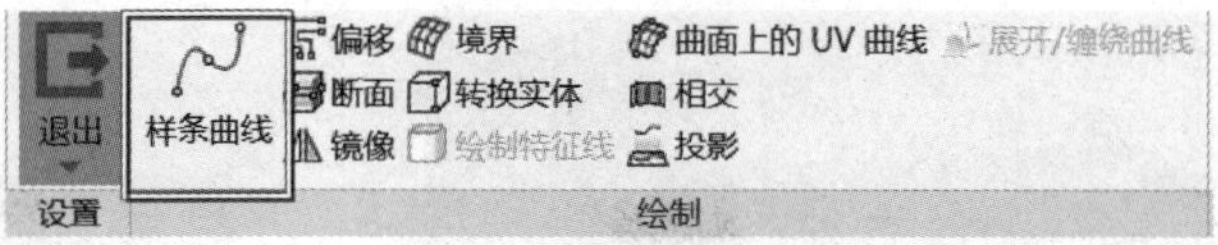

图 7-24　样条曲线命令

a)　　b)

图 7-25　绘制样条曲线

（2）拟合曲面　单击【传统境界拟合】命令按钮，【面片曲线】选择上一步绘制的封闭曲线，如图 7-26a 所示，完成曲面拟合；继续单击【传统境界拟合】命令按钮，选择另一条 3D 曲线，完成后的效果如图 7-26b 所示。

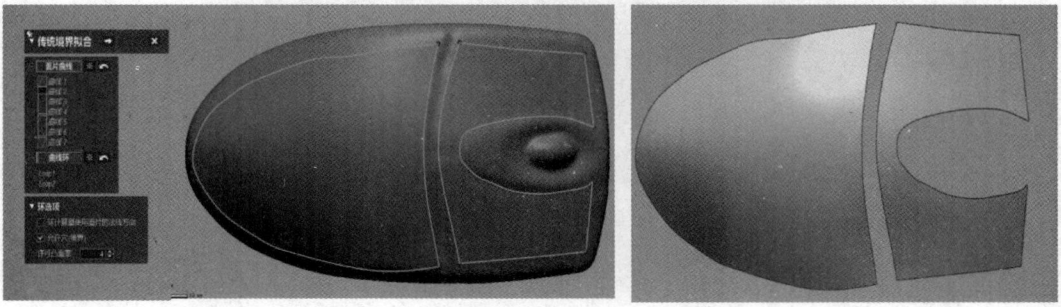

a)　　b)

图 7-26　拟合曲面

（3）曲面放样　单击【放样】命令按钮，【轮廓】选择 3D 样条曲线的单条相邻边线，【约束条件】选择【与面相切】，如图 7-27 所示，完成曲面放样。

4. 绘制鼠标侧表面

（1）断面　单击【3D 面片草图】命令按钮，选择【断面】命令，选择【绘制曲面上的线】选项，如图 7-28 所示。

（2）绘制断面曲线　调整鼠标视角，在鼠标侧面绘制断面曲线，如图 7-29 所示。

（3）放样　单击【放样】命令按钮，按顺序依次选择上一步绘制的断面曲线，如图 7-30a 所示，单击【确定】按钮，完成曲面放样，如图 7-30b 所示。

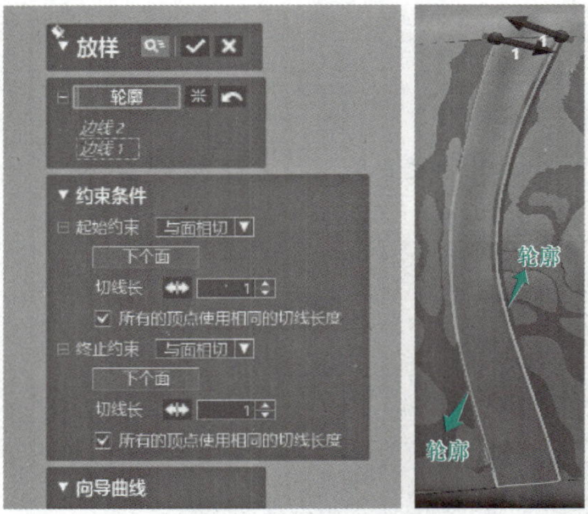

图 7-27 曲面放样

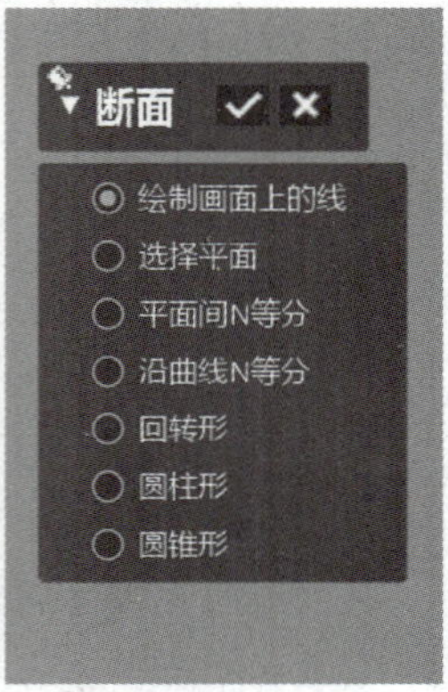

图 7-28 设置断面

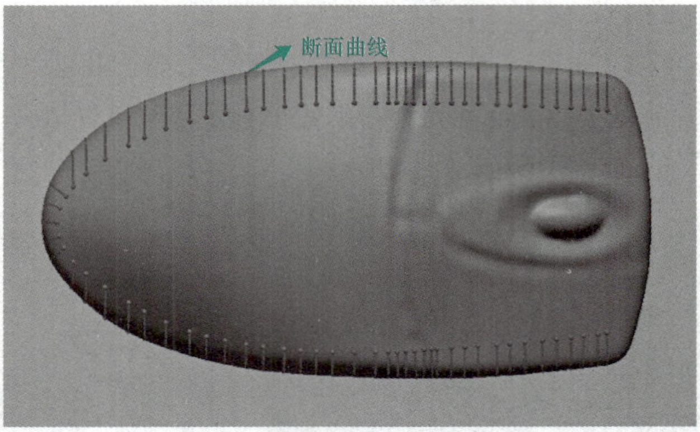

图 7-29 绘制断面曲线

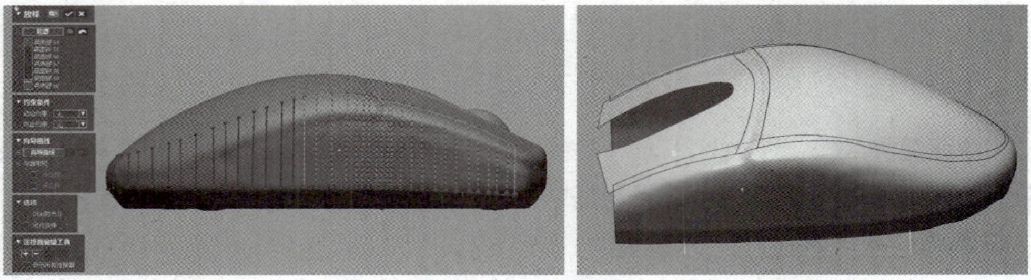

a) b)

图 7-30 曲面放样

5. 绘制圆角

（1）绘制边缘曲线 单击【样条曲线】命令按钮，沿鼠标侧表面上边缘绘制曲线；继续单击【样条曲线】命令按钮，沿鼠标上表面边缘绘制曲线，如图 7-31 所示，调整曲线位置，保持曲线光顺、平滑。

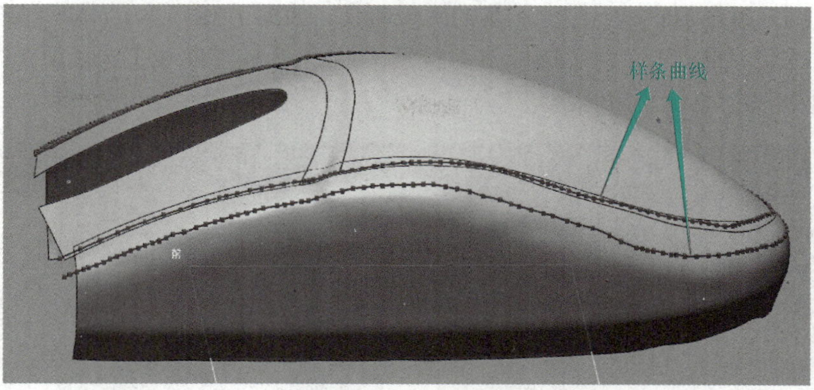

图 7-31 绘制样条曲线

（2）剪切上表面 单击【剪切曲面】命令按钮，【工具要素】选择鼠标上表面样条曲线，【对象】选择鼠标上表面，单击【下一步】按钮，【残留体】选择上表面曲面，如图 7-32 所示，单击【确定】按钮。

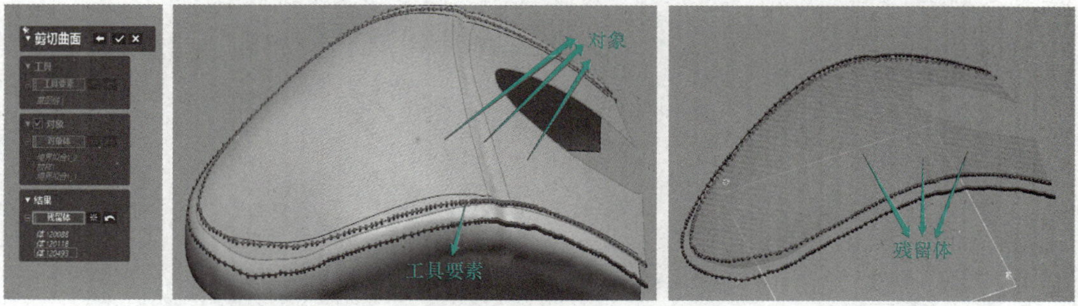

a) b) c)

图 7-32 剪切上表面

继续单击【剪切曲面】命令按钮，【工具要素】选择鼠标侧面样条曲线，【对象】选择鼠标侧面，单击【下一步】按钮，【保留体】选择鼠标侧面曲面，结果如图 7-33 所示。

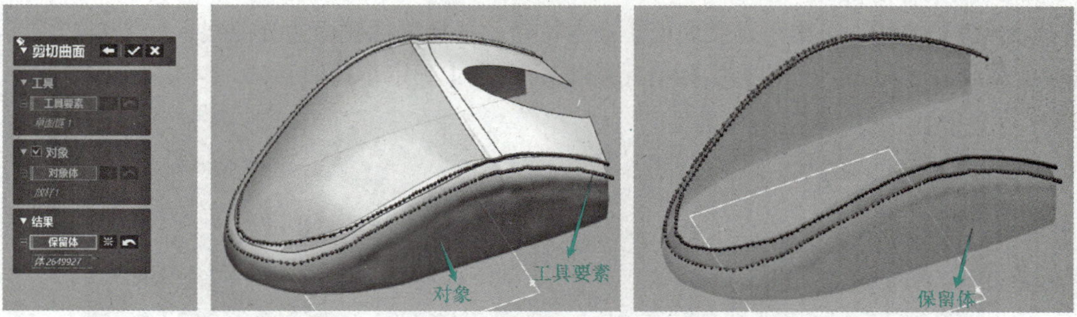

a) b) c)

图 7-33 剪切侧面

（3）绘制样条曲线 单击【样条曲线】命令按钮，沿鼠标侧表面边缘和上表面边缘绘制两条曲线，如图 7-34 所示，单击【确定】按钮。继续单击【3D 面片草图】命令按钮，选择【样条曲线】，用多条曲线连接上一步的两条曲线，如图7-35所示，单击【确定】按钮。

选择【放样】命令，【轮廓】选择图7-34所示曲线，【向导曲线】选择图7-35所示曲线，单击【确定】按钮，如图7-36所示。

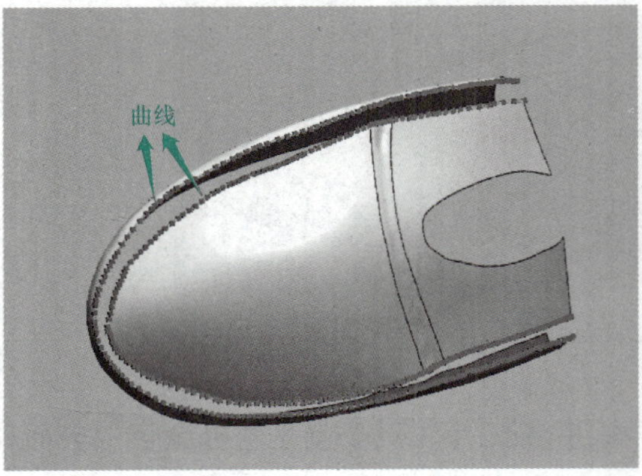

图7-34 绘制长样条曲线

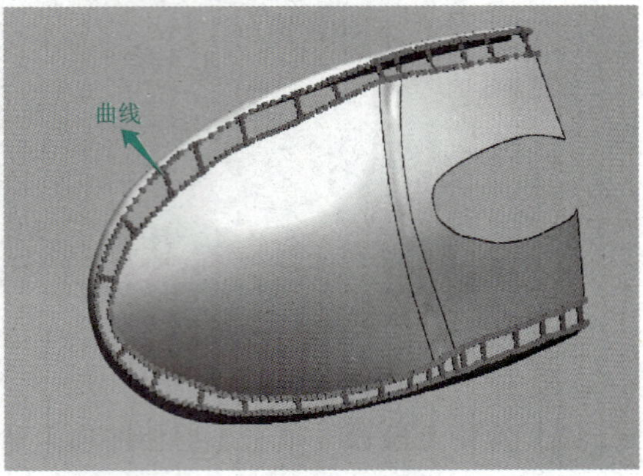

图7-35 绘制短样条曲线

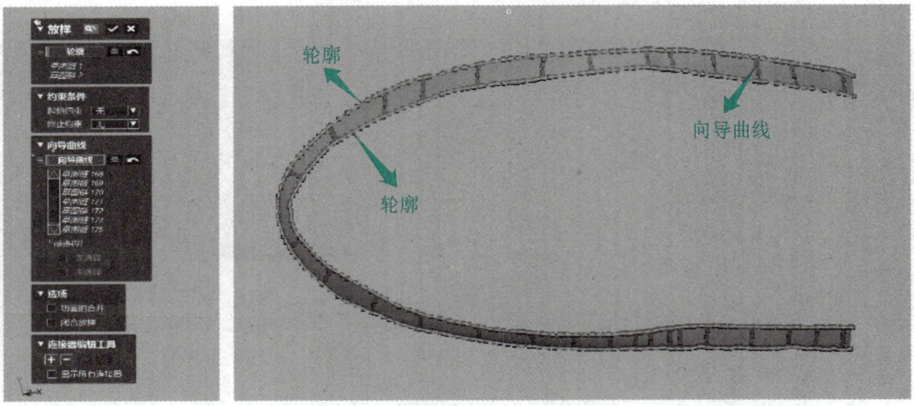

a) b)

图7-36 放样

6. 绘制鼠标底部

(1) 延长曲线 单击【延长曲面】命令按钮，选择鼠标侧面边界曲线，如图7-37所示，设置延长数值为6mm（可根据实际情况调整），单击【确定】按钮。

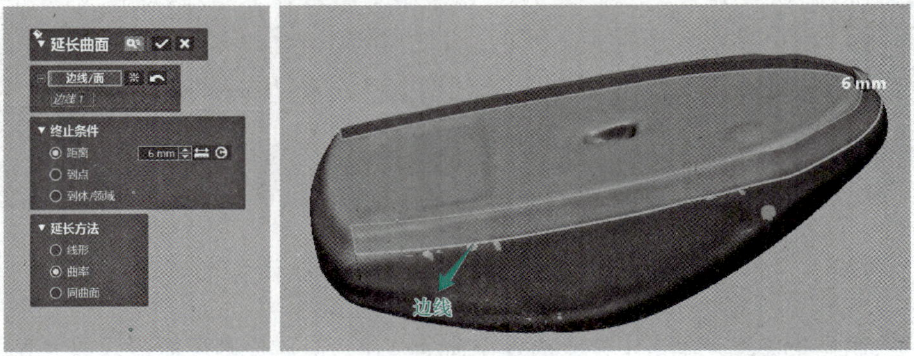

图7-37 延长曲线

（2）复制平面　按住 <Ctrl> 键，单击拖动图前平面，拖动至图 7-38 所示位置。（此步骤的目的是复制距离为 1mm 的平面，便于剪切鼠标侧面）。

图 7-38　复制平面

（3）剪切曲面　单击【剪切曲面】命令按钮，【工具要素】选择图 7-39 所示鼠标底面，【对象】选择图 7-39 所示曲面，单击【下一步】按钮，【保留体】选择鼠标侧面，结果如图 7-39 所示。

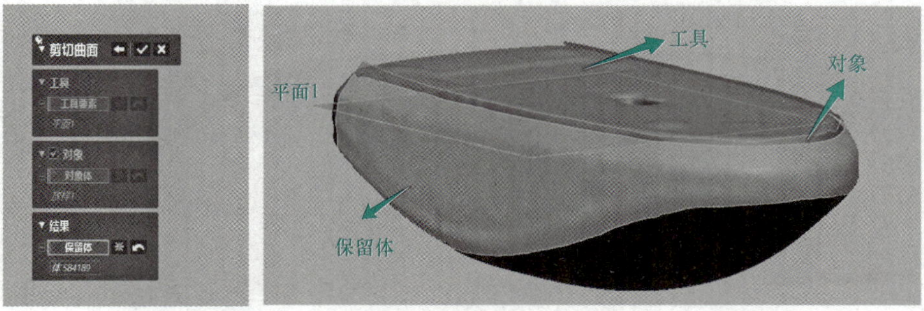

a)　　b)

图 7-39　剪切曲面

（4）面片草图　单击【面片草图】命令按钮，【基准平面】选择鼠标底面，参数设置如图 7-40a 所示。再利用 3 点圆弧绘制曲线，如图 7-40c 所示。

a)　　b)　　c)

图 7-40　面片草图

（5）面填补　单击【面填补】命令按钮，【边线】选择图 7-41b 所示鼠标底面轮廓曲线，单击【确定】按钮。

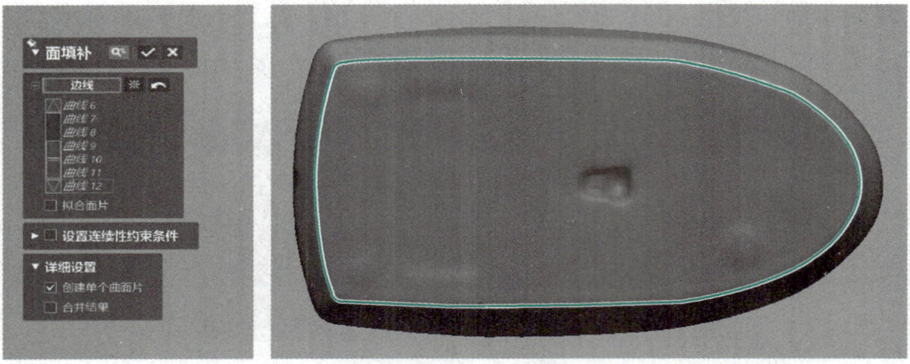

a)　　　　b)

图 7-41　面填补

（6）绘制底面圆角样条曲线　单击【3D 面片草图】命令按钮，选择【样条曲线】命令，沿曲面边缘绘制曲线，如图 7-42 所示。

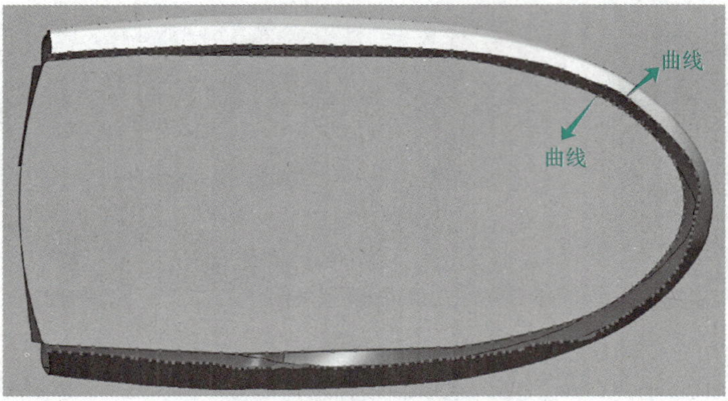

图 7-42　绘制底面圆角样条曲线

（7）放样　单击【放样】命令按钮，【轮廓】选择图 7-43 所示两条曲线，单击【确定】按钮。

a)　　　　b)

图 7-43　放样

（8）剪切曲面　单击【3D 面片草图】命令按钮，选择【样条曲线】命令，在鼠标两侧绘制图 7-44 所示曲线。

单击【剪切曲面】命令按钮，【工具要素】选择上一步绘制的样条曲线，【对象】选择鼠标两侧曲面，【保留体】选择图 7-45 所示曲面，单击【确定】按钮。

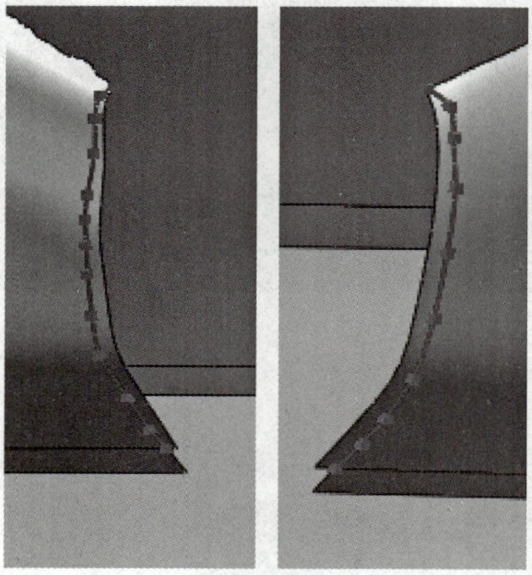

图 7-44　绘制曲线

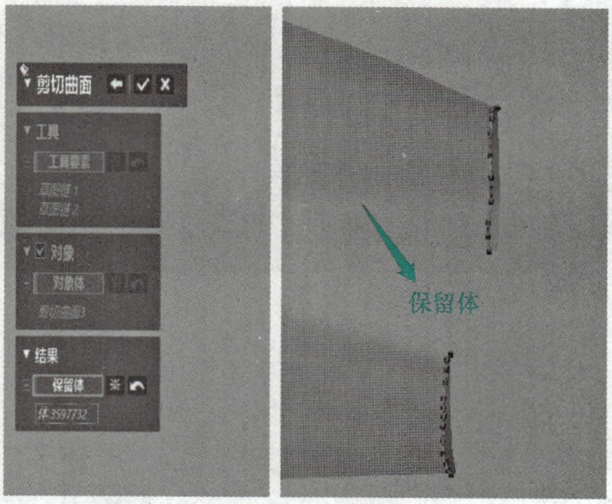

a)　　　　　　　　b)

图 7-45　剪切曲面

（9）修补曲面　依次单击【3D 面片草图】|【样条曲线】命令按钮，按图 7-46 所示绘制圆角曲线，单击【确定】按钮。

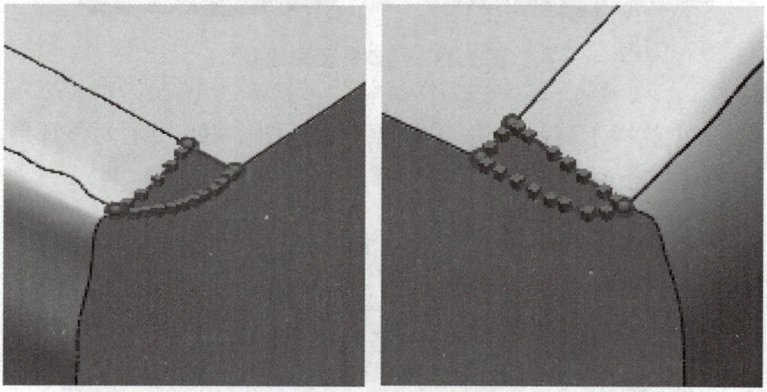

a)　　　　　　　　b)

图 7-46　绘制圆角曲线

再单击【面填补】命令按钮，选择图 7-47 所示曲线，分别在鼠标两侧填补曲面。

7. 绘制鼠标滚轮

（1）绘制曲线　单击【3D 曲线】命令按钮，沿着鼠标滚轮位置绘制环形曲线，单击【确定】按钮；再次单击【3D 曲线】命令按钮，在环形曲线间绘制截面曲线，如图 7-48 所示，单击【确定】按钮。

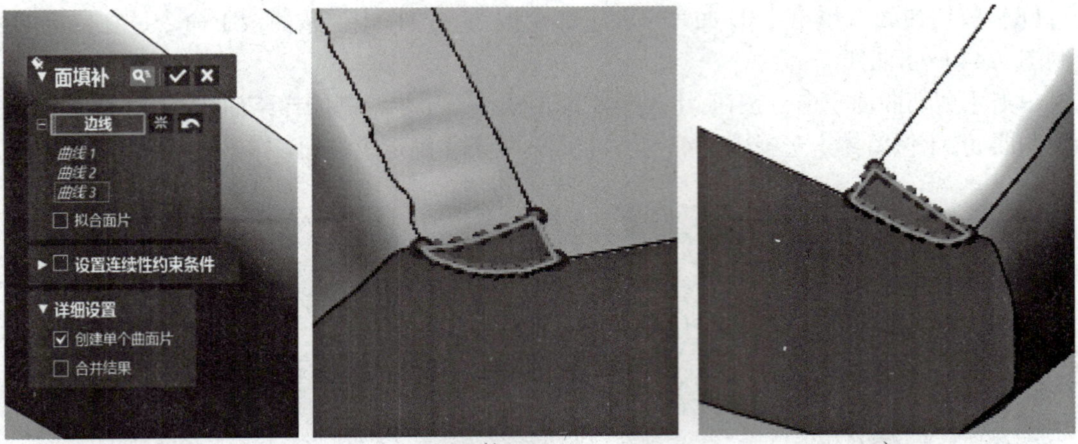

a)　　b)　　c)

图 7-47　面填补

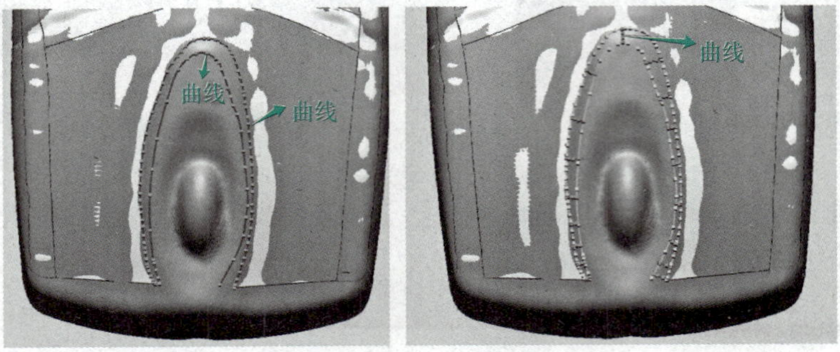

图 7-48　绘制截面曲线

（2）放样　单击【放样】命令按钮，【轮廓】选择图 7-49b 所示两条环形曲线，【向导曲线】选择图 7-49b 所示数条截面曲线，单击【确定】按钮。

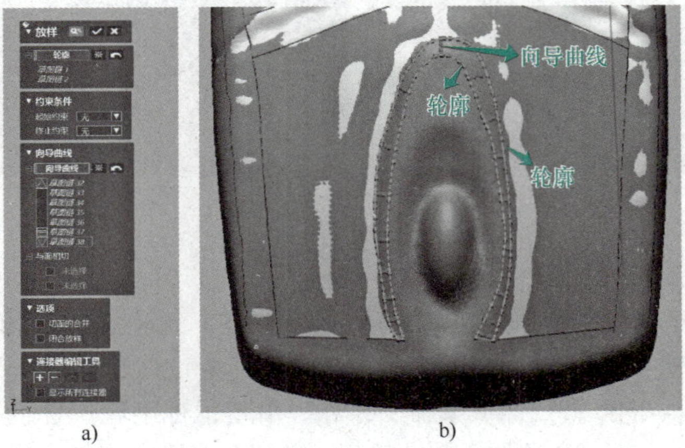

a)　　b)

图 7-49　放样

（3）面填补　继续单击【3D 面片草图】命令按钮，按图 7-50a 所示绘制端部曲线，单击【确定】按钮；单击【面填补】命令按钮，选择绘制的曲线，填补曲面，如图 7-50c 所示。

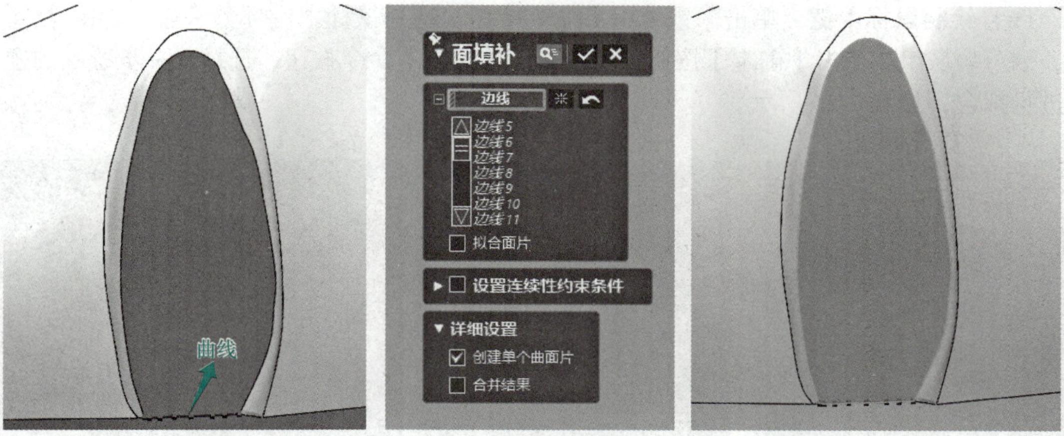

a)　　b)　　c)

图 7-50　面填补

（4）面片拟合　单击【领域组】命令按钮，按图 7-51 所示划分领域组，单击【确定】按钮。单击【面片拟合】命令，选择上一步绘制的领域组进行拟合，如图 7-52 所示。

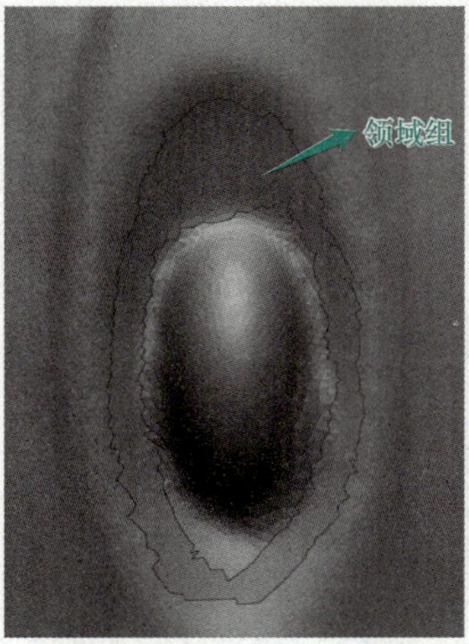

图 7-51　领域组划分

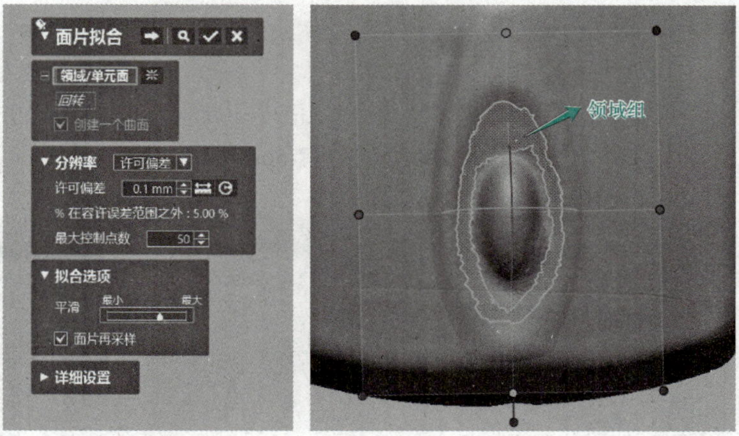

a)　　b)

图 7-52　面片拟合

（5）剪切曲面　单击【剪切曲面】命令按钮,【工具要素】选择图 7-53b 所示曲面，单击【下一步】按钮;【保留体】选择中间部分，如图 7-53c 所示；剪切后剩余部分如图 7-53d 所示。

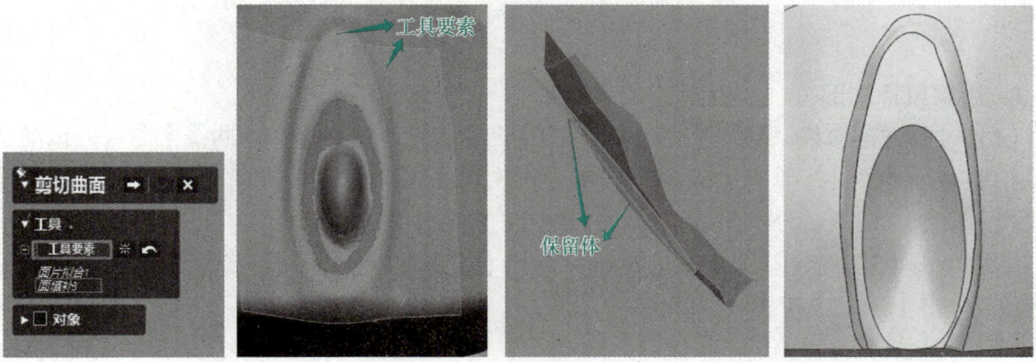

a)　　b)　　c)　　d)

图 7-53　剪切曲面

（6）绘制鼠标中键　单击【领域组】命令按钮，选择鼠标中键部分领域，如图 7-54 所示，划分领域组，单击【确定】按钮。单击【面片拟合】命令按钮，选择上一步绘制的领域组进行拟合，如图 7-55 所示。

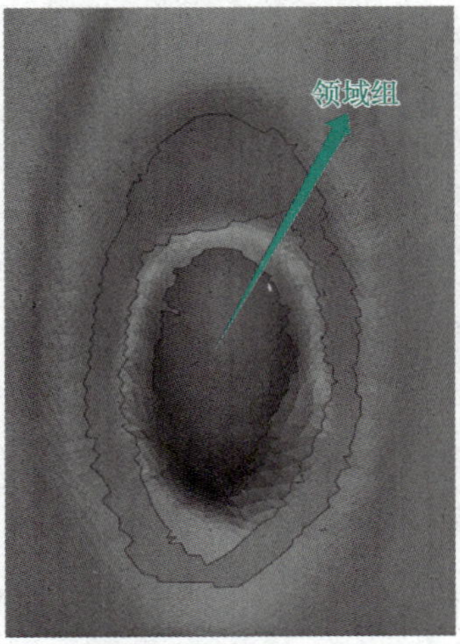

图 7-54　领域组划分

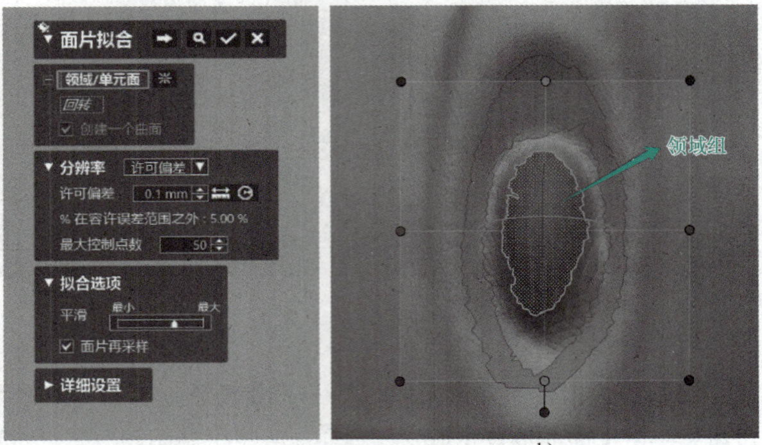

a)　　b)

图 7-55　面片拟合

再次单击【剪切曲面】命令按钮，【工具要素】选择周边曲面，单击【下一步】按钮；【保留体】选择中键部分，剪切后如图 7-56d 所示。

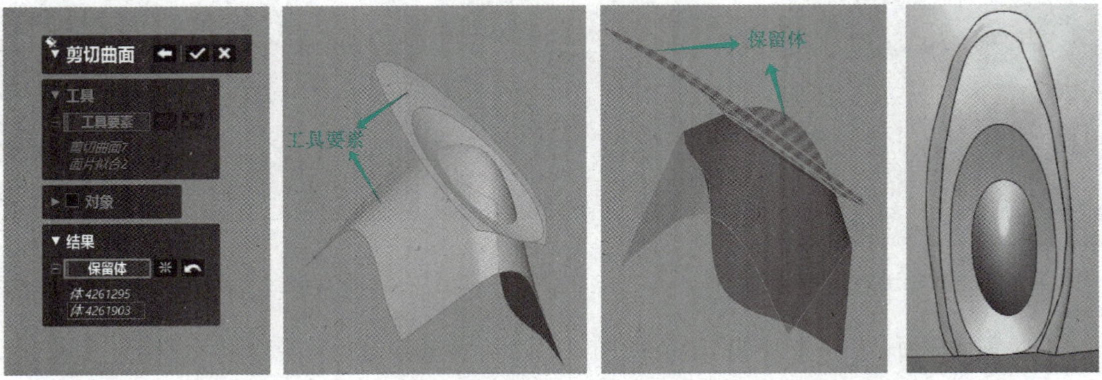

a)　　b)　　c)　　d)

图 7-56　剪切曲面

8. 绘制鼠标端部

（1）绘制样条曲线　单击【3D 面片草图】命令按钮，选择【样条曲线】命令，按图 7-57 所示绘制截面曲线 1，单击【确定】按钮。再次单击【3D 面片草图】命令按钮，选择【样条曲线】命令，按图 7-58 所示绘制截面曲线 2，单击【确定】按钮。

继续单击【3D 面片草图】命令按钮，选择【样条曲线】命令，按图 7-59 所示绘制截面曲线 3，单击【确定】按钮。

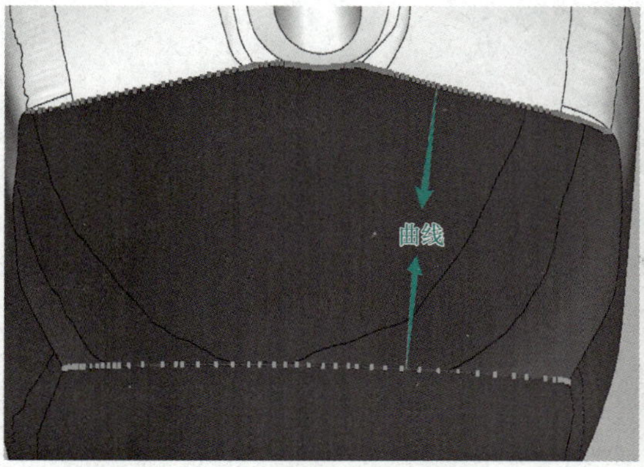

图 7-57　绘制截面曲线 1

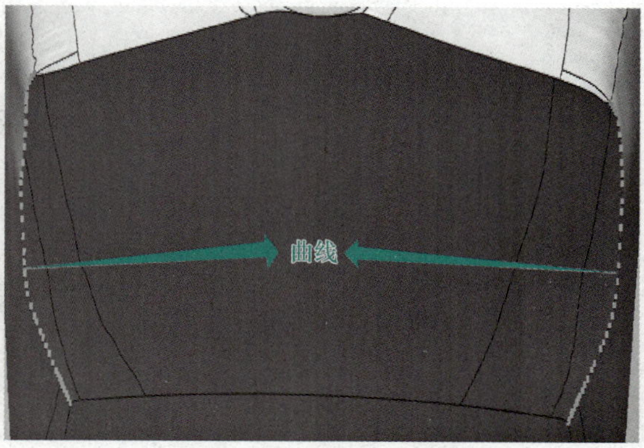

图 7-58　绘制端面短曲线 2

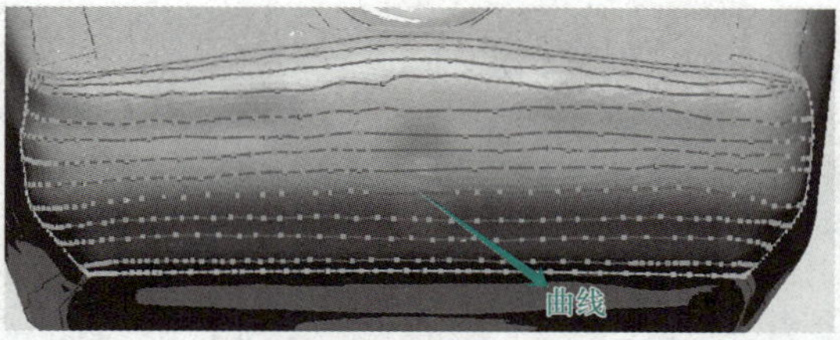

图 7-59　绘制截面曲线 3

（2）放样　单击【放样】命令按钮，【轮廓】选择截面曲线 3，【向导曲线】分别选择截面曲线 1 和 2，如图 7-60 所示，单击【确定】按钮。

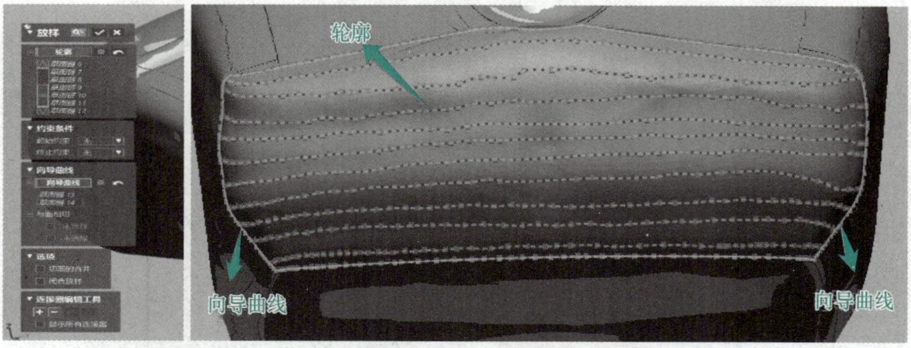

a)　　　　b)

图 7-60　放样

9. 绘制鼠标底面轮廓

（1）面片草图　单击【面片草图】命令按钮，【基准平面】选择【平面前】，偏移距离为 0.1mm，参数设置如图 7-61a 所示。利用【3 点圆弧】【创建圆】和【镜像】等命令绘制曲线，如图 7-62 所示，单击【确定】按钮。

（2）拉伸　单击【拉伸】命令按钮，选择上一步绘制的曲线，设置拉伸厚度为 0.5mm，结果如图 7-63 所示。

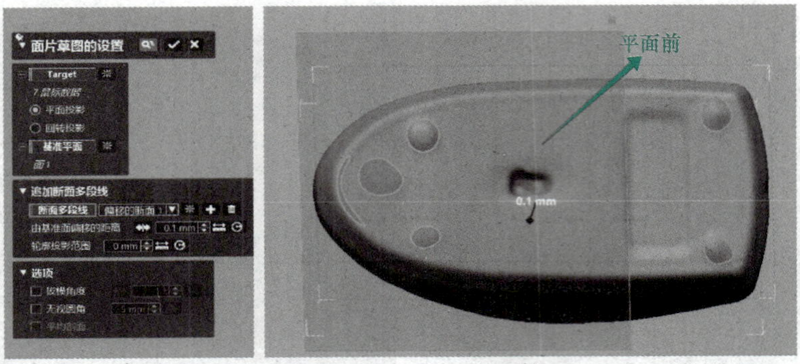

a)　　　　b)

图 7-61　面片草图

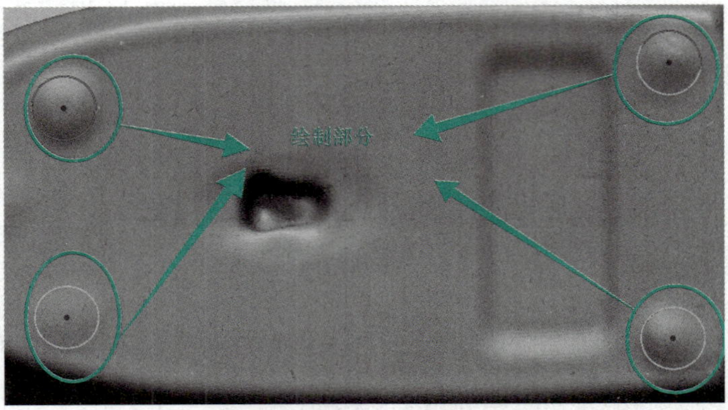

图 7-62　绘制轮廓曲线

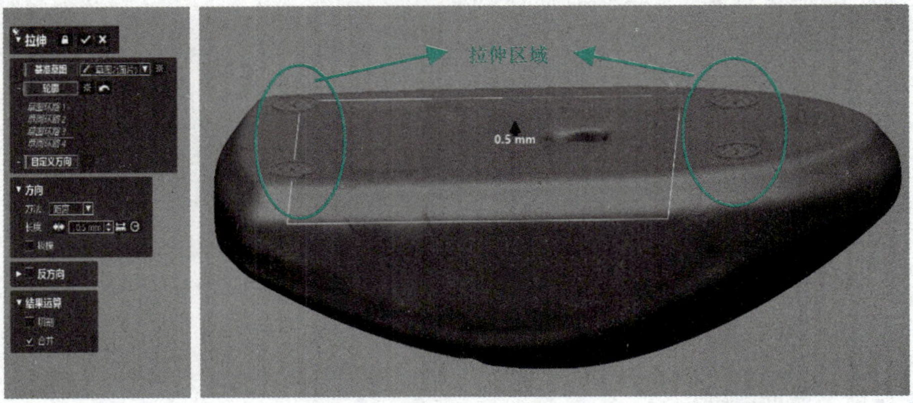

a)　　　　b)

图 7-63　拉伸

10. 绘制鼠标底面矩形细节

（1）绘制轮廓草图　单击【面片草图】命令按钮，【基准平面】选择底平面，参数设置如图 7-64 所示。利用【直线】和【圆弧】命令绘制轮廓曲线，利用【剪切】命令修剪多余线条，结果如图 7-65 所示。

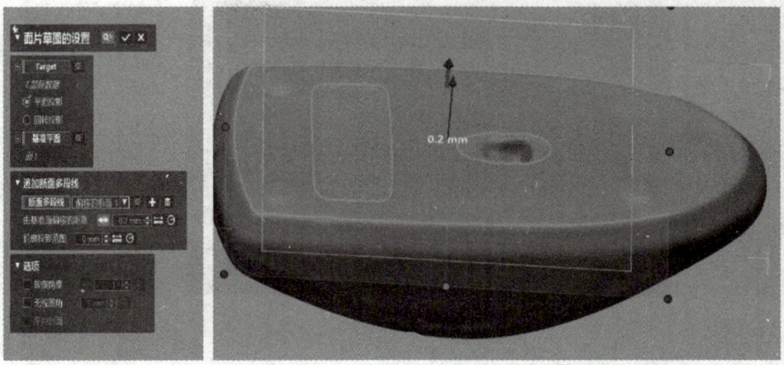

a)　　b)

图 7-64　面片草图

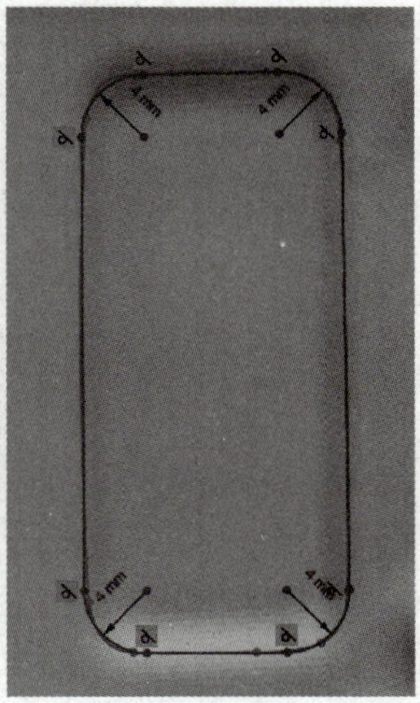

图 7-65　绘制轮廓曲线

（2）拉伸　单击【拉伸】命令按钮，选择上一步绘制的轮廓曲线，设置拉伸长度为 0.5mm，拔模角度为 70°，如图 7-66 所示。

（3）倒圆角　单击【圆角】命令按钮，选择【固定圆角】项，单击倒圆角的边界线，设置半径为 4mm，如图 7-67 所示，单击【确定】按钮。

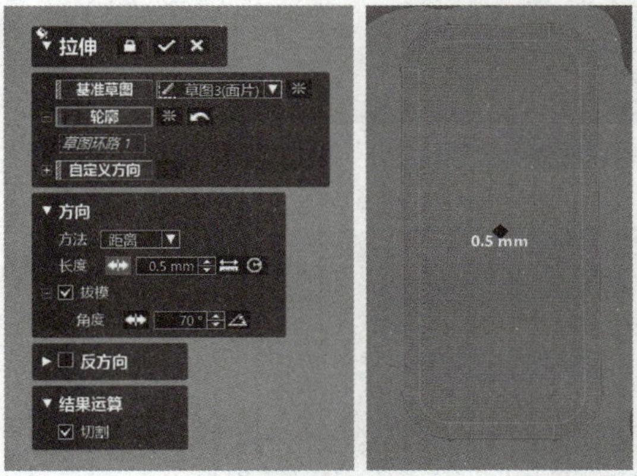

a)　　b)

图 7-66　拉伸

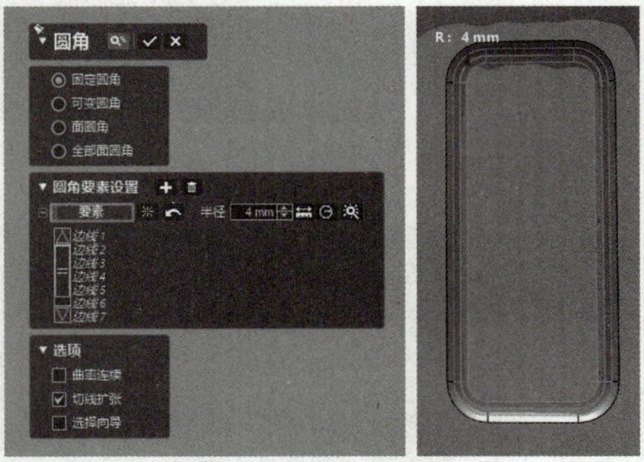

a)　　b)

图 7-67　倒圆角

11. 绘制鼠标底面圆弧细节

（1）绘制轮廓草图　单击【面片草图】命令按钮，【基准平面】选择底平面，参数设置如图 7-68 所示。再利用【圆弧】【直线】【剪切】等命令绘制轮廓曲线，如图 7-69 所示，单击【确定】按钮。

（2）拉伸　单击【拉伸】命令按钮，选择上一步绘制的曲线，设置拉伸长度为 3mm，拔模角度为 20°，如图 7-70 所示。

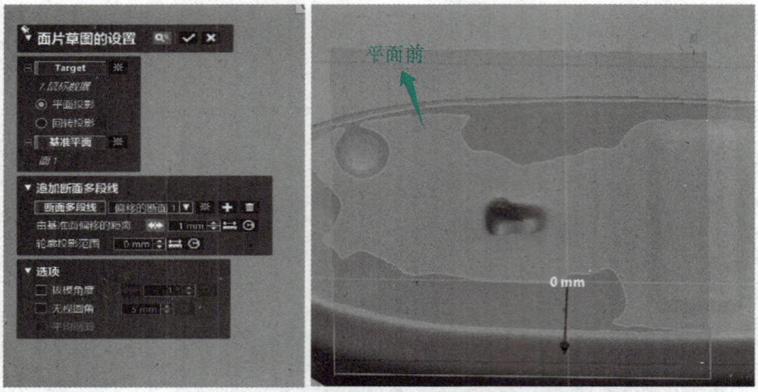

a)　　b)

图 7-68　创建草图基准平面

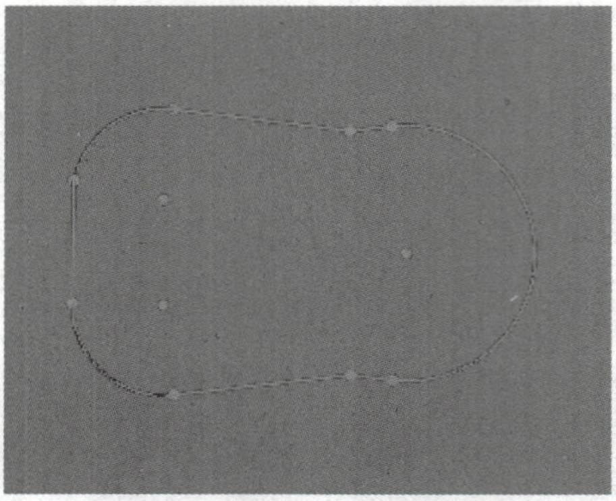

图 7-69　绘制轮廓曲线

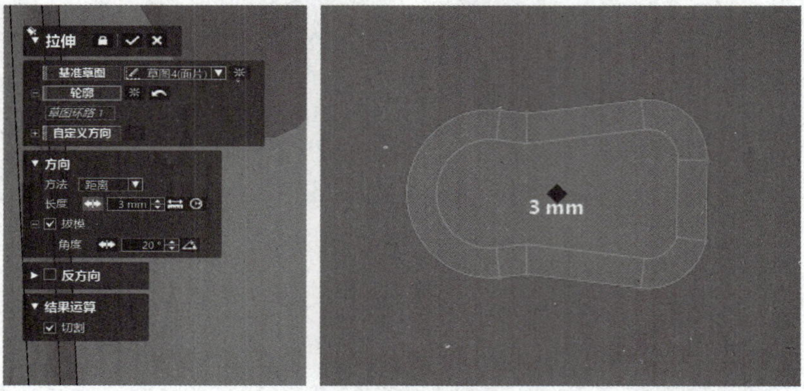

a)　　b)

图 7-70　拉伸

（3）倒圆角　单击【圆角】命令按钮，选择底边，半径设置为 1mm，如图 7-71 所示，单击【确定】按钮。

12. 偏差分析

在【Accuracy Analyzer（TM）】面板的【类型】选项组中选中【偏差】选项，显示曲面与网格（三角面片）之间的误差，如图 7-72 所示。

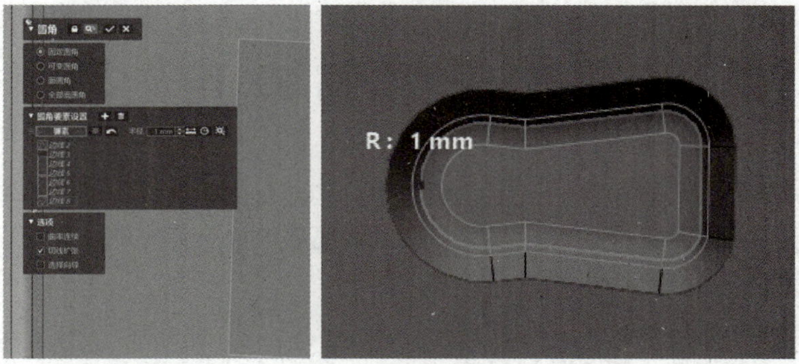

a)　　　　b)

图 7-71　倒圆角

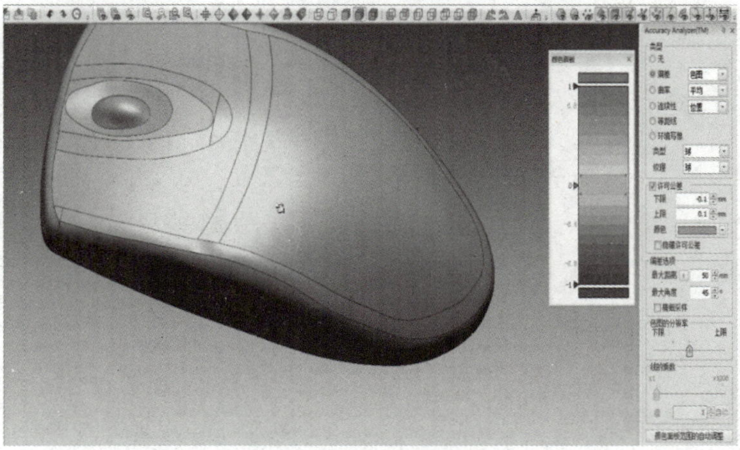

图 7-72　偏差分析

13. 输出文件

将建模完成后的实体模型输出 STP 格式，单击【文件】|【输出】命令按钮，选择鼠标整体为输出要素，如图 7-73 所示。单击【确定】按钮，选择文件的保存路径和类型，将文件命名为【鼠标】，单击【保存】按钮保存文件。

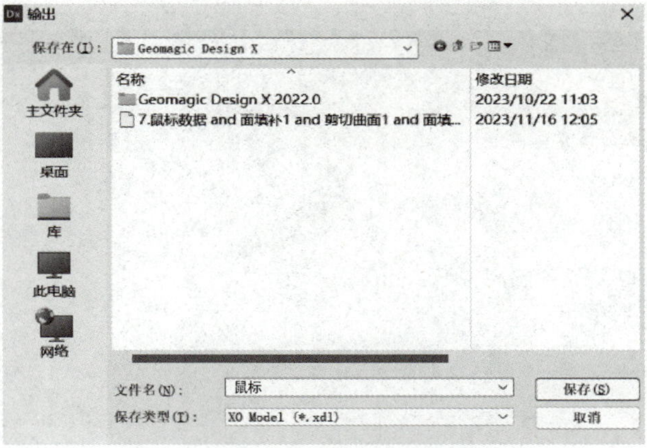

图 7-73　保存文件

任务三　数 据 应 用

逆向设计完成后的模型可应用三维建模软件对其进行创新设计。结合本项目要求，将其改良设计成一款带底座自充电式鼠标套装，在鼠标底部设计触点充电，并配合设计一款充电底座。下面简要讲述数据应用步骤，供大家参考。

1. 导入文件

将模型导入 NX 软件，如图 7-74 所示。

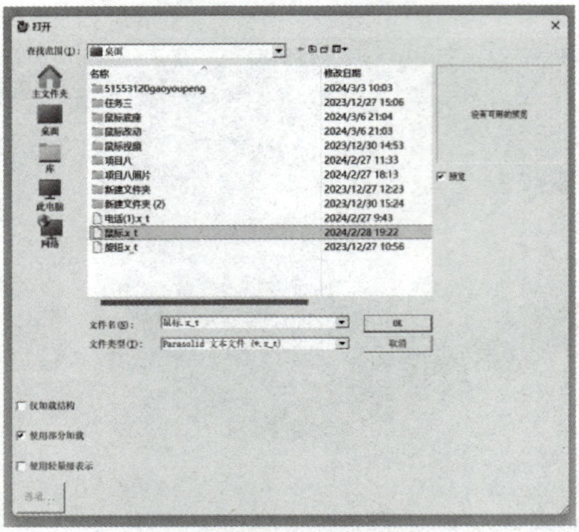

图 7-74　导入模型文件

2. 设计鼠标底部

（1）绘制草图　在鼠标底部绘制图形，向下拉伸，设置开始距离为 10mm，结束距离为 17mm，如图 7-75 所示。

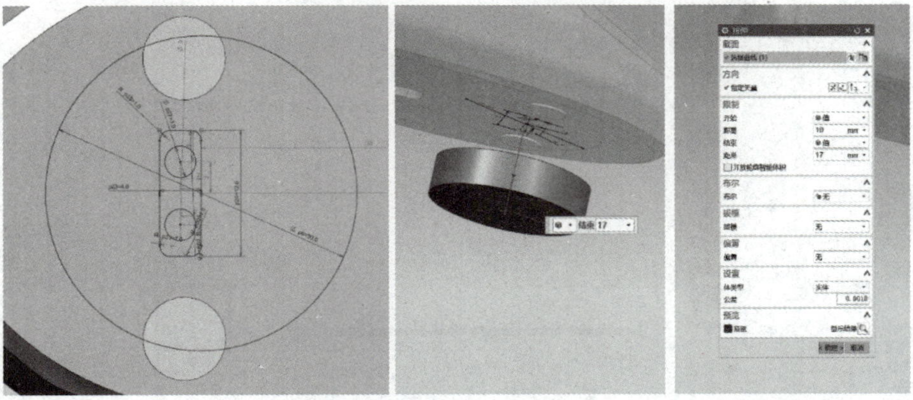

图 7-75　绘制草图

（2）拉伸　向下拉伸凹槽，设置开始距离为 10mm，结束距离为 13mm，进行布尔求差，如图 7-76a、b 所示；向下拉伸圆柱，设置开始距离为 7mm，结束距离为 13mm，如图 7-76c 所示。

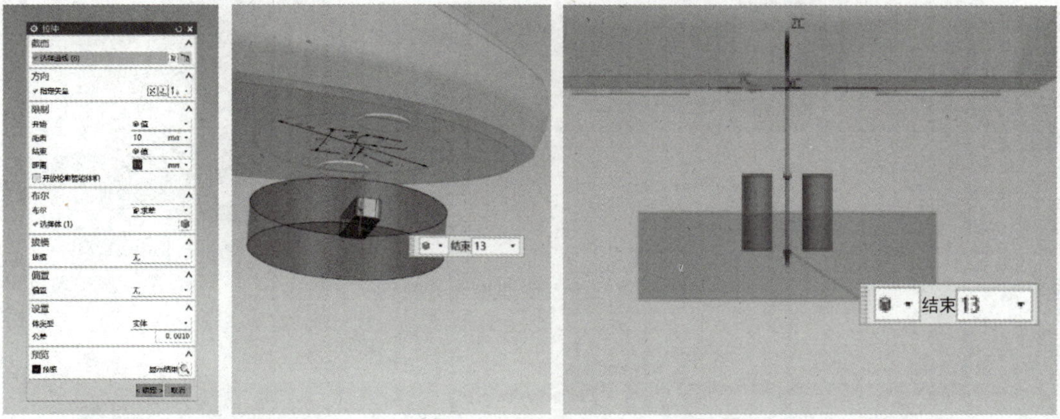

a)　　b)　　c)

图 7-76　拉伸

3. 设计充电底座

（1）绘制触点半球　以圆柱中心为中心点，绘制直径为 3mm 的球，将其与拉伸柱体进行布尔求和，如图 7-77 所示。

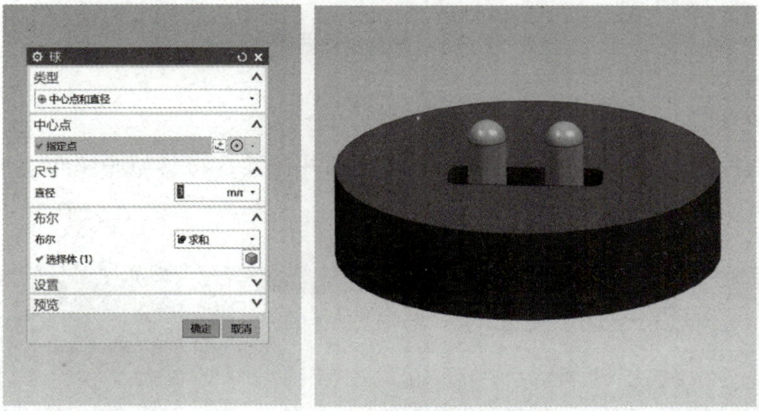

图 7-77　绘制触点半球

（2）绘制底座草图

在底部绘制充电底座截面草图，并将其拉伸成长方体，设置开始距离为 -2mm，结束距离为 15mm，如图 7-78 所示。

选择底座侧面为基准面，绘制图形并拉伸，设置距离为 50mm，如图 7-79 所示。

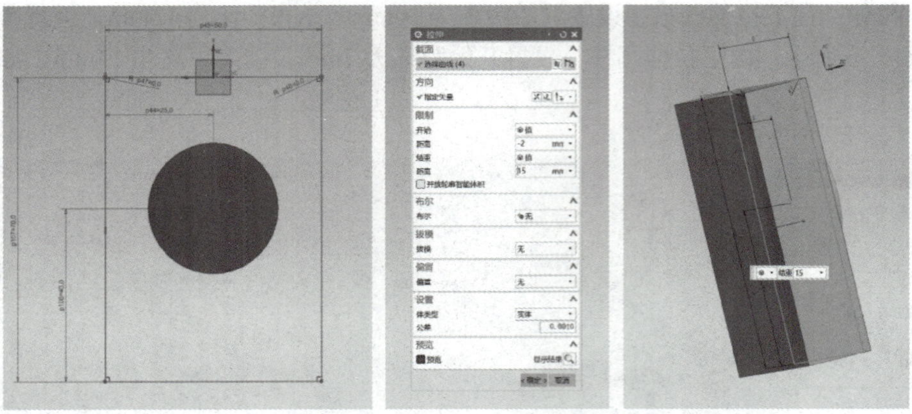

图 7-78　绘制底座草图并拉伸

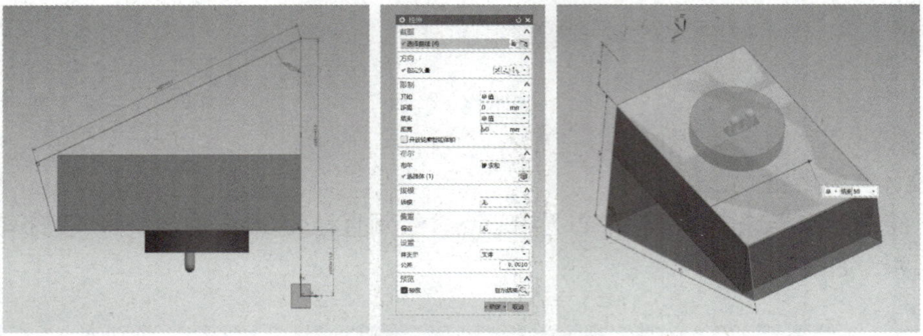

图 7-79　绘制底座侧面草图并拉伸

（3）绘制充电口

选择充电底座前面为基准面，绘制充电口草图并拉伸，将其与底座布尔求差，如图 7-80 所示。

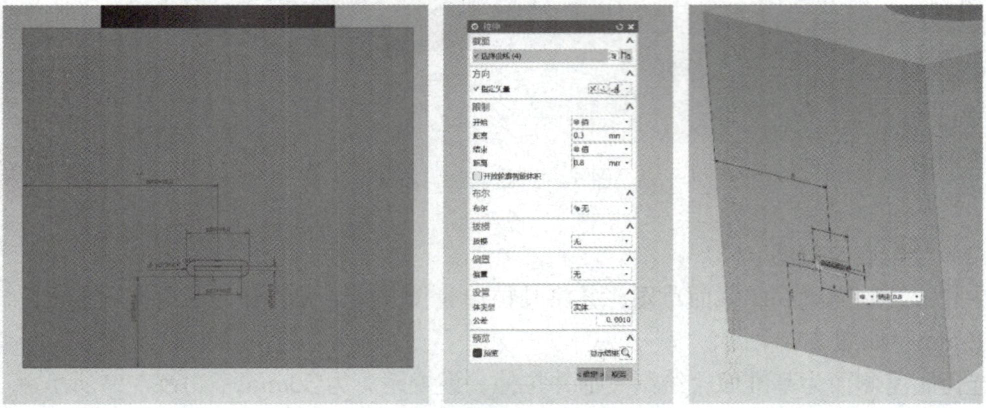

图 7-80　绘制充电口并拉伸

（4）模型倒圆角　绘制底座所有边缘并进行倒圆角，半径为 5mm，如图 7-81 所示。

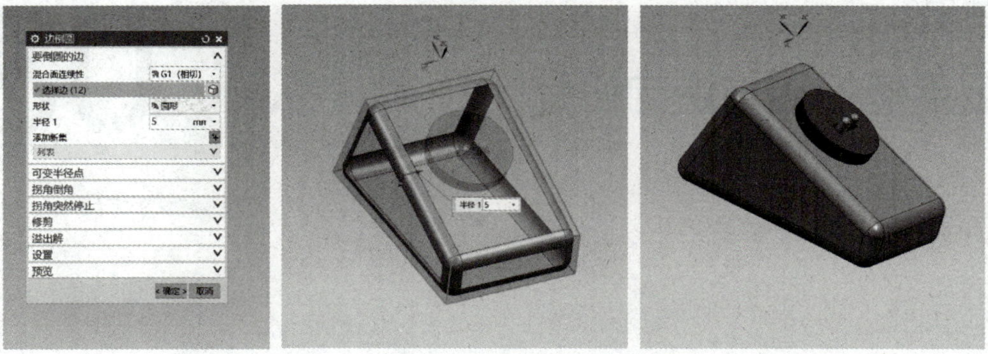

图 7-81　倒圆角

项目拓展

1. 请你阅读以下资料，结合本项目内容，阐述你对鼠标创新设计的思路。

创新设计：科技改变生活

鼠标是大家日常用到的一个小工具，可是你知道吗，它最初的样子是一只小木头盒子，工作原理是由它底部的小球带动枢轴转动，并带动变阻器改变阻值来产生位移信号，信号经计算机处理，屏幕上的光标就可以移动。自此，鼠标和计算机就结下了不解之缘。

鼠标从问世到现在，在结构、接口、按键等方面经历了一次次创新，功能越来越强，使用范围越来越广。一个产品的更新迭代离不开客户和市场的需求，也离不开设计者的不断创新。创新是民族进步的灵魂，也是国家兴旺发达的动力，是我们个人工作永葆生机和活力的源泉。

2. 请从教学资源包下载“鼠标”点云数据，并按要求完成数据处理及逆向设计过程。

数据处理及逆向设计要求：处理后的点云分布规整平滑，无多余杂点及无噪音点；逆向设计命令使用恰当，过程简洁合理，模型精度控制在 ±0.1mm 内。

项目八 电话手柄扫描与逆向设计

08

学习目标

知识目标：

1. 掌握 Geomagic Design X 软件手动划分领域的方法；
2. 掌握 Geomagic Design X 软件中自由曲面的构建方法；
3. 掌握 Geomagic Design X 软件中面与面间的过渡与衔接方法。

技能目标：

1. 能够熟练使用白光双目扫描仪完成数据采集；
2. 能够熟练应用 Geomagic Wrap 软件进行数据预处理；
3. 熟练应用 Geomagic Design X 软件完成复杂曲面零件逆向设计。

素质目标：

1. 培养学生专业认同感、使命感、职业荣誉感和责任感；
2. 培养学生终身学习意识和可持续发展能力；
3. 培养学生坚持真理、勇于创新、实事求是的科学精神，具有振兴中华，将科学服务于人类的社会责任感。

项目发布

在职业技能大赛备战过程中，选择电话手柄作为学生综合训练项目，重点练习复杂曲面零件设计过程中的数据采集与处理方法。为保证各训练小组源数据的统一，现需要利用 3D 打印技术制造多个电话手柄，要求采用三维扫描方法进行数据采集，完成逆向设计，并 3D 打印产品用于学生练习。要求模型精度在 ±0.1mm，具有明显特征线，曲面间光顺过渡。

项目分析

1. 产品分析

（1）表面分析 该电话手柄原件如图 8-1 所示，总长约 200mm，侧面狭窄，厚度约为 10mm，外壳为灰色 ABS 塑料，表面光洁，容易反光。

a)　　b)

图 8-1　电话手柄原件

（2）外形分析　整体结构对称，主要形状特征由曲面、细孔、直线、内侧凹圆弧等规则形状组成。

（3）材质分析　零件整体材质为 ABS 塑料，是一种强度较高、韧性好、耐磨、耐撞击的材料。它对湿度、化学品和油脂的耐受性好，尺寸稳定性在一定温度范围内良好。

（4）精度分析　数据采集部分主要集中于内、外表面，特征主要为曲面，扫描时要求保证整体数据完整，保留产品原有特征，点云分布规整平滑，因此在扫描时采取整体扫描方案，要求模型精度在 ±0.1mm，具有明显特征线，曲面间光顺过渡。

经上述分析，本项目的重点和难点如下：

重点：对于电话手柄零件特点而言，主体关键曲面为外侧曲面，它是构成整个产品曲面最重要的部分，在逆向设计过程中，关键曲面的光滑度是否合格直接决定整个 CAD 模型是否合格。

难点：由于本零件属于典型曲面零件，整体曲面不是简单地由一张曲面构成的，而是由多张曲面经过延伸、过渡、裁剪等混合而成的，因此要采取分块构造方法，否则构造出的曲面不光滑，这是整个逆向设计过程中的难点。

2. 策略制定

（1）数据采集策略

1）表面处理。电话手柄表面材质为灰色塑料，会反光，整体材质及颜色不利于数据的采集，因此需对其表面进行喷粉处理。

2）数据采集。扫描时要求保证整体数据完整，保留产品原有特征，点云分布规整平滑，因此在扫描时采取整体扫描方案。主要数据采集部分为内、外表面和侧面，需要经过多角度、多范围的多次扫描才能完成电话听筒完整数据的采集，且听筒两侧微微向内翘起，扫描过程中需实时调整扫描角度，因此选择在听筒内外表面和侧面都粘贴标志点，并利用侧面标志点完成听筒的翻转扫描，以实现多次扫描数据的坐标系统一。

3）工作转盘选择。电话手柄形状窄而长，两侧微微向内翘起，需进行翻转扫描，在表面粘贴过多标志点会造成外形数据缺失。为保证数据采集的顺利进行，可借助工作转盘，并在转盘上粘贴相应数量的标志点，既节省时间，也能减少零件表面标志点的粘贴数量。

（2）逆向设计策略　选用 Geomagic Wrap 软件对其进行处理，将多余杂点删除后，完成数据封装。选用 Geomagic Design X 软件对零件进行整体逆向设计，通过【3D 样条曲线】【境界拟合】【曲面拟合】【放样】等命令完成各曲面的设计，通过 3D 曲线、曲面间相互剪切后获得模型轮廓，再将所有曲面缝合获得整个模型，完成整体逆向设计。

（3）数据应用策略　将逆向设计后的模型按接缝进行分块处理，并使用 NX 注塑模向导模块对其进行模具设计。工作部件型芯、型腔设计完成后，可根据生产企业的生产条件、设备型号、批量大小，合理地进行模具设计。

项目实施

任务一　数 据 采 集

一、扫描前的准备工作

1. 喷粉

喷粉过程如图 8-2 所示，喷粉后的效果图如图 8-3 所示。喷粉原则和注意事项可参考项目三。

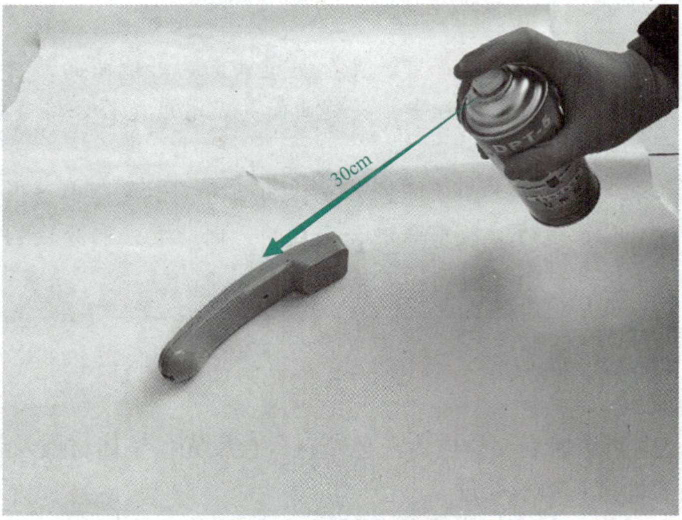

图 8-2　喷粉示意图

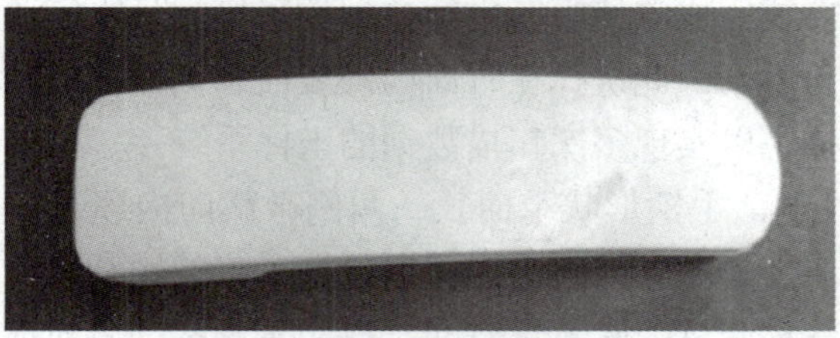

图 8-3　喷粉效果图

2. 粘贴标志点

在本次扫描过程中，需全程进行电话手柄位置和角度的调整，所以在上、下表面和某一侧面都粘贴标志点，标志点粘贴数量和注意事项可参考项目三。本次扫描标志点的粘贴方式如图 8-4 所示。

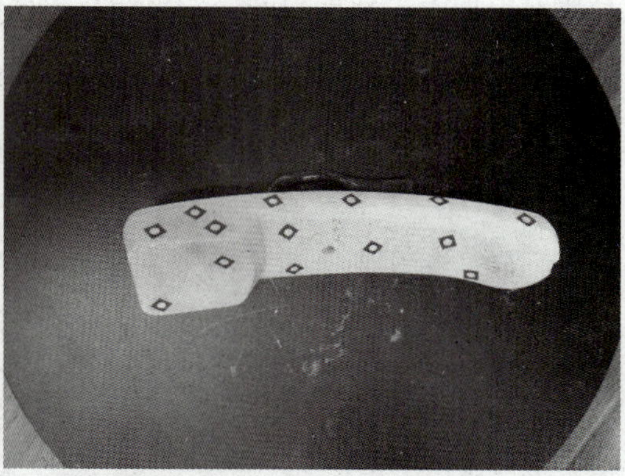

图 8-4　标志点的粘贴方式示意图

二、采集数据

1. 调整设备

（1）视场对齐　扫描数据前需对扫描仪进行精度校准，校准方式参考项目三。当精度达标时，将电话手柄放置在转盘上，调整听筒与扫描仪的距离，确定转盘和零件在扫描仪十字中间，尝试旋转转盘一周，在软件实时显示区保证能够看到零件整体即可。

（2）参数调整　观察实时显示区中手柄的亮度，在软件中设置相应的相机曝光值和增益值，可根据环境适当调整，以物体不反光为宜。

2. 扫描零件

调整好设备和零件的位置后，按以下步骤进行扫描。该零件表面向下有弯曲弧度，且主要特征在下表面，所以扫描时首先采集下表面数据。

（1）下表面数据采集　将手柄平放在工作转盘上，单击【扫描】按钮后开始扫描，每扫描一次将工作转盘旋转一定角度，直至整个下表面数据采集完毕。实时观察数据完整性，根据数据缺失位置随时调整手柄的倾斜角度，对缺失数据的部位有针对性地进行扫描，使扫描数据尽量完整，扫描时听筒摆放位置如图 8-5a 所示。

下表面数据采集结束后，需利用手柄侧面标志点实现翻转后的数据坐标系统一，这时需调整手柄摆放角度和位置，使侧面标志点成为有效公共标志点，且数量大于 4 个，摆放位置如图 8-5b 所示。

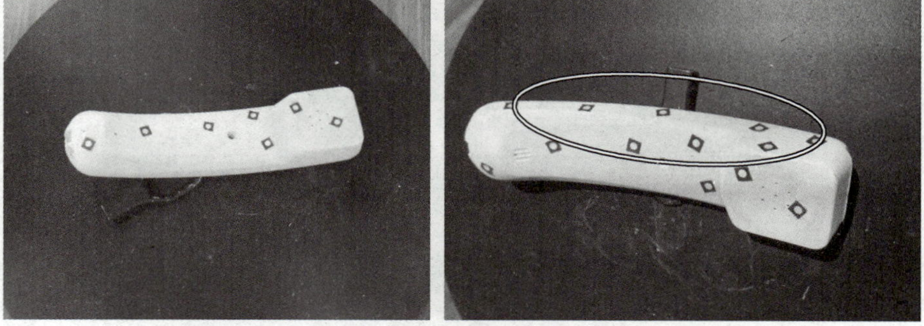

a)　　　　b)

图 8-5　手柄下表面数据采集摆放示意图

（2）上表面数据采集　翻转电话手柄，使上表面朝上，调整摆放角度和位置，单击设备操作软件中的标志点识别命令，使侧面标志点成为公共标志点的同时使外侧标志被有效识别

（具体操作可参考项目四），如图 8-6 所示摆放手柄，单击【扫描】按钮开始上表面数据采集。扫描时根据点云缺失程度，适当调整手柄摆放方式，如图 8-7 所示，完成整体数据采集。

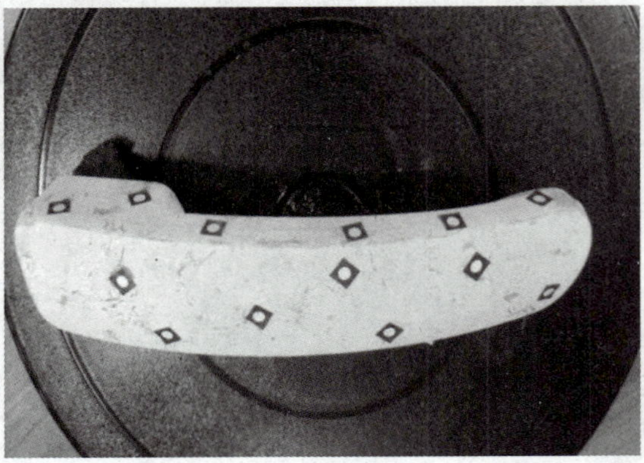

图 8-6　侧面扫描示意图

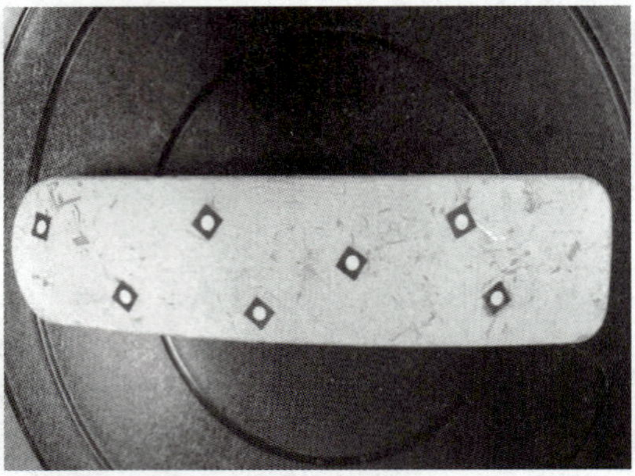

图 8-7　上表面扫描示意图

3. 保存数据

数据采集完成后，选择保存路径，将扫描点云数据另存为“电话 .asc”格式文件。

采集完成后的点云数据包含一些扫描物体之外的杂点，粘贴标志点的位置也会出现数据缺失，需要应用 Geomagic Wrap 软件将扫描杂点去除，并填充粘贴标志点形成的孔洞，形成封闭完整的零件数据。

任务二　数据处理

一、点云阶段数据处理

1. 打开文件

打开 Geomagic Wrap 软件，将“电话 .asc”文件拖入界面，选择比率（100%）和单位（毫米），进入软件界面，如图 8-8 所示。

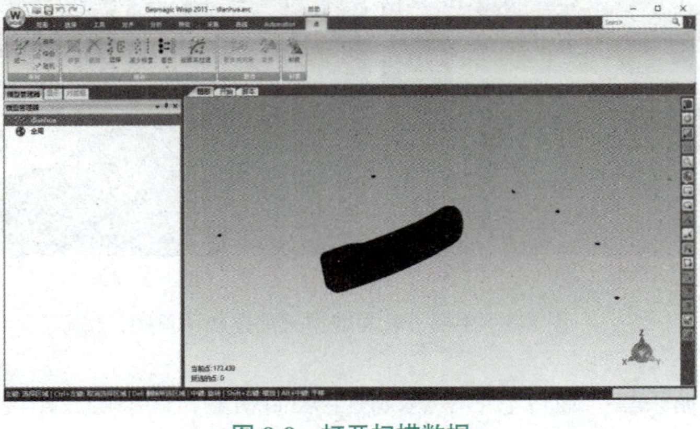

图 8-8　打开扫描数据

2. 去除杂点

（1）着色　单击【着色】下拉菜单中的【着色点】命令按钮，点云数据由黑色变成绿色。

（2）删除非连接项　单击【选择】下拉菜单中的【非连接项】命令按钮，选择低分隔和尺寸 5.0mm，单击【确定】按钮将数据中的非连接项删除。

（3）删除体外孤点　单击【选择】下拉菜单中的【体外孤点】命令按钮，选择敏感度 85，单击【确定】按钮，将点云中选中的杂点删除。

（4）减少噪音　单击【减少噪音】命令按钮，然后单击【确定】按钮去除点云中的噪音点，完成后数据如图 8-9 所示。

3. 封装点云数据

单击【封装】命令，选择自动降低噪音，勾选【最大三角形数】，单击【确定】按钮，数据由点云转换为多边形界面，如图 8-10 所示。

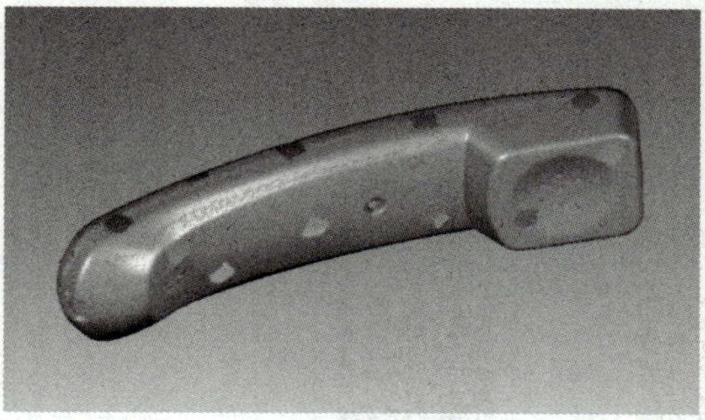

图 8-9　去除杂点后的点云数据

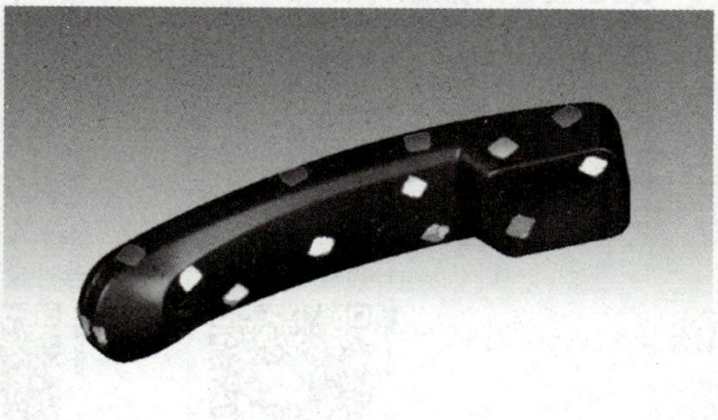

图 8-10　封装完成

二、多边形阶段数据处理

1. 填充孔

（1）填充内部孔　单击【填充单个孔】命令按钮，依次选择【曲率】和【内部孔】选项，填充数据中的部分孔。

（2）填充边界孔　单击【填充单个孔】命令按钮，依次选择【平面】和【边界孔】选项，填充数据中的其他孔；也可结合【切线】【搭桥】选项，在不改变原有特征的情况下合理搭配使用，完成对孔的填充，如图 8-11 所示。

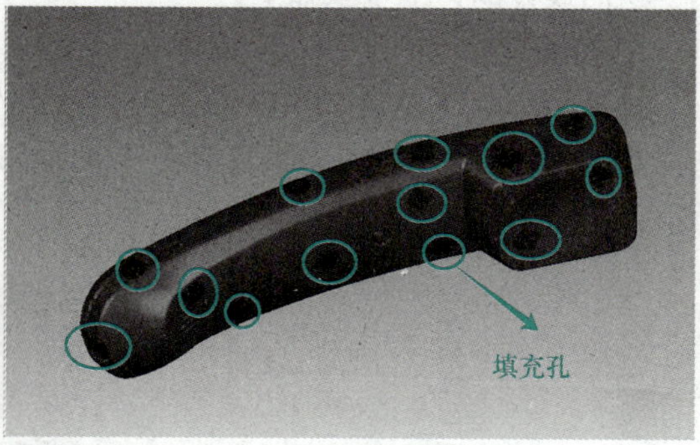

图 8-11　填充孔完成效果图

2. 平滑曲面

使用【删除钉状物】【松弛】【砂纸】【快速光顺】等命令，将多边形网格中的单点尖峰展开，如图 8-12 所示。

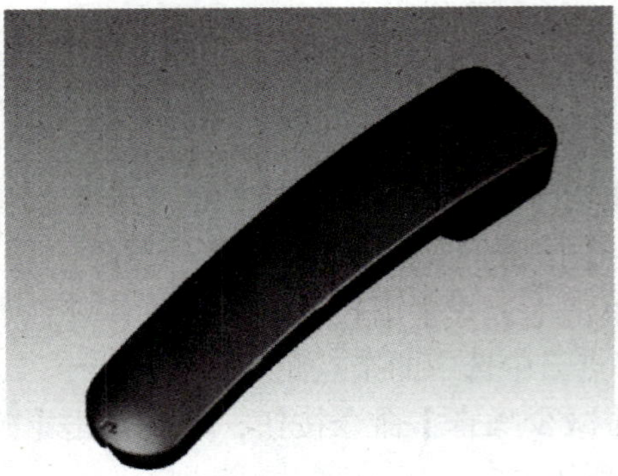

图 8-12　平滑曲面完成效果图

3. 保存文件

将处理好的数据另存为“dianhuatingtong.stl”格式文件。

三、逆向设计过程

电话手柄逆向设计过程 1

电话手柄逆向设计过程 2

电话手柄逆向设计过程 3

该零件是典型的塑料产品，曲面、圆角较多，精度要求高，在逆向设计过程中，可以利用 Design X 软件中的 3D 样条曲线、境界拟合、曲面拟合、放样等命令完成各曲面的设计，通过 3D 曲线、曲面间相互剪切后获得模型轮廓，再将所有曲面缝合获得整个模型。

逆向设计的详细步骤如下。

1. 打开文件

打开 Design X 软件，单击【插入】|【导入】命令按钮，在弹出的图 8-13a 所示对话框中选择要导入的文件数据，也可直接将“电话 .stl”文件拖入窗口，导入点云后的界面如图 8-13b 所示。

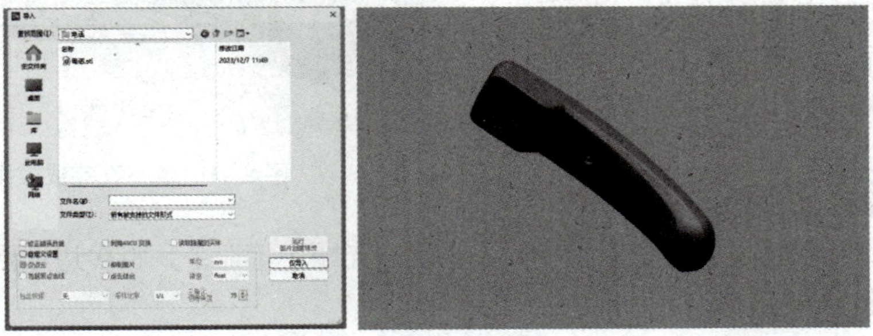

a)　　b)

图 8-13　导入数据

2. 对齐坐标系

（1）追加平面　单击【追加平面】命令按钮，弹出对话框,【要素】选择【选择多个点】,在听筒周边选择 4 个点，如图 8-14 所示，创建平面 1。

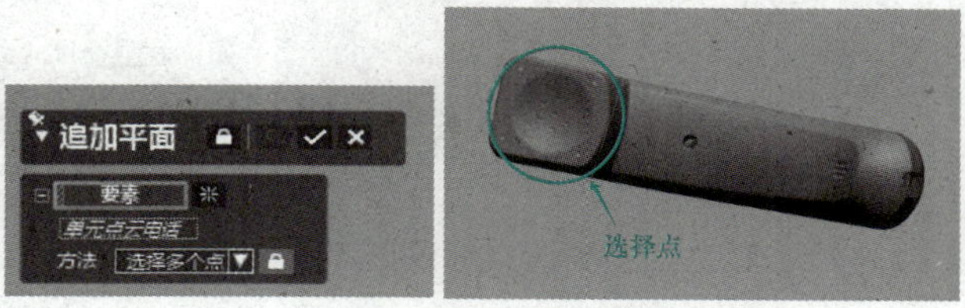

a)　　b)

图 8-14　追加平面 1

（2）创建镜像平面　单击【追加平面】命令按钮,【方法】选择【绘制直线】，在听筒对称线的位置绘制一条直线，单击【确定】按钮，创建平面 2，如图 8-15 所示。

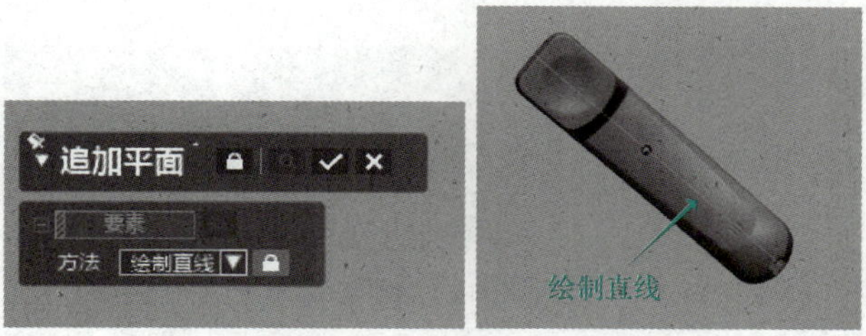

a)　　b)

图 8-15　追加平面 2

再次单击【追加平面】命令按钮,【方法】选择【镜像】，单击选择平面 2 和电话听筒所有数据，或按 <Ctrl+A> 组合键全选，单击【确定】按钮，创建平面 3，如图 8-16 所示。创建平面 3 后将平面 2 删除。

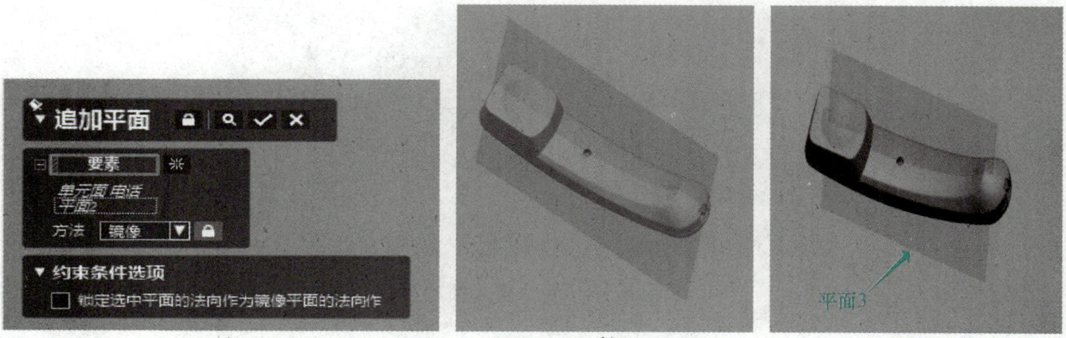

a)　　b)　　c)

图 8-16　追加平面 3

（3）对齐坐标系　单击【手动对齐】按钮 ，单击 按钮进入下一阶段,【移动】方式选择【3-2-1】，如图 8-17a 所示，依次选择平面 1 和平面 3 作为参考，单击【确定】按钮完成坐标系的对齐，完成后如图 8-17c 所示。

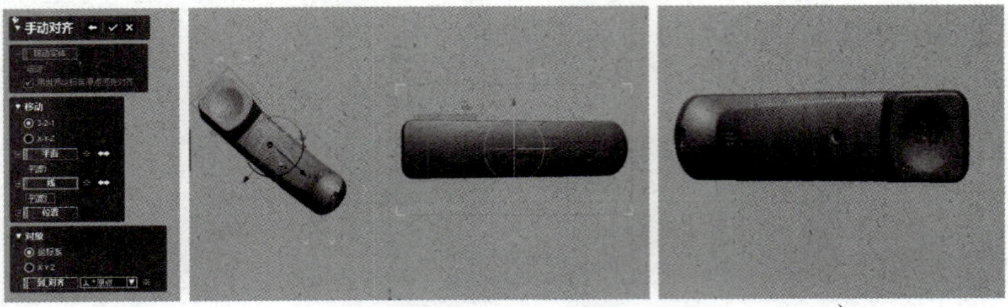

a)　　b)　　c)

图 8-17　对齐坐标系

3. 创建领域组

（1）插入领域组　单击【领域组】命令按钮，关闭【自动分割】选项，选择【矩形选择模式】，框选模型上表面区域，如图 8-18 所示，右击【插入】命令按钮，插入领域组。

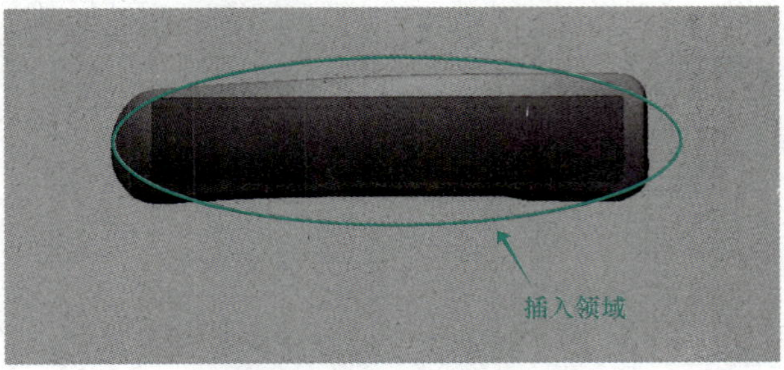

图 8-18　插入领域组

（2）手动插入领域组　旋转听筒使下表面向上，选择【画笔选择模式】，分别选择听筒下表面、侧面，依次插入领域组，完成后如图 8-19 所示。

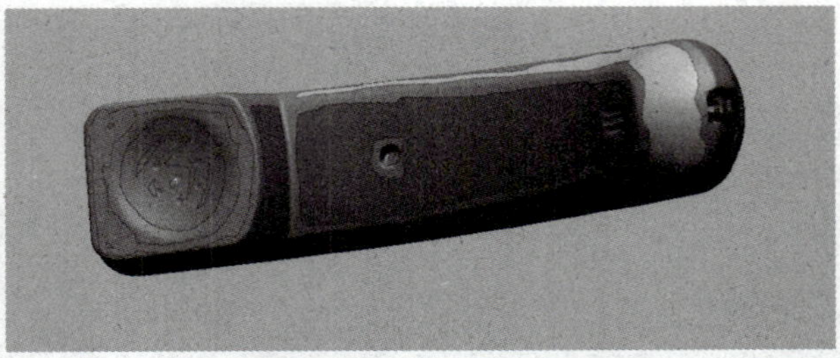

图 8-19　手动插入领域组

4. 设计模型下表面

（1）面片拟合　单击【面片拟合】命令按钮，选择听筒下表面领域，单击【下一步】按钮，适当调整拟合参数，单击【确定】按钮，如图 8-20 所示。

再次单击【面片拟合】命令按钮，选择听筒侧面领域，单击【下一步】按钮，适当调整拟合参数，单击【确定】按钮，如图 8-21 所示。

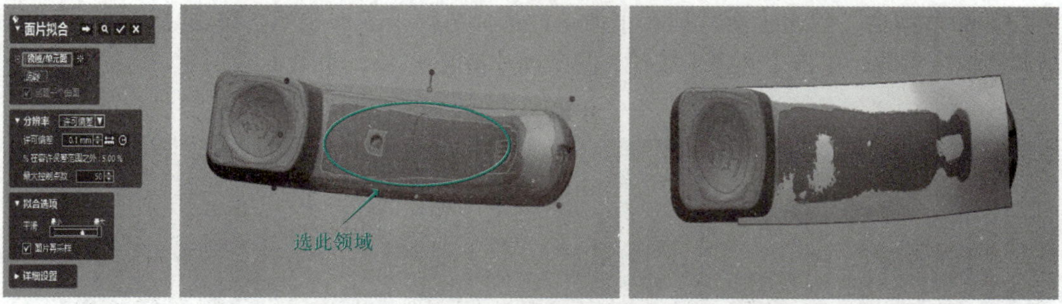

a)　　b)　　c)

图 8-20　面片拟合 1

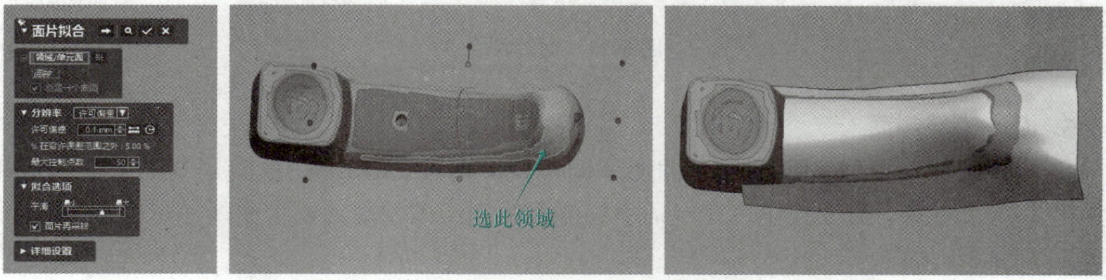

a)　　b)　　c)

图 8-21　面片拟合 2

（2）剪切曲面　单击【剪切曲面】命令按钮，【工具要素】选择【面片拟合 1】，【对象体】选择【面片拟合 2】，【保留体】选择面片拟合 2 外围曲面，如图 8-22a 所示。继续单击【剪切曲面】命令按钮，【工具要素】选择【面片拟合 2】，【对象体】选择【面片拟合 1】，【保留体】选择面片拟合 1 内部曲面，结果如图 8-22b 所示。

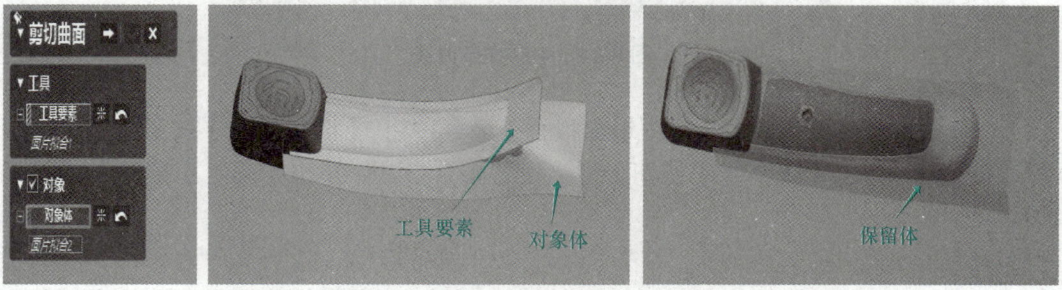

a)

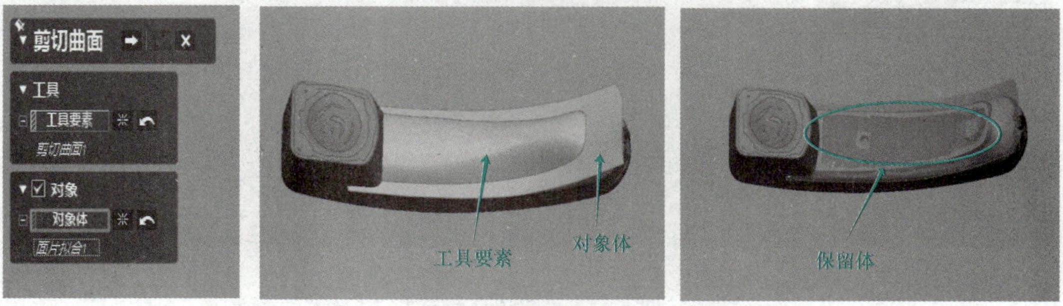

b)

图 8-22　剪切曲面

（3）面片拟合　单击【面片拟合】命令，选择听筒下表面领域，单击【下一步】按钮，适当调整拟合参数，单击【确定】按钮，隐藏面片拟合 1、2，如图 8-23 所示。

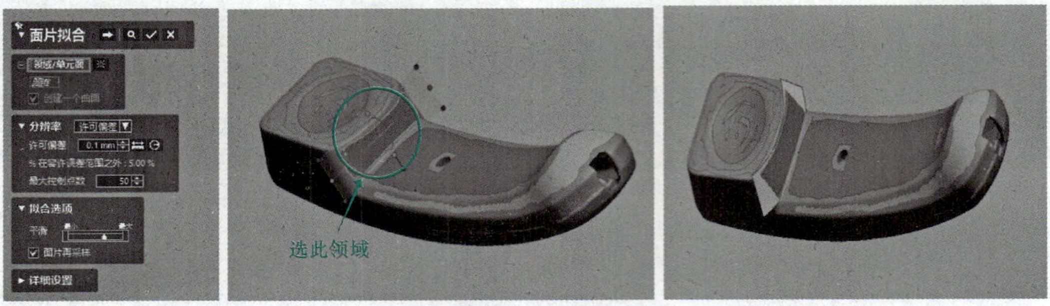

图 8-23　面片拟合 3

5. 设计模型侧面

（1）绘制样条曲线　隐藏拟合曲面，调整视图角度，单击【3D 面片草图】命令按钮，再单击【样条曲线】命令按钮，在电话手柄侧面绘制样条轮廓，要求曲线尽量光顺连续，如图 8-24 所示。

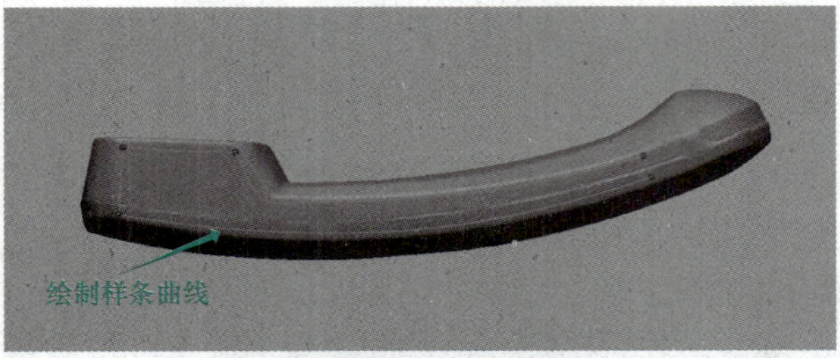

图 8-24　绘制样条曲线

（2）境界拟合曲面　单击【传统境界拟合】命令按钮，【面片曲线】选择上一步绘制的 3D 样条曲线 1，单击【下一步】按钮，适当设置拟合参数，单击【确定】按钮，如图 8-25 所示。

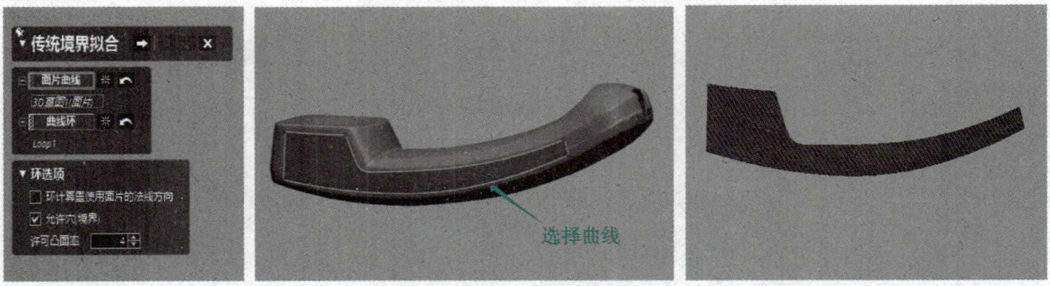

a)　　b)　　c)

图 8-25　境界拟合曲面 1

（3）延长曲面　单击【延长曲面】命令按钮，选择境界拟合曲面 1 边线，【距离】设置为 16mm，如图 8-26 所示。

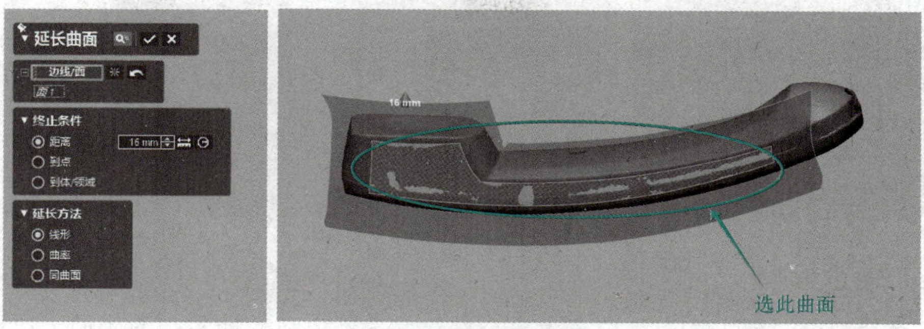

图 8-26　延长曲面

（4）绘制样条曲线　翻转电话手柄，调整视图角度，继续单击【3D 面片草图】命令按钮，再单击【样条曲线】命令按钮，在听筒的另一侧面绘制样条曲线，如图 8-27 所示。

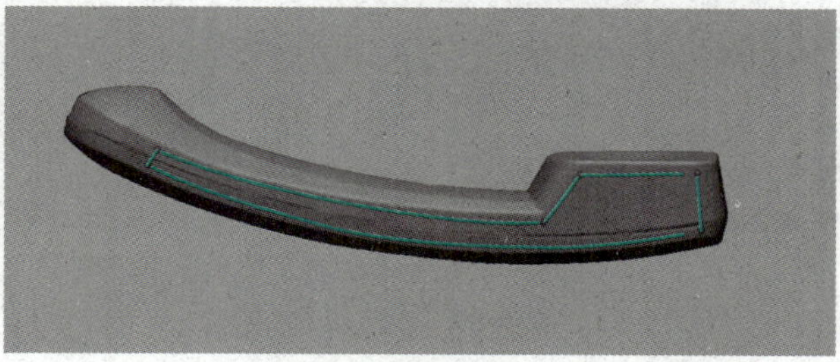

图 8-27　绘制样条曲线

（5）境界拟合曲面　单击【传统境界拟合】命令按钮，【面片曲线】选择上一步绘制的 3D 样条曲线 2，单击【下一步】按钮，适当设置拟合参数，单击【确定】按钮，如图 8-28 所示。

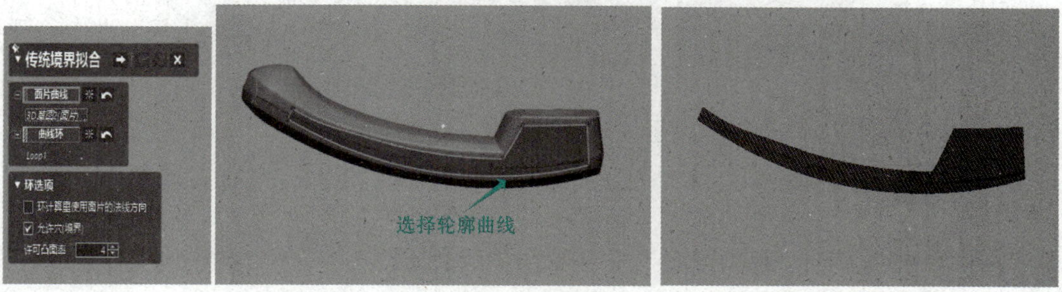

a)　　b)　　c)

图 8-28　境界拟合曲面 2

（6）延长曲面　单击【延长曲面】命令按钮，选择境界拟合 2 曲面边线，【距离】设置为 20mm，如图 8-29 所示。

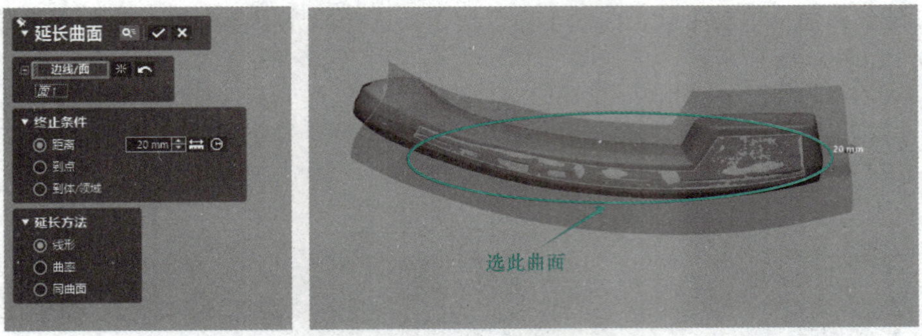

图 8-29　延长曲面

（7）面片拟合　单击【面片拟合】命令按钮，选择电话手柄下表面领域，单击【下一步】按钮，适当调整拟合参数，单击【确定】按钮，隐藏面片拟合 1、2，如图 8-30 所示。

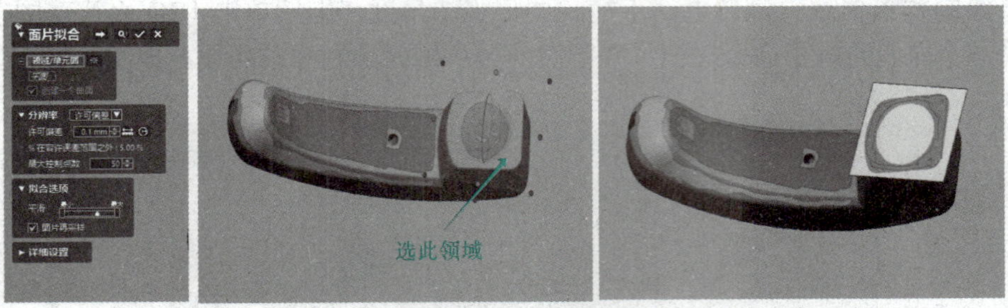

a)　　　　b)　　　　c)

图 8-30　面片拟合

（8）延长曲面　单击【延长曲面】命令按钮，选择面片拟合 3 曲面边线，【距离】设置为 20mm，如图 8-31 所示。

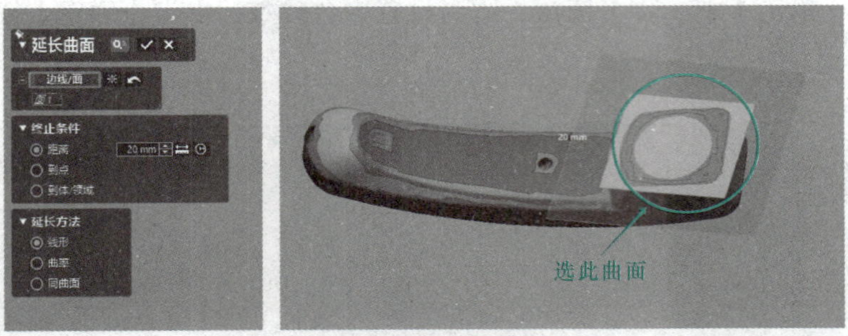

图 8-31　延长曲面

6. 设计模型话筒端曲面

（1）绘制样条曲线　调整视图角度，单击【3D 面片草图】命令按钮，再单击【样条曲线】命令按钮，在话筒侧面绘制样条轮廓，要求曲线尽量光顺连续，如图 8-32 所示。

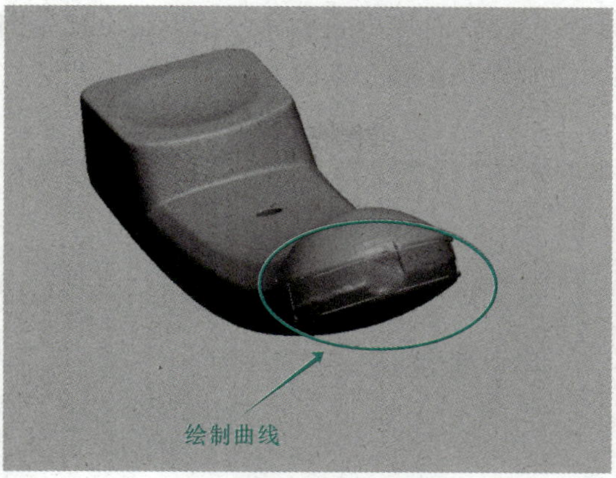

图 8-32　绘制样条曲线

（2）境界拟合曲面　单击【传统境界拟合】命令按钮，【面片曲线】选择绘制的 3D 样条曲线 3，单击【下一步】按钮，适当设置拟合参数，单击【确定】按钮，如图 8-33 所示。

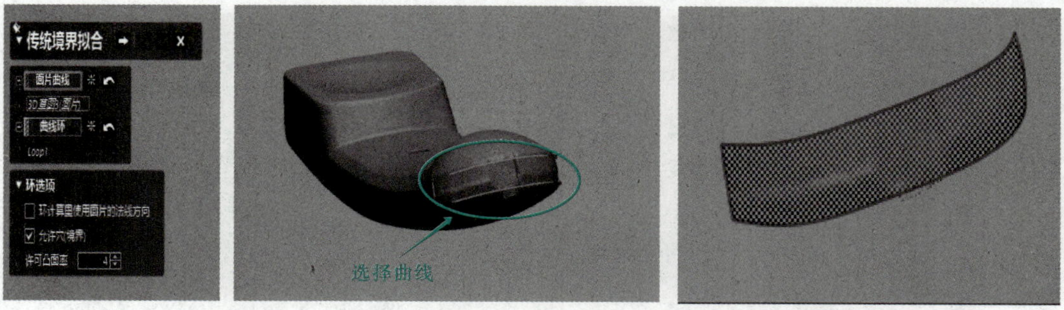

a)　　b)　　c)

图 8-33　境界拟合曲面

（3）延长曲面　单击【延长曲面】命令按钮，选择境界拟合曲面 3 曲面边线，【距离】设置为 15mm，如图 8-34 所示。

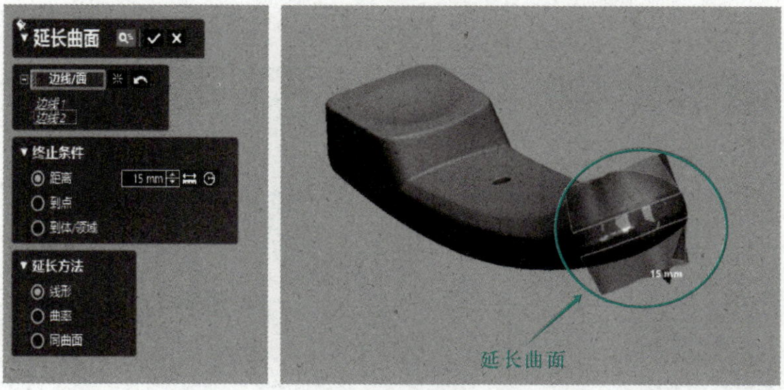

图 8-34　延长曲面

（4）绘制样条曲线　选择【3D 面片草图】命令，单击【样条曲线】命令按钮，基准面选择话筒境界拟合曲面 3，绘制样条轮廓，如图 8-35 所示。

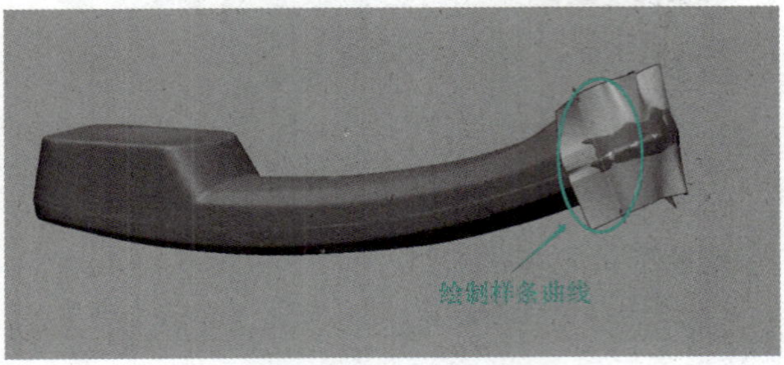

图 8-35　绘制样条曲线

（5）拉伸曲面　单击【拉伸】命令按钮，选择 3D 样条曲线，定义为双向拉伸，设置正、反向拉伸距离为 45mm，或大于话筒界面即可，如图 8-36 所示。

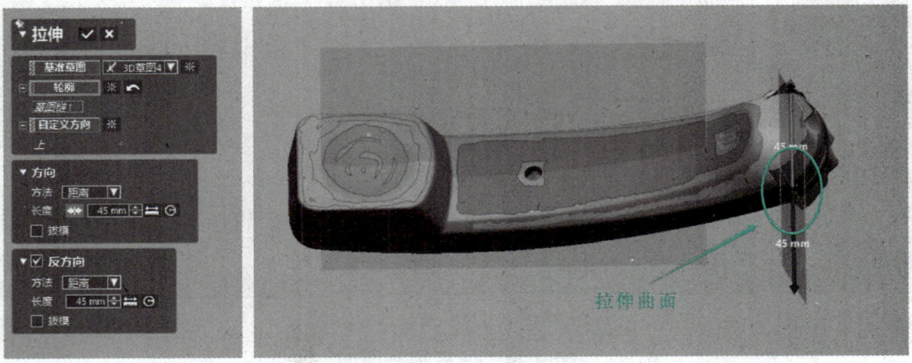

图 8-36　拉伸曲面

（6）延长曲面　单击【延长曲面】命令按钮，选择拉伸曲面边线，【距离】设置为 15mm，如图 8-37 所示。

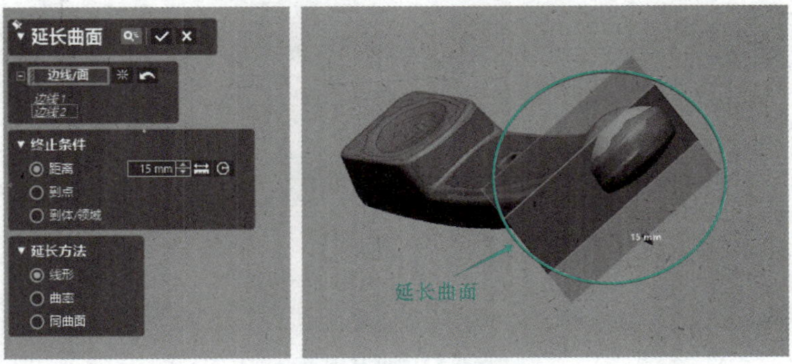

图 8-37　延长曲面

（7）剪切曲面　单击【剪切曲面】命令按钮，【工具要素】选择【曲面拉伸 1】，【对象体】选择【境界拟合 3】，【保留体】选择境界拟合 3 外围曲面，如图 8-38 所示。

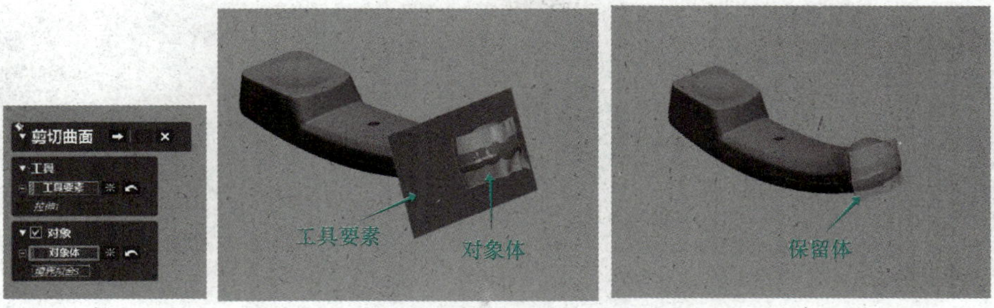

a)　　b)　　c)

图 8-38　剪切曲面

7. 模型侧面修剪

（1）绘制样条曲线　单击【3D 面片草图】命令按钮，再单击【样条曲线】命令按钮，基准面选择电话手柄境界拟合曲面 1，绘制样条轮廓，如图 8-39 所示。

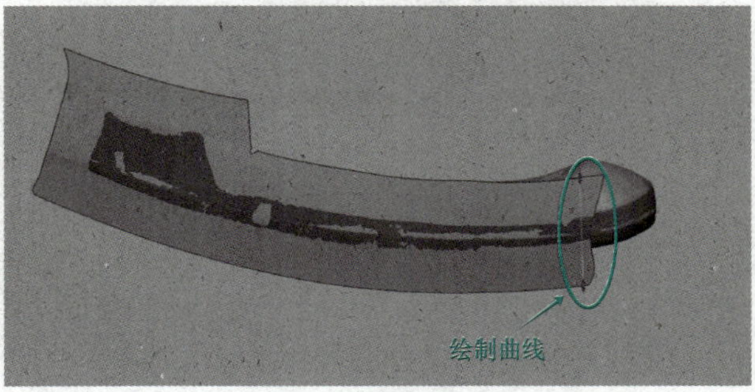

图 8-39　绘制 3D 样条曲线

（2）拉伸曲面　单击【拉伸】命令按钮，选择 3D 样条曲线，定义双向拉伸，设置正、反向拉伸距离为 45mm，如图 8-40 所示。

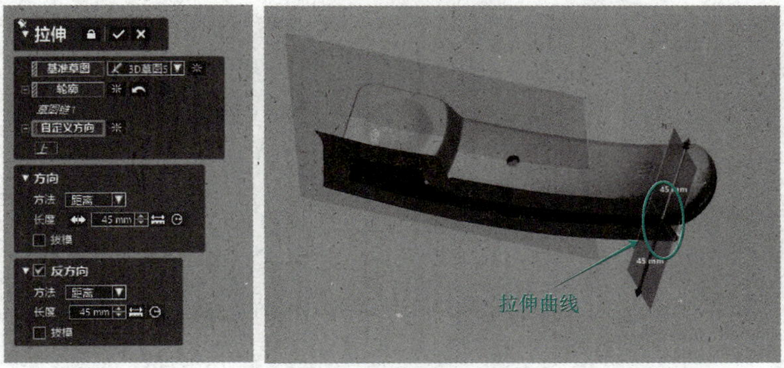

图 8-40　拉伸曲面

（3）剪切曲面 单击【剪切曲面】命令按钮，【工具要素】选择曲面拉伸 2，【对象体】选择境界拟合 1，【保留体】选择境界拟合曲面较大面积部分，如图 8-41 所示。

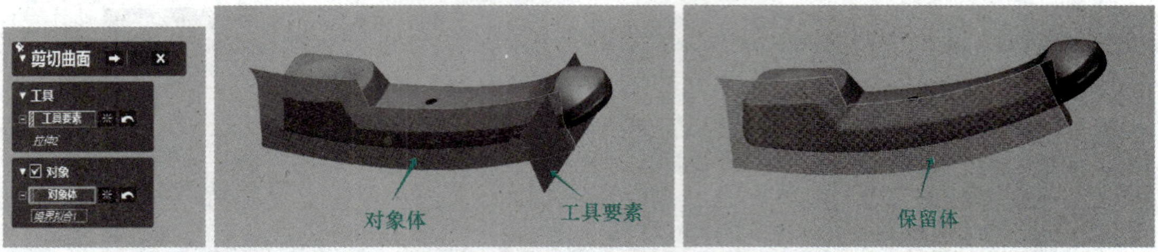

a) b) c)

图 8-41 剪切曲面

8. 设计模型听筒端曲面

（1）绘制样条曲线 选择【3D 面片草图】命令，单击【样条曲线】命令按钮，在听筒端面绘制样条轮廓，如图 8-42 所示。

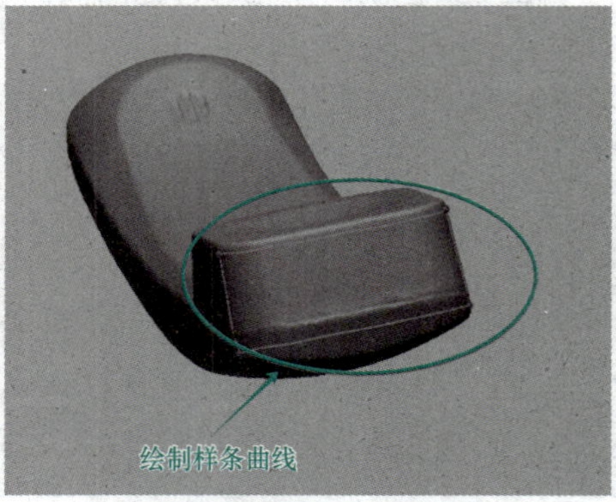

图 8-42 绘制样条曲线

（2）境界拟合曲面 单击【传统境界拟合】命令按钮，【面片曲线】选择绘制的 3D 样条曲线，单击【下一步】按钮，适当设置拟合参数，单击【确定】按钮，如图 8-43 所示。

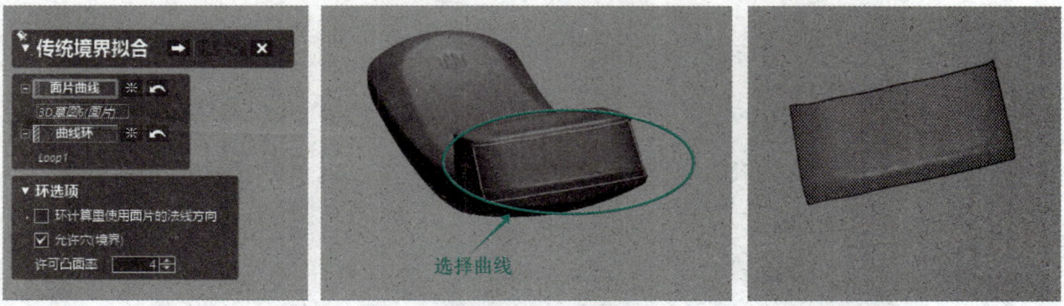

a) b) c)

图 8-43 境界拟合曲面

（3）延长曲面　单击【延长曲面】命令按钮，选择境界拟合曲面 4 边线，上、下延长距离设置为 15mm，如图 8-44 所示。

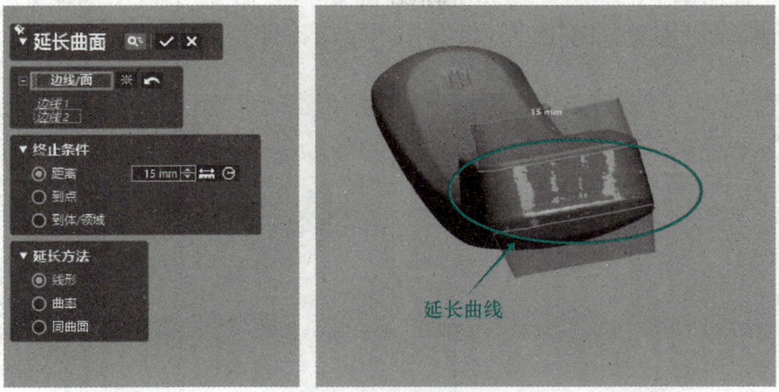

图 8-44　延长曲面

（4）拉伸曲面　选择【3D 面片草图】命令，单击【样条曲线】命令，基准面选择听筒端部境界拟合曲面 4，绘制样条轮廓，如图 8-45a 所示；单击【拉伸】命令按钮，选择绘制的 3D 样条曲线，定义双向拉伸，设置正、反向拉伸距离为 60mm，如图 8-45b 所示。

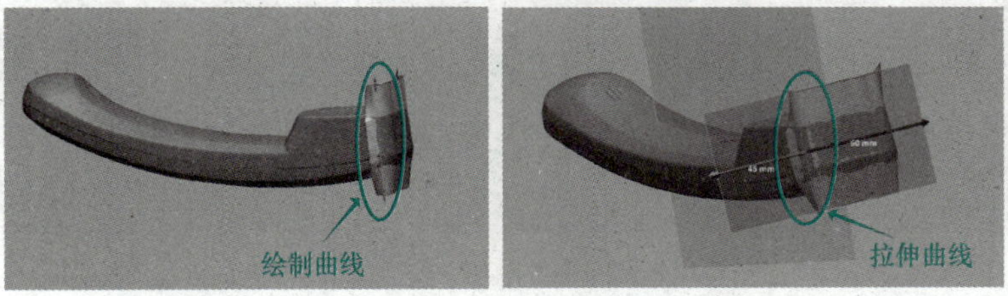

a)　　b)

图 8-45　曲面拉伸

（5）剪切曲面　单击【剪切曲面】命令按钮，【工具要素】选择曲面拉伸 3，【对象体】选择境界拟合 4，【保留体】选择境界拟合曲面较大面积部分，如图 8-46 所示。

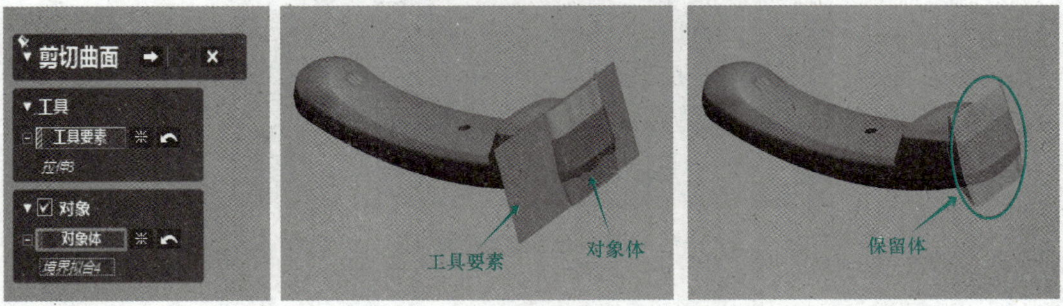

a)　　b)　　c)

图 8-46　曲面剪切

9. 模型修剪

（1）拉伸曲面　选择【3D 面片草图】命令，单击【样条曲线】命令按钮，基准面选择听筒端部境界拟合曲面 2，绘制样条轮廓，如图 8-47a 所示；单击【拉伸】命令按钮，选择绘制的 3D 样条曲线，定义双向拉伸，设置正、反向拉伸距离为 60mm，如图 8-47b 所示。

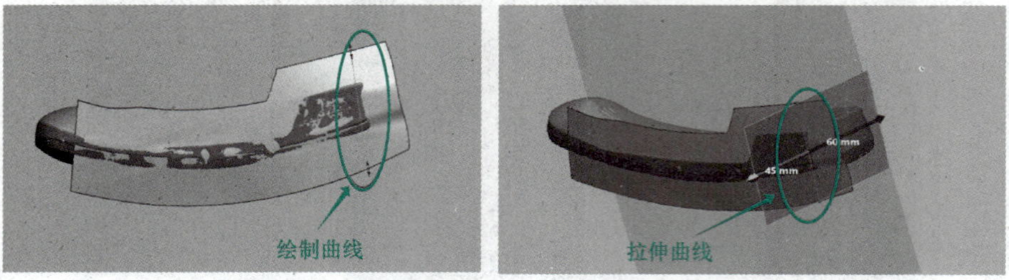

a)　　b)

图 8-47　拉伸曲面

（2）剪切曲面　单击【剪切曲面】命令按钮，【工具要素】选择曲面拉伸 4，【对象体】选择境界拟合曲面 2 和面片拟合 1，【保留体】选择曲面较大面积部分，如图 8-48 所示。

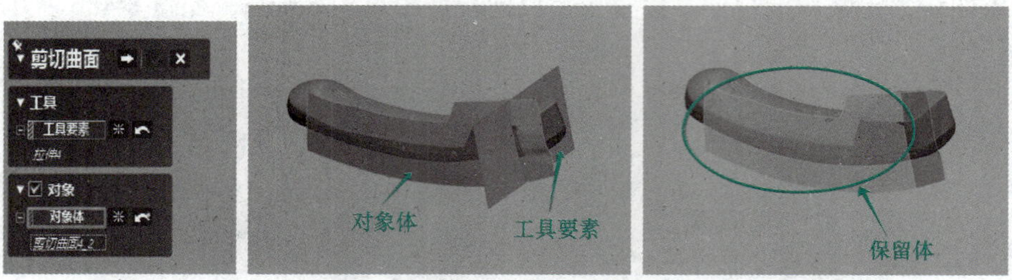

a)　　b)　　c)

图 8-48　剪切曲面

（3）添加领域　在特征树中单击【领域组】命令按钮，在手柄外表面添加领域，如图 8-49 所示，右击选择【合并】命令。

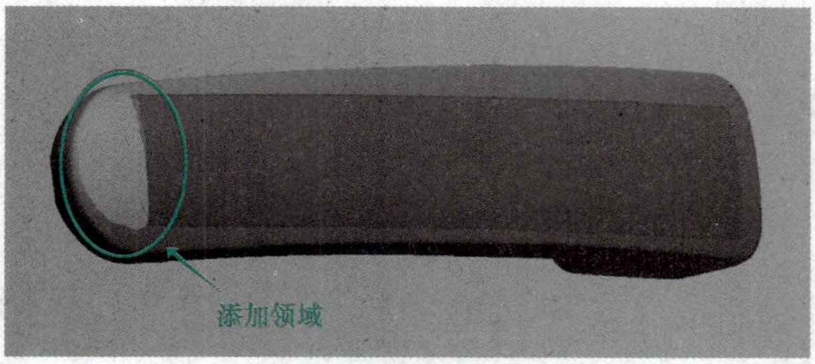

图 8-49　添加领域

（4）面片拟合　单击【面片拟合】命令按钮，选择手柄上表面领域，单击【下一步】按钮，适当调整拟合参数，如图 8-50 所示，单击【确定】按钮。

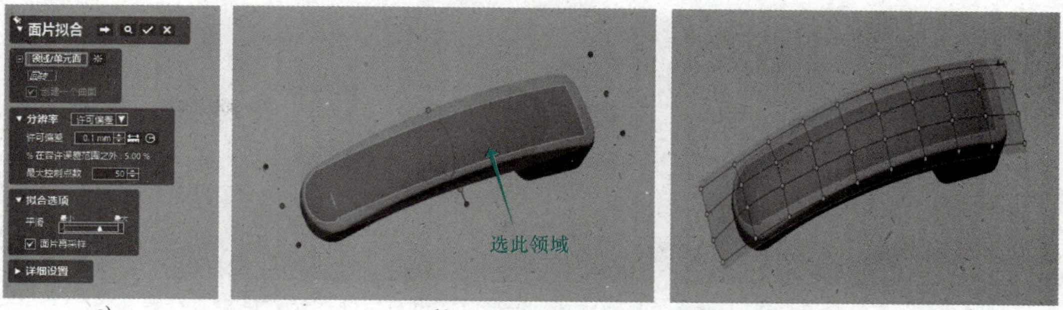

a)　　b)　　c)

图 8-50　面片拟合

（5）剪切曲面　单击【剪切曲面】命令按钮，【工具要素】选择面片拟合 5，【对象体】选择境界拟合 1~4，【保留体】选择曲面下方部分，如图 8-51 所示。

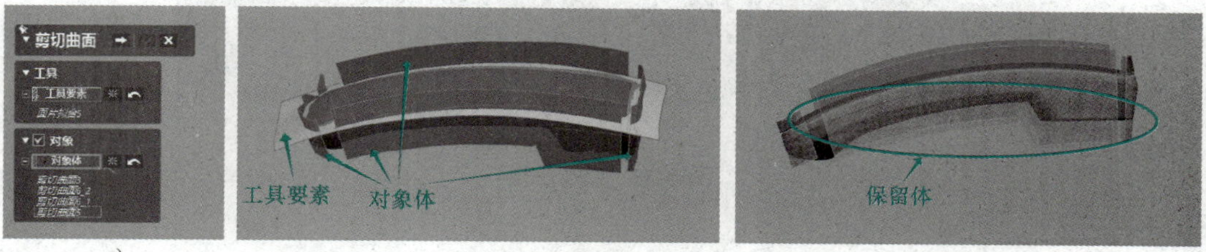

a)　　b)　　c)

图 8-51　剪切曲面

（6）延长曲面　单击【延长曲面】命令按钮，选择面片拟合曲面 4 边线，延长距离设置为 3.5mm，如图 8-52 所示。

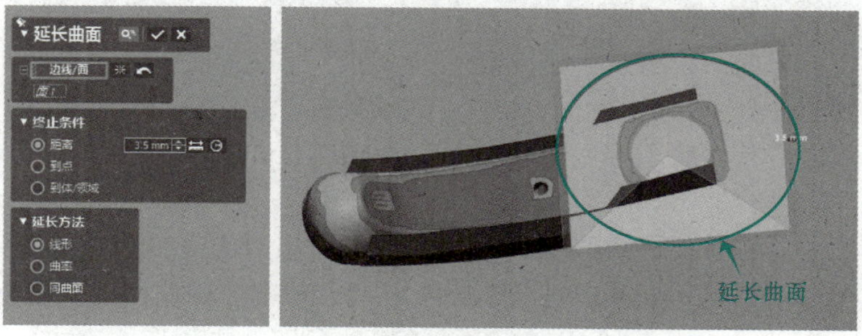

图 8-52　延长曲面

（7）剪切曲面　隐藏面片拟合 5，显示面片拟合 4，单击【剪切曲面】命令按钮，【工具要素】选择面片拟合 4，【对象体】选择境界拟合 1、2、4，【保留体】选择曲面下方部分，如图 8-53 所示。

（8）放样　单击【放样】命令按钮，【轮廓】分别选择听筒端面和侧面边，【起始约束】设置为【与面相切】，【终止约束】设置为【无】，如图 8-54 所示，观察放样曲面，符合要求后单击【确定】按钮。

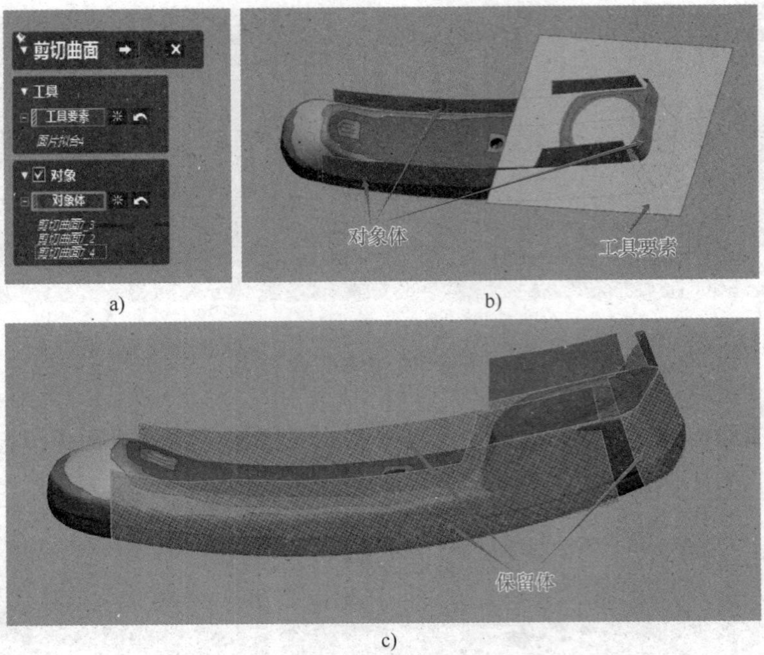

图 8-53 剪切曲面

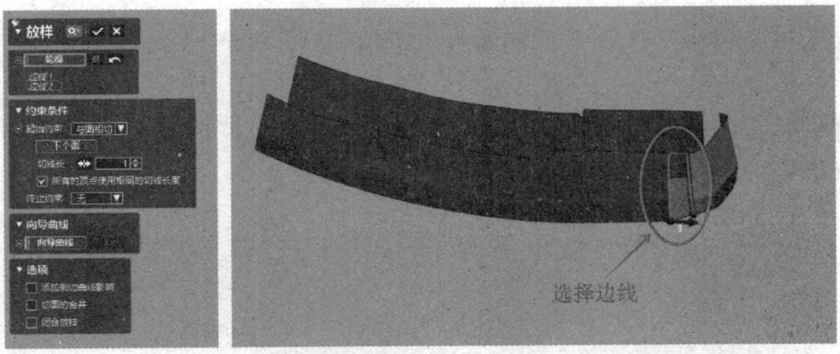

图 8-54 放样 1

继续单击【放样】命令按钮，【轮廓】分别选择曲面边，【起始约束】设置为【与面相切】，【终止约束】设置为【无】，如图 8-55~ 图 8-57 所示，观察放样曲面，符合要求后单击【确定】按钮。

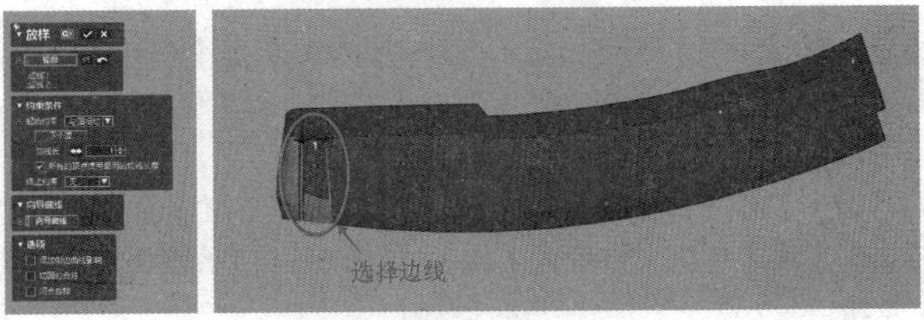

图 8-55 放样 2

图 8-56　放样 3

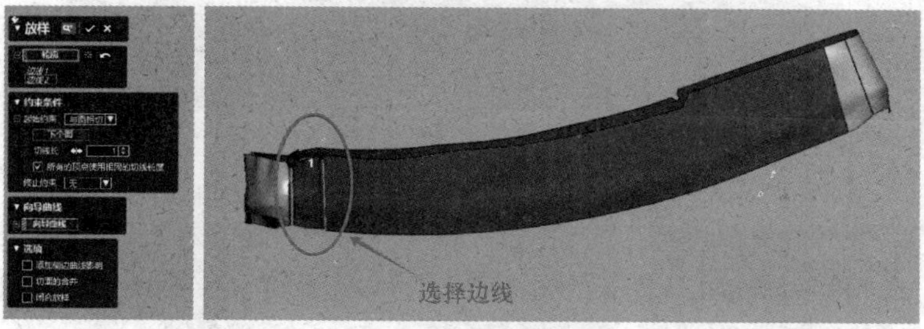

图 8-57　放样 4

（9）剪切曲面　显示面片拟合 2、3、4，单击【剪切曲面】命令按钮，【工具要素】选择面片拟合 2、3、4，【对象体】选择听筒侧面所有曲面，包括境界拟合 1、2、3 剪切后的曲面和放样曲面，【保留体】选择侧面下方部分，如图 8-58 所示。

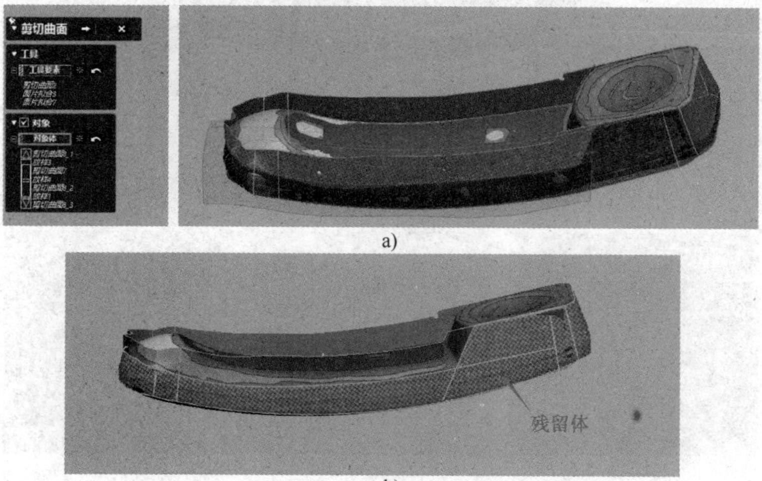

图 8-58　剪切曲面 1

继续单击【剪切曲面】命令按钮，重复上述步骤，如图 8-59~ 图 8-61 所示。

（10）缝合曲面　单击【缝合】命令按钮，【曲面体】选择剪切后的听筒下表面，进入下一阶段，单击【确定】按钮，如图 8-62 所示。

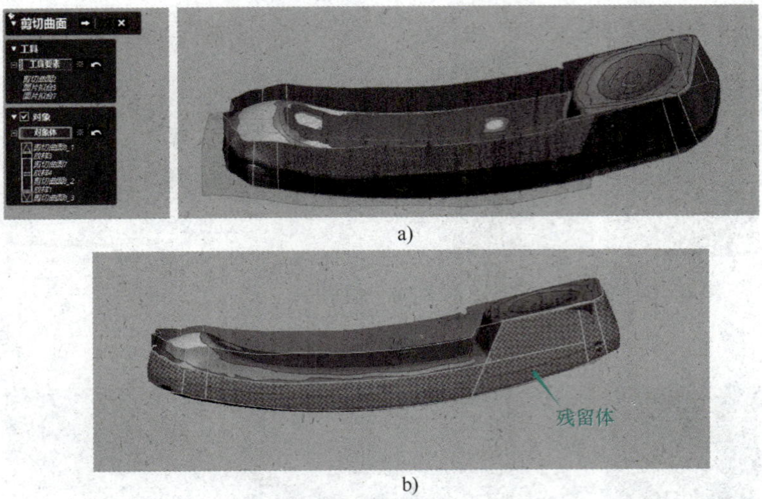

图 8-59　剪切曲面 2

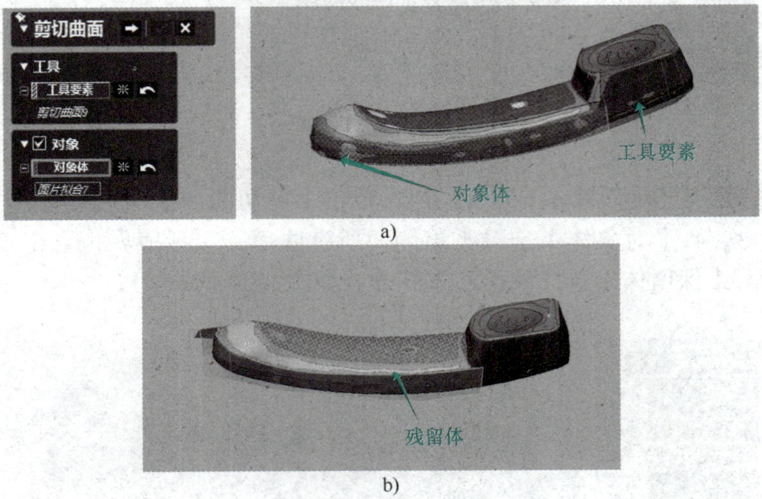

图 8-60　剪切曲面 3

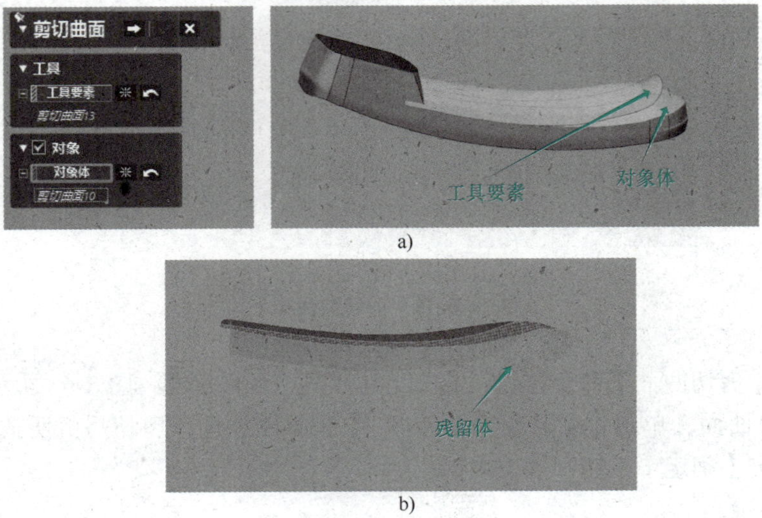

图 8-61　剪切曲面 4

图 8-62　缝合曲面

（11）延长曲面　单击【延长曲面】命令按钮，选择听筒区域各边线，延长距离设置为 2mm，如图 8-63 所示。

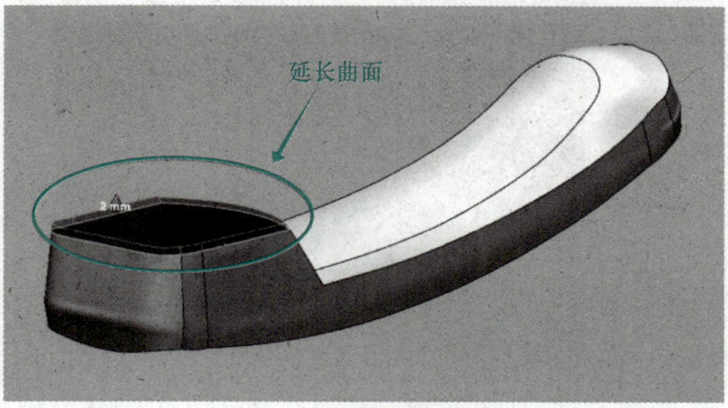

图 8-63　延长曲面

（12）剪切曲面　单击【剪切曲面】命令按钮，【工具要素】选择剪切后的拟合曲面，【对象体】选择听筒下表面，【保留体】选择下表面加厚部分，如图 8-64 所示。继续单击【剪切曲面】命令按钮，【工具要素】选择剪切后的听筒侧面，【对象体】选择听筒上表面，【保留体】选择上表面中间部分，如图 8-65 所示。

（13）延长曲面　显示面片拟合 3，单击【延长曲面】命令按钮，选择听筒上表面区域各边线，延长距离设置为 2mm，如图 8-66 所示。

（14）剪切曲面　单击【剪切曲面】命令按钮，【工具要素】选择延伸后的听筒侧面，【对象体】选择听筒上表面，【保留体】选择听筒侧面部分，如图 8-67 所示。继续单击【剪切曲面】命令按钮，【工具要素】选择听筒上表面，【对象体】选择延伸后的听筒侧面，【保留体】选择上表面中间部分，如图 8-68 所示。

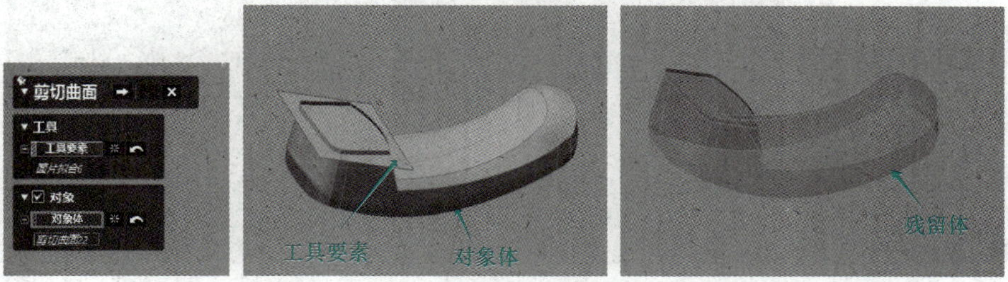

a)　b)　c)

图 8-64　剪切曲面 1

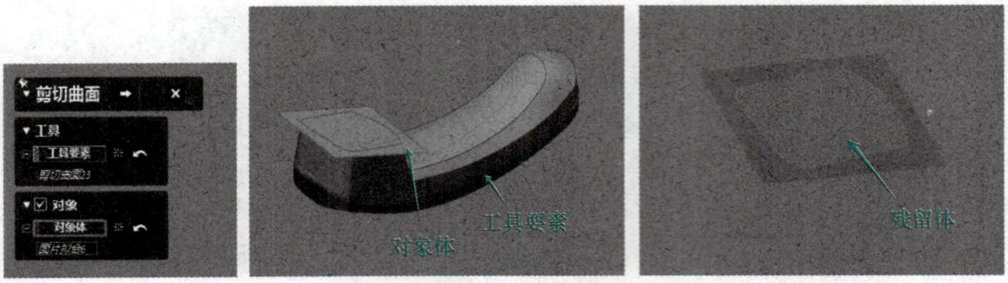

a)　　　　b)　　　　c)

图 8-65　剪切曲面 2

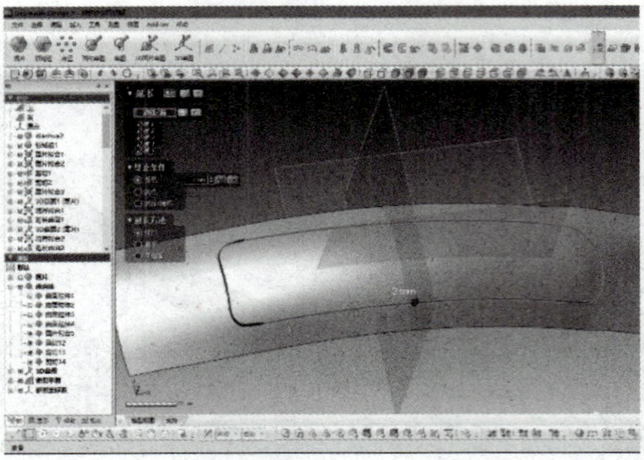

图 8-66　延长曲面

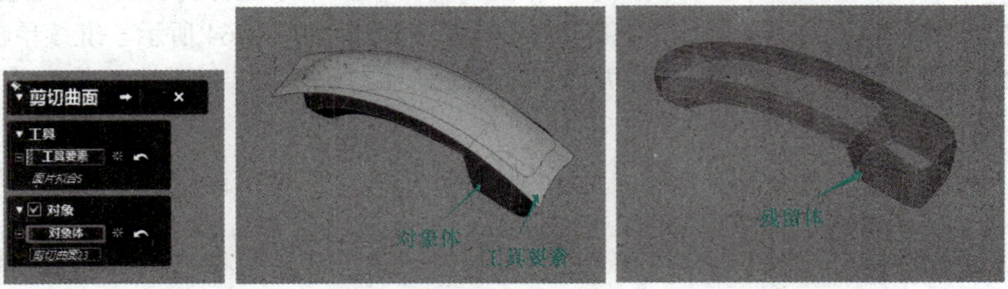

a)　　　　b)　　　　c)

图 8-67　剪切曲面 1

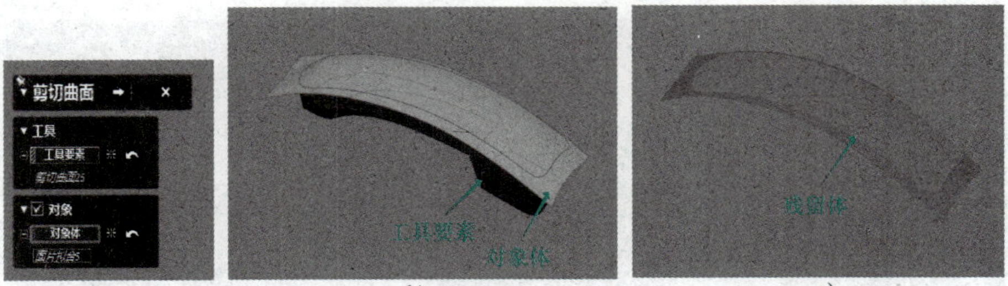

a)　　　　b)　　　　c)

图 8-68　剪切曲面 2

（15）缝合曲面　单击【缝合】命令按钮，【曲面体】选择听筒左右表面，进入下一阶段，单击【确定】按钮，完成后如图 8-69 所示。

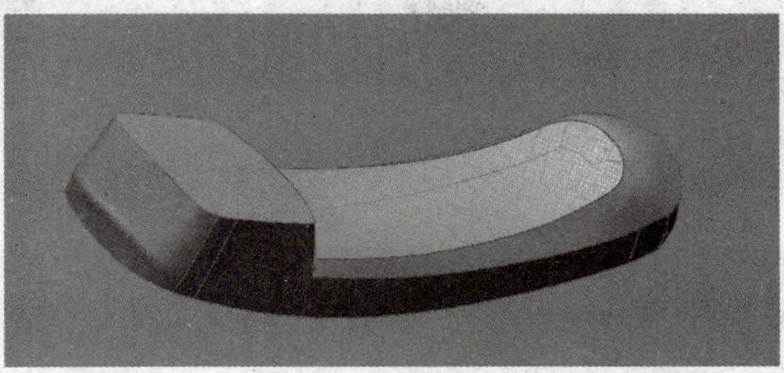

图 8-69　缝合曲面

10. 模型倒圆角和其他细节特征的设计

（1）倒圆角　选择【圆角】命令，【要素】选择电话手柄上表面边缘线，单击【自动计算半径值】按钮，估算半径后，设置【半径】值为 3mm，单击【确定】按钮。用相同的操作方法，将电话手柄下表面各边缘倒圆角，结果如图 8-70 所示。

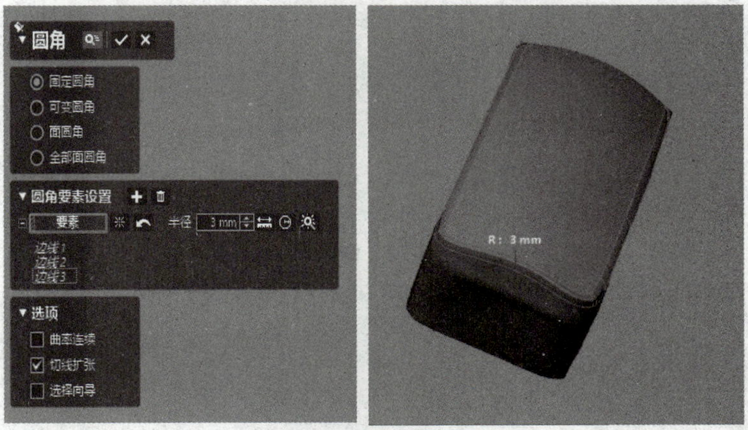

图 8-70　倒圆角

（2）创建半圆　选择【几何形状】命令，单击听筒内部圆形领域，【提取形状】选择【球】，如图 8-71a 所示，单击【确定】按钮；在【特征树】中双击回转球，【结果运算】选择为【切割】，如图 8-71b 所示，单击【确定】按钮。

（3）倒圆角　选择【圆角】命令，【要素】选择半圆球表面边缘线，单击【自动计算半径值】按钮，估算半径后，设置【半径】值为 35mm，单击【确定】按钮，如图 8-72 所示。

（4）面片拟合曲面　单击【面片拟合】命令按钮，选择话筒上表面领域，适当调整拟合参数，如图 8-73 所示，单击【确定】按钮。

（5）延长曲面　单击【延长曲面】命令按钮，选择话筒上表面区域各边线，延长距离设置为 8mm，结果如图 8-74 所示。

（6）剪切曲面　单击【剪切曲面】命令按钮，【工具要素】选择曲片拟合 6，【对象体】选择电话手柄下表面，【保留体】选择中间圆孔部分，如图 8-75 所示。

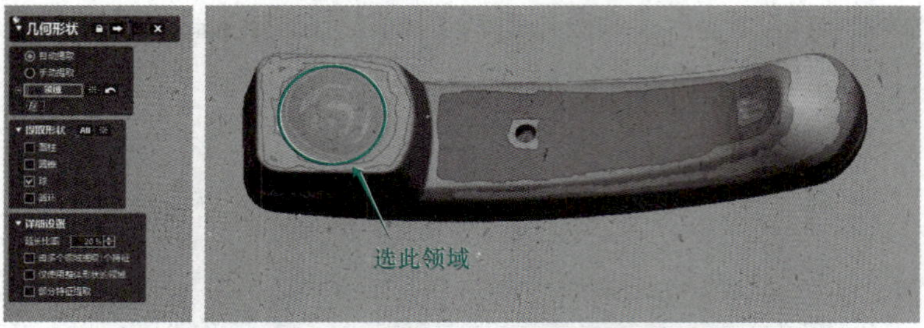

a)

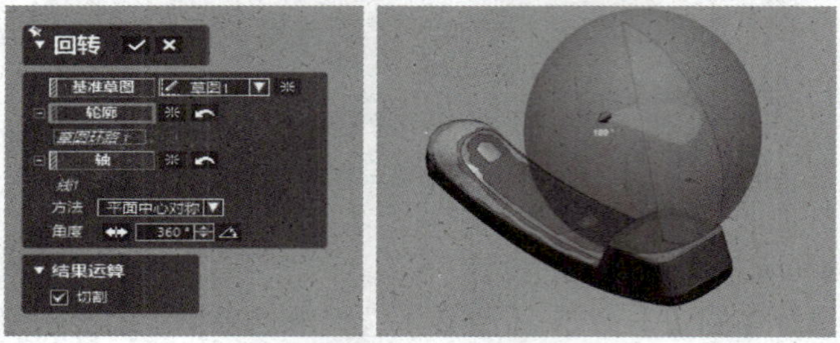

b)

图 8-71　创建半圆

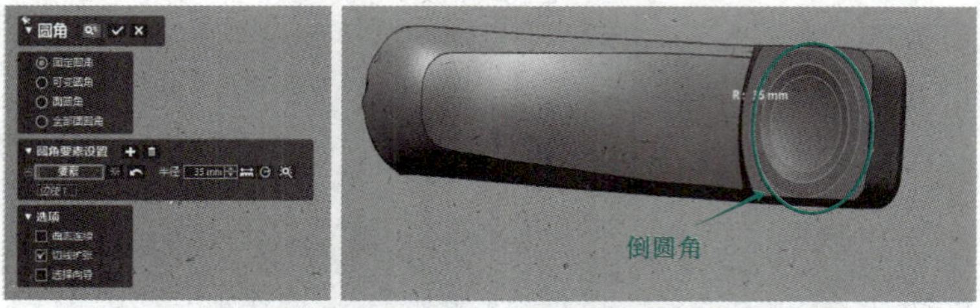

图 8-72　倒圆角

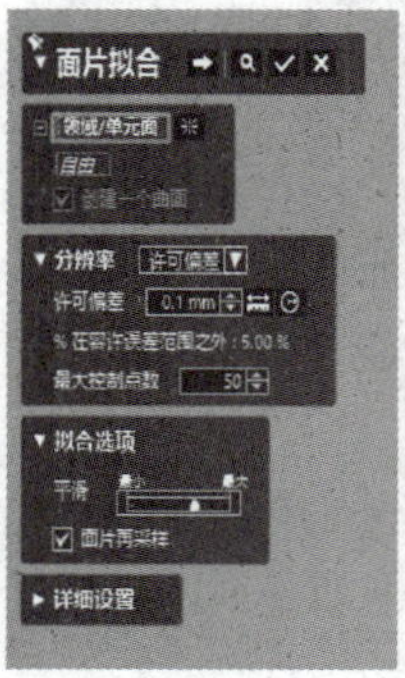

a)

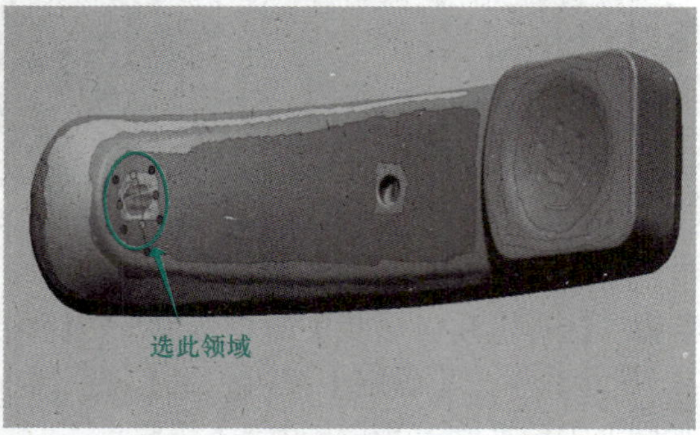

b)

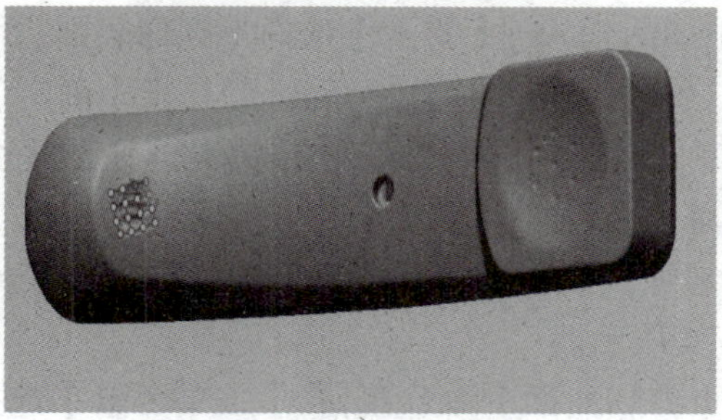

c)

图 8-73　面片拟合曲面

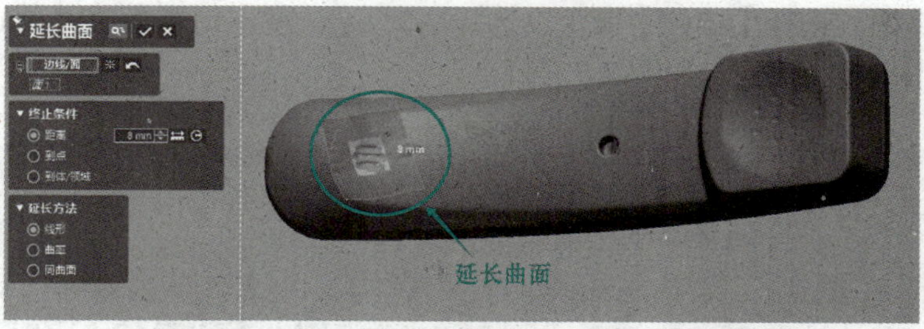

图 8-74　延长曲面

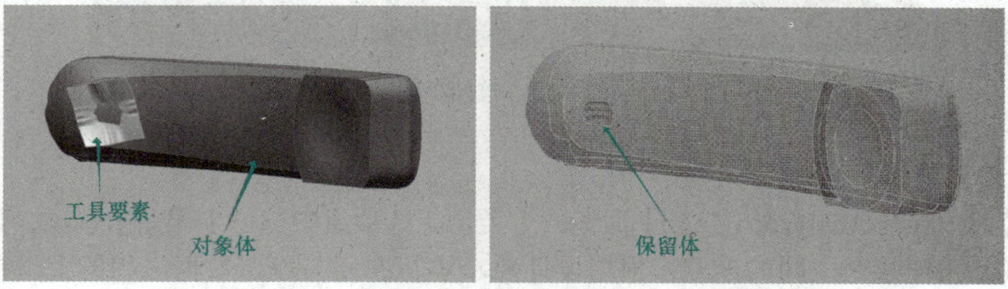

a)　　b)

图 8-75　剪切曲面

（7）绘制圆　单击【面片草图】命令按钮，选择【前平面】为基准面，由基准面偏移一定距离，以清晰可见中间小圆轮廓为宜；再单击【圆】命令按钮，绘制小圆，调整位置使绘制的轮廓线与参考线重合，如图 8-76 所示，单击【确定】按钮。

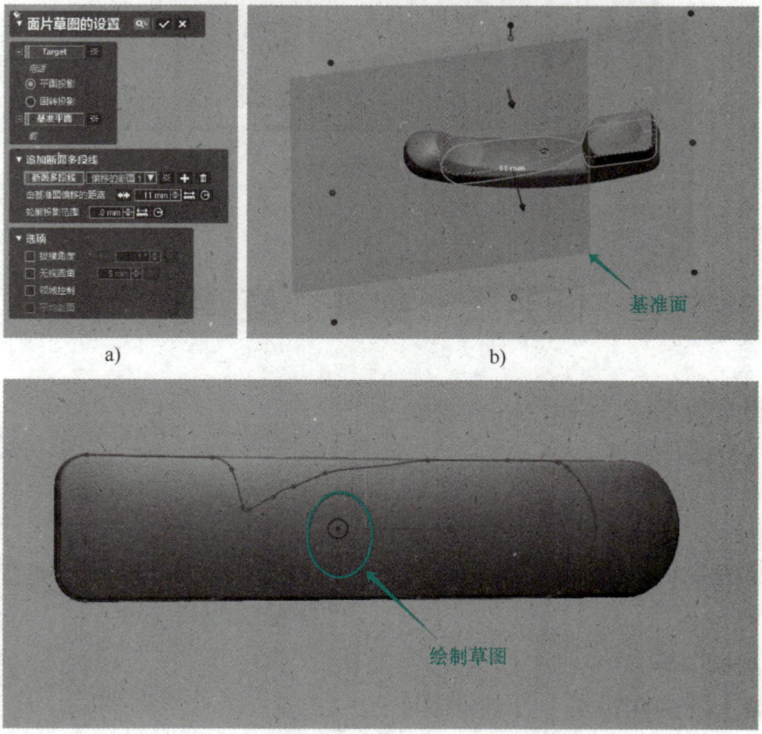

a)　　b)

c)

图 8-76　绘制小圆

（8）拉伸小圆　选择【拉伸】命令，选择小圆，【长度】设置为 12.5mm，【结果】选择【剪切】，单击【确定】按钮，如图 8-77 所示。

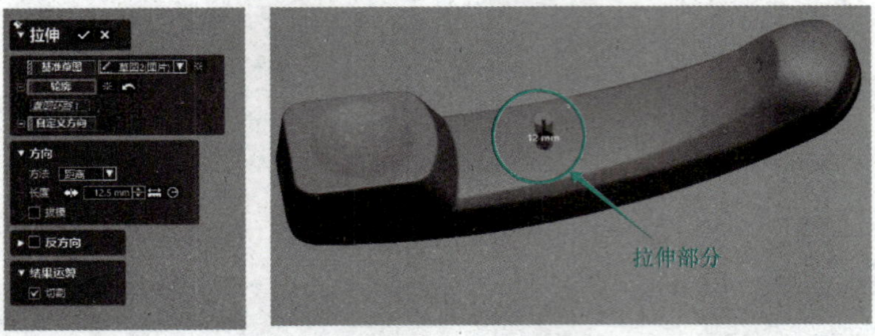

图 8-77　拉伸小圆

11. 偏差分析

在【Accuracy Analyzer（TM）】面板的【类型】选项组中选中【偏差】选项，显示曲面与网络（三角面片）之间的误差，根据设计要求填写曲面与原始数据之间的上下极限偏差值，如图 8-78 所示，图形显示零件为绿色，表示模型偏差在设计范围内，符合要求。

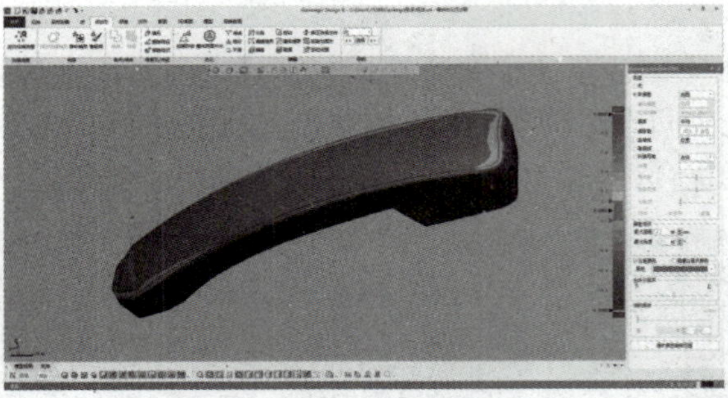

图 8-78　偏差分析

任务三　数 据 应 用

有了逆向设计数据后，应用 NX 注塑模向导模块对其进行模具设计。

1. 打开文件

打开 NX 软件，选择【打开】命令，文件类型选择 STP 格式，打开保存的文件“电话 .stp”，如图 8-79 所示。

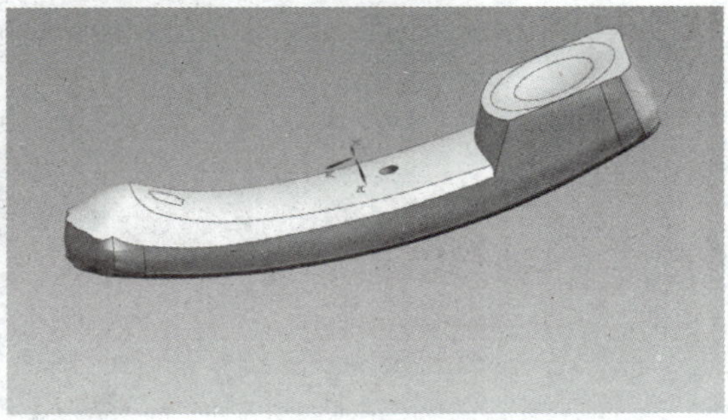

图 8-79　打开文件

2. 进入注塑模向导

单击【开始】|【应用模块】|【注塑模】命令进入工作界面，如图 8-80 所示。

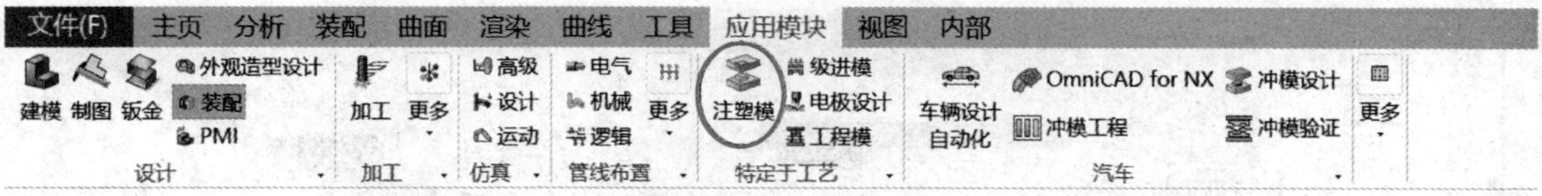

图 8-80　注塑模工具

3. 创建包容块

显示工具栏，单击【创建方块】命令，选择【体的面】选项，选择整个零件表面，如图 8-81 所示，单击【确定】按钮。

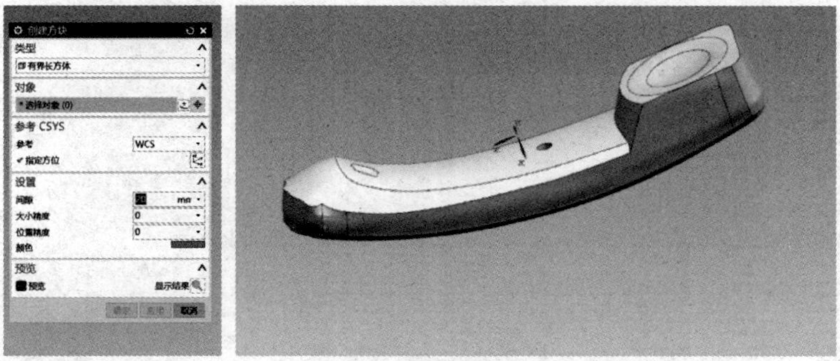

图 8-81　创建包容块

4. 包容块求差

单击【求差】命令，【目标】选择包容块，【工具】选择零件，单击【设置】选项，勾选【保存工具】选项，如图 8-82 所示。

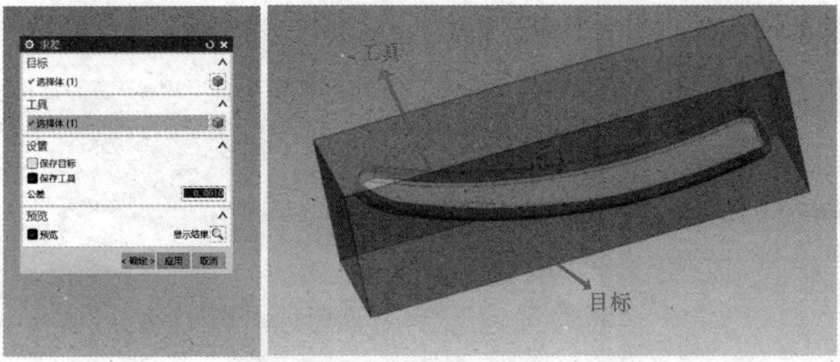

图 8-82　包容块求差

5. 抽取几何特征

单击【显示和隐藏】命令，隐藏包容块。选择【插入】|【关联复制】|【抽取几何体】选项，【类型】选择【面】选项，【面选项】选择【单个面】选项，选择电话外圆，如图 8-83 所示，单击【确定】按钮。

6. 构建分型面

显示工具栏，选择【插入】|【曲面】|【条带构建器】选项，弹出【条带】对话框，选择拉伸曲面，如图 8-84a 所示，结果如图 8-84b 所示。

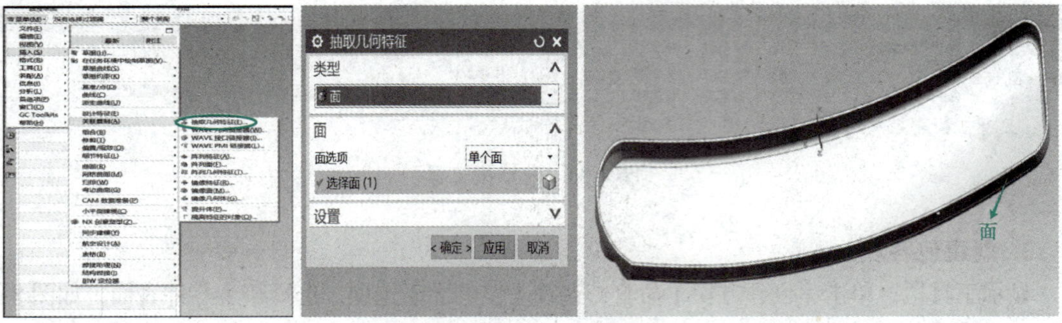

图 8-83　抽取几何特征

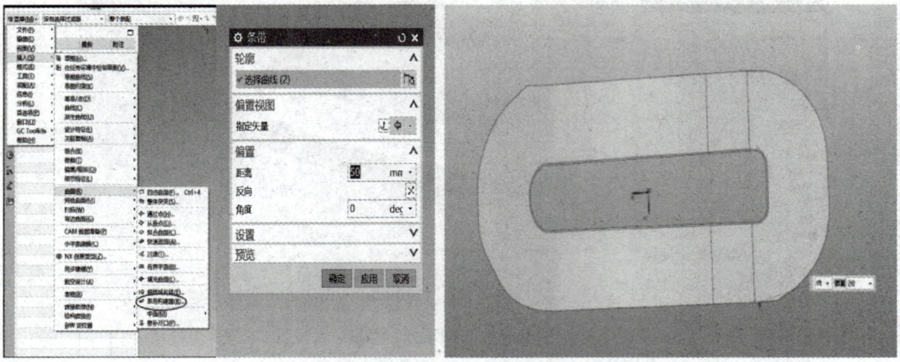

a)　　b)

图 8-84　构建分型面

7. 缝合分型面

单击【缝合】命令,【类型】选择【片体】选项,【目标】选择零件片体,【工具】选择拉伸片体，如图 8-85 所示，单击【确定】按钮。

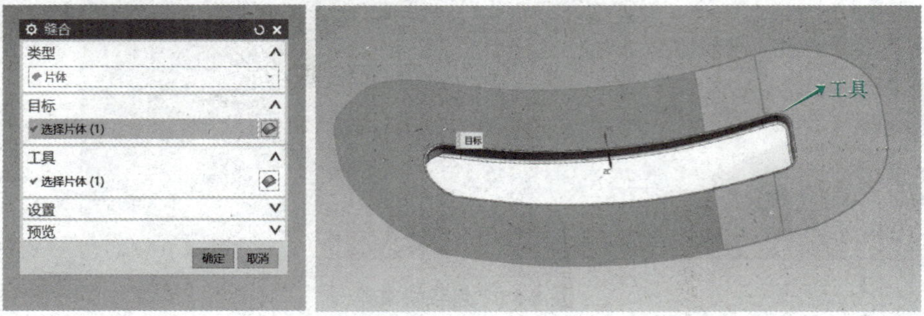

图 8-85　缝合分型面

8. 显示包容块

单击【显示和隐藏】命令，显示包容块与零件片体，如图 8-86 所示。

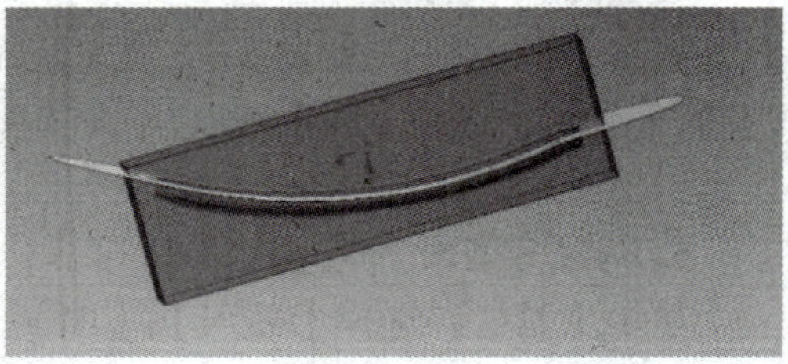

图 8-86　显示包容块

9. 拆分包容块

选择【插入】|【修剪】|【拆分体】选项,【目标】选择包容块,【工具选项】选择【面或平

面】选项，选择缝合后的片体，如图 8-87 所示，单击【确定】按钮。

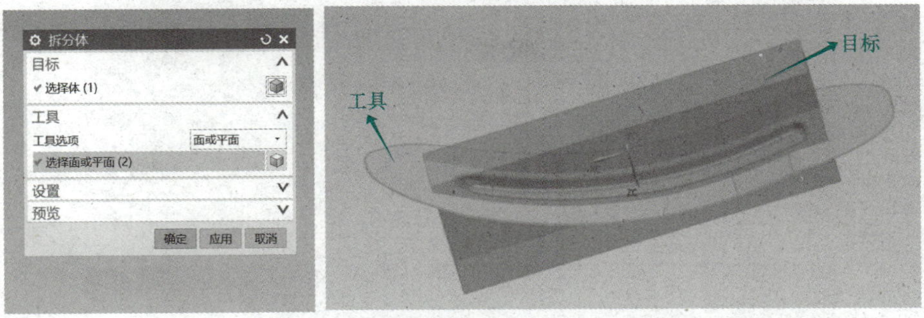

图 8-87　拆分包容块

10. 显示工作部件

单击【显示和隐藏】命令，将模型全部隐藏。选择【类选择】选项，选择上模，如图 8-88a 所示；单击【确定】按钮，完成后如图 8-88b 所示。

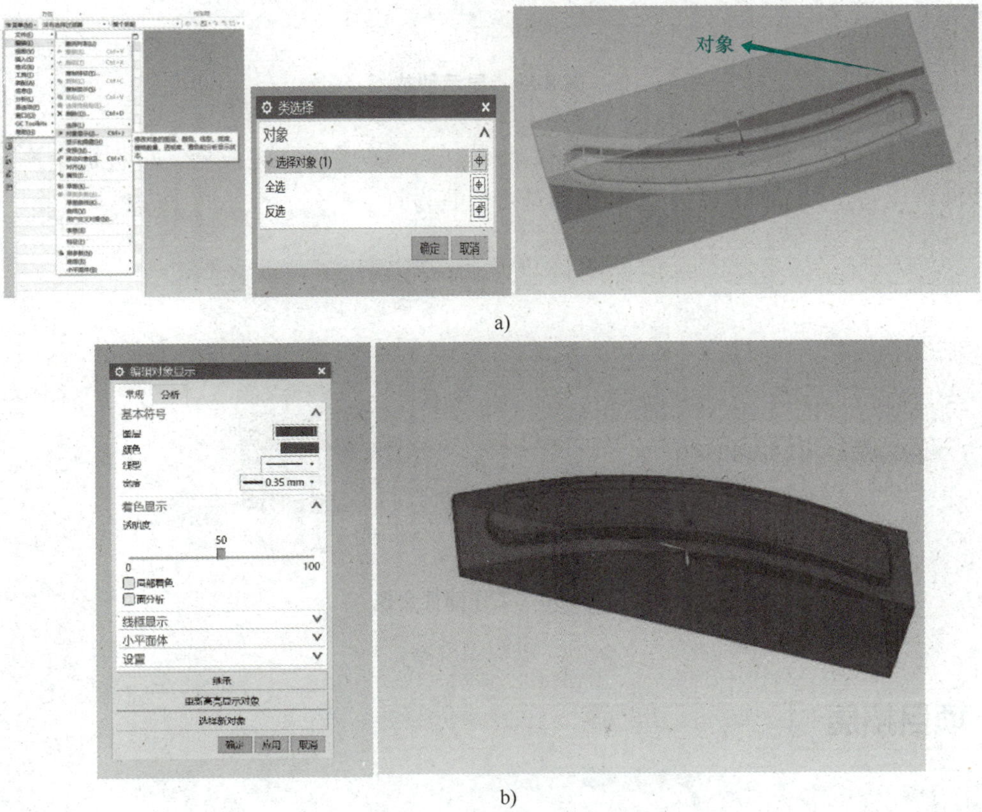

图 8-88　显示型腔

继续选择【类选择】选项，选择下模，如图 8-89a 所示；单击【确定】按钮，完成后如图 8-89b 所示。

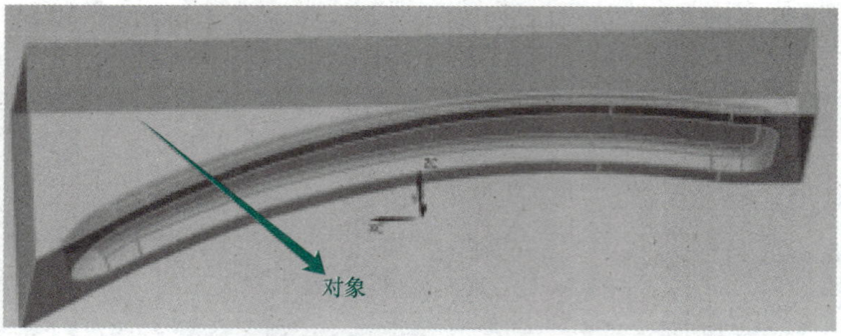

a)

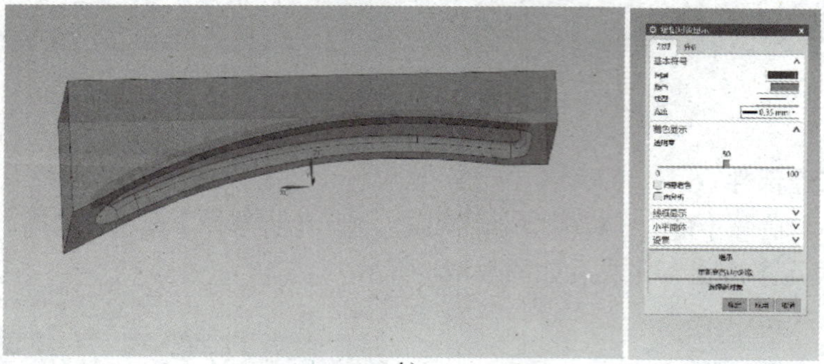

b)

图 8-89　显示型芯

工作部件合模，如图 8-90 所示。工作部件型芯、型腔设计完成后，可根据生产企业的生产条件、设备型号、批量大小，合理地进行模具设计。

图 8-90　工作部件合模

项目拓展

1. 请阅读以下学习材料。

国产手机站上创新前沿

手机是人们日常离不开的工具，手机的创新发展吸引着大家的关注。采用高能量密度电池及专业芯片，让手机充电从 0 到 100% 只需要泡一杯咖啡的时间；装上专业相机标配的大底传感器，让手机影像无限接近单反相机效果；依靠超强钢、折叠屏等技术，手机屏幕能像皮夹一样轻松开合；运用精密点胶技术，让手机屏占比达到 93. 3%，超窄边框看起来就像一块“无边泳池”……

今天，国产手机已站上创新前沿，像小米智能工厂，国产手机厂商正在通过创新积极回应消费者对于软硬件性能越来越高的要求。

2. 请从教学资源包下载“花洒”点云数据，并按要求完成数据处理及逆向设计过程。

数据处理及逆向设计要求：处理后的点云分布规整平滑，无多余杂点及无噪音点；逆向设计命令使用恰当，过程简洁合理，模型误差控制在 ±0.1mm 内。

项目九
陶罐外形扫描与逆向设计

09

学习目标

知识目标：

1. 掌握工艺品等特殊件的扫描方式；
2. 熟练掌握手持式白光扫描仪的使用方法；
3. 熟练掌握 Geomagic Wrap 软件中特征、剪切等命令；
4. 熟练掌握 Geomagic Design X 软件中回转、切割等命令。

技能目标：

1. 能够正确使用手持式白光扫描仪；
2. 能够对手持式白光扫描仪进行标定；
3. 熟练使用手持式白光扫描仪完成数据采集；
4. 熟练应用 Geomagic Design X 软件完成陶罐外形的逆向设计。

素质目标：

1. 践行社会主义核心价值观，培养学生爱国情怀和中华民族自豪感；
2. 传承中华优秀传统文化，培养学生团结一心、自强不息的中国精神。

项目发布

近期某企业接到任务：某历史博物馆要使用三维扫描技术、3D 打印技术对某残缺展品进行修复，要求数据采集过程中不能触碰展品、不能进行表面预处理、不能随意移动；残缺部分形状精确、三维数据完整、特征清晰；打印模型要符合原有展品特征，整体误差控制在 ±0.2mm 内。

由于真实工作任务较为特殊，为再现该任务工作过程，本项目采用形状相似的复制品进行，如图 9-1 所示。

图 9-1 陶罐

项目分析

1. 产品分析

（1）表面分析　该项目产品原型为彩色陶罐，表面有明显手绘花纹，其纹路清晰，上半部分呈浅灰色，下半部分呈浅棕色，部分位置略有反光。

（2）外形分析　该陶罐高度约为 40cm，口径宽而阔，口部直径约为 20cm；底部小而平，直径约为 10cm，呈上大下小的罐状；罐口敞开，有大块残缺部位，残缺部位断面清晰，形状不规则。

（3）材质分析　该陶罐为陶瓷制品，外表光滑美观，隔热性好，易碎，耐腐蚀，不易受外界温度影响。

（4）精度分析　数据采集过程中要求罐口残缺部分形状精确、三维数据完整、特征清晰；打印模型要符合原有展品特征，整体误差控制在 ±0.2mm 内。

经上述分析，本项目的重点和难点如下：

重点：主要集中在陶罐主体的数据采集过程，在不进行任何扫描预处理的情况下，既要保证罐体的整体数据完整，还要保证扫描过程的顺利进行，这是与之前所有项目的不同之处。

难点：1）口部残缺位置。因为口部残缺断面窄而小，且形状不规则，在数据采集时容易产生数据丢失或错层；2）陶罐短颈处。由于罐口上大下小，在数据采集时容易因罐口遮挡而导致陶罐短颈部位数据丢失。

2. 策略制定

（1）数据采集策略　项目要求陶罐整体数据完整，若采取整体扫描的方案可优先满足要求，既能避免数据丢失，也能保留产品原有细节特征，因此选用整体扫描的方案。由于不能对物体进行任何表面处理，包括喷粉和粘贴标志点，也不能轻易移动，为了保证扫描进程顺利和数据完整，本次任务在数据采集时需要随时移动扫描仪，且充分利用转盘和其他辅助工具粘贴标志点。

手持式白光扫描仪结构与功能介绍

基于以上原因，选用设备为手持式白光扫描仪，如图 9-2 所示。该扫描仪重量轻、体积小、扫描精度高、速度快、采集数据量大，扫描范围在 0.3~3m，在扫描期间，零件表面无需粘贴标志点，不会对零件表面细节特征造成影响，而且扫描仪可以随时移动，操作方便，尤其适用于工艺品及人像数据采集，可实时显示扫描物体的几何形状、表面纹理及颜色，满足扫描要求。

图 9-2　手持式白光扫描仪

（2）数据处理策略　针对数据采集过程中多余的杂点和不完美数据，选用 Geomagic Wrap 软件对其进行处理，将多余杂点删除后，进一步优化陶罐表面整体数据；并选用 Geomagic Design X 软件对陶罐外形进行整体逆向设计，反向差补后获取残缺部位模型数据。

（3）缺口修复策略　数据处理后所获得的残缺部位模型，可以选用绿色环保的 3D 打印材料进行加工，加工过程中尽量控制打印模型的精度，使其能够与陶罐主体吻合，若出现尺寸偏差或表面粗糙等现象，可预留余量，使用后处理工具对其进行处理。

项目实施

手持式白光扫描仪安装与连接

手持式白光扫描仪设备标定

任务一　数据采集

一、扫描前的准备工作

经专业人员擦拭、清理陶罐表面后，将其垫高摆放在转盘上，按操作要求连接手持式扫描仪。在扫描前对扫描设备进行标定，使精度达到扫描要求，如图 9-3 所示。标定时，将手持式扫描仪在距离标定板 200mm 的地方垂直投射，按标定界面提示完成操作设备标定，如图 9-4 所示。

图 9-3　标定示意图

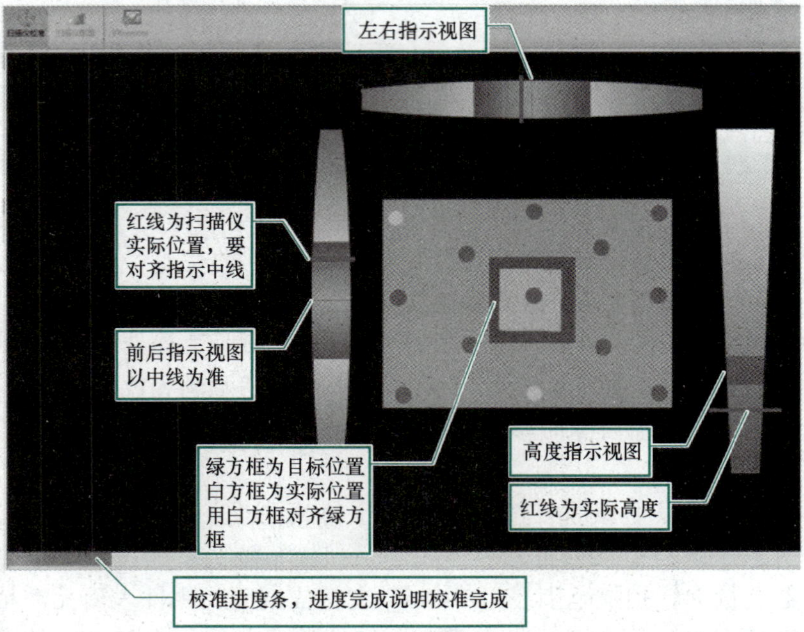

图 9-4　标定界面

陶罐数据采集

二、采集数据

标定完成后，选择设备对应型号将其激活，设置扫描参数，选择【黑色微粘标志点】选项，选择【自动曝光】选项，勾选【捕捉纹理】选项，【分辨率】设置为 2mm，如图 9-5 所示，按以下步骤进行扫描。

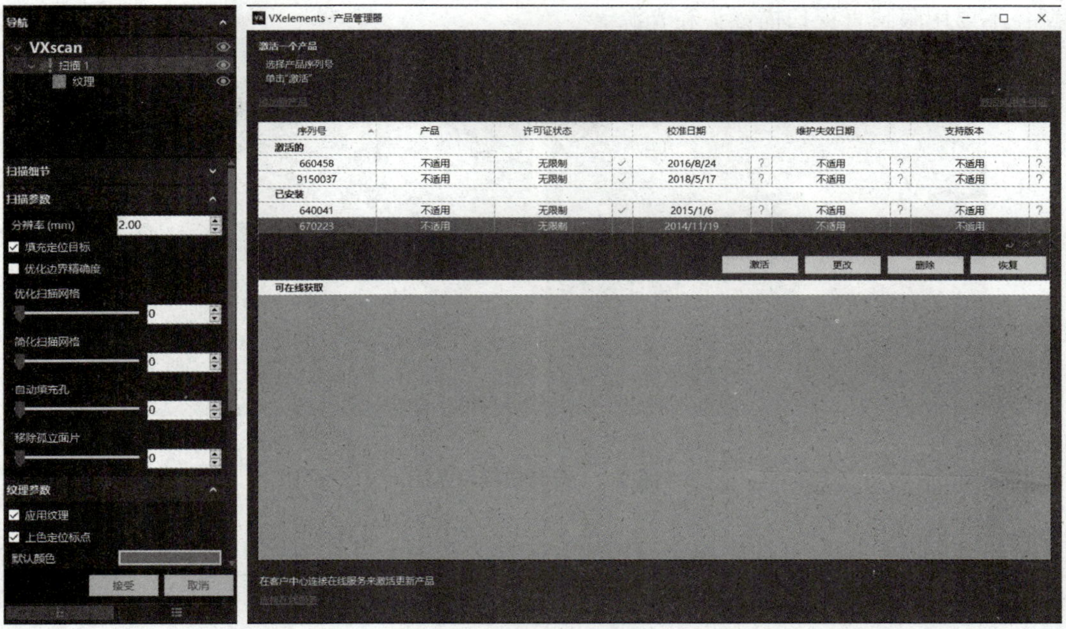

a)　　　　　　　　　　b)

图 9-5　设置扫描参数

1. 整体数据采集

将陶罐固定摆放在转盘上，并在转盘上粘贴标志点，标志点粘贴应遵循贴点原则，详情可参考项目三；单击【扫描】按钮后开始扫描，扫描时手持扫描仪在距离陶罐表面大约 20cm 的地方，以向下倾斜 45° 开始扫描，如图 9-6 所示，扫描过程中实时观察距离指示灯，颜色以绿色为宜。缓慢转动转盘，按扫描要求调整扫描仪的角度和位置，直到整个陶罐表面扫描完成。

a)　　　　　　　　　　b)

图 9-6　陶罐扫描示意图

2. 细节特征数据采集

实时调整扫描仪角度，必要时可下蹲身体，采集罐口及残缺部位数据，如图 9-7 所示。

注意：不要用眼睛直视扫描镜头和光源。

a)　　b)

图 9-7　实时扫描示意图

若出现扫描中断，可选择陶罐面积较大区域，单击【恢复扫描】命令按钮，继续捕捉细节特征，如图 9-8 所示。

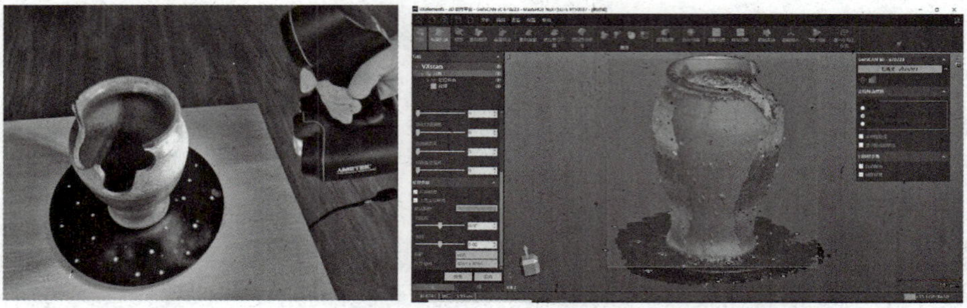

a)　　b)

图 9-8　恢复扫描示意图

数据扫描完成后，将陶罐整体数据导出，文件另存为 STL 格式，如图 9-9 所示。

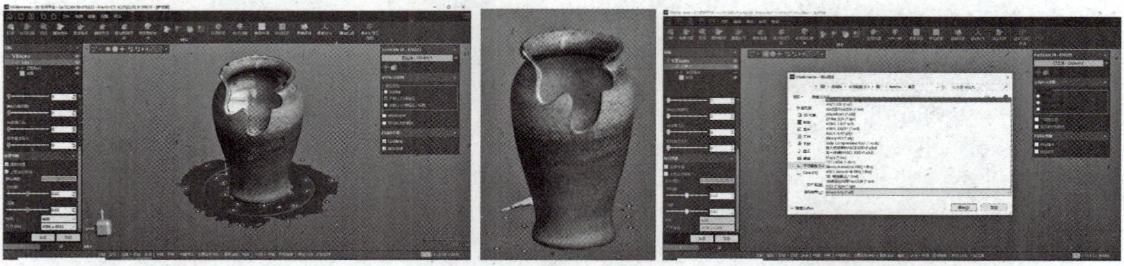

a)　　b)　　c)

图 9-9　完整数据导出示意图

数据采集完成后，需应用 Geomagic Wrap 软件将其表面杂点去除，扫描的多余面需用辅助平面将其修剪，遗失数据形成的孔洞需应用【填充孔】命令将其修补，形成完整封闭的多边形数据。

任务二　数 据 处 理

一、多边形阶段数据处理

1. 导入文件

选择菜单【任务】|【导入】命令，弹出如图 9-10 所示对话框，选择模型数据，单击【打开】按钮导入数据；或用鼠标将“陶罐 .STL”的文件直接拖入软件界面，选择比率（100%）和单位（mm），进入软件界面，如图 9-10 所示。

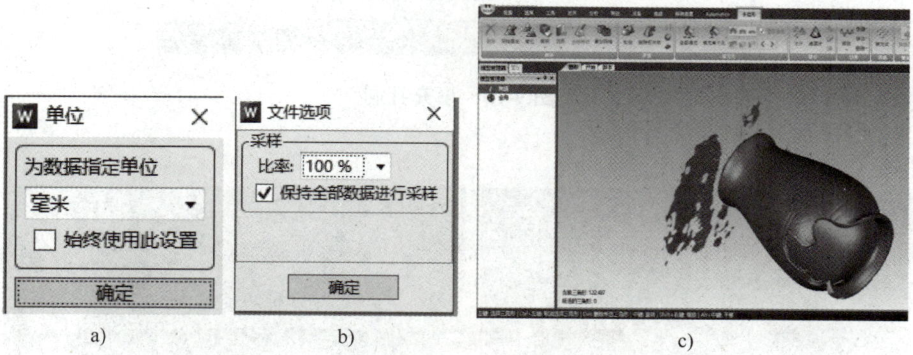

图 9-10　导入 STL 数据

2. 删除浮点

单击【套索选择】工具按钮，单击套选杂点，注意不要选中罐体数据，若不小心多选，可按 <Ctrl+C> 效果取消当前选中数据，重新选择后按 <Delete> 键将其删除，如图 9-11 所示。

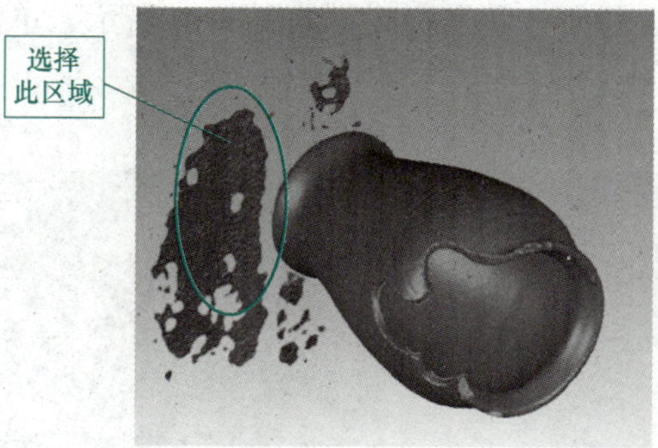

图 9-11　套选杂点

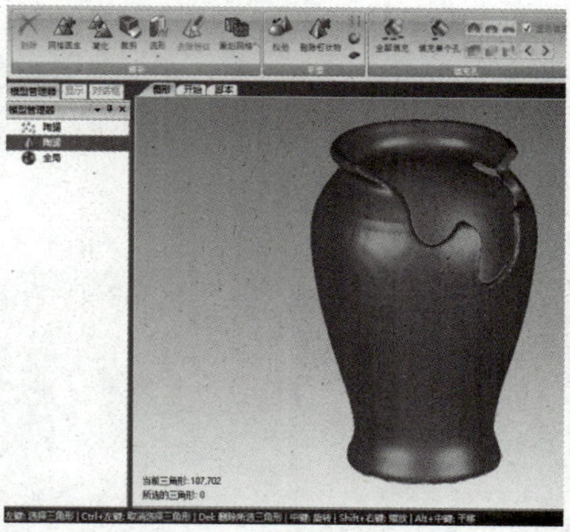

图 9-12　杂点去除后的陶罐数据

重复以上步骤，将模型数据其他浮点选中后删除，杂点去除后的陶罐数据如图 9-12 所示。

3. 填充孔

选择多边形工具栏中【填充单个孔】命令，如图 9-13 所示，选择【曲率】和【内部孔】选项将数据中的部分孔填充，如图 9-13 所示。

注意：填充孔洞时，不应改变模型本身特征，应尽量维持原貌。填充孔洞前后对比如图 9-14 所示。

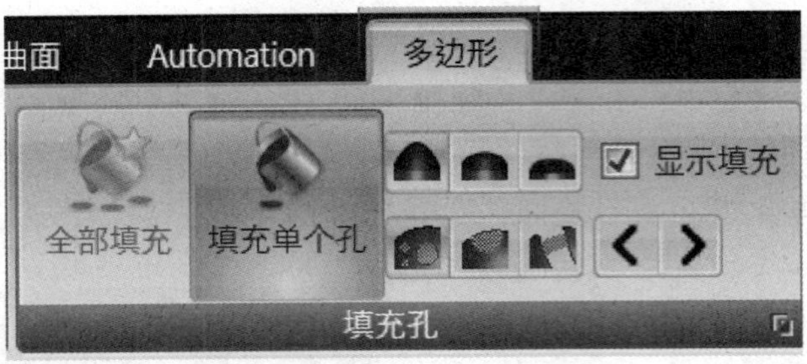

图 9-13　填充孔洞

a)　　b)

图 9-14　填充孔洞前后对比图

4. 裁剪平面

(1) 裁剪　调整陶罐摆放位置，使其呈现主视图状态，选择多边形工具栏中【裁剪】|【用平面裁剪】命令按钮，【对齐平面】选择【直线】，单击陶罐底部绘制直线，应用【位置度】命令调整直线位置，使其尽量贴近陶罐底部，不可包含罐底特征。单击【平面截面】选项，再单击【删除所选择的】选项，将平面下方的所有数据删除，如图 9-15 所示，单击【确定】按钮完成裁剪。

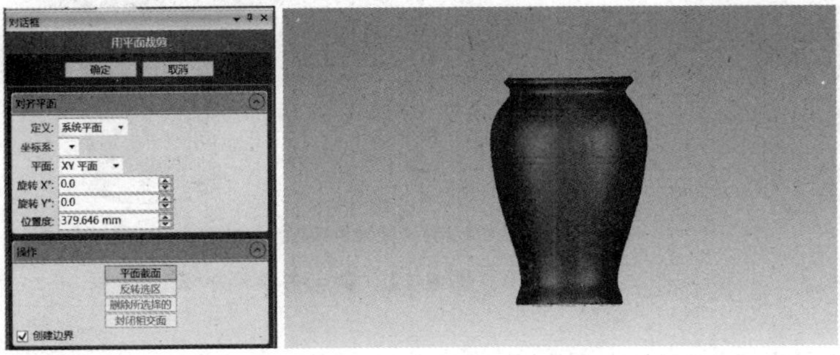

图 9-15　平面裁剪

图 9-16　填充底平面

（2）填充底平面　选择多边形工具栏中【填充单个孔】命令，选择【平面】和【内部孔】选项，将数据中的底部孔填充，如图 9-16 所示。

5. 保存文件

将处理好的数据另存为 STL 格式文件，如图 9-17 所示。

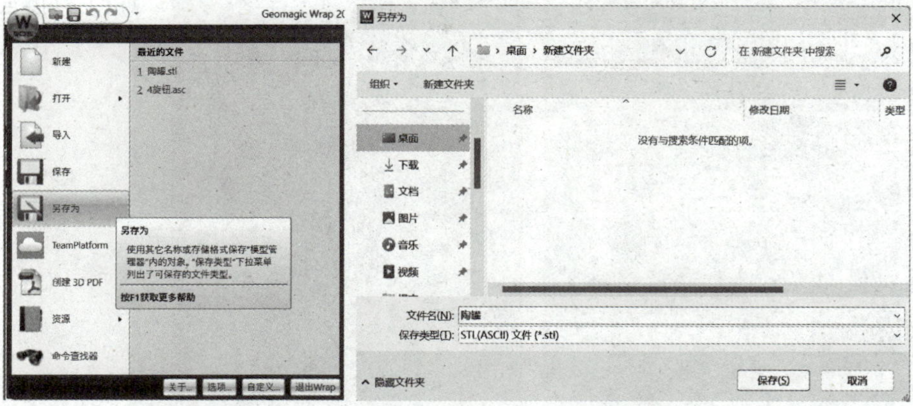

a)　　　　　　　　　　　　　　b)

图 9-17　保存 STL 格式文件

二、模型逆向设计过程

陶罐逆向设计 1

该陶罐结构对称，特征明显，由罐体、罐口、残缺部位等特征构成，整体属于规则几何体，关于中心轴对称；在逆向设计过程中，可以应用 Design X 软件中的【回转精灵】命令完成陶罐主体的设计，再通过【放样】【剪切】等命令获得残缺部位的实体轮廓。

1. 打开文件

陶罐逆向设计 2

打开 Design X 软件，单击【菜单】|【插入】|【导入】命令，在弹出的对话框中选择要导入的“陶罐 .stl”文件，也可用鼠标直接将 STL 文件拖入软件界面，如图 9-18 所示。

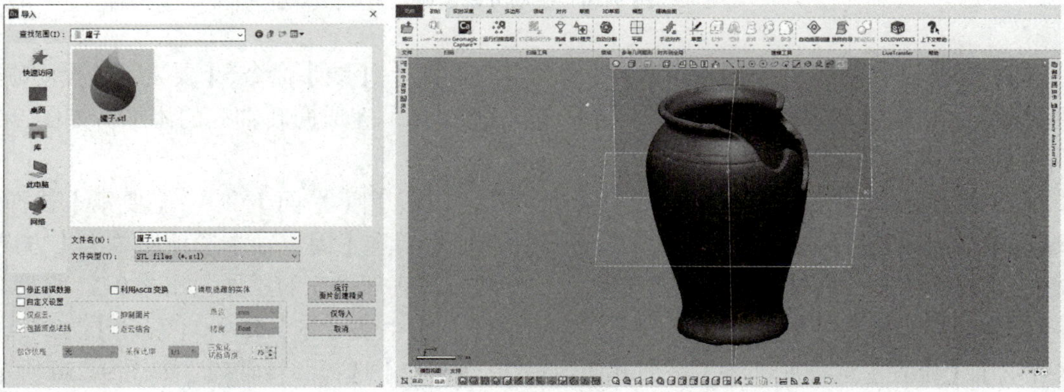

a)　　　　　　　　　　　　　　b)

图 9-18　打开文件

2. 对齐坐标系

（1）自动分割领域　单击【领域】|【自动分割】命令，【敏感度】设为 30，单击【下一步】按钮，完成领域自动分割，如图 9-19 所示。

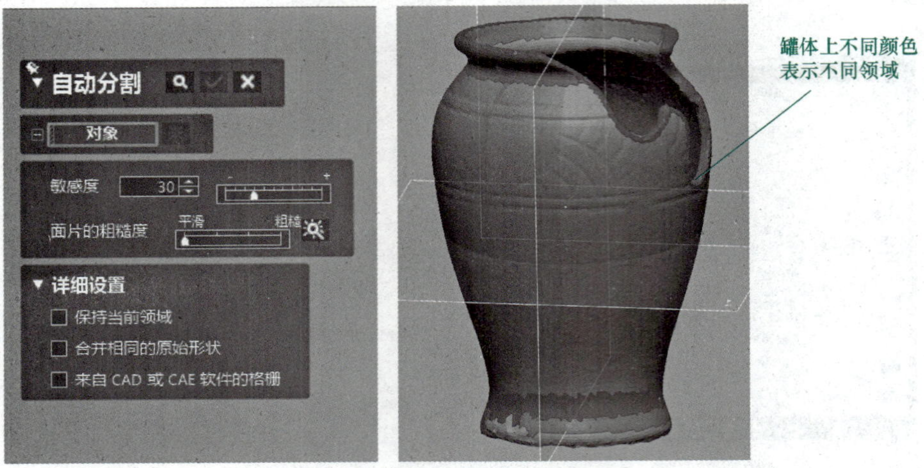

图 9-19　自动分割领域

（2）手动分割领域　单击【领域】|【分割】命令，选择罐口的领域进行分割，保证罐口边缘领域与缺口领域分离，完成领域手动分割，如图 9-20 所示。

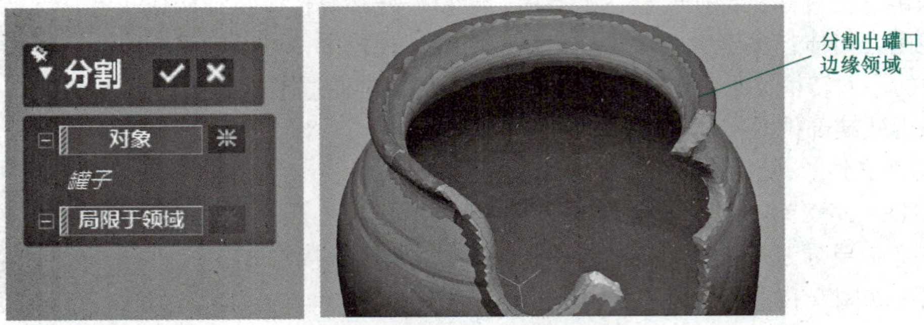

图 9-20　手动分割领域

（3）添加回转轴线　点击【模型】|【参考几何图形】|【线】命令，【要素】选择陶罐内外两侧罐身领域，【方法】选择【回转轴】，单击☑图标，完成回转轴线的添加，如图 9-21 所示。

（4）添加参考平面　单击【模型】|【参考几何图形】|【平面】命令，【要素】选择陶罐罐底领域，【方法】选择【提取】，【约束条件选项】勾选【固定轴】选项，单击【方向】按钮，选择上一步的回转轴线，单击☑图标，完成陶罐底部平面的添加，如图 9-22 所示。

（5）对齐坐标系　单击【对齐】|【扫描到整体】|【手动对齐】命令，【移动】方式选择【X-Y-Z】，【位置】选择底部参考平面和回转轴线，【Z 轴】选择回转轴线，如图 9-23a 所示，单击☑图标完成坐标系的对齐。单击主视图，如图 9-23b 所示。

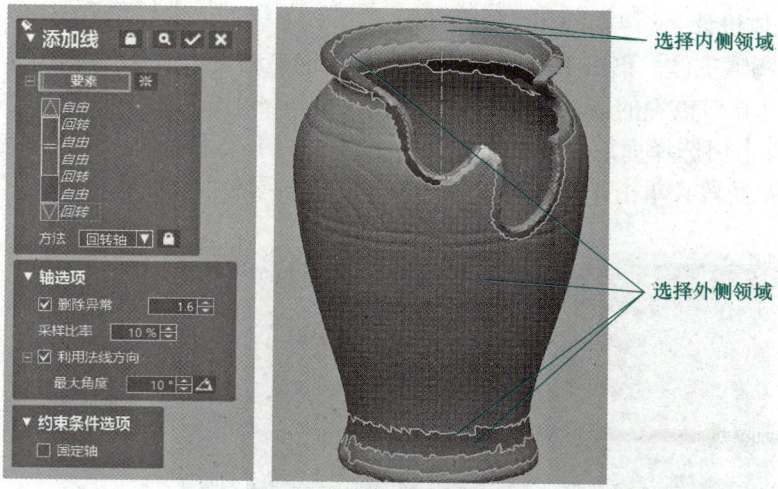

图 9-21　添加回转轴线

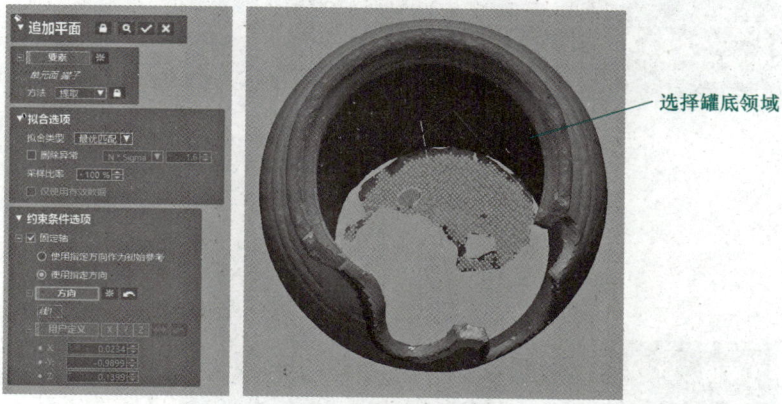

图 9-22　添加参考平面

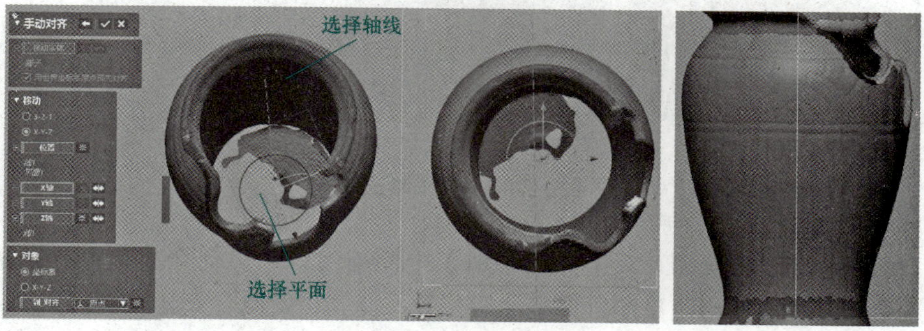

a)　　　　　　　　　　　　　　b)

图 9-23　对齐坐标系

(6)删除辅助面　待陶罐对齐坐标系后，从左侧【树】|【特征】中选中创建的参考平面和回转轴线，右击在弹出菜单选择【删除】选项。

3. 陶罐主体设计

（1）创建陶罐主体　单击【模型】|【向导】|【回转精灵】命令，【对象】选择陶罐主体表面所有领域（缺口位置的领域不要选），【自定义旋转轴】选择相互垂直的 2 个坐标系平面以定义旋转轴，【用选择面放置草图】选择上一步中的 1 个平面作为草图平面，如图 9-24a 所示；进入下一阶段，单击【全回转】命令，完成后如图 9-24b 所示。

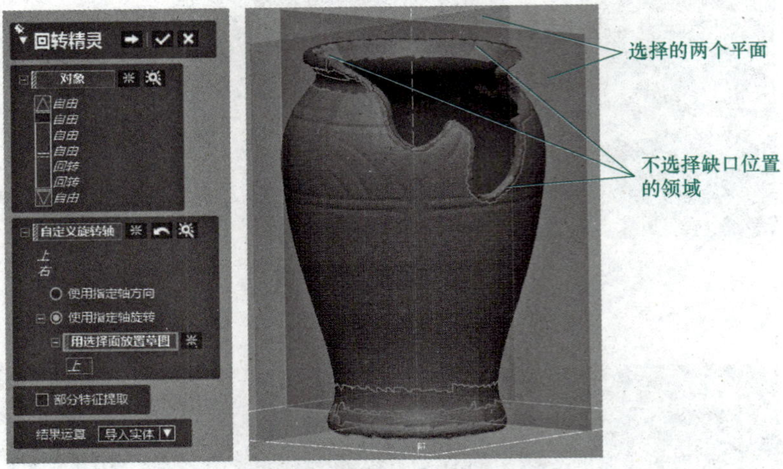

a)

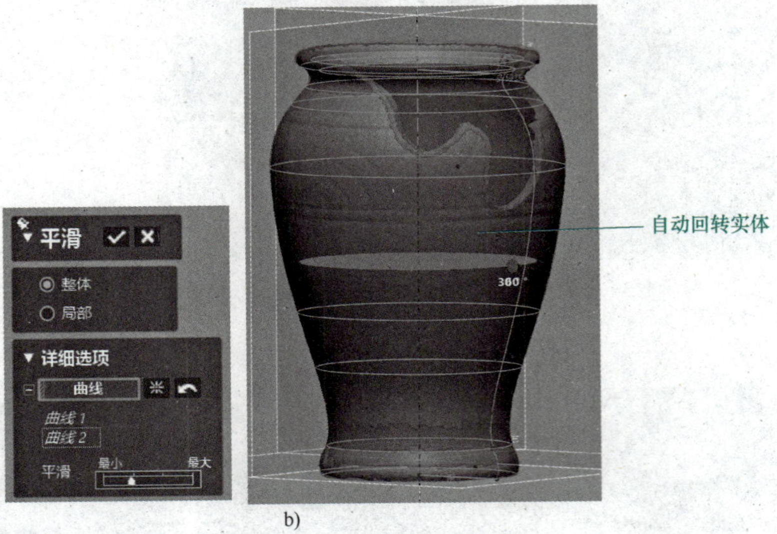

b)

图 9-24　回转陶罐主体

（2）修改罐体截面草图　双击左侧【树】中使用回转精灵命令自动创建形成的草图 1，进入【草图】界面，修改草图，调整曲线位置，使其尽量贴合点云表面，再利用【约束条件】命令对轮廓线进行相切约束，如图 9-25a 所示；退出草图，完成罐体逆向设计，如图 9-25b 所示。

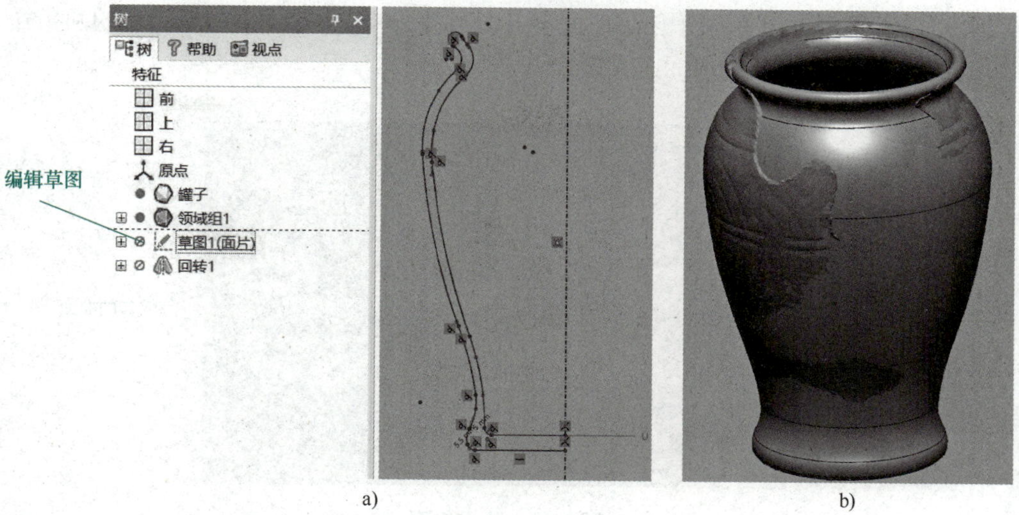

图 9-25　修改罐体截面草图

4. 罐口残缺部位设计

（1）绘制样条曲线　单击【3D 草图】|【3D 面片草图】命令，进入 3D 草图界面，单击【绘制】|【样条曲线】命令，在罐口残缺断面上绘制两条样条曲线轮廓，如图 9-26a 所示；单击【编辑】|【平滑】命令，调整样条曲线平滑度，使其尽量平整、光顺，单击✔图标完成绘制，如图 9-26b 所示。

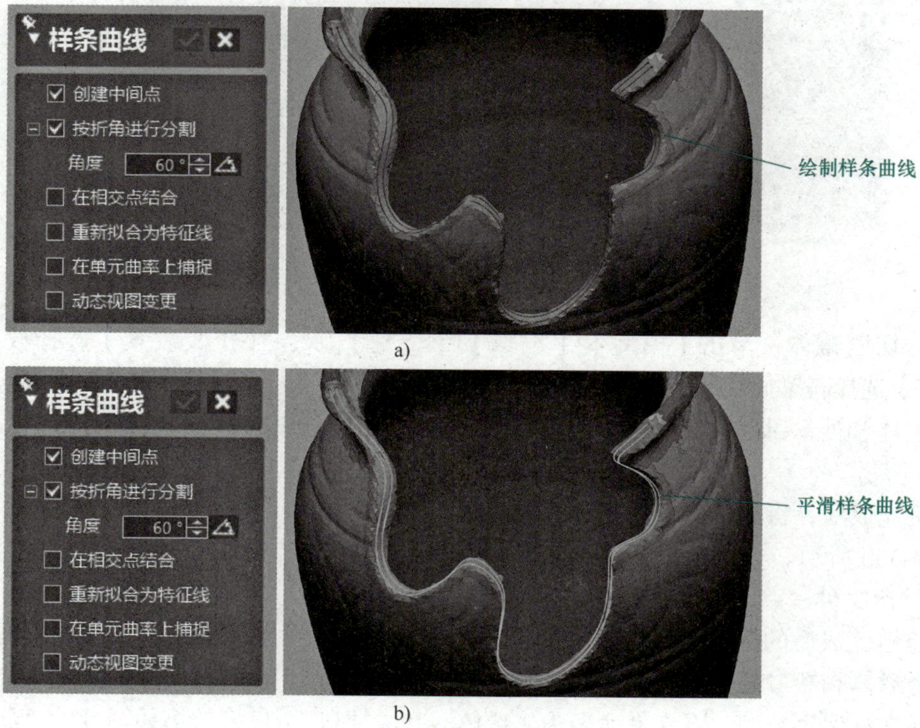

图 9-26　绘制样条曲线

（2）放样　单击【模型】|【创建曲面】|【放样】命令，【轮廓】选择创建的两条样条曲线，如图 9-27 所示，单击✓图标完成操作。

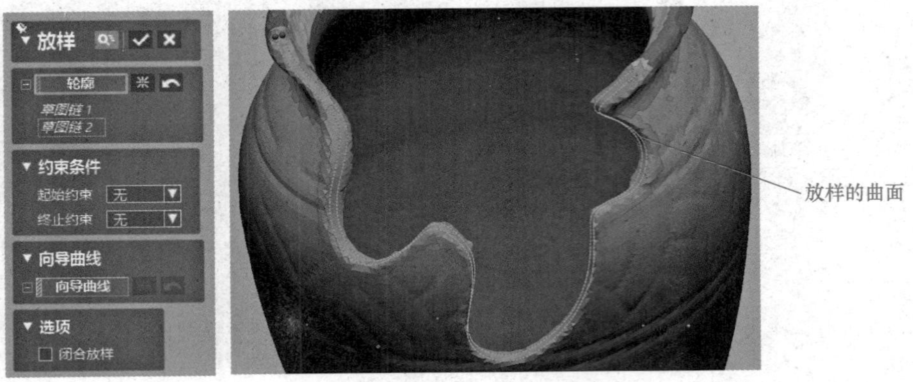

图 9-27　放样曲面

（3）延长曲面　单击【模型】|【编辑】|【延长曲面】命令，【边线 / 面】选放样曲面的边界，【终止条件】中【距离】设置为 6.5mm，【延长方法】选择【同曲面】，如图 9-28 所示，单击✓图标完成操作。

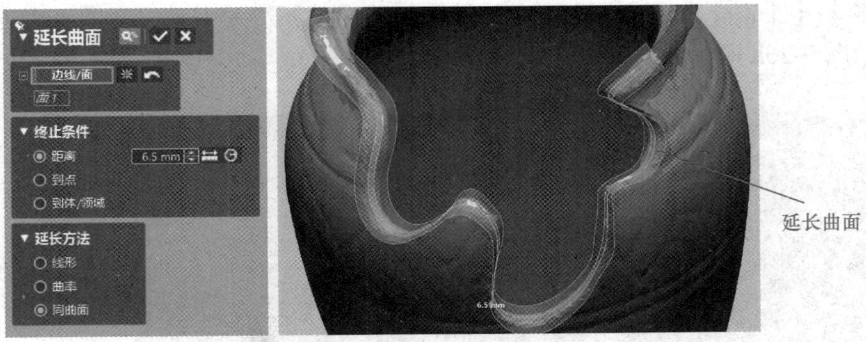

图 9-28　延长曲面

（4）切割罐体　单击【模型】|【编辑】|【切割】命令，【工具要素】选择放样曲面，【对象体】选择陶罐回转体，如图 9-29a 所示；进入下一阶段，【结果】和【残留体】依次选择陶罐主体和残缺部位两部分，使陶罐主体和残缺部分分离，单击【确定】按钮，结果如图 9-29b 所示。

切割完成后，将缺口部位隐藏，罐体显示如图 9-30a 所示；将缺口部位恢复后，整体显示如图 9-30b 所示。

5. 输出文件

将建模完成后的罐体和缺口部分分别输出为 STP 格式文件，单击【文件】|【输出】命令，选择罐体和缺口部位分别设置为输出要素，单击【确定】按钮，选择要保存的文件的路径，选择文件保存类型，将文件命名为“罐体”和“缺口”，模型效果如图 9-31 所示，再单击【保存】按钮。

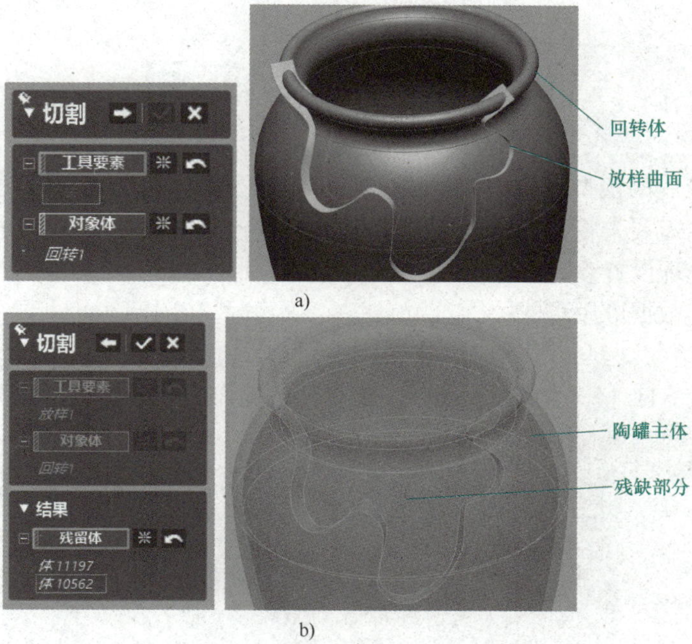

图 9-29　切割罐体

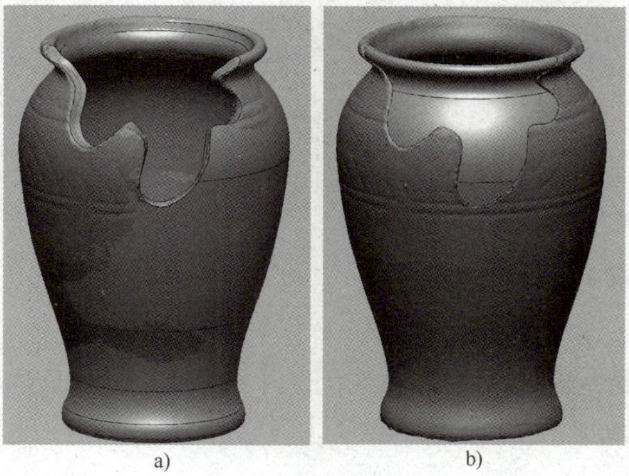

图 9-30　切割后罐体

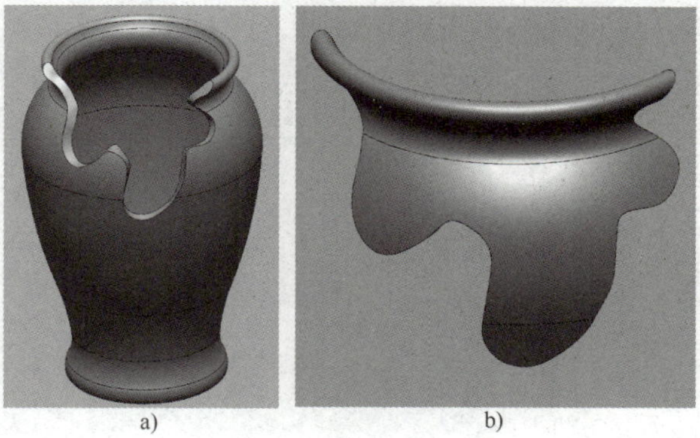

图 9-31　文件输出

任务三 数 据 应 用

逆向设计完成后的模型可应用 3D 打印机完成模型打印，用于陶罐修复。为适应 3D 打印机的文件格式，需要先将文件转换成 STL 格式文件，再将其导入 3D 打印机操作软件中，调整摆放位置、合理设置参数后就可以打印模型了。

下面简要讲述数据应用步骤。

1. 导入文件

将模型转换成 STL 格式文件后，导入 3D 打印机操作软件，如图 9-32 所示。

图 9-32 打入文件

2. 参数设置

将模型合理摆放后，依次设置打印参数，这时可对打印模型过程进行预测分析，包括打印时间、模型重量等，如图 9-33 所示。

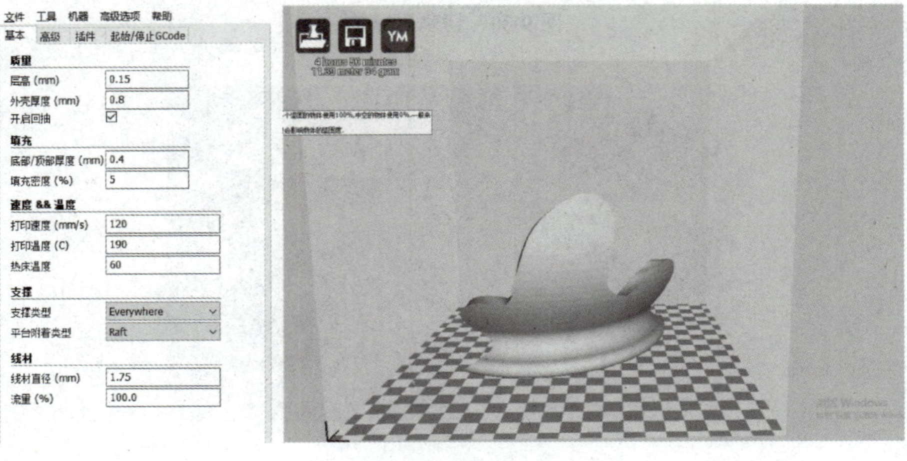

图 9-33 打印参数设置

3. 模型打印

打印参数设置完成后，按格式要求输出打印文件。

4. 模型表面处理

将打印模型导入3D打印机，打印缺口部分模型。打印完成后，取出模型，使用平口钳、砂纸、电磨枪等工具对其进行表面处理，直到满足使用要求即可，模型如图9-34所示。

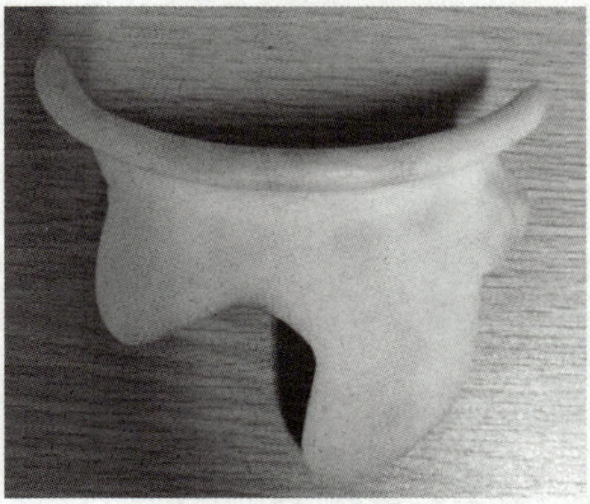

图9-34　打印缺口模型

项目拓展

1. 请阅读以下材料，**领略文化自信的远古密码**吧。

2021年，四川三星堆“祭祀坑”出土了大量稀世文物，不仅再次向世人展现了我国灿烂的古文化，也为人类文化遗产添加了浓墨重彩的一笔。在文物挖掘整理过程中，现代科技也展示其强大的功能，“三维扫描”“3D打印”等一批现代化技术手段成为文物保护的“利器”，传统与现代技术的融合为世人献上了一场文化的饕餮盛宴。

三星堆是我国西南地区的青铜时代遗址，位于四川广汉南兴镇。1980年起发掘，因有三座突兀在成都平原上的黄土堆而得名。三星堆文明上承古蜀宝墩文化，下启金沙文化、古巴国文化，前后历时约2000年，是我国长江流域早期文明的代表，也是迄今为止我国信史中已知的最早的文明。三星堆遗址的出现，证明了我国历史的来源和真实性，也让我们对自己的历史、民族和国家更加充满了自信感和自豪感。

2. 请从教学资源包下载“陶罐”点云数据，并按要求完成数据处理及逆向设计过程。

数据处理及逆向设计要求：处理后的点云分布规整平滑，无多余杂点及无噪音点；逆向设计命令使用恰当，过程简洁合理，模型误差控制在 ±0.1mm 内。

项目十
汽车零部件扫描与逆向设计

10

学习目标

知识目标：

1. 掌握复杂工业零件扫描策略的制定方法；
2. 掌握手持式激光扫描仪的使用方法；
3. 掌握 Geomagic Design X 软件中面片草图、拉伸、曲面偏移、圆形阵列等命令。

技能目标：

1. 能够正确使用手持式激光扫描仪；
2. 能够对手持式激光扫描仪进行标定；
3. 能够熟练使用手持式激光扫描仪完成复杂零件的数据采集；
4. 能够熟练应用 Geomagic Design X 软件完成复杂零件的逆向设计。

素质目标：

1. 践行社会主义核心价值观，培养学生吃苦耐劳、团结合作、严谨细致的工作态度和敬业精神；
2. 培养学生终身学习意识和可持续发展能力。

项目发布

某企业生产的汽车零件原型为一壳类铸造件，如图 10-1 所示，其形状复杂，精度要求较高。现生产企业需要在零件数字化模型的基础上进行结构优化与工艺优化，为提高效率，决定采用逆向工程技术获得基础模型，即采用三维扫描技术进行数据采集，并利用逆向设计软件完成逆向设计。逆向设计后的模型经 3D 打印后结合精密铸造技术进行铸造加工，并完成后处理。扫描时要求保证整体数据完整，维持产品原貌，避免数据丢失或损坏，模型误差控制在 ±0.3mm 内。

a)　　　　b)

图 10-1　汽车零件原型

项目分析

1. 产品分析

（1）表面分析　该产品原型是典型的工业产品，为灰色铸铁件，表面光滑，无污垢，不易反光。

（2）外形分析　该零件外形尺寸长200mm、宽160mm、高100mm，重1 kg，尺寸较大，上、下部分结构不同，细节特征较多；零件壳内深度较大，含多个加强筋。

（3）材质分析　零件材质为球墨铸铁，它是一种高强度铸铁材料，其综合性能接近于钢，用于制造一些受力复杂，强度、韧性、耐磨性要求较高的零件。

（4）精度分析　在数据采集过程中要保证整体数据完整，维持产品原貌，避免数据丢失或损坏，模型误差控制在 ±0.3mm 内。

经上述分析，本项目的重点和难点如下：

重点：1）要保证零件外壳的整体数据完整，尤其是内部细节；2）在逆向设计过程中逐一还原产品特征。

难点：1）该产品原型内部细节特征较多，内孔深度较大，在数据采集时容易导致数据丢失，影响数据完整度；2）该产品属于壳类零件，在内外数据拼接时容易出现壁厚不吻合，需保证壁厚均匀一致。

2. 策略制定

（1）数据采集策略　要求零件外壳整体数据完整，为了保证扫描过程顺利和数据完整，本次任务在数据采集时需要随时移动三维扫描仪和产品，因此借助工作转盘，并在转盘和零件上都粘贴标志点。

观察后发现该产品原型为暗灰色，数据主要采集部分为铸件内、外表面，内部细节特征较多，且深度较大，为避免喷粉对产品表面造成的影响，结合产品扫描要求，选择手持式激光扫描仪进行扫描，扫描仪产品如图 10-2 所示。该扫描仪重量轻、体积小、分辨率高，被扫描产品表面无需进行喷粉处理也可完成数据采集，扫描精度高、速度快、采集数据量大，可自动生成 STL 格式三角网格面，而且扫描仪可随时移动，操作方便，尤其适用于尺寸较大工业产品的数据采集，同时满足本次扫描要求。

（2）逆向设计策略　针对数据采集过程中多余的杂点和不完美数据，选用 Geomagic Wrap 软件对其进行处理，将多余杂点删除、填充孔洞，进一步优化表面整体数据；选用 Geomagic Design X 软件对其进行整体逆向设计，通过使用【面片草图】【拉伸】【回转/镜像】、【切割】、【阵列】等命令完成特征设计。

（3）数据应用策略　逆向设计完成后的模型可应用 SLS 3D 打印机完成模型打印，合理设置打印机参数并对其进行必要的后处理，经渗蜡处理后将零件用于精密熔模铸造，使打印成品满足熔模铸造要求。

手持式激光扫描仪结构与功能介绍

图 10-2　手持式激光扫描仪

项目实施

任务一　数 据 采 集

手持式激光扫描仪安装与连接

一、扫描前的准备工作

1. 设备标定

按操作要求连接手持式激光扫描仪。在采集数据前对扫描进行标定，使精度达到扫描要求。标定操作配有操作视频，按提示操作即可，如图 10-3 所示。

手持式激光扫描仪设备定标

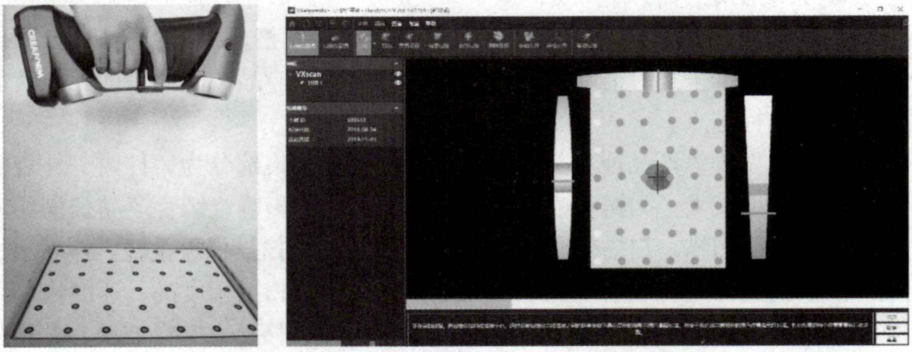

图 10-3　标定示意图

2. 粘贴标志点

为了得到完整的采集数据，需在零件表面粘贴标志点。粘贴标志点时，需注意以下几点：①保证在扫描仪的单个扫描视野内，标志点的数量大于6个；②因零件表面不进行喷粉处理，所以移除标志点很困难，需注意尽量减少标志点的粘贴数量；③可根据零件大小调整标志点的间距，一般为20~100mm；④该扫描仪会自动完成标志点的填充，但自动填充时模型会发生变形，故粘贴标志点时需尽量远离边缘和细节特征区，不能把标志点粘贴在尺寸小于3mm的细节上。

汽车零部件标记点粘贴过程

本次扫描为减少零件表面标志点的粘贴数量，选择借助工作转盘，并在转盘上粘贴相应数量的标志点。标志点粘贴方案如图10-4所示。

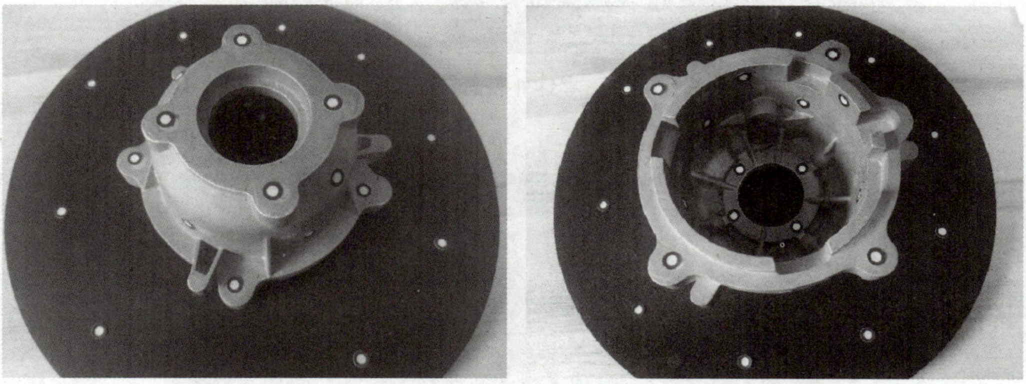

a)　　b)

图10-4　粘贴标志点示意图

二、采集数据

扫描仪标定完成后，设置设备参数，如图10-5所示，然后按以下步骤进行扫描。

汽车零部件数据采集

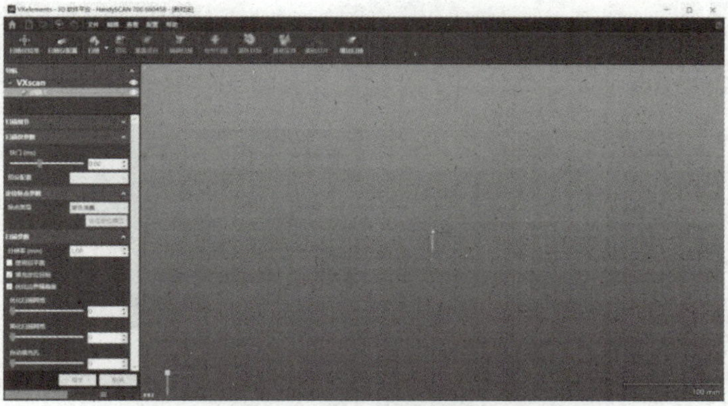

图10-5　设置设备参数

1. 外表面数据采集

按图10-6所示摆放零件，单击【扫描】按钮后开始扫描。扫描时手持扫描仪在距离工件表面大约 20cm 的地方开始扫描，随时观察距离指示灯，颜色以绿色为宜。外表面数据采集完成后，采集到的数据如图 10-7 所示，将扫描文件另存为“扫描 1.stl”格式文件。

图 10-6　零件外表面扫描示意图

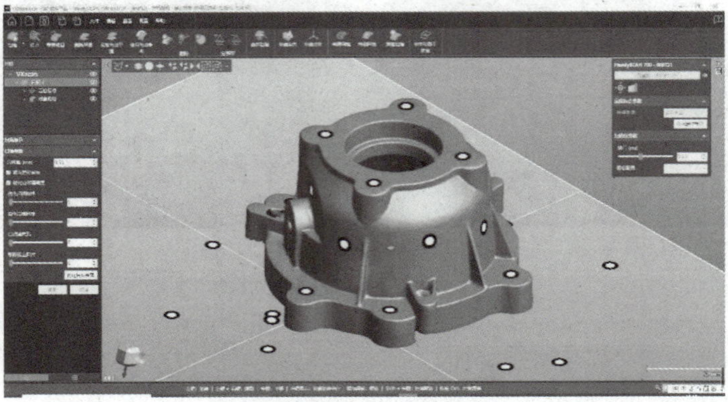

图 10-7　外表面数据采集

2. 内表面数据采集

翻转零件，按图 10-8 所示摆放零件，单击【添加扫描】按钮，用扫描外表面的方法完成内表面的数据采集，如图 10-9 所示，将文件另存为“扫描 2.stl”格式文件。

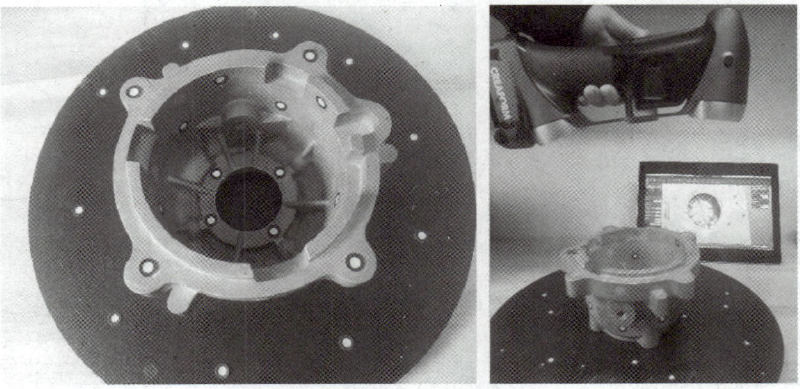

图 10-8　零件内表面扫描示意图

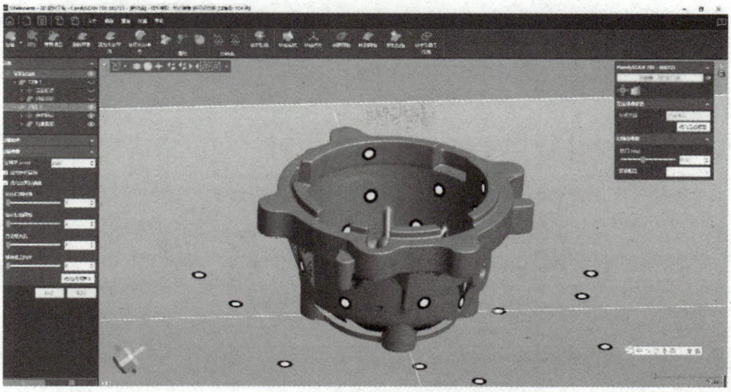

图 10-9　内表面数据采集

扫描完成获得的数据分别为零件内、外表面数据，并没有得到零件完整的采集数据，可以利用扫描仪操作软件中的【合并扫描】命令完成零件内、外表面数据的合并。

3. 合并扫描

单击【合并扫描】命令按钮，选择【手册】校准模式，将外表面数据设置为移动、内表面数据设置为固定，如图 10-10a 所示；在相同特征区对应位置选取合并点，如图 10-10b 所示，单击【最佳拟合】按钮。数据合并完成后，得到零件完整扫描数据，如图 10-11 所示。

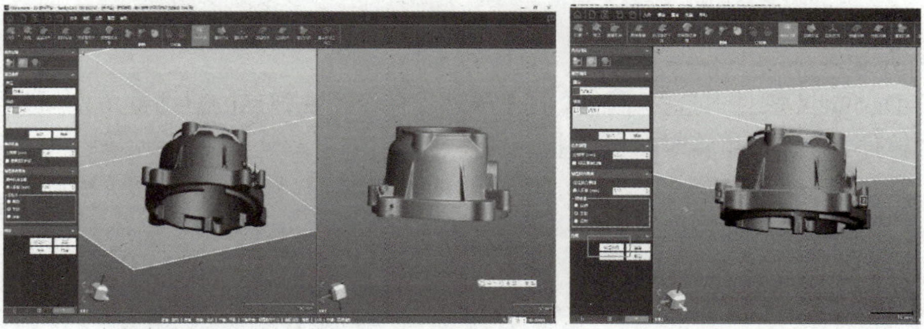

a)　　　　　　　　　　　　　　　　b)

图 10-10　内、外表面数据合并

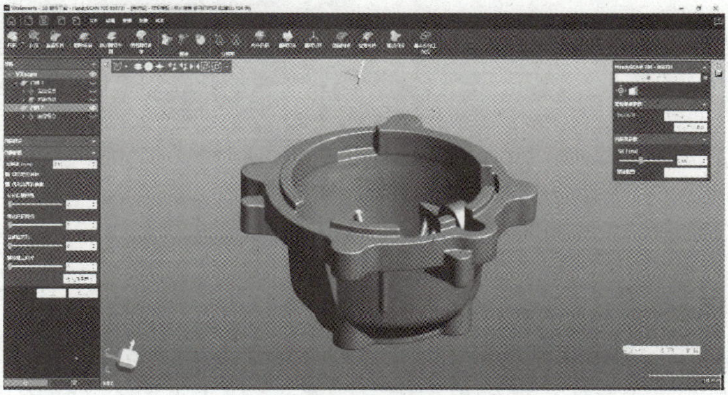

图 10-11　完整扫描数据

本次扫描选择内、外表面分开扫描的方式进行，通过合并的方式获得整体数据。该零件整体数据也可通过整体扫描方式获得，对标志点粘贴方案稍作改动即可完成。

4. 文件导出

数据扫描完成后，将整体数据导出，另存为“铸件 .stl”格式文件。

任务二　逆 向 设 计

该零件是精密铸件，结构特征明显，由铸件主体、底座、加强筋及部分细节特征构成，每个部分都是规则几何体，且有规律地分布。在逆向设计过程中，应用 Design X 软件中的【面片草图】【拉伸】【回转】等命令完成各部分的实体设计，再通过【切割】【圆形阵列】【布尔运算】等命令获得整个实体轮廓。

汽车零部件逆向设计 1

汽车零部件逆向设计 2

汽车零部件逆向设计 3

汽车零部件逆向设计 4

1. 打开文件

打开 Design X 软件，选择【插入】|【导入】命令，在弹出的对话框中选择要导入的数据文件“铸件 .stl”，也可将 STL 文件拖入窗口，如图 10-12 所示。

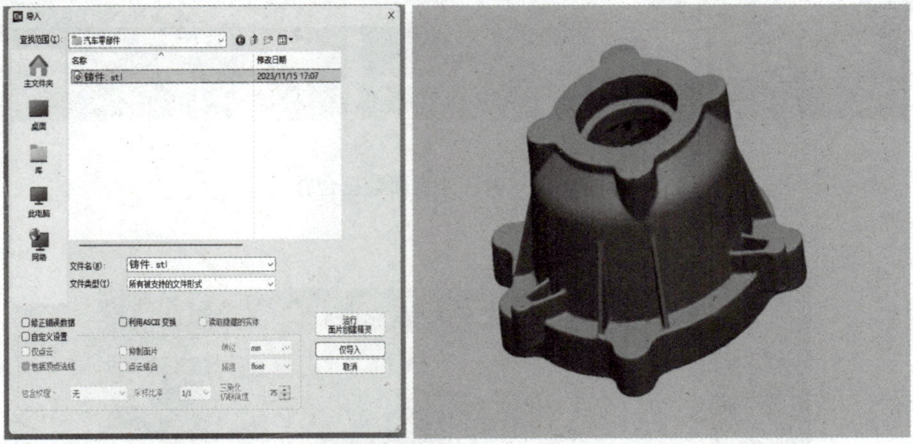

a)　　b)

图 10-12　打开文件

2. 对齐坐标系

（1）创建领域组　单击【领域组】命令按钮，选择【延长至近似部位】，单击选中区域 1，再单击【插入】命令按钮；继续单击选中区域 2，单击【插入】命令按钮创建领域组，如图 10-13 所示。

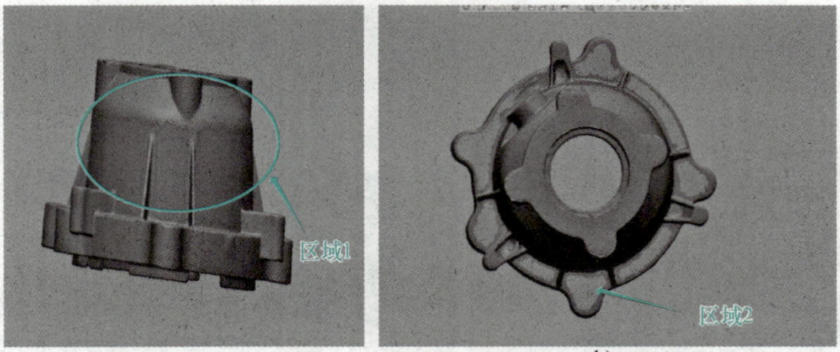

a)　　　　　　　　　　b)

图 10-13　创建领域组

（2）回转　单击【回转精灵】命令按钮，选择图 10-14 所示领域组，单击【确定】按钮。

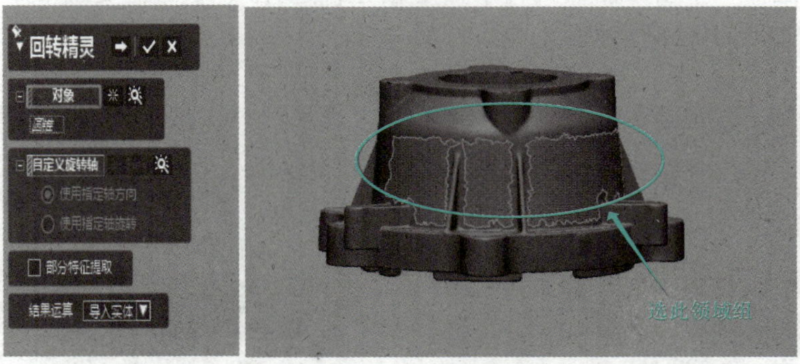

图 10-14　回转精灵

（3）追加参照平面　单击【追加平面】命令按钮，选择领域组，如图 10-15 所示，创建平面 1，单击【确定】按钮。

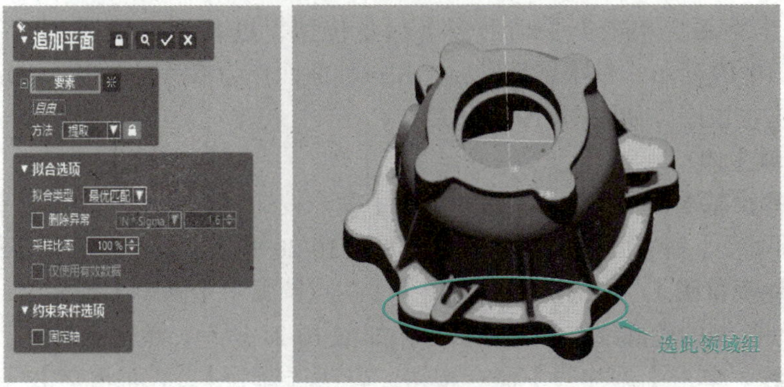

a)　　　　　　　　　　b)

图 10-15　追加参照平面

（4）建立参照点　单击【添加点】命令按钮，选择【相交线 & 面】，分别选择图 10-16 所示中心轴和平面 1，单击【确定】按钮。

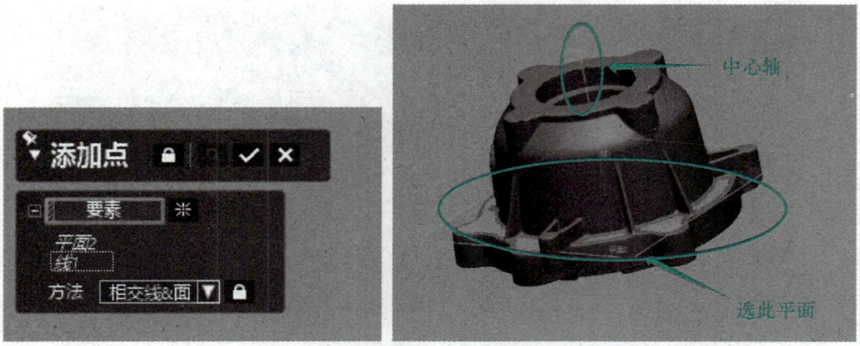

图 10-16　建立参照点

（5）绘制直线　单击【参照平面】命令按钮，选择平面 1，以上一步得到的参照点为起点，绘制两条直线，约束水平和垂直，如图 10-17 所示。

（6）曲面拉伸　单击【曲面拉伸】命令按钮，选择图 10-17 中绘制的两条直线，单击【确定】按钮，如图 10-18 所示。

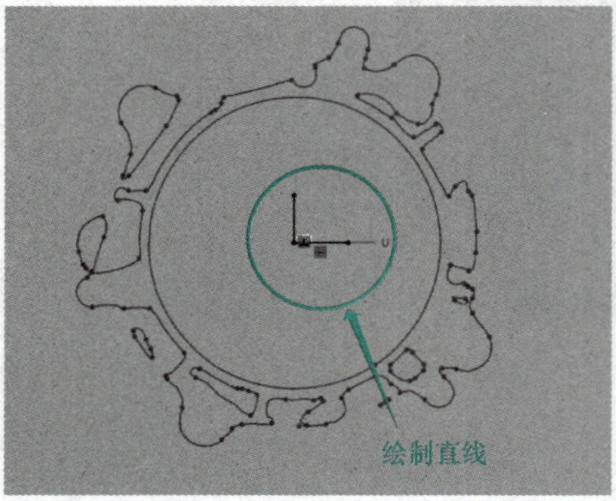

图 10-17　绘制直线

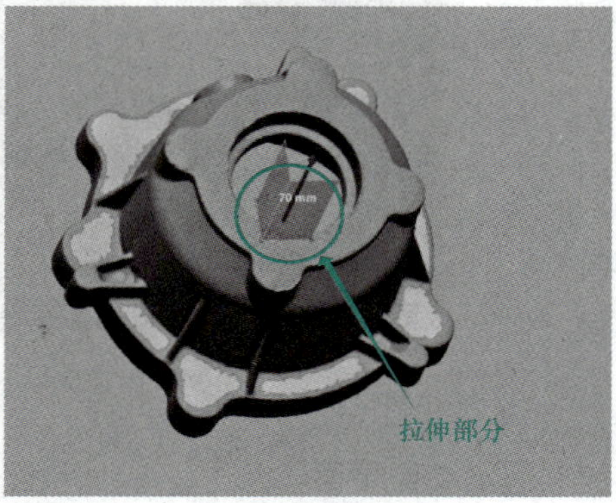

图 10-18　拉伸曲面

（7）对齐坐标系　单击【手动对齐】命令按钮，进入下一阶段，【移动】方式选择【3-2-1】，如图 10-19 所示，依次选择平面 1 和拉伸曲面作为参考，单击【确定】按钮完成坐标对齐，再单击主视图，如图 10-19 所示。

3. 设计铸件主体

（1）创建轮廓基准面 1　单击【面片草图】命令按钮，选择【回转投影】，【中心轴】选择上平面和右平面，【基准面】选择上平面，如图 10-20 所示，单击【确定】按钮。

（2）绘制轮廓草图 1　依次选择【直线】【三点圆弧】【圆角】等命令，绘制铸件轮廓线，调整位置使绘制的轮廓线与参考线重合，如图 10-21 所示，单击【确定】按钮。

（3）参照线　单击【添加线】命令按钮，方法选择为【2 平面相交】，选择图 10-22 所示两个平面，单击【确定】按钮。

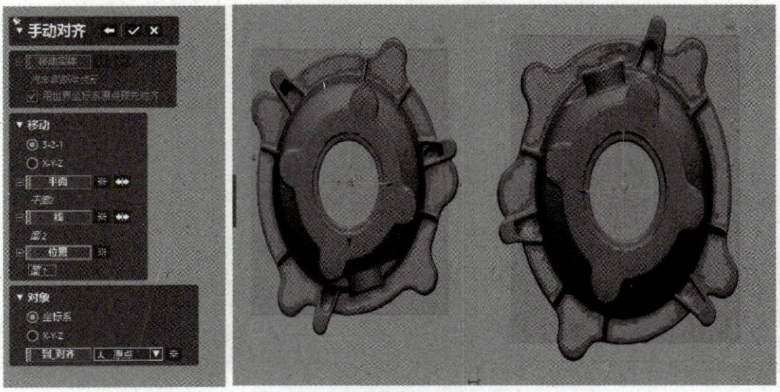

图 10-19　对齐坐标系

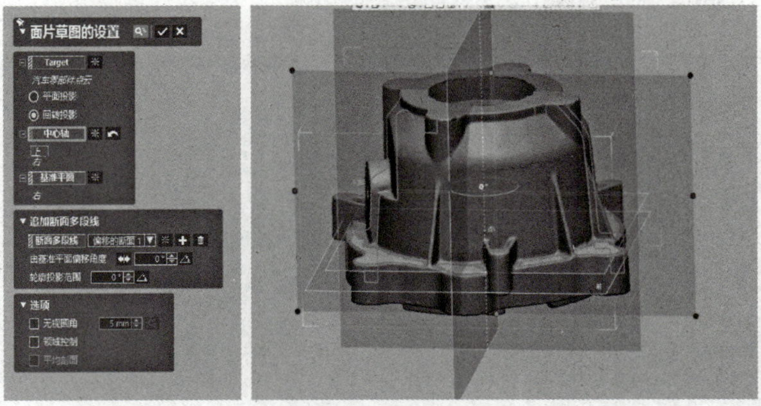

图 10-20　创建轮廓基准面 1

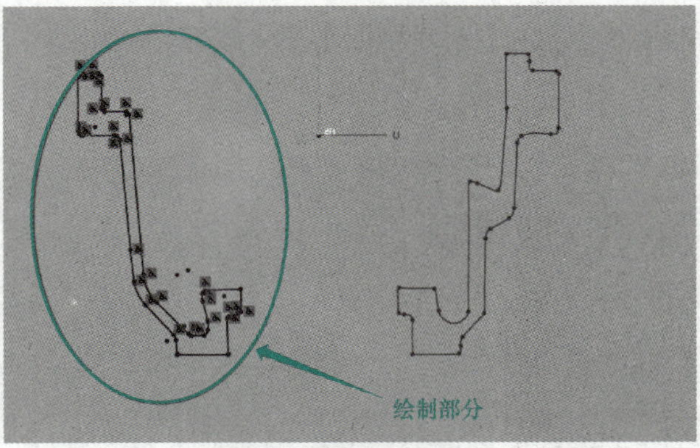

图 10-21　绘制轮廓草图 1

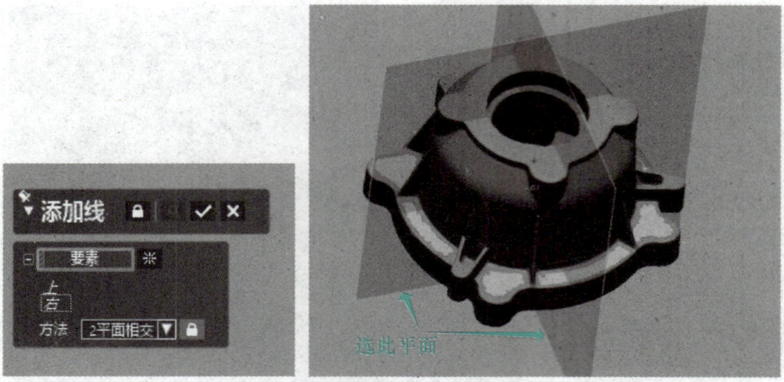

图 10-22　建立参照线

（4）回转体　单击【回转】命令按钮，选择图 10-21 所绘制的曲线，【轴】选择上一步建立的参照线，单击【确定】按钮，如图 10-23 所示。

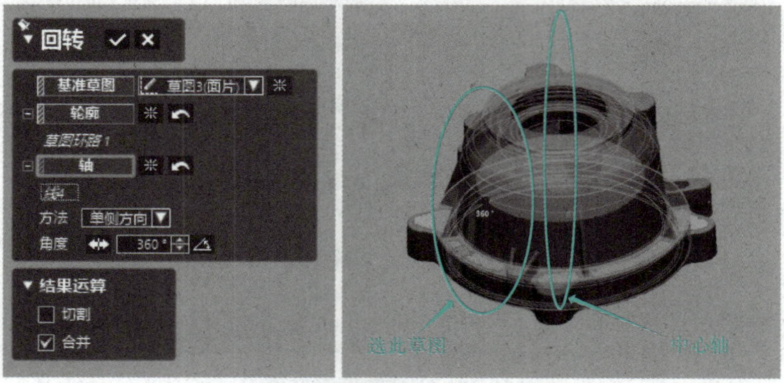

图 10-23　回转体

4. 设计铸件底座

（1）创建轮廓基准面 2　单击【面片草图】命令按钮，单击选中底座上表面作为基准面，如图 10-24 所示。

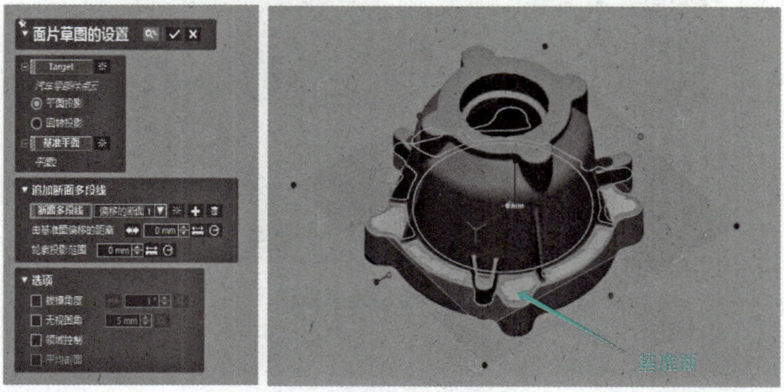

图 10-24　创建轮廓基准面 2

（2）绘制轮廓草图 2　依次选择【圆】【变换要素】【剪切】等命令，绘制轮廓线，调整位置使绘制的轮廓线与参考线重合，如图 10-25 所示，单击【确定】按钮。

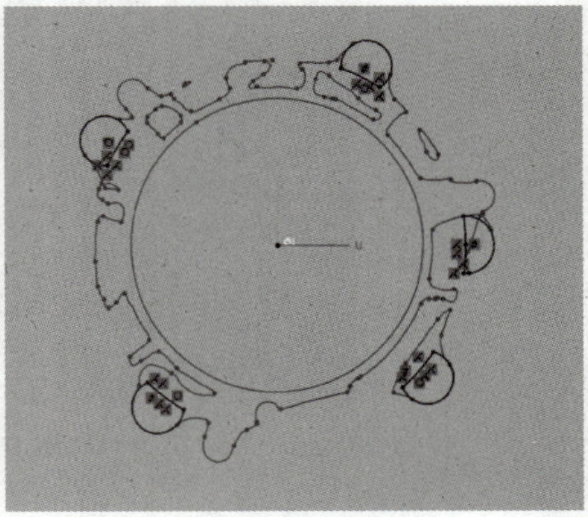

图 10-25　绘制轮廓草图 2

（3）拉伸　单击【拉伸】命令按钮，选择轮廓草图 2，设置拉伸【到曲面】，选择图 10-26 所示底座底面，【结果运算】选择为【合并】，单击【确定】按钮。

（4）倒圆角　单击【圆角】命令按钮，选择图 10-27 所示参数曲线，再单击【由面片估算半径】按钮，结果如图 10-27 所示。

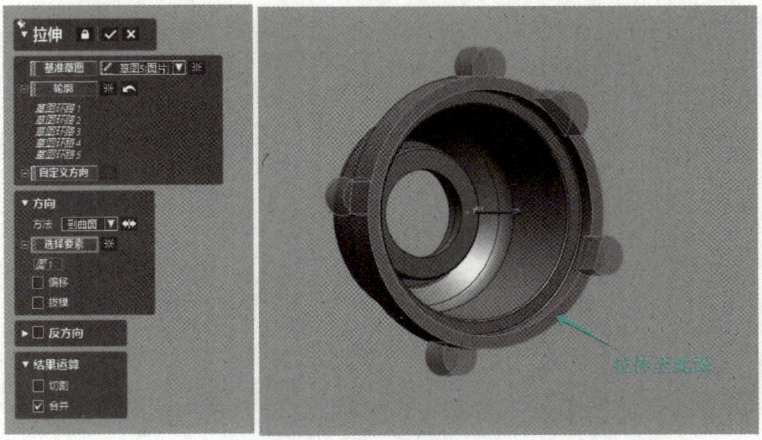

图 10-26　拉伸

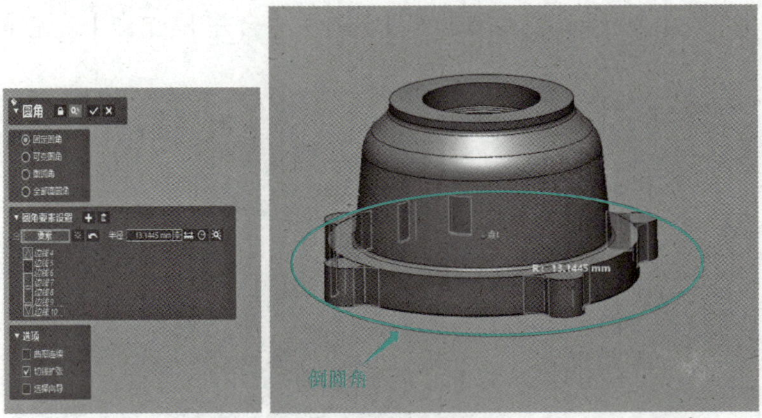

图 10-27　倒圆角

5. 设计铸件顶部

（1）创建轮廓基准面 3　单击【面片草图】命令按钮，单击选中铸件顶部上表面作为基准面，如图 10-28 所示。

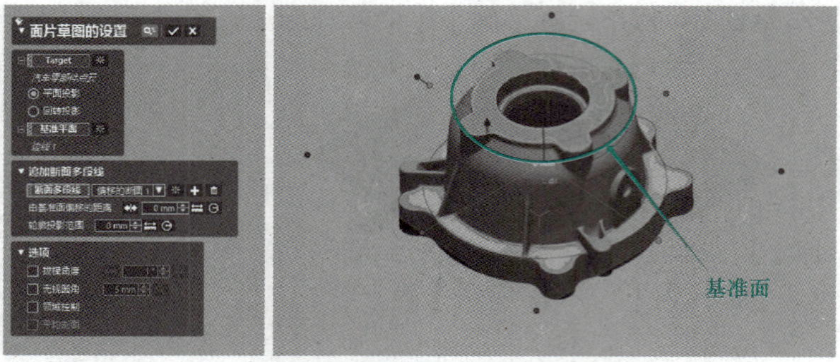

图 10-28 创建轮廓基准面 3

（2）绘制轮廓草图 3 依次选择【圆】【变换要素】【剪切】等命令，绘制轮廓线，调整位置使绘制的轮廓线与参考线重合，如图 10-29 所示。

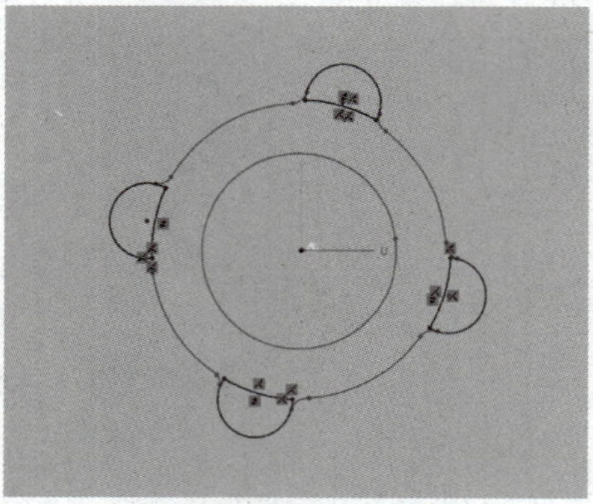

图 10-29 绘制轮廓草图 3

（3）拉伸 单击【拉伸】命令按钮，选择轮廓草图 3，设置拉伸【到曲面】，选择铸件主体圆柱表面，如图 10-30 所示，【结果运算】选择为【合并】，单击【确定】按钮。

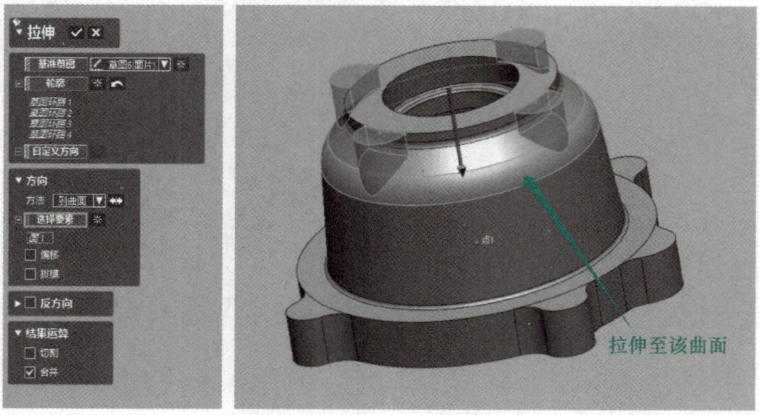

图 10-30 拉伸

6. 设计铸件特征一模型

（1）创建轮廓基准面 4　单击【追加平面】命令按钮，【方法】选择【多个点】，在特征一表面选择多个点，创建参照平面 1，如图 10-31 所示，单击【确定】按钮。

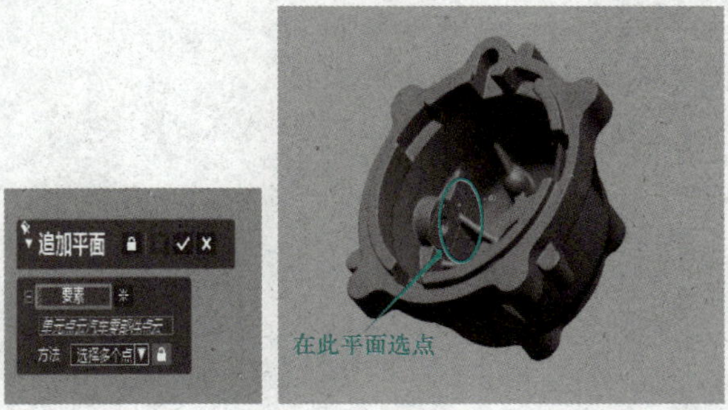

图 10-31　创建参照平面 1

单击【面片草图】命令按钮，选择参照平面 1 作为基准面，设置由基准面偏移的距离为 3mm，如图 10-32 所示，单击【确定】按钮。

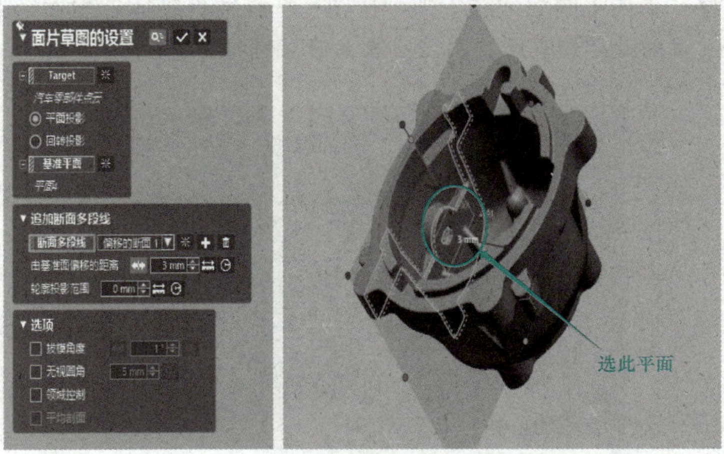

图 10-32　创建轮廓基准面 4

（2）绘制轮廓草图 4　依次选择【圆】【圆弧】【变换要素】【剪切】等命令，绘制轮廓线，调整位置使绘制的轮廓线与参考线重合，如图 10-33 所示。

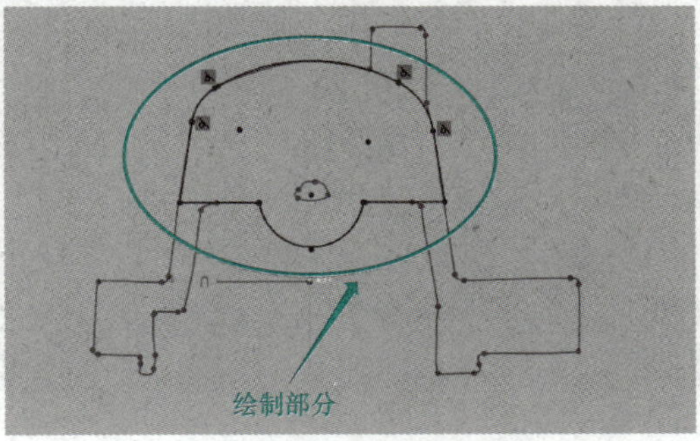

图 10-33　绘制轮廓草图 4

（3）拉伸曲面　单击【拉伸】命令按钮，选择轮廓草图 4，设置拉伸【到曲面】，选择铸件主体圆柱表面，如图 10-34 所示，【结果运算】选择为【合并】，单击【确定】按钮。

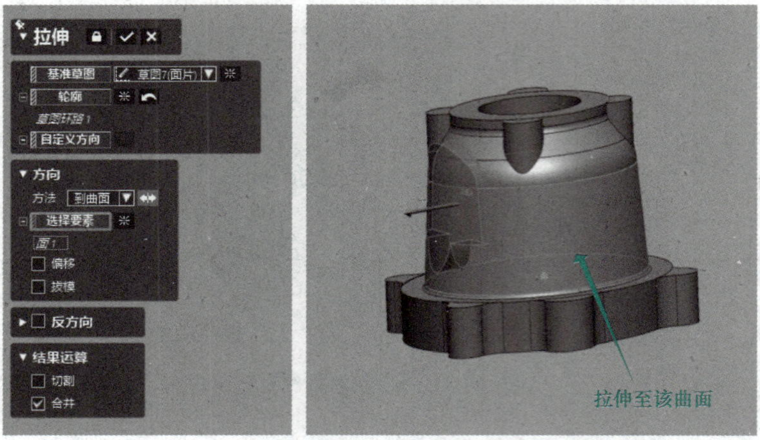

图 10-34　拉伸曲面

（4）曲面偏移　单击【曲面偏移】命令按钮，选择铸件主体外表面，如图 10-35 所示，设置距离为 0mm（目的是复制表面，用这些表面修剪特征）。

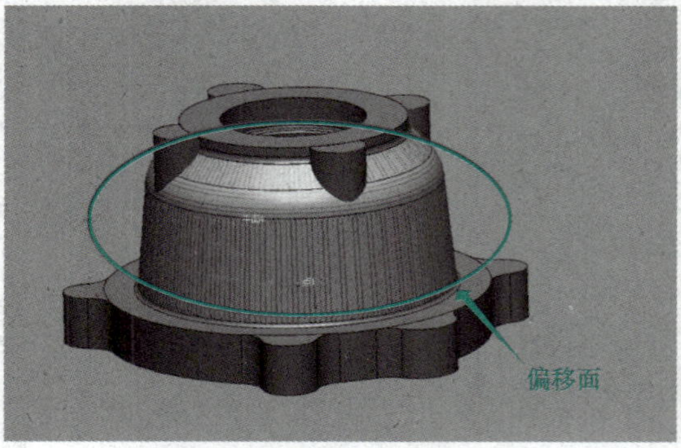

图 10-35　曲面偏移

（5）剪切曲面　单击【切割】命令按钮，【工具要素】选择偏移面，【对象体】选择特征—拉伸部分，【残留体】选择图 10-36 所示曲面，单击【确定】按钮。

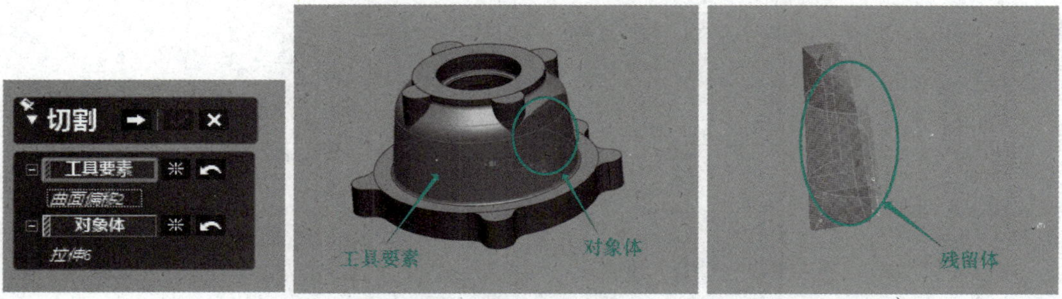

a)　b)　c)

图 10-36　剪切曲面

（6）布尔合并　单击【布尔运算】命令按钮，选择【合并】,【工具要素】选择侧面凸起和铸件主体，结果如图 10-37 所示。

7. 设计铸件特征二模型

（1）创建轮廓基准面 5　单击【追加平面】命令按钮,【方法】选择【多个点】，在特征二表面选择多个点，创建参照平面 2，如图 10-38 所示。

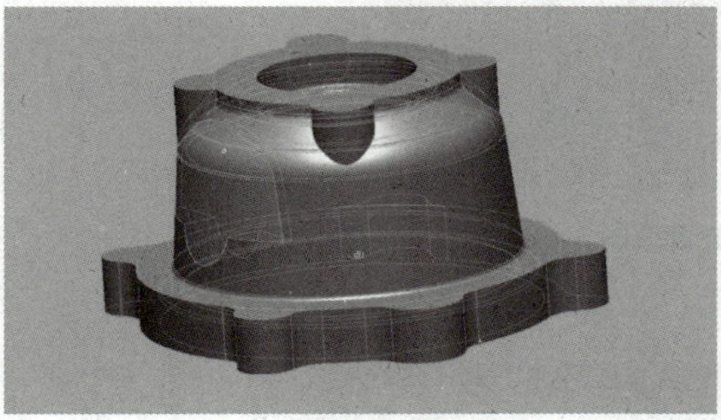

图 10-37　布尔合并

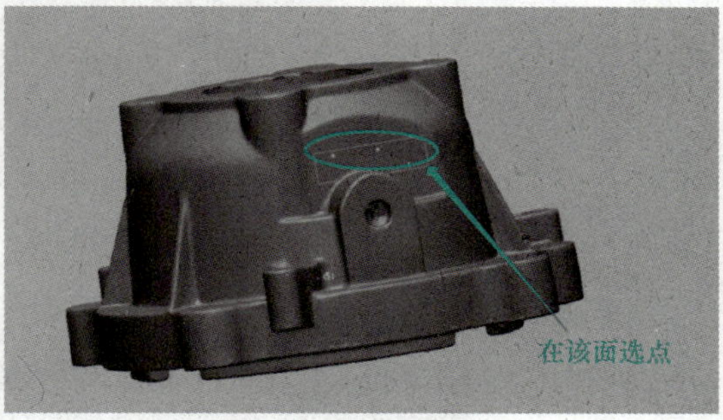

图 10-38　创建参照平面 2

单击【面片草图】命令按钮，选择参照平面 2 作为基准面，设置由基准面偏移的距离为 3mm，如图 10-39 所示。

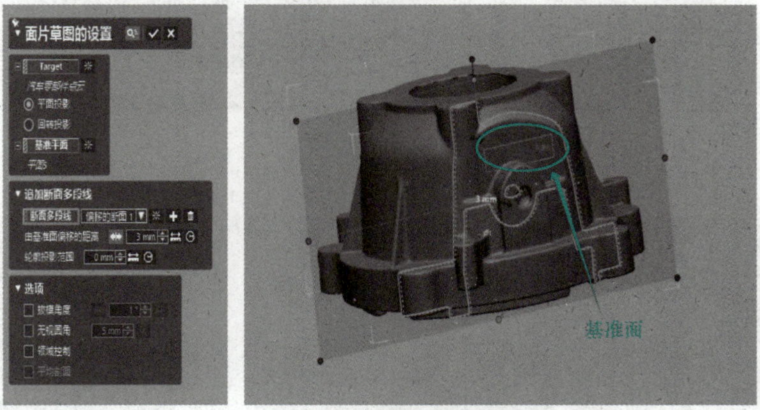

图 10-39　创建轮廓基准面 5

（2）绘制轮廓草图 5　依次选择【圆】【圆弧】【变换要素】【剪切】等命令，绘制轮廓线，调整位置使绘制的轮廓线与参考线重合，如图 10-40 所示。

（3）拉伸　单击【拉伸】命令按钮，选择轮廓草图 5，设置拉伸距离为 21mm，如图 10-41 所示,【结果运算】选择【切割】，单击【确定】按钮。

再次单击【拉伸】命令按钮，选择轮廓草图 3 中的圆弧曲线，设置拉伸【到曲面】，选择小平台曲面，如图 10-42 所示。

（4）曲面偏移　单击【曲面偏移】命令按钮，选择铸件主体内表面，如图 10-43 所示，距离设置为 0mm。

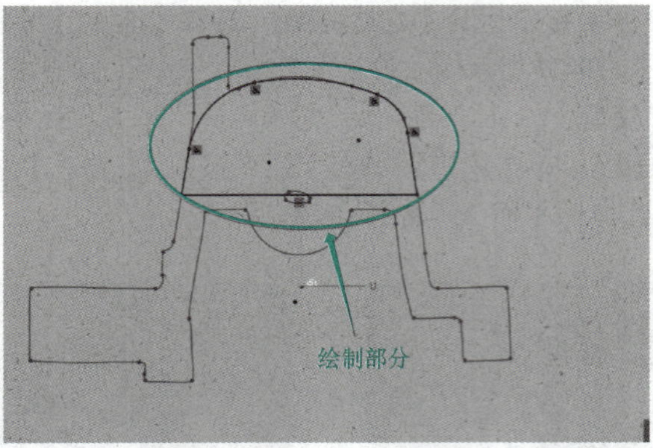

图 10-40　绘制轮廓草图 5

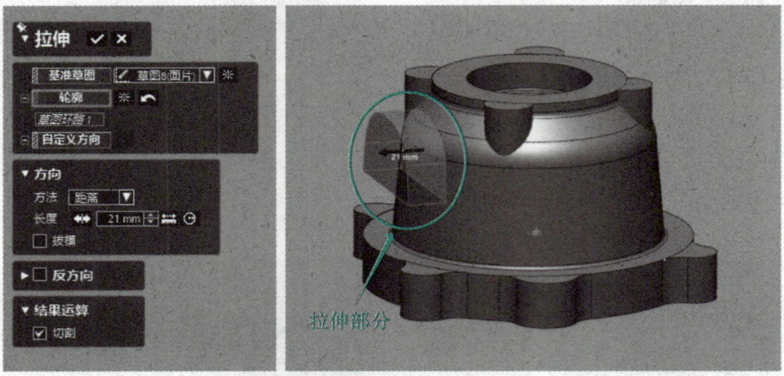

图 10-41　拉伸 1

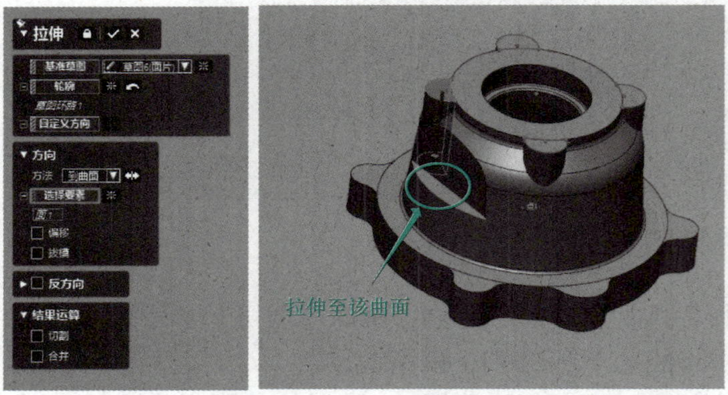

图 10-42　拉伸 2

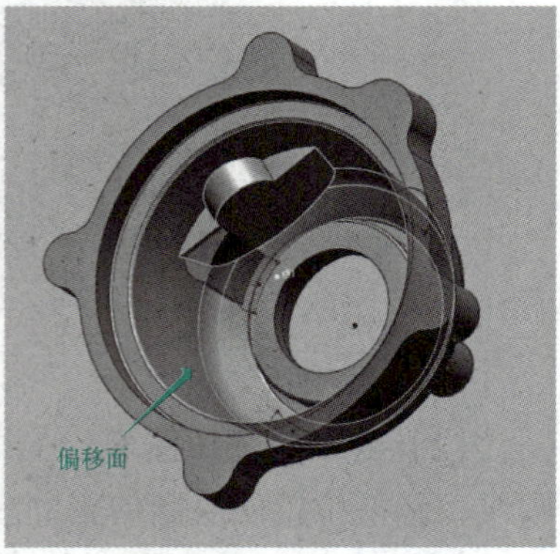

图 10-43　曲面偏移

（5）剪切曲面　单击【切割】命令按钮，【工具要素】选择偏移面，【对象体】选择半圆柱拉伸部分，【残留体】选择曲面如图 10-44 所示，单击【确定】按钮。

（6）布尔合并　单击【布尔运算】命令按钮，选择【合并】，【工具要素】选择侧面凸起和铸件主体，结果如图 10-45 所示。

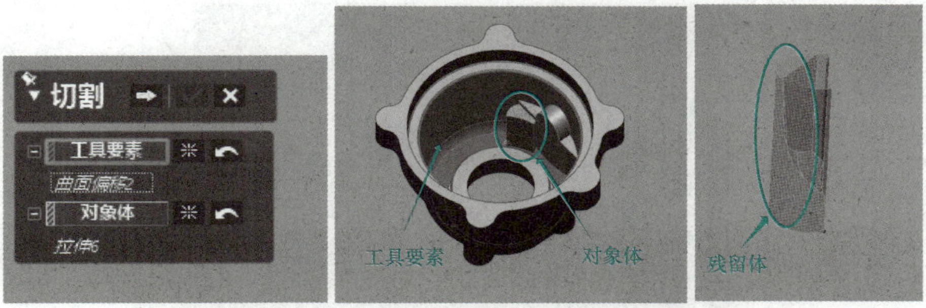

图 10-44　剪切曲面

8. 设计铸件特征三模型

（1）创建轮廓基准面 6　单击【追加平面】命令按钮，【方法】选择【多个点】，在特征三表面选择多个点，创建参照平面 3，如图 10-46 所示。

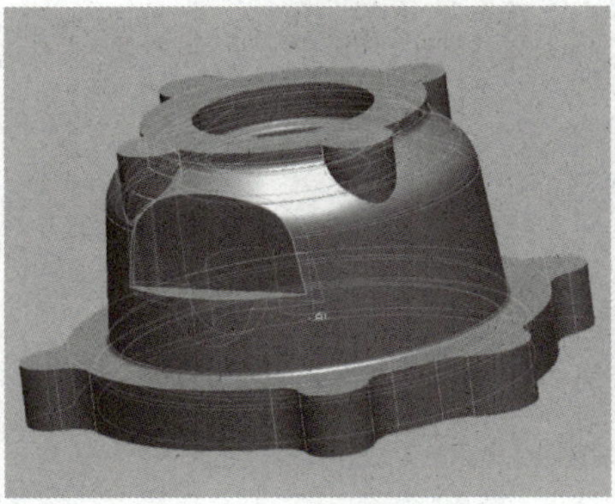

图 10-45　布尔合并

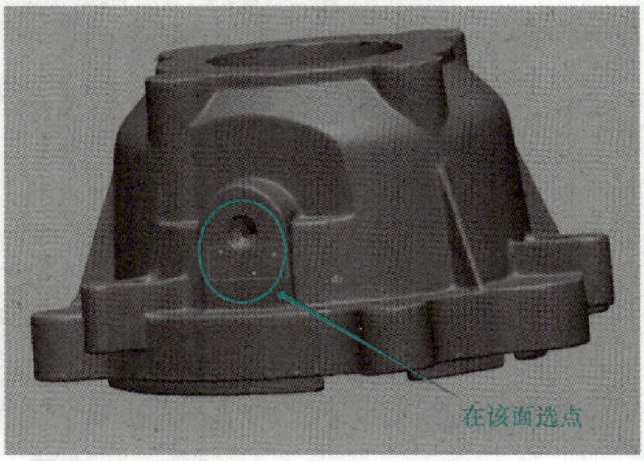

图 10-46　创建参照平面 3

单击【面片草图】命令按钮，选择参照平面 3 作为基准面，设置由基准面偏移的距离为 1.8mm，如图 10-47 所示。

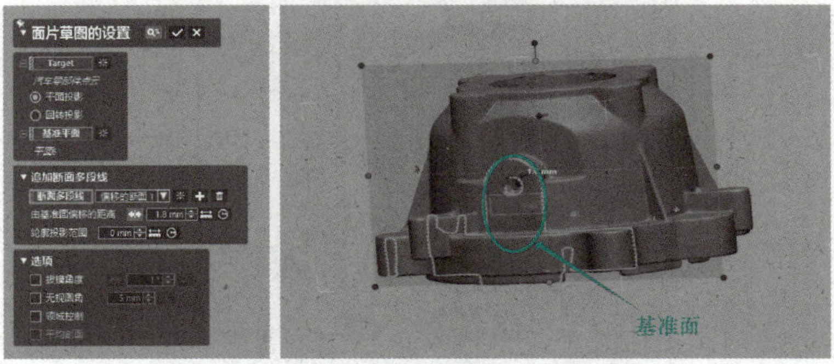

图 10-47　创建轮廓基准面 6

（2）绘制草图轮廓 6　依次选择【圆弧】【变换要素】【剪切】等命令，绘制轮廓线，调整位置使绘制的轮廓线与参考线重合，如图 10-48 所示。

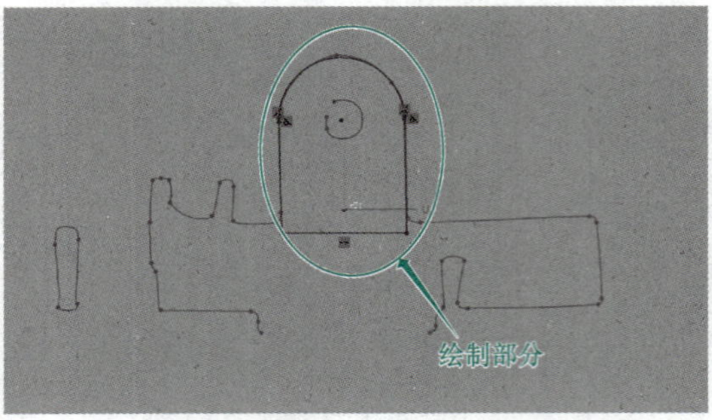

图 10-48　绘制草图轮廓 6

（3）拉伸　单击【拉伸】命令按钮，选择轮廓草图 6，设置拉伸距离为 15mm，如图 10-49 所示。

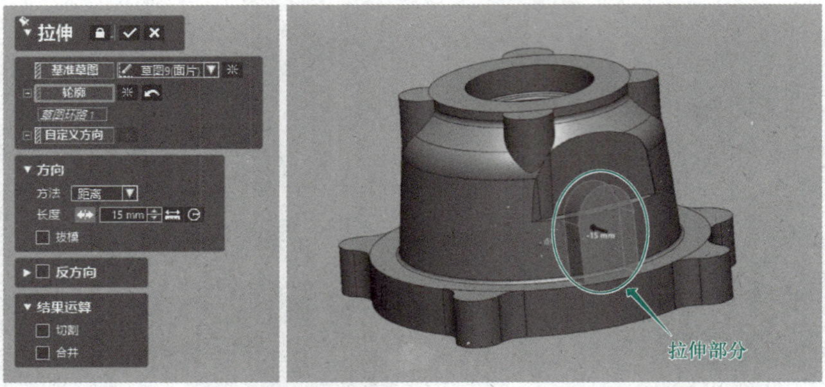

图 10-49　拉伸

（4）曲面偏移　单击【曲面偏移】命令按钮，选择铸件主体内表面，如图 10-50 所示，距离设置为 0mm。

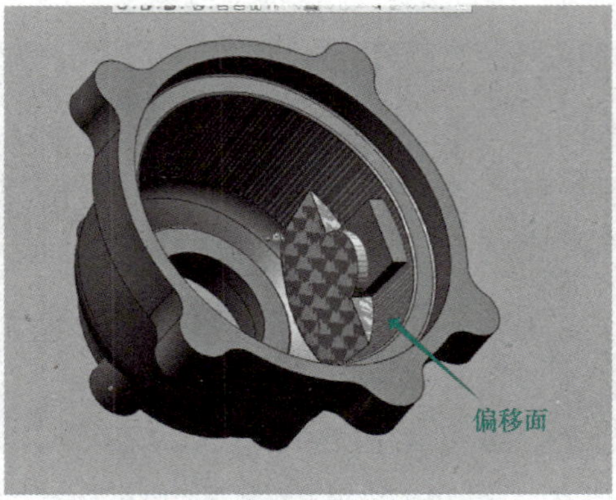

图 10-50　曲面偏移

（5）剪切　单击【切割】命令按钮，【工具要素】选择偏移面，【对象体】选择轮廓 6 拉伸部分，【残留体】选择曲面，如图 10-51 所示。

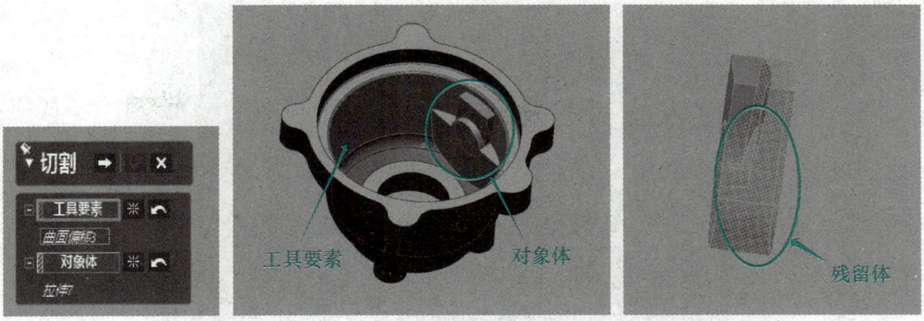

a)　　b)　　c)

图 10-51　剪切

（6）布尔合并　单击【布尔运算】命令按钮，选择【合并】,【工具要素】选择特征三和铸件主体，结果如图 10-52 所示。

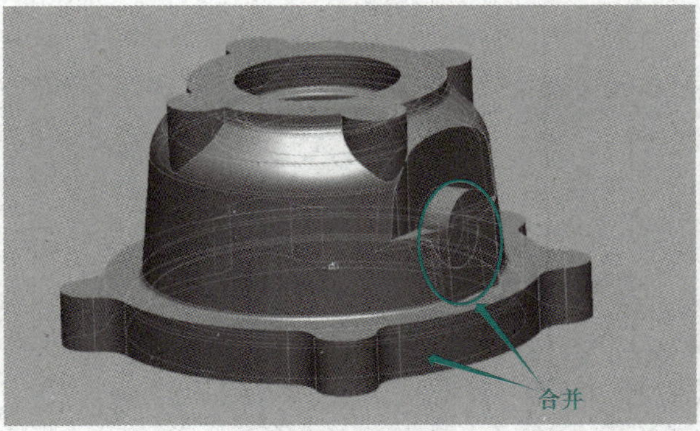

图 10-52　布尔合并

再次单击【拉伸】命令按钮，选择草图轮廓中的内圆，设置向内拉伸，拉伸距离为 30mm,【结果运算】选择【切割】，结果如图 10-53 所示。

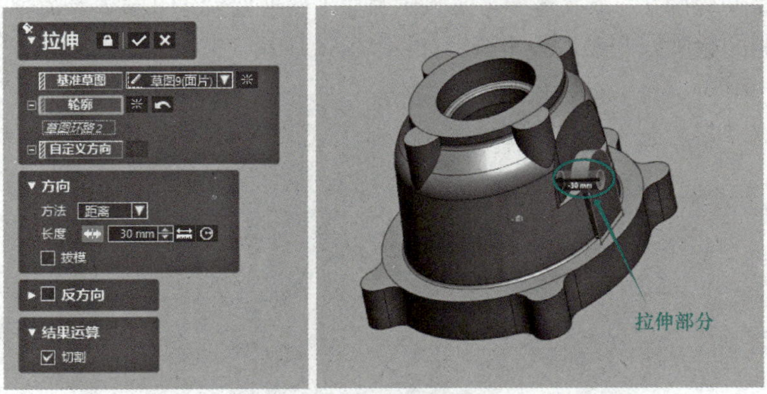

图 10-53　拉伸圆孔

9. 设计铸件特征四模型

（1）创建轮廓基准面 7　单击【追加平面】命令按钮,【方法】选择【多个点】，在特征四表面选择多个点，创建参照平面 4，如图 10-54 所示。

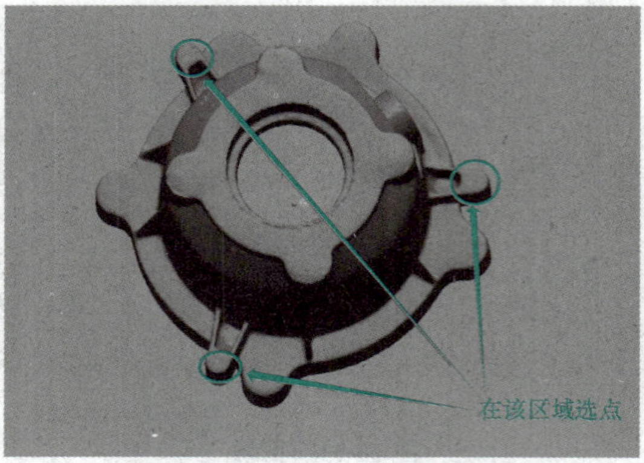

图 10-54　创建参照平面 4

单击【面片草图】按钮，选择参照平面 4 作为基准面，设置由基准面向下偏移的距离为 5mm，如图 10-55 所示。

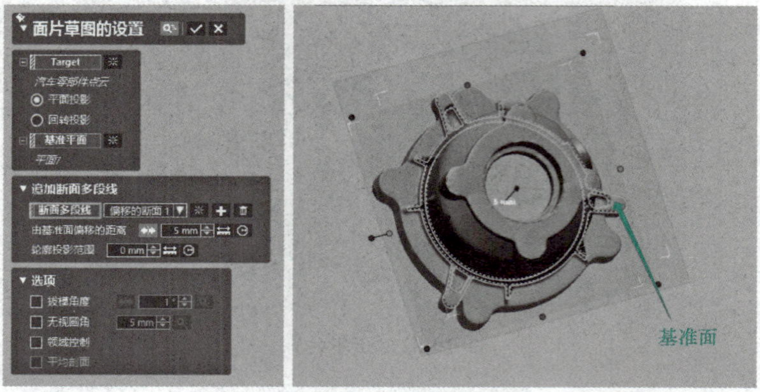

图 10-55　创建轮廓基准面 7

（2）绘制草图轮廓 7　依次选择【三点圆弧】【变换要素】【圆】等命令，绘制轮廓线，调整位置使绘制的轮廓线与参考线重合，如图 10-56 所示。

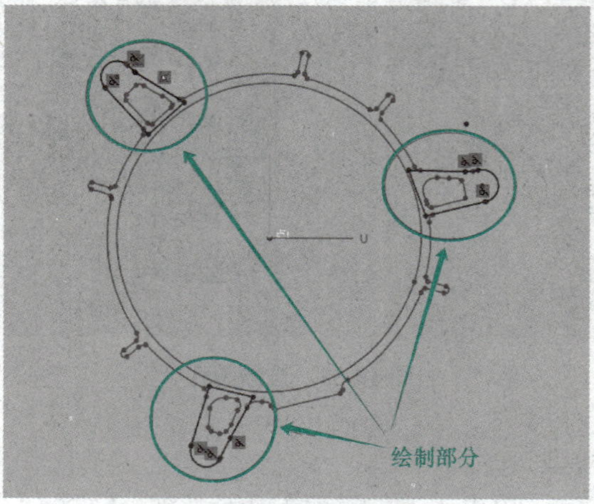

图 10-56　绘制草图轮廓 7

（3）拉伸　单击【拉伸】命令按钮，选择轮廓草图 7，设置向下拉伸距离为 24mm，如图 10-57 所示。

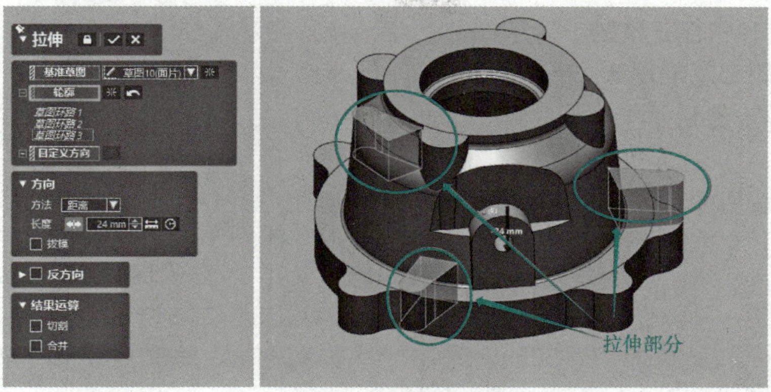

图 10-57　拉伸

（4）曲面偏移　单击【曲面偏移】命令按钮，选择铸件内底面，如图 10-58 所示，距离设置为 0mm。

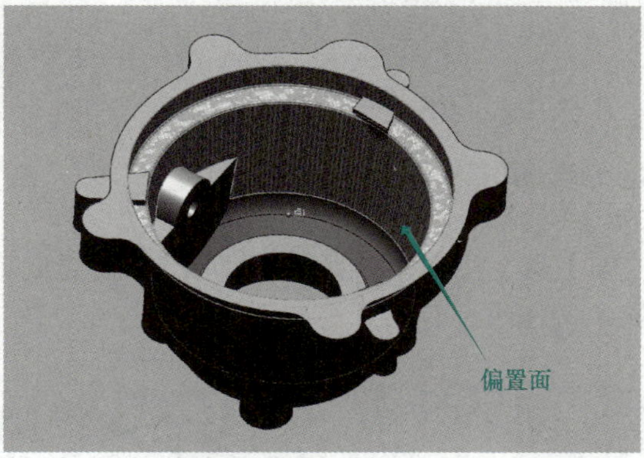

图 10-58　曲面偏移

（5）剪切　单击【切割】命令按钮，【工具要素】选择偏移面，【对象体】选择拉伸体部分，【残留体】选择曲面，如图 10-59 所示。

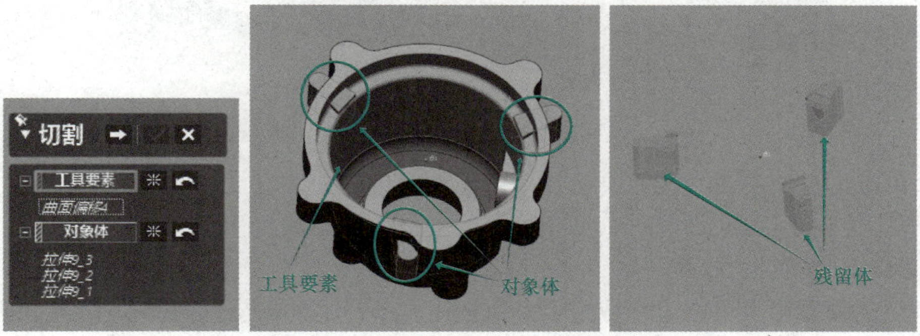

a)　b)　c)

图 10-59　剪切

（6）**布尔合并** 单击【布尔运算】命令按钮，选择【合并】，【工具要素】选择拉伸体和铸件主体，结果如图 10-60 所示。

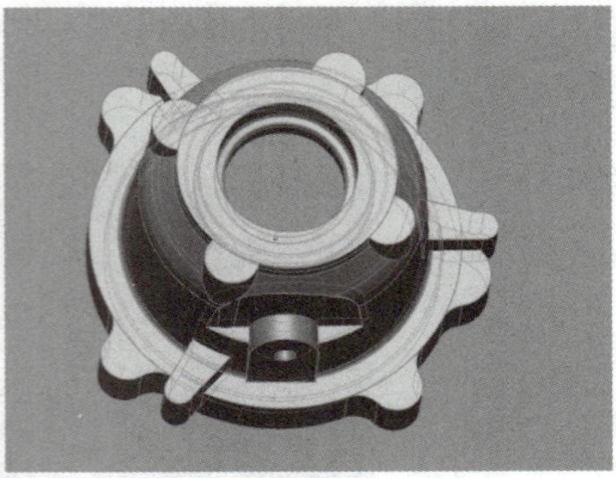

图 10-60 布尔合并

10. 设计铸件特征五模型

（1）**创建轮廓基准面 8** 单击【面片草图】命令按钮，选择铸件底面作为基准面，如图 10-61 所示。

（2）**绘制草图轮廓 8** 依次选择【圆】【三点圆弧】【剪切】等命令，绘制轮廓线，调整位置使绘制的轮廓线与参考线重合，如图 10-62 所示。

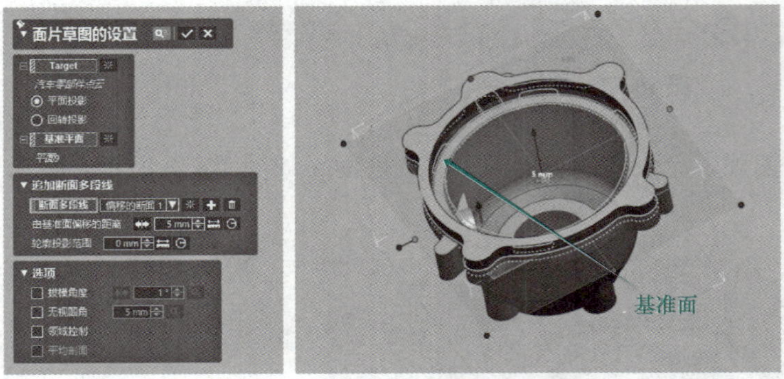

图 10-61 创建草图基准面 8

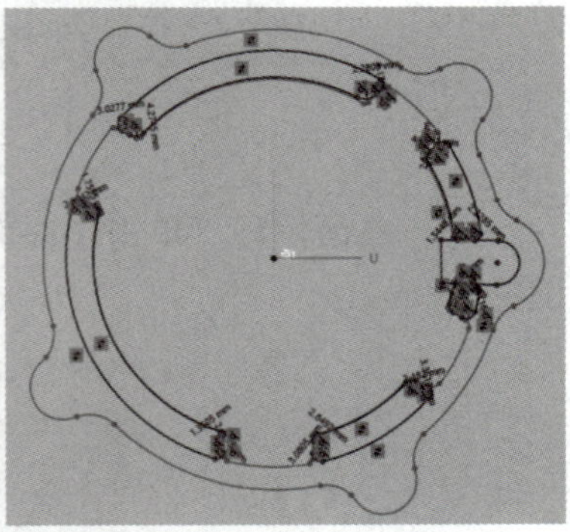

图 10-62 绘制草图轮廓 8

（3）**拉伸** 单击【拉伸】命令按钮，选择轮廓草图 8，设置向下拉伸距离为 20mm，如图 10-63 所示，【结果运算】选择【合并】。

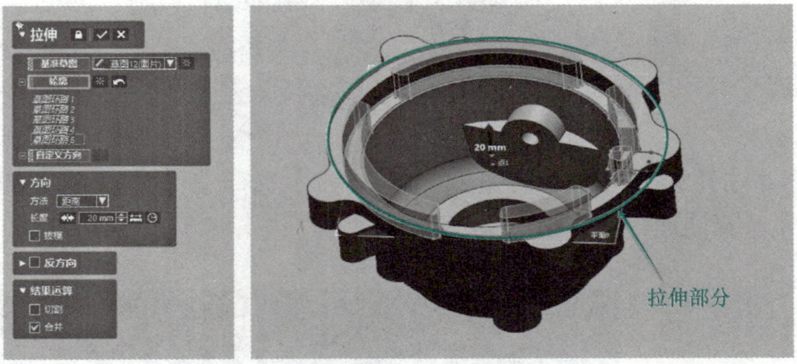

图 10-63 拉伸 1

再次单击【拉伸】命令按钮，选择草图轮廓 8 中的曲线，设置向下拉伸距离为 20mm，【结果运算】选择【切割】，如图 10-64 所示。

11. 设计铸件特征六模型

（1）**创建领域组** 单击【领域组】命令按钮，选择【延长至近似部位】，单击选中区域 1，再单击【插入】命令按钮；继续选中区域 2，单击【插入】命令按钮创建领域组，采用相同的操作方法完成其余领域的创建，如图 10-65 所示。

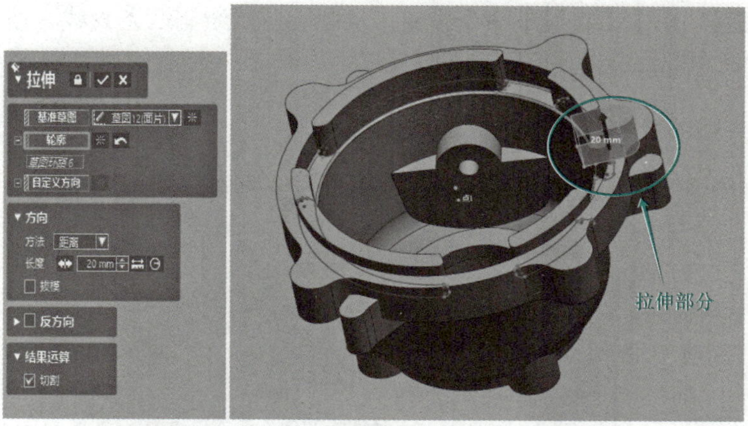

图 10-64　拉伸 2

（2）回转　单击【回转精灵】命令按钮，对图 10-66 所示领域组分别进行回转操作。

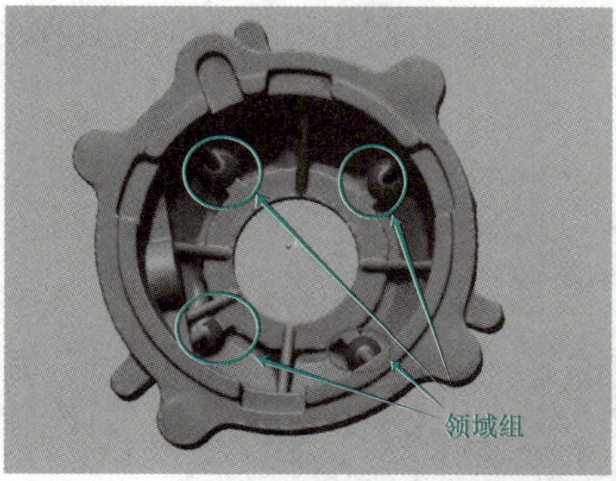

图 10-65　创建领域组

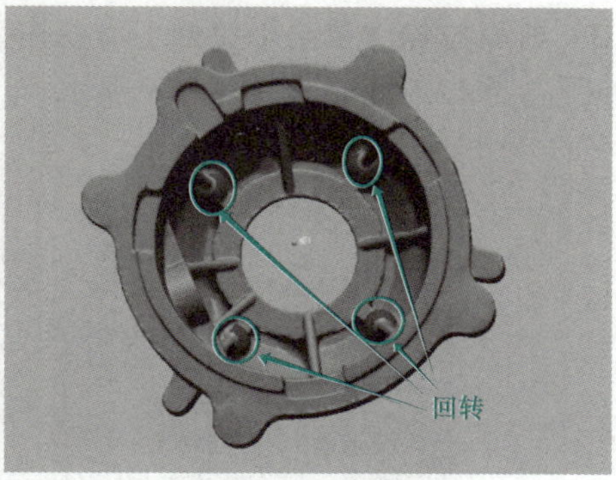

图 10-66　回转

12. 设计铸件特征七模型

（1）创建参考基准面 9　单击【面片草图】命令按钮，单击选中铸件底座上表面作为基准面，设置向上偏移距离为 37.5mm，如图 10-67 所示。

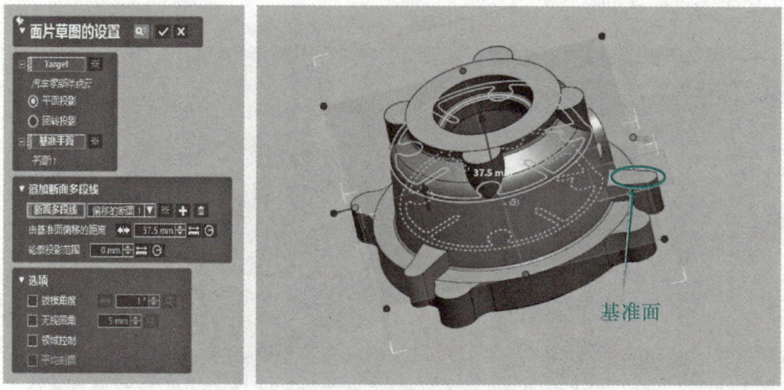

图 10-67　创建轮廓基准面 9

（2）绘制直线　单击【直线】命令按钮，从圆心开始绘制两条直线，使其平分加强筋，如图 10-68 所示。

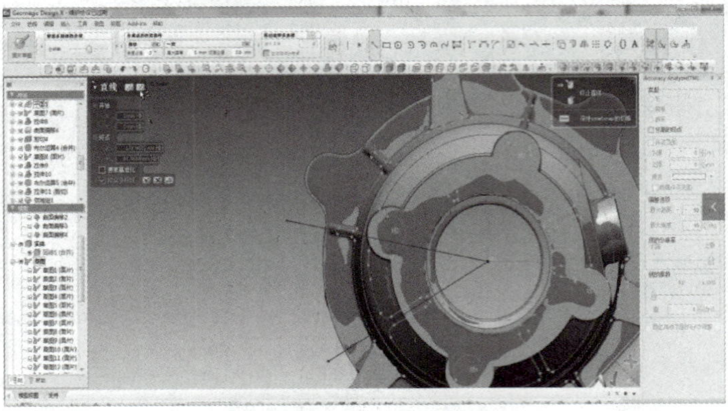

图 10-68　绘制直线

（3）曲面拉伸　单击【拉伸】命令按钮，选择上一步轮廓草图中绘制的两条直线，设置拉伸距离为 12.5mm，如图 10-69 所示。

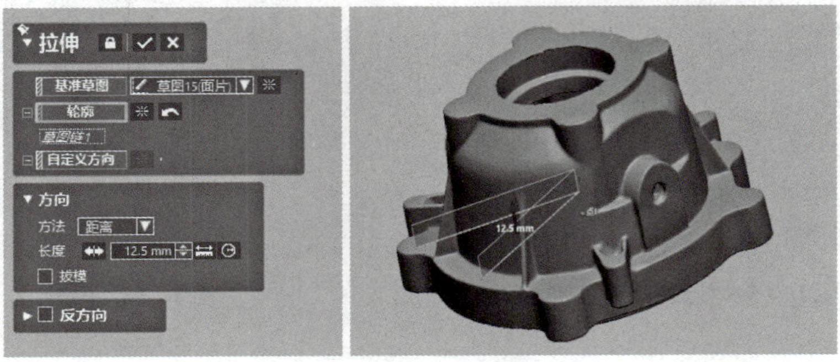

图 10-69　曲面拉伸

（4）创建轮廓基准面 10　单击【面片草图】命令按钮，选择曲面拉伸 2 作为基准面，设置偏移距离为 0mm，如图 10-70 所示。

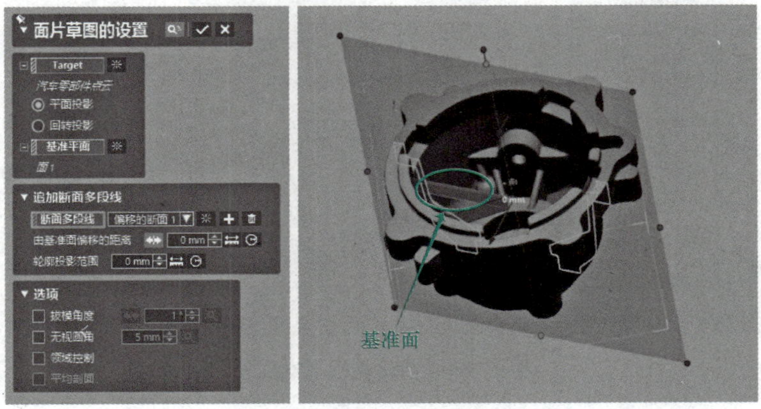

图 10-70　创建轮廓基准面 10

（5）绘制草图轮廓 9　依次选择【直线】【三点圆弧】【圆角】等命令，绘制铸件轮廓线，使其与参考线重合，如图 10-71 所示。

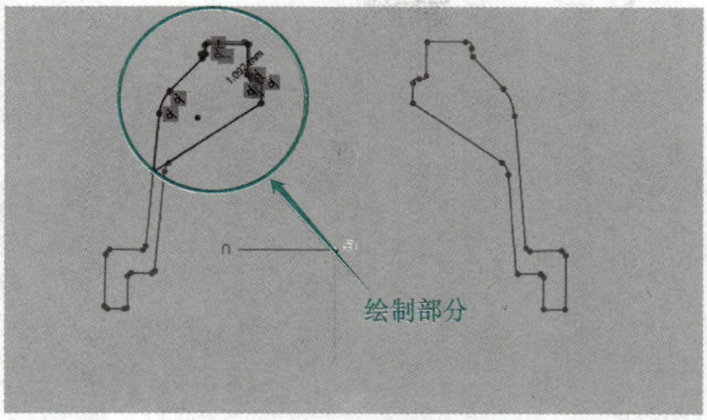

图 10-71　绘制草图轮廓 9

（6）拉伸　单击【拉伸】命令按钮，选择轮廓草图 9，正、反方向均设置拉伸距离为 1.5mm，如图 10-72 所示。

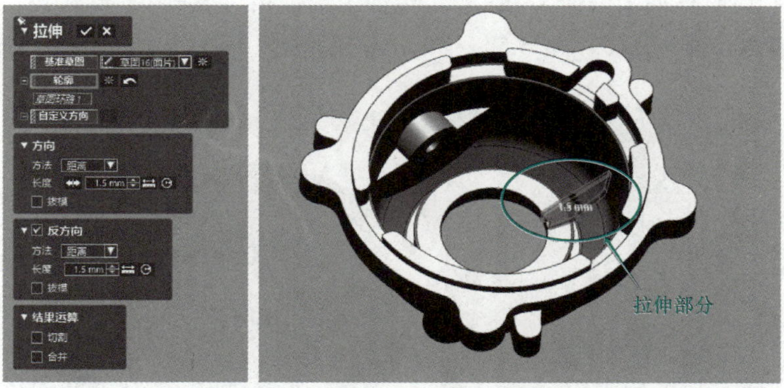

图 10-72　拉伸

（7）倒圆角　单击【圆角】命令按钮，设置半径为 2mm，选择上一步拉伸体边缘，如图 10-73 所示。

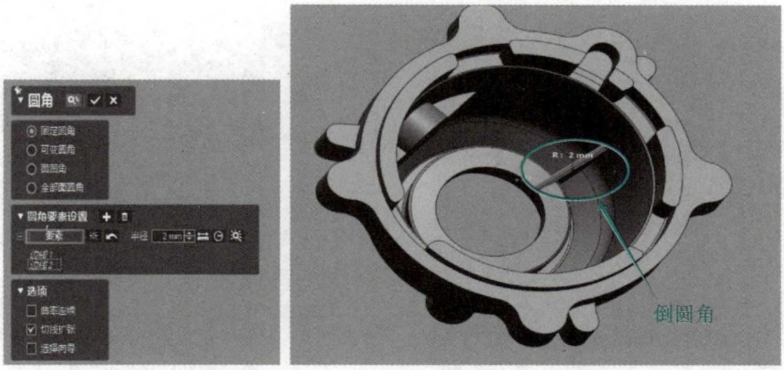

图 10-73　倒圆角

（8）圆形阵列 单击【圆形阵列】命令按钮，【回转轴】选择铸件轴线，【要素数】设置为 2，【交差角】设置为 90°，如图 10-74 所示。

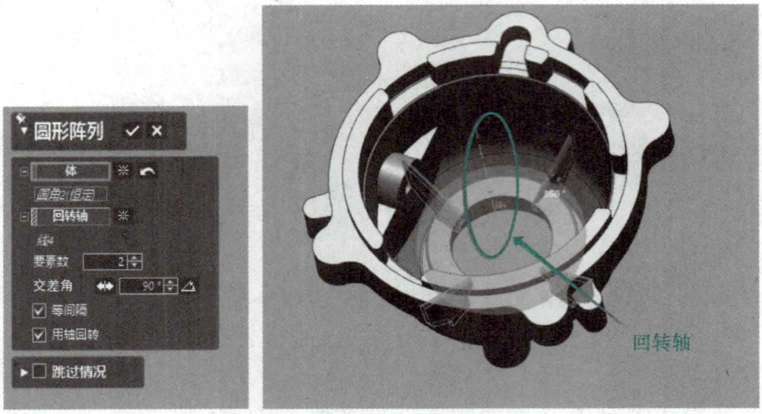

图 10-74 圆形阵列 1

继续单击【圆形阵列】命令按钮，【回转轴】选择铸件轴线，【要素数】设置为 2，【交差角】分别设置为 180°、270°、125.5°，如图 10-75~ 图 10-77 所示。

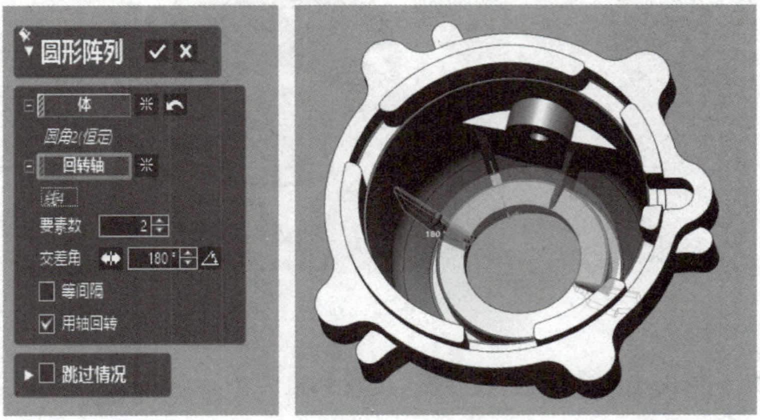

图 10-75 圆形阵列 2

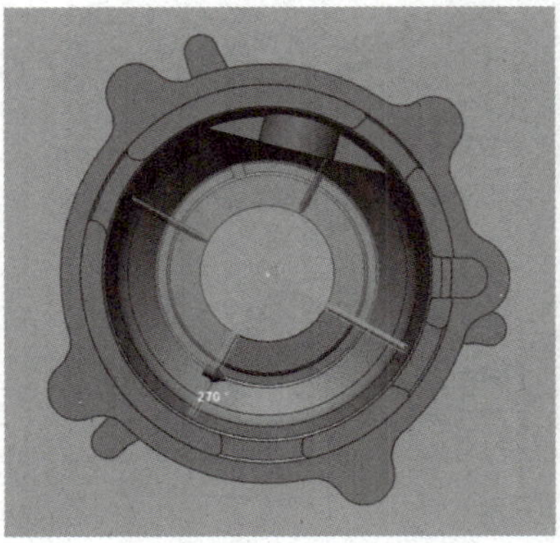

图 10-76 圆形阵列 3

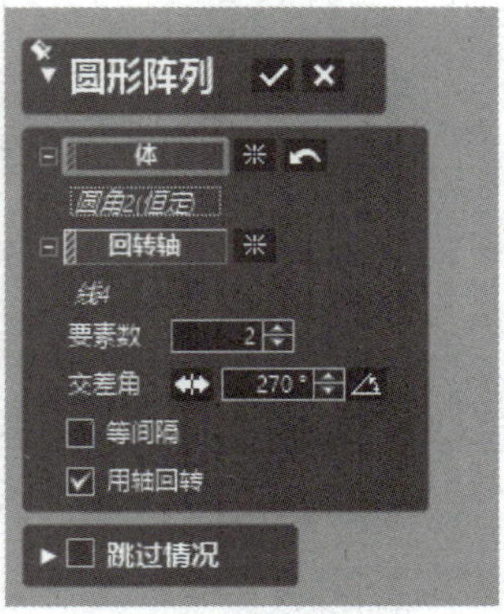

图 10-77 圆形阵列 4

（9）**布尔合并**　单击【布尔运算】命令按钮，【操作方法】选择【合并】，选择铸件主体和各阵列特征，结果如图 10-78 所示。

13. 设计铸件特征八模型

（1）**创建轮廓基准面 11**　单击【面片草图】命令，选择曲面拉伸 1 作为基准面，设置偏移距离为 0mm，如图 10-79 所示。

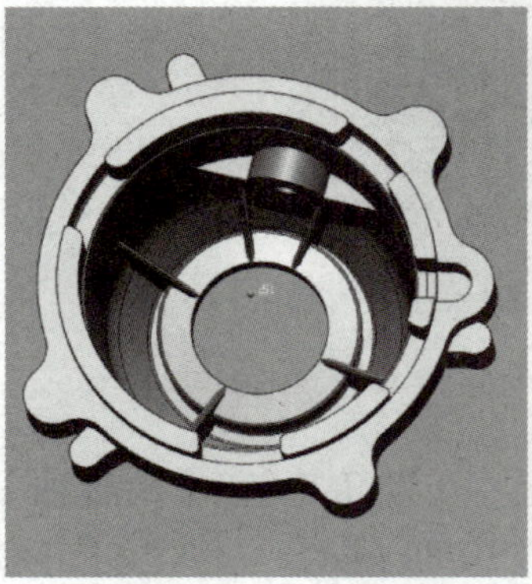

图 10-78　布尔合并

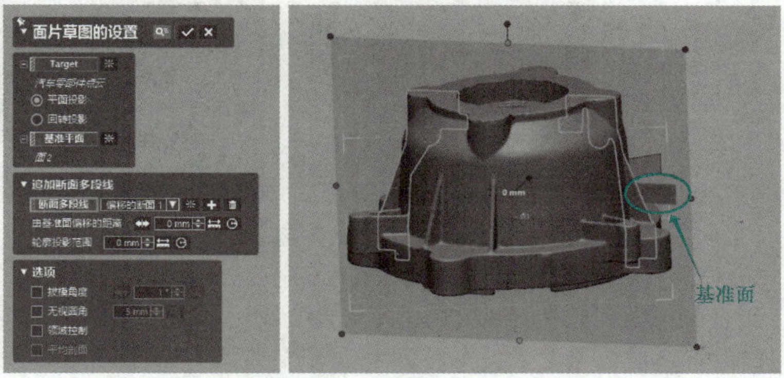

图 10-79　创建轮廓基准面 11

（2）**绘制草图轮廓 10**　依次选择【直线】【剪切】等命令，绘制轮廓线，如图 10-80 所示。

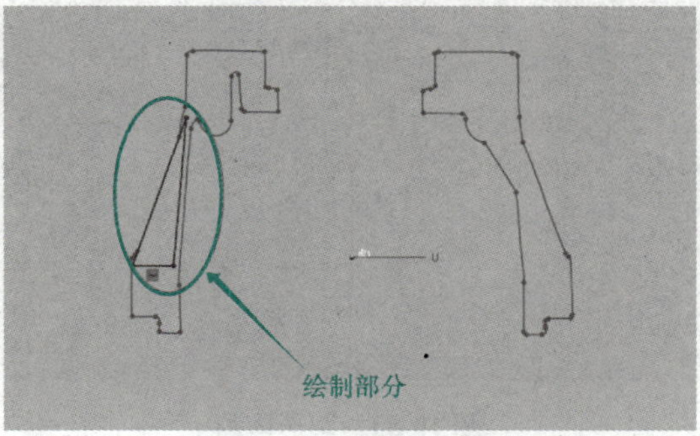

图 10-80　绘制草图轮廓 10

（3）**拉伸**　单击【拉伸】命令按钮，选择轮廓草图 10 中的曲面，设置正、反方向拉伸距离均为 1.5mm，如图 10-81 所示。

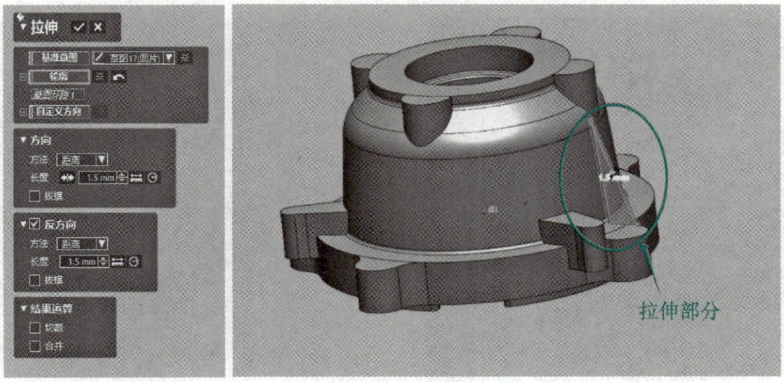

图 10-81　拉伸

（4）倒圆角　单击【圆角】命令按钮，选择【固定圆角】，半径输入 1.5mm，选择拉伸体各边缘，如图 10-82 所示。

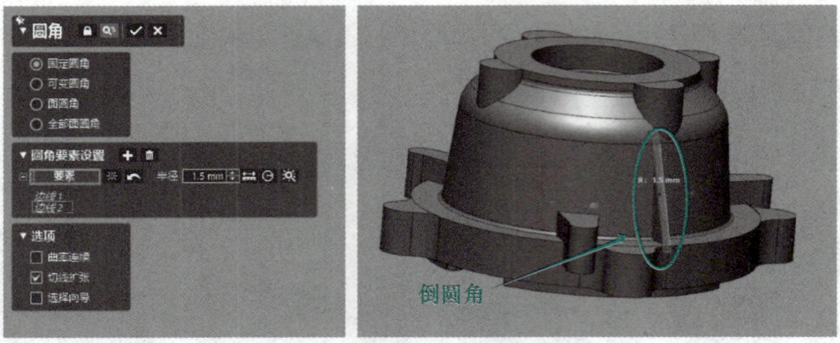

图 10-82　倒圆角

（5）圆形阵列　继续单击【圆形阵列】命令，【体】选择上一步圆角特征，【回转轴】选择铸件轴线，【要素数】设置为 2，【交差角】设置为 55°，如图 10-83 所示。

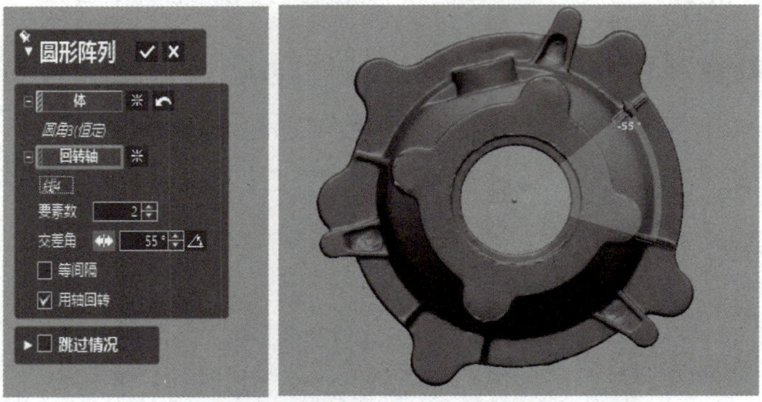

图 10-83　圆形阵列

调整参数后完成其他特征阵列，如图 10-84 所示。

（6）布尔合并　单击【布尔运算】命令按钮，【操作方法】选择【合并】，选择铸件主体和各阵列特征，如图 10-85 所示。

图 10-84　圆形阵列

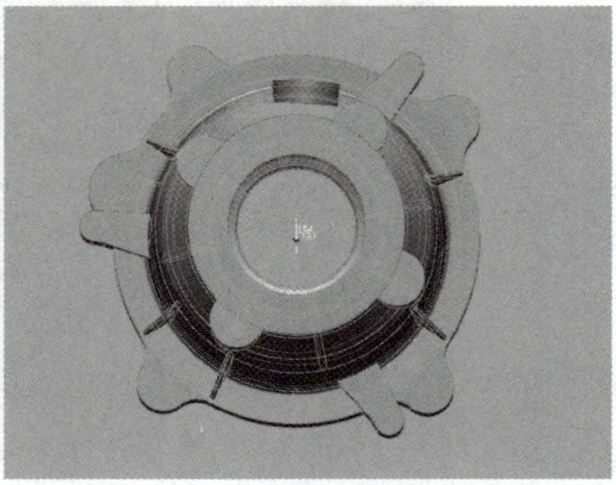

图 10-85　布尔合并

（7）曲面偏移　单击【曲面偏移】命令按钮，选择铸件内表面，距离设置为0mm，如图10-86所示。

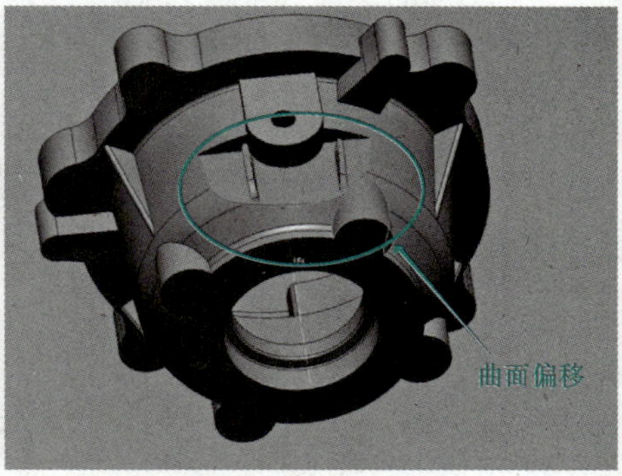

图10-86　曲面偏移

（8）剪切　单击【切割】命令按钮，【工具要素】选择偏移面，【对象体】选择拉伸体部分，【残留体】选择曲面，如图10-87所示。

14. 设计铸件特征九模型

（1）绘制直线　选择特征树中的【草图9】，回到工作界面，单击【直线】命令按钮绘制直线，使其平均分割加强筋，如图10-88所示。

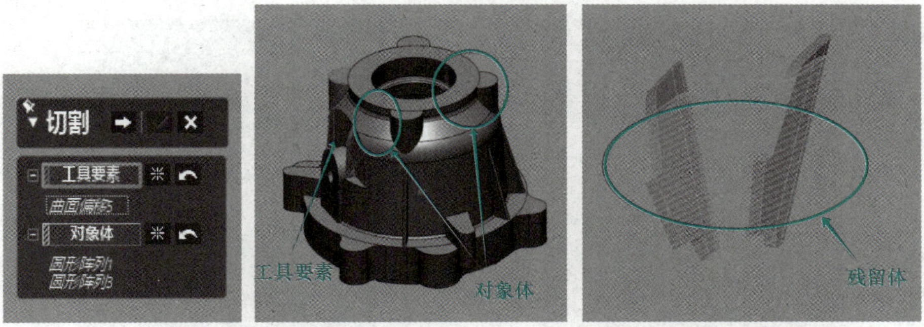

a)　b)　c)

图10-87　剪切

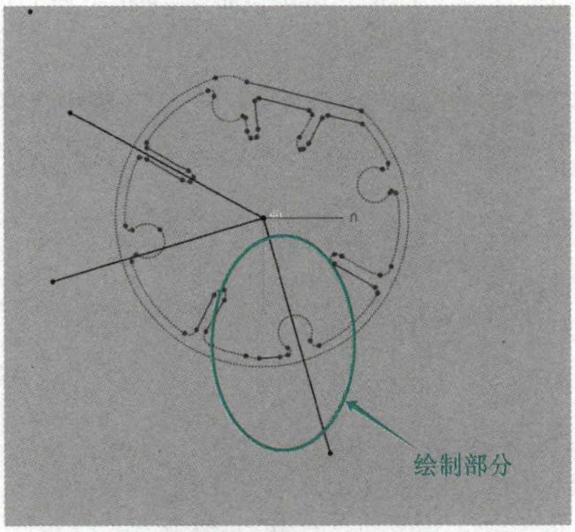

图10-88　绘制直线

（2）拉伸曲面　单击【拉伸】命令按钮，选择绘制的直线完成拉伸，如图10-89所示。

（3）创建轮廓基准面12　单击【面片草图】命令按钮，选择上一步的曲面拉伸作为基准面，设置偏移距离为0mm，如图10-90所示。

（4）绘制草图轮廓11　单击【直线】命令按钮，绘制草图轮廓，如图10-91所示。

（5）拉伸　单击【拉伸】命令按钮，选择草图轮廓11，正、反方向均设置拉伸距离为2.5mm，如图10-92所示。

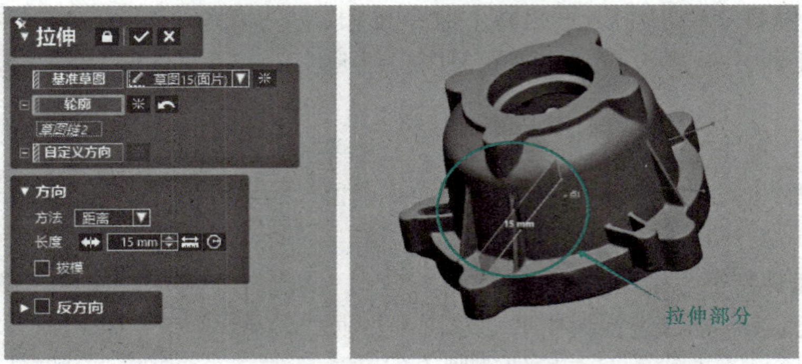

图 10-89 拉伸曲面

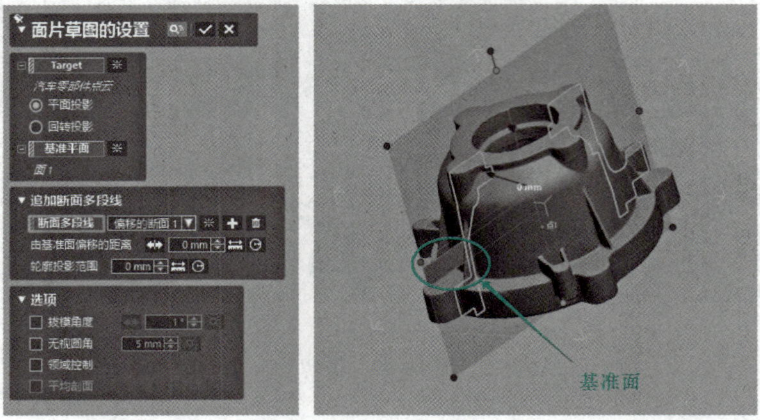

图 10-90 创建轮廓基准面 12

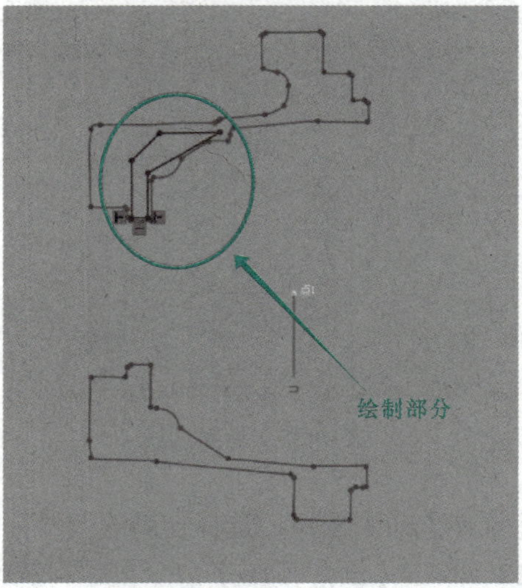

图 10-91 绘制草图轮廓 11

（6）圆形阵列 单击【圆形阵列】命令按钮,【回转轴】选择铸件中心线,【要素数】设置为 2,【交差角】设置为 85°，如图 10-93 所示。继续将其他元素阵列出实体，根据元素调整参数，如图 10-94 所示。

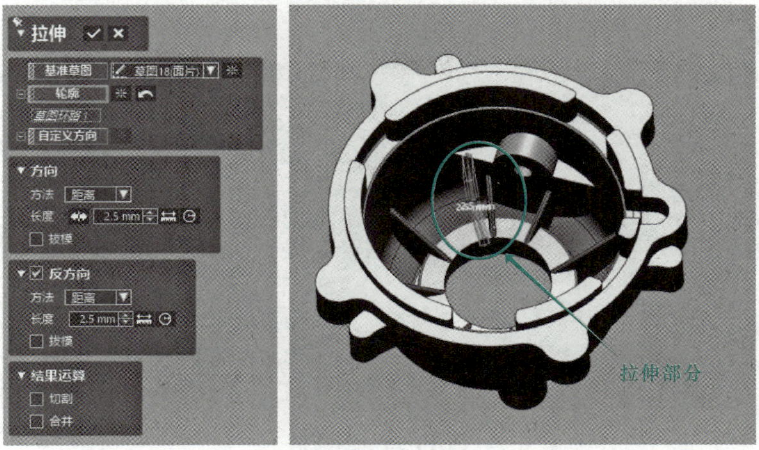

图 10-92　拉伸

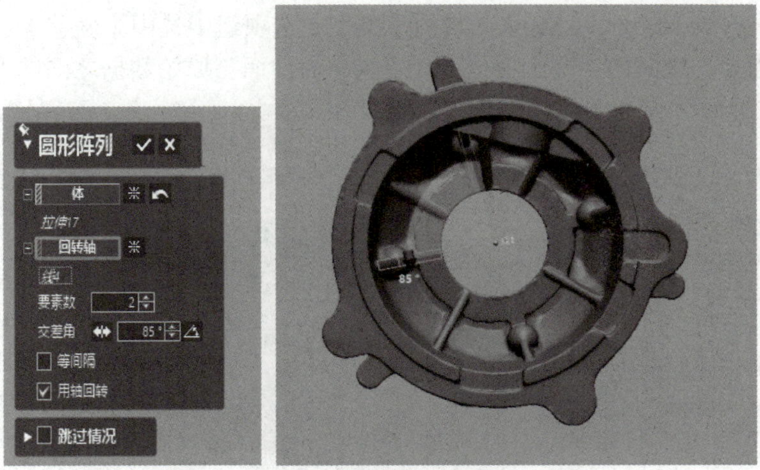

图 10-93　圆形阵列 1

（7）布尔合并　单击【布尔运算】命令按钮，【操作方法】选择【合并】，选择铸件体和阵列体，如图 10-95 所示。

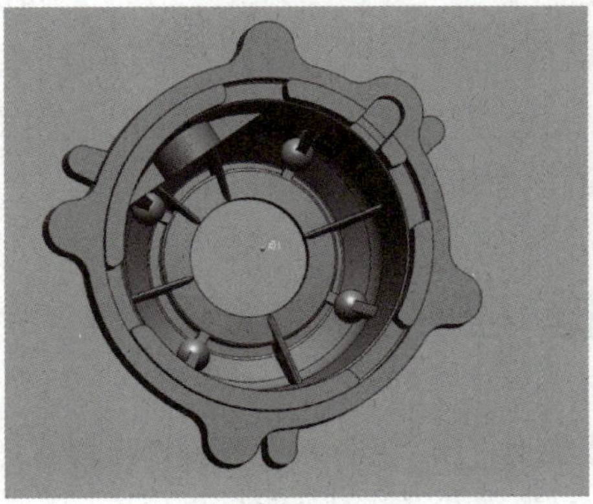

图 10-94　圆形阵列 2

图 10-95　布尔合并

（8）倒圆角 单击【圆角】命令按钮，半径输入 2.5mm，选择阵列体各边缘，如图 10-96 所示。

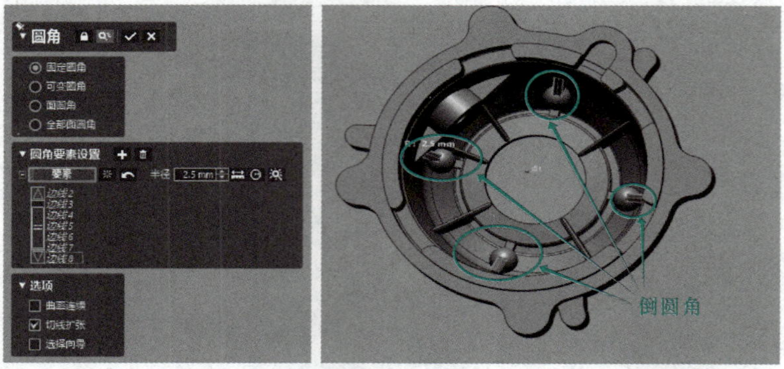

图 10-96 倒圆角

15. 偏差分析

在【Accuracy Analyzer（TM）】面板的【类型】选项组中选中【偏差】选项，显示曲面与网络（三角面片）之间的误差，根据设计要求填写曲面与原始数据之间的上、下极限偏差值，如图 10-97 所示，结果显示模型偏差符合设计要求。

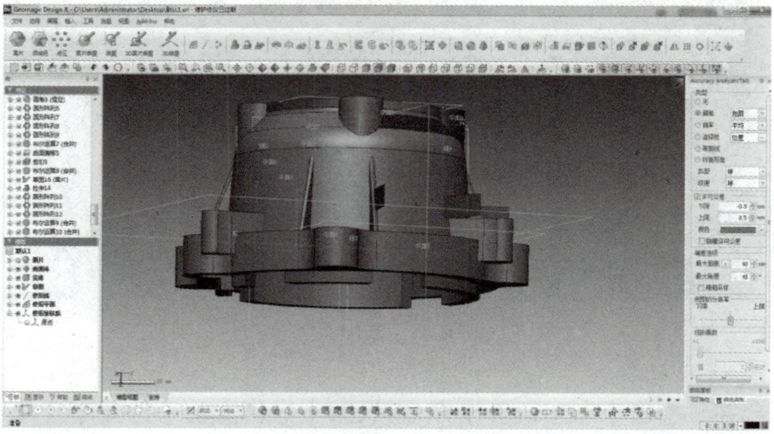

图 10-97 偏差分析

16. 输出文件

在菜单栏中单击【文件】【输出】命令按钮，选择零件为输出要素，单击【确定】按钮，选择文件的保存路径及格式，将文件命名为【铸件】，单击【保存】按钮保存文件。

任务三 数 据 应 用

逆向设计完成后的模型可使用 3D 打印机完成模型打印，用于零件精密熔模铸造。本次模型打印使用的设备为 HK S500 3D 打印机，使用材料为 PS 粉，打印时长约 5h。

为适应 3D 打印机的文件格式，需要先将文件导入 NX 软件，转换成 STL 格式文件，再将其输入打印机操作软件中，具体操作步骤可参考项目三中数据应用，合理设置参数后就可以打印模型了。

下面简要讲述数据应用步骤。

1. 导入文件

打开 SLS 3D 打印机操作软件，导入“铸件 .stl”文件，如图 10-98 所示。

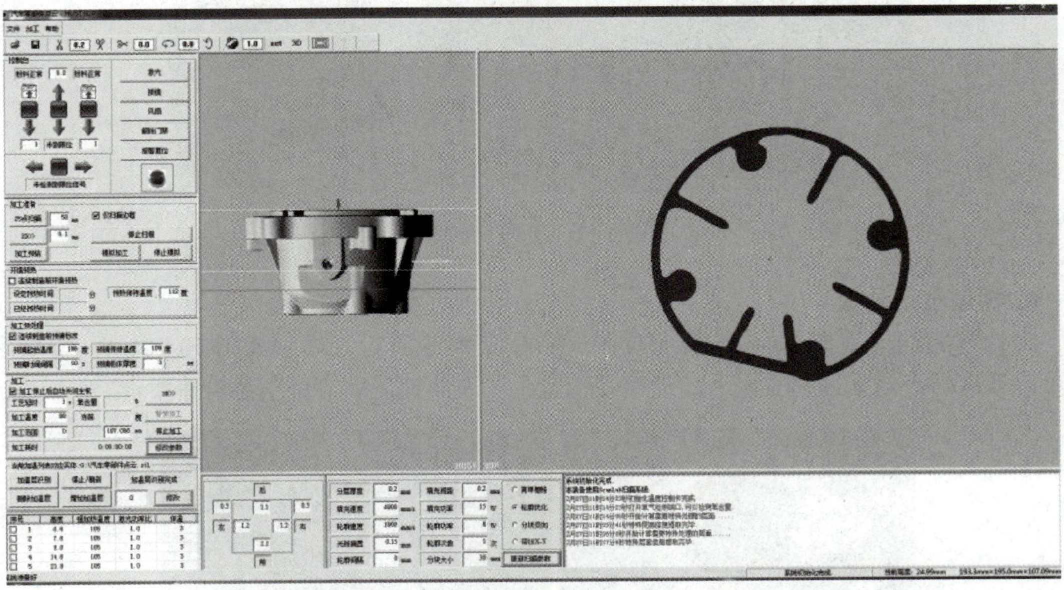

图 10-98　导入文件

2. 参数设置

合理摆放模型后，依次设置打印参数，如图 10-99 所示。

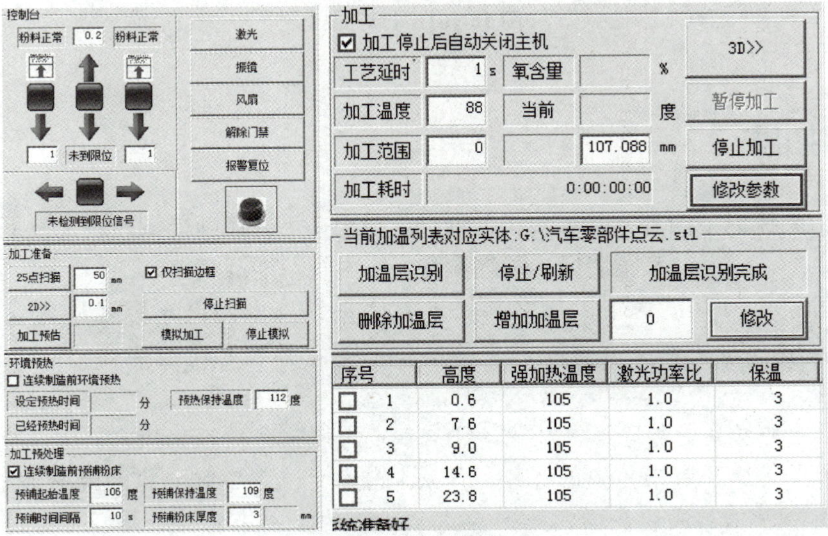

序号	高度	强加热温度	激光功率比	保温
1	0.6	105	1.0	3
2	7.6	105	1.0	3
3	9.0	105	1.0	3
4	14.6	105	1.0	3
5	23.8	105	1.0	3

图 10-99　参数设置

3. 模型打印

参数设置完成后，输出打印模型，还可对打印模型进行预测分析，如图 10-100 所示。

图 10-100　输出打印模型

4. 模型表面处理

将处理后的模型数据导入 3D 打印机，打印蜡模经清粉处理后如图 10-101 所示，后续也可对其进行渗蜡处理，完成后的蜡模经铸造企业表面处理后，可满足铸造要求。

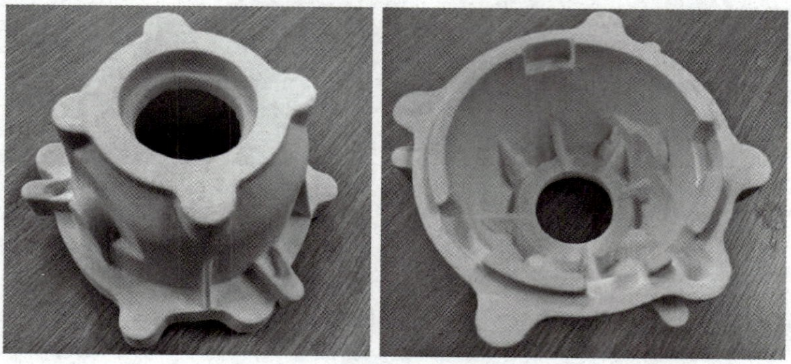

图 10-101　打印蜡模

项目拓展

1. 请你阅读以下内容，并查阅相关资料，设想一下国产新能源汽车的发展前景。

家国情怀：国之骄傲——中国新能源汽车

作为国家启动发展的重大战略新兴产业之一，以电动汽车为代表的我国新能源汽车如今在增长速度、保有量和产业配套体系等方面均已走在世界前列，取得巨大成就。

汽车产业的发展趋势除了电动化，还有智能网联化，数字化技术被大量应用于汽车产业，汽车上集成了越来越多的芯片、算法、软件，自动驾驶技术也越来越成熟。“电动化＋智能网联化”成为我国汽车产业竞争优势的重要来源。最后，充分的市场竞争和鼓励创新的氛围是产业发展的加速器。新能源汽车产业是由颠覆性技术驱动的新兴产业，其技术路线没有其他国家现成的经验可以效仿，具有高度的不确定性，企业需要进行试错型探索。同时，技术的迭代、工艺的改进、成本的降低等也需要发挥企业的作用，而市场竞争是激发企业活力的最重要的动力来源。

2. 请从教学资源包下载“汽车后视镜”点云数据，并按要求完成数据处理及逆向设计过程。

数据处理及逆向设计要求：处理后的点云分布规整平滑，无多余杂点及无噪音点；逆向设计命令使用恰当，过程简洁合理，模型误差控制在 ±0.1mm 内。

参考文献

[1] 杨晓雪，闫学文 .Geomagic Design X 三维建模案例教程 [M]. 北京：机械工业出版社，2016.
[2] 陈雪芳，孙春华 . 逆向工程与快速成型技术应用 [M].3 版 . 北京：机械工业出版社，2019.
[3] 刘然慧，刘继敏，等 .3D 打印 -Geomagic Design X 逆向建模设计实用教程 [M]. 北京：化学工业出版社，2017.
[4] 曹明元 .3D 打印技术概论 [M]. 北京：机械工业出版社，2016.
[5] 鲁华东，张骜，杨帆 . 增材制造技术基础 [M].2 版 . 北京：机械工业出版社，2022.